Science Secrets

The Truth about Darwin's Finches, Einstein's Wife, and Other Myths

Alberto A. Martínez

科学神話の虚実

ニュートンのりんご、アインシュタインの神

アルベルト・A・マルティネス

野村尚子 訳

青土社

ニュートンのりんご、アインシュタインの神　もくじ

ニュートンのりんご、アインシュタインの神

プロローグ

アルバート・アインシュタインの物語は多岐にわたっている。おびただしい書き手たちが彼は天才だと述べる一方、彼には学習障害があったと書く作家もいる。神の心を読み取ろうと望み、人類のために苦悩した聖者として描く者もいれば、ボヘミアンの日和見主義者とか無神論者として描く者もいる。一九四九年、アインシュタインはこんなふうにこぼしている。「私については、よくぞここまでと思うほどの嘘や完全なでっちあげがすでに山ほど書かれていて、そんなものを気にして過ごしていたら、私はとっくの昔に墓に入っていたことだろう(1)」。

我々はえてして科学者というものを、天賦の才を授かった神童、孤高の英雄あるいは殉教者、聖人あるいは罪人としてイメージする。彼らの物語は神話のような形を獲得する。ジョルダーノ・ブルーノとガリレオは高貴な殉教者として現れ、コペルニクス、ケプラー、ニュートンは神殿にそそりたつ大理石の像である。生物学者の中にはダーウィンを守護聖人のように引き合いにして、その一言一句を引用する人もいる。優生学の分野で研究していた科学者たちは破壊的なセクトのようだ。晩年のアインシュタインを、天啓を与える聖なる人物として描くポスターのいかに多いことか。

さて、アインシュタインの伝記でもっとも最近のベストセラー（ニューヨーク・タイムズ、ベストセラー一位）はウォルター・アイザックソンによるものだ。その冒頭七ページの中には次のような単語が並ぶ。告知、後光、頭脳、天才、信仰、証し、天才、奇跡的、奇跡、栄光、尊い、信仰、神、カルト、天才、聖者に列せられる、俗世の聖人、後光、天才、オーラ、司祭のような、栄光、霊感を与える、卓抜、守護天使、崇敬、「現代を先導した人」(2)。こうした言葉はよくあるもので、読者を得るのに役には立つが、必要なのだろうか？　誇大広告は科学の特徴というわけではないが、これは英雄たちと奇跡の物語を語るときによく見られる古くからの習わしである。私はアイザックソンの本が嫌いだと嫌味を言っているわけではない。そんなことを言うつもりはないのだ。豊富な内容の伝記であり、読む値打ちはある。だが偉大な作家でも科学史を描く際に神話の調子で味付けしていることを言いたいのだ。成功がまるで運命に約束されていたかのように、たとえばニュートンはガリレオが死んだ年に生まれたと主張したり、若きアインシュタインがどの時代でも最高の物理学者の一人になる「ことになる」と主張したり。多くの作家たちは文献上の事実を掘り起こすよりも今まであった物語を繰り返し、証拠を吟味するよりも推測に合うように証拠を解釈する。意識的にせよ、そうでないにせよ、本を売ろうとして作家たちは話を膨らませるのである。やはりアインシュタインの優れた伝記作家、ユルゲン・ネッフェが言うように、「憶測が逸話へと進化し、そしてその逸話が本になるほどの研究の世界にはびこる」(3)。この指摘は正しい。神話的な誇張なしに歴史を書くことはできないものだろうか？　アインシュタインは崇拝されることなど欲さなかった。彼は自分の貢献を人々がいかに誇張することに拒否感を抱いていた。同じようにダーウィンは大げさな賞賛に身のすくむような思いをしていたし、ピタゴラスは自分について書いた人たちが自分をどんなものに祭り上げたかに対して、苛立っていると思う。

過去を公平に描く必要と、開いた隙間を埋めたい、つまり推測したいという渇望とのあいだに綱引き関係が存在する。これは大衆向けの本に限られたことではない。学術的な著作においてもそれは現れる。ある歴史家が憶測を確かな発見として提示する。後で他の歴史家がそんな推測は根拠がないと言って否定する。ところがその歴史家が、古い推測に新たな憶測を置き換えて、またそれを確かな発見として提示することも多い。さらに各々の歴史家が往々にして広すぎる範囲を守備しようとして、共有された知識に依存したり、他の作家の言葉を信用したりしたところに間違いが忍び込んでくる。よく耳にする噂を信用できるものだと立証するのは骨が折れることだが、それが間違いであると示す方が手間のかかる仕事である。それに憶測の中には否定しがたいほど魅力があるものも存在する。(4)

近年、ポピュラーサイエンスの優れた書き手の中には、自分の主張を歴史家たちの手を借りてチェックした人々もいる。たとえば、評判になったライターのビル・ブライソンは、著書の『人類が知っていることすべてについての短い歴史』の校正をしているときに、歴史家からの修正や意見をもらって、だんだん、自分の本の各頁がどれくらい「インクでまっくろになった恥ずかしさ」になるものか、予想がついてきたという。(5)それでもベストセラーになったし、ブライソンにとって名誉なことだが、批評家の中にはブライソンの本は不正確なところが多くは見つけられなくてイライラするという者もいたほどだ。だが多くの教師と作家たちは歴史家たちが見つけたことを無視する。大部分のプロの歴史家たちは、作家たちが歴史をいかに誤って表しているかに対し何もコメントを出さない点では、それといい勝負といえる。なぜ誇張と当て推量の方が、正しく証拠を説明したものよりも出回ってしまうのだろうか？　真実の方が面白くないのだろうか？　問題は、大部分の専門家たちが自分たちの研究を同僚間の狭いグループに照準を定めていることである。それでも真実は、神話よりもはるかに魅力があるからこそ、専門家は過去を明らかにする努力に何千時間でもつぎ込むのだ。しかし我々の方でも、伝説を線引きして、やはり魅力的な実質の伴う知見から区別するために、誰かが間違いに異議を唱えるべきだろう。

本書は科学史上の有名なトピックをいくつか分析するものである。ピタゴラスの伝説、コペルニクス的転回、錬金術の賢者の石探し、ダーウィンの進化理論へ至る道筋、電気のミステリー、アインシュタインの相対性理論、そして優生学の出現。それぞれ、我々が繰り返し、語るべくして語る話に関するものである。その後、我々は物語を変え、その物語が進化していく。しかしその物語は時々正しい面を失い、不透明な飾りをまとうことがある。我々はあらためて物語を分析せざるを得ないと感じる。だから私も今、もつれきった風聞をほどこうとしてみた。もちろん私とて誤りから完全に逃れられる者ではない。私も、本書で取り上げた誤り一個につき、他の間違いを何個も犯したことがあるが、私は自分の誤りは取り除き、以下のページには野放図にはびこらないように努力した。著名な出典に出ている誤りの方が面白いので、自分自身の誤りについてはほとんど取り上げていないが、それでも私は何度も何度も書き直している。私がどこかで最初に読んだものが後で精査してみるともろくも崩れていたことがあったし、私が何年も教えてきたことが根拠がなく、たぶんフィクションだと判明したものもある。

今は亡き科学者たちのストーリーは、しっくいやペンキやアクリル塗料のつや出しのような何層もの推測を重ねて固めたものだ。それでもその下には火花を放つような事実がある。無視されてきた貴重な歴史の宝石が、表面で失われている輝きを補ってくれる。だからここではたくさんあら探しをする。その多くは暗黙のもので、正当に証拠を示そうとする苦闘の中に隠れてしまうだろう。しかしつつくべきあらを明示的に特定しなければならない事例もある。なぜならあらというシラミのような寄生虫の小さな卵は、見た目ほどは無害なわけではないからだ。孵化して餌を食し、成長して繁殖する。何世紀も前から作家たちが、見た目には無害に見える背信行為が広がってしまう前につっこんでおいてくれたなら、我々は架空の歴史にどれほどかかずらわずに済んだことだろう。

そしてあら探しは楽しいことでもある。科学と数学の世界に流布している神話に対して、修正を書いてきた作家たちの長い伝統があるほどだ。もっとも最近では、私はトニー・ロスマンとジョン・ウォーラーが書いた本を楽しく読んだ。(6) この著者たちがやったように、私はここで、私なりに偏ったテーマの集まりを取り上げる。ロスマンはこの点をざっくばらんに記している。「本の内容は完全に恣意的なものであり、偶然に決まってきたものである」と。(7) さて私の場合はといえば、物語がどう進化するかというテーマによって、トピック同士につながりをもたせている。ピタゴラスからアインシュタインまで、つまり古代と、現代の伝説のヒーローまでの話だが、進化の程度の差はさまざまである。ピタゴラスは特に注目すべきである。その名は奇妙なことに多くの分野に繰り返し現れるからだ。我々は今でも小学校の算数や音楽や天文の授業で彼について習う。紀元前六世紀に彼は一つの宗教を率い、哲学、社会、諸科学に多くの貢献をなし、奇跡の数々を行い、豆は食べず、決して笑わなかったと伝えられる。だがピタゴラスによるとしばしばいわれている数学上の発見のすべて、またはほとんどすべてが実際にはフィクションであり、作家たちの当て推量の結果である。本書において私は、諸科学に対する彼の神話的影響をたどる。数学と同様に、科学者たちがピタゴラスの発見だと言っている場合がどれほど多いかが、ここでもまた目につくのである。だから彼はそのあたりのページでは何度も顔を出す。ピタゴラスは、推測しようとする欲求、過去のことを知っているふりをしようとする欲求の守護聖人として姿を現す。

そこで本書では、物語を証拠と突き合わせる。物語は一般大衆の科学の概念に強い影響力を及ぼすものだ。正しくても、間違っていても、想像力に深い印象を残すのである。そのため、そうした問題やまた別の問題が、以下のページにも出てくるだろう。中には適切な証拠を示して簡潔に対処されるであろうものもあるし、細部のもつれをほどくべきものもあるだろう。私はどの章も一次資料と新しい翻訳に依拠して示している。

私は最近、あるすばらしい本に感銘を受けたが、そこで著者たちは率直に述べている。神話という言葉は洗練された学術的な意味をもつけれども、自分たちは「日常会話で使われているように、一つの間違った主張を示すために」使う、と。[8] 私もだいたいこの使い方に従うが、私の場合は、神話を価値のあるフィクションとも言う。神話は我々の無知がとる姿だが、強力な諸概念をつないでもいるのだ。

とはいえ本書は本質的には、神話の正体を暴こうというものではない。それは二次的な目標にすぎない。それはむしろ、歴史を語り直し、もっともらしい神話の向こうを斜めから見ようとする努力である。我々はただ誤りを集めるのではなく、もう一度過去を正しく語ろうとしなければならない。だからそのために私は、ヒットした物語（正しかろうと間違っていようと）の構造を追いかけることにした。神話は浸透力がある。神話は話として成り立ち、機能し、満足させてくれるものだからだ。歴史的には真実ではなくても、人間の心理に関する深い真実を伝えるものである。我々がある話を他の話よりも喜ぶのは、それが個人の物語だからということもある。多くの場合は孤独な研究者が、困難を乗り越えようと苦労して、めったにない成功を収めるという感動的な姿である。そうすると我々は、顕著な出来事の方を、個人とその苦労という感動的な枠組みの中で再構成できるのだ。本書は物語がどのように進化するかを研究するものであり、本書もそのプロセスに寄与することになる。

特に本書は、かつては隠されていて、一見すると不可能に思われた見解がなぜ科学的に人を動かしてきたかを示している。筆はいつもの英雄崇拝や学術的混乱へと走りかねないものだが、ここでは明瞭に説明するために用いられる。科学を教えるときにもっと正しい歴史を入れろと歴史家が科学者に要求しておきながら、対照的に歴史家たちは歴史を書くときに科学を含めないようでは不公平だからである。

専門家たちは彼らの分野間の仕切りを高くしてきたので、諸分野は過去から切り離されている。有名な科学者たちでさえ混乱の跡を残している。ダーウィンは『種の起源』での自分の議論の設計図が改善され得ることを認めていたし、アインシュタインは相対性を理解もしていない人々からの好奇に満ちた質問攻めに悩まされ、生じた混乱の多くの元になったのは自分のせいだと思っていた。

ところで私はかつて次のようなフレーズをテレビで耳にした。「これは魔法よ――だからわかんなくてもいい科学みたいに、ただ信じなきゃ」(9)。まさしくこれが問題なのだ。理解することをあきらめている人がいるのである。科学について書いてきた多くの人々の努力にもかかわらず、今は亡き科学者が証明したことを理解しようとしても、全然納得できないままの読者たちも多いのだ。彼らは科学もまた盲目的なカルトにすぎないと結論づけている。

私が心配しているのは彼らが確証をもてないままでいるということではない。たとえばアインシュタインの相対性理論などを学んで、懐疑的な態度を正しく保つのはいいことである。アインシュタインも懐疑的だったのだ。それが満足できる解答を作り上げていくことになる。私が懸念しているのは、何かを書く人たちが、科学の知識に意味を与える議論の順序と歴史上の状況の説明を行わないことだ。一般の人がもっている印象とは正反対なことだが、科学の本はすべてが同じことを言ってはいないのである。たとえば物理の本の中には、光速が一定であることを、基本的な前提の一つとしているものもあれば、それが実験的事実だとしているものもある。どっちなのだろう。またダーウィンがフィンチのおかげで進化に対する決定的な閃きを得たと書く本もあれば、大型のリクガメの影響の方が大きいと書く本や、いや、鳩によるのだとか、マネシツグミが原因だとか書いている本もある。一体どれなのだ？

さて、物理学者トニー・ロスマンが歴史上の神話について生き生きと描いた本がある。彼は繰り返しこう述べている。「本当の歴史だと言いながら実は作り話であるものを、このささやかな本が減らすことができるなどという幻想は私にはほとんどない……この本が現状に少しでも風穴を開けることができるなどという幻想も私はほとんどもっていない[10]」。それでも結局私は、書き手たちがともに真実をつかみ、伝えようとして奮闘するならば、欠点はあっても我々の理解を前進させるのだと、奮起させられた口である。物語が変わり、そのプロセスに寄与するのは、すばらしいことではないか。

科学と数学に対して、病的な恐怖症が一般にある一方、エセ科学にひどく惹きつけられる人も少なくない。だから歴史の秘密と細部がどのようにして、推測の王国に読者を引っ張っていく渇望に対抗することができるかを解読しなければならない。カール・ポパーがうまく述べているように、「科学は神話とともに、そして神話への批判とともに始まらざるを得ない。観察の集成とともにではなく、また実験の発明とともにでもなく、神話に対する批判的な議論とともに、始めるしかないのである[11]」。求めて見つかった貴重なことのかたわらには、物語の見過ごされる広がりというものもある。さしづめ科学と数学の舞台裏の小部屋にあるこまごました装身具や骨格標本といったところだ。すべてがすべて、先生方が人に見てもらいたいと思うようなものというわけではないが、それもよくできた神話と同じく、心をそそるものである。

第一章　ガリレオとピサの斜塔

この手の込んだ話について、出どころのあやしい話だと退ける人は多いのに、まだガリレオ・ガリレイがピサの斜塔から物を落として重力の実験を行ったと言っている人もいる。昔からある芝居がかった形のこの話は、次のようになる。

一五九一年のとある朝、ピサの町にある白い大理石造りのすばらしい斜塔のたもとにある広場に、ピサ大学の面々と、その他の見物人が集められた。若き教授（ガリレオ）は螺旋階段を上り、アーチが並ぶ七階の上にある回廊に到着する。下にいる人々は、ガリレオが回廊のへりで二つの球を同じ高さのところに捧げ持っているのを見ている。一方の球はもう一方の一〇〇倍の重さがある。二つの球を同時に落とすと、両者はともに空気中を落下し、同時に地面にぶつかるのが聞こえる。自然はきっぱりと語った。二〇〇〇年ものあいだ、論争となってきた疑問に即答したのである。

「このおせっかいな男、ガリレオは黙らせなければ」

大学の古参たちは広場を離れながらつぶやいた。「重い球と軽い球が地面に一緒に落下するのを我々に見せることで、一〇〇ポンドの重さの球が一ポンドの重さの球より一〇〇倍速く落下するであろうと教える哲学に対する我々の信頼を、彼は揺るがせられるとでも思っているのか？　そういう権威の無視は危険であり、これ以上行われるのを我々は見ているつもりはない」。そこで彼らは、感覚に基づく証拠など否定し去る説明をする自分たちの書物に戻っていった。そして自分たちの哲学上の平穏をかき乱す人物を憎悪した。信仰を実験という試験にかけて、観察に基づいて結論を打ち立てたせいで、老年期のガリレオが受けた見返りは、異端審問による幽閉と傷心であった(1)。それこそが、新しい科学的方法が伝統的な教義の保護者からはどう見なされるかを示している。

別の人が書くところでは「ガリレオの年長の同僚たちは、実験は何も知らなかった。実験を考えること自体、彼らには忌まわしい魔術のようなもの、アリストテレスの教義の神聖さに対する冒涜を意味していた(2)」。これに似ているが、さらに別の記述としては、「アリストテレス学派はそんな「冒涜」を嘲笑したのだが、ガリレオは、彼の反対者に彼ら自身の目でしかと事実を見せることにした(3)」というものもある。

最近の歴史学者の大部分は、こういう手の込んだドラマティックな物語がなんら証拠に基づかず、主に著述家たちの生き生きとした想像の産物であるため、信じてはいない。それでも多くの本と教師たちがその基本的な要素を今なおそのまま繰り返している(4)。だから正当に問うべきは、あくまでこういうことだ。この物語のどの部分が真実なのか、この物語はどのようにして成長したか。

この物語について、レーン・クーパー教授は一九三五年の『アリストテレス、ガリレオ、ピサの斜塔』なる自著の中で、大胆にも偽りであると宣言し、ガリレオはピサの斜塔から物体など落下させていないと主張した。それでもその後にも同意しない歴史家がいた。たとえば、ガリレオ研究の専門家スティールマン・ドレイクは、ガリレオがかつてピサの大聖堂の塔から何かを落下させたことを述べた同時代の記述がないのに、物語の核となる部分は真実の可能性があると主張した(5)。

ガリレオとピサの斜塔の物語が最初に現れたのは、ガリレオが晩年、視力を失い、自宅に幽閉されていた一六三九年から亡くなる一六四二年まで仕えていた若い秘書、ヴィンチェンツィオ・ヴィヴィアーニによるガリレオ伝である。ヴィヴィアーニが原稿を書いたのは、一六五四年から一六五七年のあいだのどこからしく、その六〇年前にあったと言われていたが、自分では目撃していない出来事のことだった（一七一七年まで発表されなかった）。

この当時（一五九〇年頃）、彼（ガリレオ）にとっては、自然の作用の研究には運動の性質を真に認識することが必ず必要なものだったようで、「運動について知らざれば自然についても知らず」という、哲学上の流布した公理もあった。彼はその考察に没頭していた。そして彼はすべての哲学者とその意見を大いに違えて、その当時までは非常に明白で疑う余地のないこととされていた運動の原則についてのアリストテレスの多くの結論について、その誤りを実験とみごとな実演と論証でもって彼らを納得させた。とりわけ、同じ媒質中を移動する同じ材料で重量の異なるものの速さについてである。アリストテレスは速さはあくまで質量に比例すると言ったが、そんなことは全くなく、反対にすべてが同じ速さで移動する。彼はこのことを、全講師、哲学者、全学生の面前で、ピサの鐘楼の高いところで繰り返し行った実験によって明らかにした(6)。

図 1.1.　ピサの斜塔

スティールマン・ドレイクは、この説明の中で「ヴィヴィアーニは、ガリレオ自身が彼に話したことの記憶を繰り返していた」と主張した。しかしこの種の言い方から私はドレイクを疑わしく思うのだ。実際には我々は、ガリレオがヴィヴィアーニに何を話したかを知らないし、ヴィヴィアーニが五〇年後にそれを忠実に再現したかどうかもわからない。それでも自身の主張の正しさを証明しようと、ドレイクは、私にはとうてい同調できない、推測の言葉を使う「であったであろう」、「おそらくは意味した」、「論じたと思われる」、「そのときそれは当然であった」、「〜の方が蓋然性が高い」などというように。[7]

私は、過去においてはおそらくという見込みは存在せず、できごとは起こったか、起こらなかったかのどちらかであると考える。歴史において我々は、できごとが生じたと主張する十分な証拠を有するか、有していないかのどちらかである。人は不確実性に直面すると、一番もっともらしく聞こえる想像をつい選びかねない。しかし推測を超える証拠に基づいて、我々の過去に関する説明を組み立てた方がよさそうだ。

物書きは、年代順の配列を無視し、選択した証拠の断片を人為的な順序で提示することによって、しばしば自分が伝えたいと望む印象を伝えてしまう。科学史の中で次第にできあがる他の物語でも同じことなのだが、この話についても、できごとの年代順の配列を作ると恩恵が得られるであろう。

一五四四年には、フィレンツェの歴史学者ベネデット・ヴァルキは、落下についての伝統的な見解が誤っていたことを示す実験による検証に言及した。その中で、実際には、物体は重いほど、その重さに比例して落下が速くなるわけではないと述べている。

現代の哲学者の習慣は、すばらしい著者たち、とりわけアリストテレスによって書かれたことに見られるすべてをずっと信じて、それを確かめたりはしないことである。しかし、それとは違うやり方をとって、たとえば重い物体の運動のようなことにおいて、ときには実験の方へ下りていっても、確実でなくなったり、喜ばしくなくなったりするわけではないのである。重い物体の運動については、アリストテレスや他のすべての哲学者は疑いもせず、物体は重いほどより速く落下することを信じ、そう断言していた。だがこれは、証拠が示すように、真実ではない(8)。

ヴァルキは物体が重いほど速く落下するという主張に反対している。従ってガリレオが生まれるずっと前に、運動についてのアリストテレスの主張は、落下する物体に関する実験によってすでに反論されていたのである。

二つの球は同じように落下するのが見られた。

図 1.2. 見るからに一方の球が非常に大きかった。

その後、パドヴァ大学の数学教授、ジュゼッペ・モレッティが落下物体の実験を行い、一五七六年、重量の異なる同じ材質の落体が地面に一緒に到達することを報告した。

アリストテレスは、……塔の頂きから我々が、かたや二〇ポンドの鉛の球、かたや一ポンドの同じ鉛の球という二つの球を落とすと、大きい方の動きは、小さい方の動きより二〇倍速くなる（と主張しているように思われる）……先生、どうやらお間違いのようです。両者は同時に到達するのです。私は一度ならず何回もその試験を行ってみました。それだけではない。鉛の球とほぼ同じ大きさの木の球は、同じ高さから落としても落下して同じ瞬間に地面に到達する。(9)

このようにモレッティは、ほぼ同じ体積で異なる材料、異なる重量の物体は、同時に地面に到達すると主張した。しかしごく最近の実験からは、これが必ずしも事実ではないことが示されている。これらが手で落とされる（手のひらを下に向けて）場合、軽い方の球は一般に重い方の球よりわずかに先に手から離れ、それによって、二つの球は、完全に並んでは落下せず、軽い方の球が最初から先に動く。(10)

ガリレオはピサ大学にいたあいだ（一五八九年～一五九二年）、死後かなりたってから出版された書物『運動について』の執筆を始めた。この本には、塔から落下する物体の問題が収められている。

（アリストテレスの）この意見がどれくらい馬鹿げているかは、火を見るより明らかだ。つまりたとえば、一方が他方より一〇〇倍よりも大きい二つの鉛の球が月がある球の高さから落下したとして、大きい方が地球に到達するのに一時間かかった場合、小さい方が動くのに一〇〇時間かかるなどと一体誰が信じるだろうか？　あるいはまた、高い塔から石の大きさが一方の石の倍となる二つの石を同時に放り出したとして、小さい方が塔の半分まで落下したときに、大きい方はすでに地面に到達しているだろうか？(11)

この手稿で、ガリレオは塔から落下する物体について繰り返し言及しているが、ピサの斜塔を明記してはおらず、またいかなる実験についても詳細には記していない。さらにガリレオは、この著書でははっきりと、異なる重量の物体が異なる速さで落下すると主張しているのだ！　彼は、一方が木でもう一方が鉛という二つの物体を高い塔の頂きから落下させたら、「鉛の物体の方が大きく先行して移動した。これが私がしばしば試験していることである」と主張した。[12]　ガリレオはそして、落下する物体の速さは、（アリストテレスが主張したと思われる重量などではなく）密度に比例する、と考えていた。

一六世紀末のある時点で、フランドルの数学者で技術者のシモン・ステヴィンは、異なる重量の落下する物体が同時に地面に衝突するとはっきり確信するようになった。彼は、一方が他方より一〇倍よりも重い二つの鉛の球を「約三〇フィートの高さの位置から」下の厚板へと落としたが、「軽い方が重い方より一〇倍の後になるのではなく、両方とも一度にゴッンと厚板に衝突するように思われる」と主張した。[13]　一六〇五年にステヴィンは書物を出版し、その中でこの実験を、アリストテレスがその『自然学』および『天界について（天体論）』において誤っていたことを示す目的で、友人のジョン・グロティウスとともに「ずっと以前に」行ったと主張した。

一五九七年にガリレオの友人ヤコポ・マッツォーニは本を出版し、その中で、アリストテレスの考えには反する、運動についてのガリレオの初期の考えを擁護した。しかし彼は、いかなる塔におけるいかなる実験についても言及はしていない。[14]

一六〇四年にガリレオは、パオロ・サルピに手紙を送った。その中では、異なる物体が同じ速さで落下すると述べている。[15]　その頃ガリレオは、速さは（時間にではなく）落下距離に比例すると誤って考えていた。

一六一二年、ギリシャ語の教授であるジョルジョ・コレジオは、マッツォーニの行った物体落下の実験は不十分な高さから行われたとして、マッツォーニの主張を批判した。そしてコレジオは、ピサの塔のてっぺんから物体を落下させ、コレジオ自身でアリストテレスが正しい、すなわち物体全体は、別々にした部分よりも速く落下することを示した、と簡潔に述べている。

マッツォーニは新たに二つの重大な誤りを犯している。第一に彼は同一種類の材料では全体がその部分より速く移動するという実験対象となる命題を否定している。ここでの彼の誤りは恐らく、自宅の窓から実験を行ったせいで生じたものであり、その窓が低かったので、重い物体は全部一様に落下したのである。しかし我々はそれをピサの大聖堂の塔の頂部から行い、実際にアリストテレスの主張を確かめた。全体が部分と同じ材質で、部分に比例した形の場合、全体は部分よりも速く落下するという主張である。風でも吹いていたらその衝撃で結果が変わった可能性があるが、その場所にはその危険はあり得ず、本当によく適した場所であった。このようにして、『天界について』という最初の書物における、同じ材料のより大きい物体は、より小さい物体より速く、しかも重量が大きくなるほど速度が大きくなるように比例して速く移動するという、アリストテレスの主張は確認された[16]。

コレジオは、ピサの塔におけるどのような実験もガリレオによるものだと述べてはいない。

数十年後の一六四一年三月、ピサの数学教授、ヴィンチェンツォ・レニエリはガリレオに手紙を送った。その中で彼（レニエリ）はピサの斜塔から物体を落下させて実験を行ったことを述べ、それらの実験を解釈するようにガリレオに頼んだ。レニエリはこう書いている。

我々はここで、異なる材料すなわち一方が木で他方が鉛であるが、同じ大きさという二つの重石をある高さから落下する試験を行う機会をもった。というのも、あるイエズス会士（ニッコロ・カベオ）が、それらは同時に落下し、同じ速度で地面に到達する、と書いているからであり、またあるイギリス人が、リチェティが問題に片をつけ、その説明を与えたと断言している。しかし我々はついにそれとは反対の事実を見出した。（ピサにある）大聖堂の鐘塔の頂きから落とした、鉛の球と木の球とのあいだには、少なくとも三クビト〔一クビトは肘から中指の先端までの長さ〕の差が生じるからである。一方が球形砲弾と同じ大きさで、他方がマスケット銃弾と同じ大きさの二つの鉛の球での実験も行ったが、同じ鐘塔の高さからは、大きい方と小さい方のあいだでは、大きい方がゆうに掌一つ分先行していたのが観察された。(17)

レニエリとガリレオのあいだの往復書簡のすべてが現在まで残されている訳ではない。しかし現存する手紙にに、ガリレオが彼自身でかつて何らかのそのような実験を行ったという証拠を示すものはないのだ。

レニエリが斜塔での実験について盲目のガリレオに書き送ったとき、ちょうどヴィヴィアーニはガリレオの秘書であった。一年後、ガリレオはこの世を去った。一五年後、ヴィヴィアーニは、ガリレオがピサの塔から物体を落下させたと主張した。二つの草稿においてヴィヴィアーニは、斜塔からガリレオが実験を行ったという自分の主張を、ガリレオが自著『二つの新科学対話』中でこの問題を論じていると記して補強している。(18)だが実際には、ガリレオはそこでは何ら特定の塔に言及しておらず、思考実験を検討しただけであった。

ガリレオが何十年にもわたって書いた多くの手紙や手稿のどれにも彼が斜塔から何か物を落下させたと主張するものはない。そしてそのできごとを目撃したであろう彼の同時代人の誰もそんなことを報告していないのだ。ヴィヴィアーニから伝え聞くピサ大学の講師、哲学者、あるいは多くの学生なる人のうち誰一人、一五九〇年代に誰かがそのような実験を行ったことを彼らが知っていた手がかりを残しているように見えない。

歴史学者たちはヴィヴィアーニは完全には信用できないと考えた。たとえば霊魂輪廻というピタゴラス学派の考えに合わせ、ヴィヴィアーニはガリレオの生まれた日を一五六四年二月一五日ではなく四日遅いと間違った日付を伝え、それで偉大な芸術家であるミケランジェロの没した一五六四年二月一八日の後に見えるようにしている(19)。

それでも傑出した歴史学者で、塔についてヴィヴィアーニの説明を信じる方を選んだ者がいた。特にガリレオ全集の有名な編集者であるアントニオ・ファヴァロは、ヴィヴィアーニが「それをガリレオ自身の口から聞いたに違いないし、疑いようがないほど確実に認められる」と主張している(20)。

聞いたに違いない？　そして疑いようがない？

レーン・クーパーは、ヴィヴィアーニの物語に存在すらしていなかった細部がどのようにして物語のさまざまなバージョンに追加されたかを追跡した。ある人は、この証明は「朝に」行われたという説を書いた(21)。なぜ朝なのだろう？　新たな時代の黎明だったのか？　ガリレオが重量一ポンドの一つの球と重量一〇〇ポンドの別の球を落下させたという説を書いた人々もいた。もう一人、異なる材料を落下させる前にそれぞれ「全く似たような箱」の中に配置したと主張した作家もいた。作り話である。さらにまた、結果は「新時代を画する」ものであったと主張する人もいた(22)。クーパーは当然のことながらこう訴えた。「なぜ『新時代を画す』のであろうか？　私はピサの塔でのガリレオが行ったと伝えられている実験から、科学共同体上のいかなる前進が生まれたか、まだわかっていない。それに関して、一六五四年より前に遡れる言及が存在しなかったのだ。本当にその行為が行われたとしても、それは六〇年以上ものあいだ世界全体から見落とされていたように思われる」(23)。ピサにおいてさえも、ガリレオの崇拝者レニエリがガリレオの主張と全く反対の主張を行っていたのである。

レーン・クーパーは歴史学者でも物理学者でもない。英語の教授である。ゆえに彼が塔についての物語が証拠に裏付けられていないことを示す本を出版したとき、歴史学者の多くは全く相手にしなかった。数十年ものあいだ、彼を過小評価してその本を無視した。しかしクーパーは自分の主張を行うために証拠を用いたのである。門外漢でも、推測にではなく特に文書による事実に焦点を合わせることによって、歴史などの専門分野に寄与できるのだ。これは励みになることである。ガリレオ伝説は、人々が専門家の主張をおうむ返しにしがちであり、証拠よりも権威を信じたこともあって広まってしまった。だからこの神話の皮肉なところは、それがアリストテレスの権威を盲目的に信じた哲学者たちを批判することを主張する一方で、実際にはこの物語を繰り返す人々のだまされやすさ、権威に基づく彼らの信じやすさを示してもいることである。

ピサの斜塔の物語は、人々の想像力をかきたてた。私が思うにその理由は、一千年を超えて支配的であった恣意的な伝統に一人の若者がある特定のときに、敢えて公然と異議を唱え、その見事な実験が突然明らかに真実であると判明するという、劇的な幻想を伝えたからである。言い伝えによれば、この単純でドラマティックなできごとは、科学史上の一転換期を画したことになっている。自然が語りかけ、恣意的な伝統的信仰に致命的打撃を与えたというわけだ。この叙事詩的な神話的なイメージは、二〇世紀の初めに詳しく伝えられた。

ガリレオの主張は教授陣によって鼻であしらわれたので、彼はそれを公開試験にかけることに決めた。そこで彼は、自分が斜塔から実施しようとしている実験を目撃するように大学人全体を招待した。決められた日の朝、ガリレオは集まった大学人や住民たちの面前で、一方が重さ一〇〇ポンド、他方が重さ一ポンドの二つの球を自ら携えて塔の頂部に上った。二つの球を注意深く欄干の縁に同じ高さになるように置いた後で、彼はそれらを一緒に転がした。両者は一様に落下するのが見られ、次の瞬間、ドスンという大きな音とともに一緒に地面に衝突した。古い伝統は誤っていたのであり、近代科学は若き発見者という人物の姿をとって、自らの地位を擁護した。(24)

一九九〇年代、実験物理学者レオン・レーダーマンは、ある本の中に、「塔の真実」という題の一節を書いた。レーダーマンはこの物語を取り入れ、それをメディア的なできごと、すなわち最初の重要な科学宣伝の技として記した。「ガリレオは結果がどのようになるか予め知っていた。私には、彼が朝の三時に真っ暗闇の中で塔に上り、下にいるポスドクのアシスタントたちへ一対の鉛の球を落とすのが目に見えるようだ(25)」。

レーダーマンの物語より六〇年も前に、レーン・クーパーは、斜塔物語が広く流布しているのに戸惑い、何百年たっても喜んで信じる人々についてこう記しているのだが。

再度述べておこう。上述のガリレオとピサの塔についての物語を信じ、うわさ以上の根拠もない物

表 1.1. 落下する物体とピサの斜塔についての、実際上または想像上の実験および説明

1589年〜1592年	ガリレオ・ガリレイ	ピサ大学で数学を教えた。
1612年	ジョルジョ・コレジオ	ピサの塔から物体を落下させることで、私は、アリストテレスの運動の理論が正しいことすなわち、物体は、その一部分より速く落下することを示した。
1638年	ガリレオの虚構による対話『二つの新科学対話』	サルヴィアーティ「アリストテレスは、100ポンドの鉄の球が1ポンドの球が1クビト落下するより先に地面に到達する、と述べる」(実際にはアリストテレスは、このようなことを特定していない)……「私（サルヴィアーティ)は、それらは同時に到達すると述べる」
1638年	ガリレオの虚構による対話『二つの新科学対話』	アリストテレスは一つの論理矛盾（思考実験）によって論破される。すなわち、より小さい石とより大きな石を合わせれば、大きい方の物体の速度は遅くなるはずである。だがそれらはまた、大きくなって速くなる物体を形成するはずなのだ。
1646年〜1647年	ニコロ・カベオとジョヴァンニ・バリアーニ	ガリレオよりも前にジョヴァンニ・バッティスタ・バリアーニの実験（1630年代）が、異なる重量の二つの物体が媒質に関係なく地面に落下するのに同じ長さの時間がかかることを示した。
1641年	ヴィンチェンツォ・レニエリ	ピサの塔の頂部から、私は、異なる重さで同じ大きさの木の物体と鉛の物体を落下させたが、より重い方の球が先に地面に衝突した。私はまた、大きな鉛の球と小さな鉛の球を落下させたが、大きい方の球が先に地面に衝突した。
1651年	ジョヴァンニ・リッチョーリ	カベオは間違っている。なぜなら1634年に私は、塔から落下させたより重い石が若干速く地面に到達したのに気付いたから。
1650年代	ヴィンチェンツィオ・ヴィヴィアーニ	ガリレオがピサで教えていたとき、彼はすべての講師、哲学者や学生の面前で実験によって、ピサの鐘塔から落下させた物体が同時に地面にぶつかったことを繰り返し示して、アリストテレスが誤っていたと示した。これはすべてガリレオの『二つの新科学』の中でガリレオが扱っている（真実ではない)。
1717年	ヴィンツェンツィオ・ヴィヴィアーニ	塔についてのヴィヴィアーニの主張（前述のもの）がやっと印刷されたが、ガリレオ自身がそれを『二つの新科学対話』において報告したという誤った説を述べる脚注はついていない。
1890年代	ラファエロ・カヴェルニ	ガリレオはヴィヴィアーニに斜塔について偽りを述べた。
1916年	リチャード・グレゴリー	1591年若いガリレオは、ピサの塔から異なる重量の球を落下させ、それらが一緒に地面にぶつかったことを示し、このようにして、自然は2000年間続いてきた論争に明確にかつ即座に答えたのだ。
1934年	レーン・クーパー	ヴィヴィアーニの説明が真実であったという証拠はない。
1978年	スティールマン・ドレイク	ヴィヴィアーニは、ガリレオ自身がヴィヴィアーニに話した内容について、自分の記憶を繰り返していた

語を受け入れてしまう人が多い。そんな人たちは、これこれこうだったと何かで読んだか、あるいは漠然と聞いたのである。それはちょうどアリストテレスが異なる重さの落下物体について何か述べたことを信じ込み、そしてガリレオに至るまでの誰もがアリストテレスの権威にのっかって同じことを信じ込んだのとなんら違わない。何気なく読んでいると、重い物体と軽い物体の速さに関する見解については当代の権威を受け入れてしまうように、彼らは権威に基づいて、どんなに漠然としたものであっても、ピサのガリレオの物語を受け入れてしまうのだ。(26)

第二章　ガリレオのピタゴラス派的異端

たいていの人は証拠などなくても地球が動いていると信じている。なぜ地球が動いているか聞かれると、「四季があるから」、「宇宙飛行士がそれを宇宙船から見ているから」と答える大学生もいるのだ。しかし地球から見ると、宇宙船の方が動いているように見える。正しいのはどちらだろうか？　また何千年ものあいだ、太陽が水平線の異なる場所から昇り、異なる経路をとるというだけの理由で季節が変化すると思われてきた。それならなぜ季節は太陽の動きによって生じると言わないのだろうか？　数百年前は、教師は太陽が地球の周りを回ると教えていたし、それが明白なことだと思われていた。だがいまや教師は反対のことを教えており、そちらが明らかだと思われている。科学の基本的知識をなぜ科学者が信じているかを知らずにただ受け入れるのはたやすいことである。だがそうなると、科学もまた一つの教義にすぎないように見えてしまう。

コペルニクス的転回には多くの神話が結びついている。ここで私は地球の運動について人々の考えを変えさせた劇的な苦闘をつぶさに述べ、同時にいくつかの神話があることも指摘してみようと思う。しかし主としては、ピタゴラスとその信徒たちについての伝説とのつながりをたどる。数百年ものあいだ、物書きたちはしばしば地球の運動についての考えを、紀元前六世紀南イタリアに生きた哲学者、サモスのピタゴラスのものとしてきた。だがそんな主張に正しいところはあるのだろうか？　奇妙なことに、ピタゴラスとその信奉者に関するさまざまな伝説をコペルニクス的転回に一貫して結びつける歴史的な根拠は私には一つも見つけられない。その結びつきをつけようとすると、ガリレオの有名な異端思想の意外な面を明らかにしてくれる。

かぎ鼻をした哲学者アリストテレスが言うには、いわゆるピタゴラス派は地球は宇宙の中心の周りを円を描いて動いていると信じていた。「彼らは、火が中心にあり、地球は星のうちの一つであり、中心の周りを円形に動くことで、地球は夜と昼とを生じると言っている」(1)。しかし彼らの主張はアリストテレスを納得させなかった。アリストテレスには実際は逆だとする多くの優れた論拠があった。たとえばアリストテレスは、もし地球が天を横切って移動するならば、我々は星の背景に一定の変化を観察するはずだと提起した。具体的には我々は、星と星のあいだの間隙に明らかな変化を見るはずである。一列に並んだ数個の物体があり、それに沿って走っていく人が見る場合を考えてみよう。それぞれの物体に向かう視線が一本ずつある。その人のもっとも近くにある物体どうしの方が、遠くに離れているように見え、もっとも遠くにある物どうしがいちばん近いように見えるだろう。しかしその人がそれらもっとも遠くにある物体に到達すると、その効果は逆になるであろう(2)。

同様に、地球が天空を横切って移動すると、星と星のあいだの相対的な距離が変化するはずだと予想される。もし地球が動いていたなら、古代の天文学者たちはそのような効果や他のことが観測できると予想することができただろう。だがそんな効果は観測されなかったので、アリストテレスは地球は全く動いていないと正当に主張したのである。

それでも、アリストテレスが亡くなってから(紀元前三二二)数十年後にはサモスの天文学者アリスタルコスが、地球は中心にある太陽の周りを周回して動いていると唱えていた。この件に関するアリスタルコス(紀元前二三〇年頃没)の論文は現存していないようだが、短い間接的な記述は残っている。特に

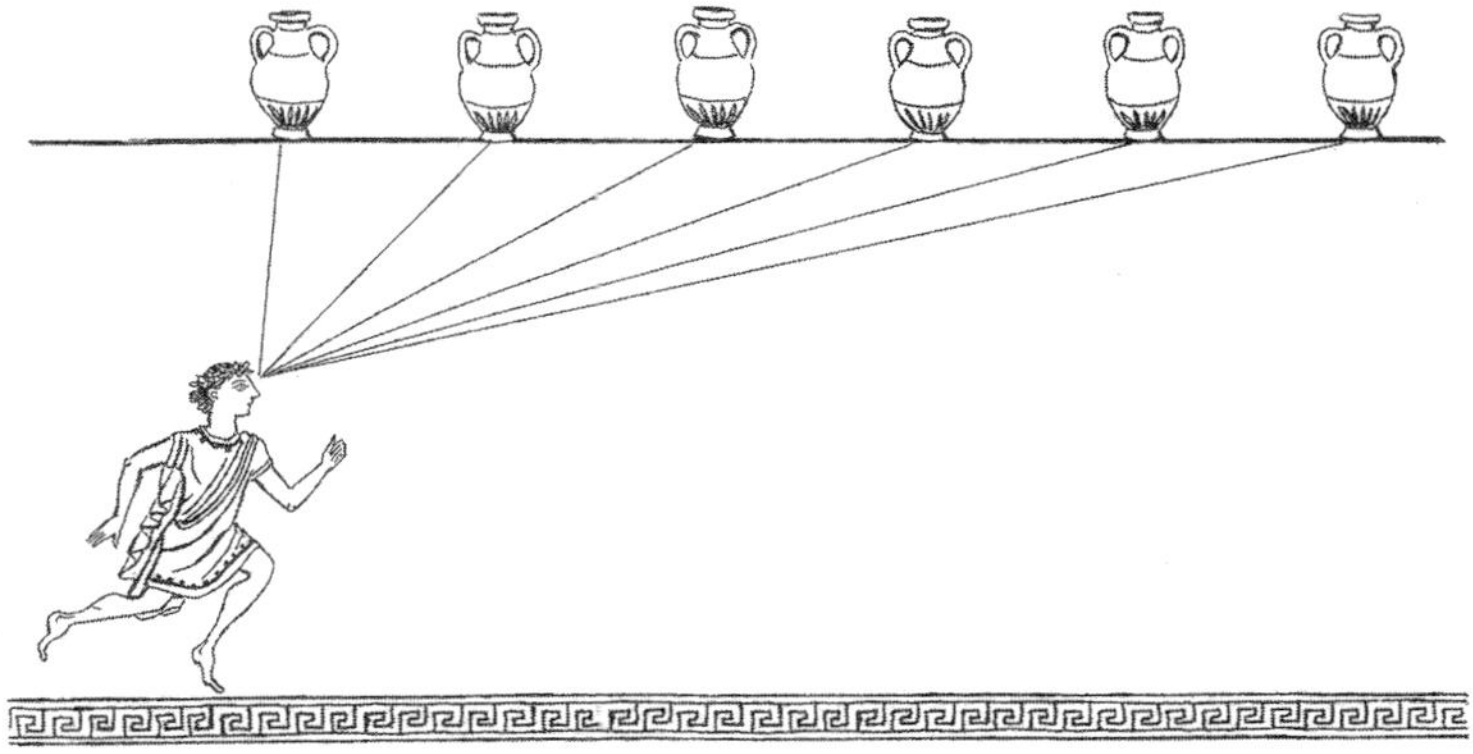

図 2.1.　一群の物体への視線。この男性が動くと物体間の間隙が変化するように見える。

アルキメデスは以下のような上奏の中でアリスタルコスの理論について述べている。

ゲロン王におかれましてはご存知でしょう。「宇宙」とは、大部分の天文学者によって天球に与えられた名称であり、その中心が地球の中心であり、その半径は太陽の中心と地球の中心のあいだの直線距離に等しいことを。これは天文学者からお聞きになったことがあるような、ふつうの説明です。しかしアリスタルコスは、ある仮説を含む書物を出していて、いくつかの前提からの帰結として、宇宙がたったいま述べた「宇宙」よりも何倍も大きいように思われると述べています。彼の仮説では恒星と太陽は動かないままで、地球が太陽の周りを円周上で回り、その軌道の中心に太陽が位置し、中心が太陽の中心と同じ恒星の天球はあまりにも大きいので、アリスタルコスが地球が回転していると想定する円の恒星までの距離と、天球の中心と天球の表面までの距離と同じ程度になります。(3)

アルキメデスは、多くの数学者や天文学者がそうしたように、アリスタルコスの理論を斥けた。問題は、それが途方もなく大きな宇宙を必要とするように見えることであった。星と星のあいだの距離が目で見てわかるほどは変わらない状態にあるためには、その距離が太陽の周りの地球の軌道に比べ、ほとんど想像もできないくらい大きくなければならない。引用文の最後のくだりは、星が地球から事実上無限に遠くに離れていることをアリスタルコスがはっきり主張したと述べているのである。

これとは対照的に、大プリニウスは西暦七七年頃、太陽から黄道十二宮の星までの距離が地球から月までの距離の三倍にすぎないと「洞察力のある天才ピタゴラス」が推論していたと唱えた。(4) ピタゴラスがそんなことを述べていたなら、もっと後のピタゴラス派のものとされる地球が動くという主張とは全く相いれないことになる。地球が動くのなら、星々とのあいだの距離には明らかな変化が生じることになるからだ。いずれにしろ大プリニウスはピタゴラスを嘲笑していた。ピタゴラスが「時たま」音楽理論を使って地球と諸天体との距離を音程として表し、それが七音による「宇宙の和音」を生むという、「説得力があるというより面白い工夫」をしているのをとらえてのことである。(5) 大プリニウスにどんな信用があったか私は知らない。しかし古代の権威を尊重し信用してしまう我々の反射的な行動をつき崩すためには、誰かが安易に唱えた、魅力あるナンセンスをいずれかでも頭に留め置くことが有用である。たとえば大プリニウスは、絶食中の人の唾液がヘビに対する最良の保護手段であると主張し、つばを吐くことのさまざまな魔術的、医薬的な効能を称賛し、てんかん患者、ハンセン病の皮膚の炎症、耳の中の昆虫、右側の靴に効くと述べている。(6) それでも大プリニウスは、自らが多くの書物の中で見出した知識を慎重に編集していた。ただ大きな問題点は、大プリニウスがピタゴラスの死後五〇〇年以上たってから書いたことだった。天文学者としてのピタゴラスに関してプリニウスがどんな典拠を使ったか、特

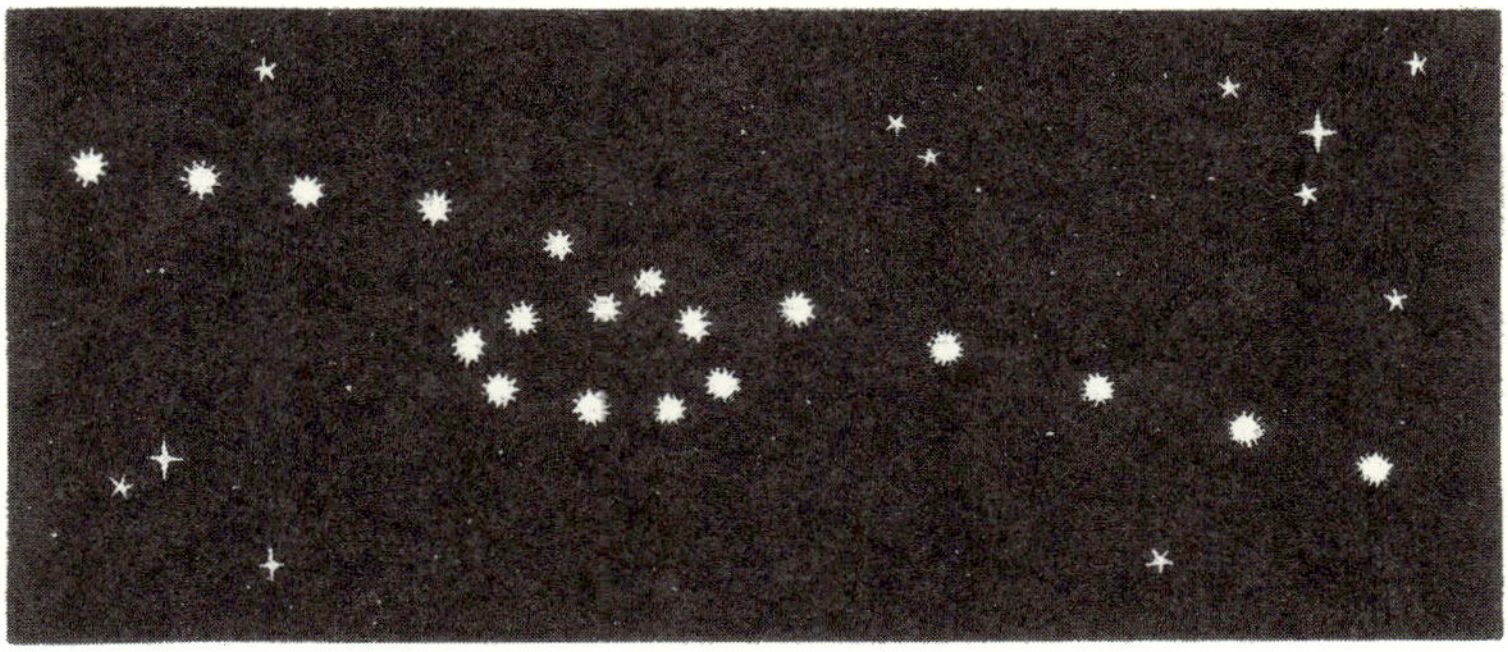

図 2.2.　逆行：火星を 6 カ月以上、背景の星に対して繰り返し描いていくと、火星は天空で輪を描く。780 日ごとに火星はほぼ 12 週続く逆行の輪を描き始める。

定されていないものについてはわからないが、その典拠の正確さは、アリストテレスのような、天文学について先行する学術的見解を述べた人々の多くがピタゴラスについてそんなことを言っていないらしいという事実によって疑問視される。

アリストテレスは何世紀ものあいだ広く用いられた天についての考え方を明らかにした。紀元後一五〇年頃にエジプトのアレキサンドリアにいたローマ市民、プトレマイオスによって体系的に改訂された。地球は宇宙の中心に動かずに留まったままであるとされ、他方、月、太陽、惑星、星はすべて地球の周りを円を描いて運行した(7)。月下世界にあるものすべては地球圏内にあるとされ、そこで事物は変化して崩壊し、激しい動き、死、そして腐敗が生じる。対照的に、月と月よりも上にあるすべては、完全で不変で永遠に変わらないとされていた(8)。すべての天空の動きは自発的なものであり、円を描いて進む。彗星も雨や雲と同様、消えてしまう一時的な現象なので、月よりも上の世界ではない、地球の大気圏で生じるものと推定されていた。

毎晩、星や惑星は見かけ上は円を描いて西へと向かう経路を通って天空を横切る。しかし惑星は継続的に少しずつ東方向へ遅れる。我々が火星などの惑星の位置を背景の星に対して追跡すると、円形の経路を通って西方へ一様に動くのではなく、火星は時として動きが遅くなって止まり、逆に動き出す。火星は後方へ円弧を描くように進み、次いでふたたび西方へと動き続ける。これは逆行と呼ばれ、古代の天文学者が何とか説明をつけたいと望んでいたものであった。天空に存在するものが動いたり止まったりすると思うと不安になったらしい。紀元前一世紀にギリシャの作家ゲミノスはこんなふうに書いている。

ピタゴラス派の人々は最初にこのような研究に取り組み、太陽、月、五個のさまよう星の動きは円形で一様であるという仮説を立てた。というのは彼らは、天上の不変なる事物において時に遅く動いたり速く動いたり、時として停止したままとなるような不規則性を受け入れられなかったからである。……規律を守る礼儀正しい人のふるまいであれば、そんな変則的な動きを受け入れることはできないだろう。地上の暮らしの営みは人間にとって遅い速いをもたらすことも多いが、星々のあくまで清浄な性質からすれば、速い遅いが生じる原因を挙げることはできない。このためピタゴラス派の人々は、一様かつ円形の動きでこの現象をどのようにして説明し得るか？　という問題を提起した。(9)

後にプトレマイオスも逆行について説明しようと試みた。彼は、火星などの惑星は一つの円の動きのみに沿って運行するのではなく二つであると主張した。地球の周りを回転する大きな天球があり、それが火星の軌道と同じくらい大きい経路をたどると想像してみよう。そしてこの天球上にその表面のある点を中心とした輪があり、火星はこの輪に貼りついており、この輪がその中心の周りをゆっくりと回転する。すると火星は、天球と輪（周転円）によって運ばれて進むとき、空に小さな環を描く。

幾何学的工夫がさらに加えられ、天体の経路、速度の変動を説明するために使用された。数百年の後、一つの伝説が発展した。二つの円では特定の惑星の動きを説明するのに十分でないと天文学者が見出すたび、さらに周転円を追加したのだ。一九六九年の段階で大英百科事典は、プトレマイオスの系では各惑星は四〇～六〇個の周転円が必要であったと書いている。にもかかわらず、歴史学者オーウェン・ギンガリッチは、惑星ごとに二個以上の周転円を使用した者がいたという証拠はないことを示している。[10] この物語は成長する一つの神話となり、プトレマイオスの系は馬鹿げているほど複雑でその厄介さゆえに体系が崩壊したかのように見えるものとなった。[11]

我々は、時代遅れの科学理論は馬鹿馬鹿しいほど複雑なものだが、現代の理論はすっきりと理屈が通っていると想像しがちである。だがプトレマイオスの地球中心説はきわめて有用で成功を収めていた。一四〇〇年以上にもわたって使用されたのである。それでも問題は拡大していった。プトレマイオスの地球中心の体系に基づいて天文学者たちは、太陽・月の食、惑星直列、分点歳差などの天文事象を予測する助けとなる数表を考案した。[12] 一五〇〇年代になる頃、これらの数表はユリウス・カエサルによって（紀元前四五年に）導入された暦と一致していなかった。たとえば、紀元三二五年には春分は暦によるその公式日である三月二一日に起こったが、数百年を経て春分は徐々に早く訪れるようになり、一五〇〇年になると三月一一日に起こるようになった。天文観察がもはや暦と一致しないので、問題であった。それでも人々は、両方を参照して復活祭などいくつかの重要な行事の日を決めていた。カトリック教会は季節と暦の不一致に悩まされ、そんな状況で一五一四年にローマ教皇レオ十世は天文学者の助けを求めた。

ポーランドの天文学者ニコラウス・コペルニクス、いわゆるコペルニクスが、この問題に助言する専門家の一人であった。彼は、プトレマイオスの主張する構造とその正確さに限界があることに不満だった。プトレマイオスのいくつかの円形の動きがそれらの中心に対して一様でないことを好ましくないと思った。そのため代替案を見出すために古代の書物を研究した。キケロの作品やプルタルコスの作とされる作品中で、フィロラオスを含むさまざまなピタゴラス学派の人々が言及されていること、彼らが地球が回転する、または動くことを主張していることを彼は発見した。[13] こうしてコペルニクスは、アリスタルコスの理論に類似した理論をひそかに構築し、地球が宇宙の中心ではなく惑星と同様に動いており、そして惑星が太陽の周りの軌道を周回していると仮定する方がうまくいくと論証した。意外にも、太陽を中心に置くことで、地球を含め惑星の軌道速度が規則正しい順序に収まること、つまり各惑星の速度が太陽からのその距離によって変わり、太陽に近いほど、惑星が速く動くことが判明した。コペルニクスは、地球が実際に太陽を回るなら、その回っているあいだにときどき惑星を追い越すので、惑星の見かけ上の逆行が観察されることになると考えた。

　天体は太陽の周りを回り、月は地球の周りを回り、すべてはプトレマイオスの説明と同じく円軌道を描いて動く。もっと早い時期にプラトンは、神は「宇宙を円運動する一個だけの円として創造し」、その部分部分はそれぞれの円運動をするものとしたと主張していた。[14] コペルニクスは、「常に回転しているのが完全な円の性質である」から、惑星が動くのだと主張した。また彼は惑星の軌道のずれを説明するために彼の体系に周転円の余地は残した。[15] それでもなお彼の理論は地球を天に置くことで天と地のあいだの障壁を打ち破った点もあって、それまでの伝統から離れていた。

　現在の教育方法により我々は、コペルニクスの体系を自然で単純で妥当なものとして見る。しかしコペルニクスの体系には、コペルニクスの同時代人に猛反発を抱かせたと思われる特徴があった。たとえば地球が一つの天体であるなら、なぜ地球は自転するのか？　他の天体は自転しているようには見えないのに。さらに地球が自転しているならば、なぜ物体は放り出されないのか？　さらにまた、地球が動いているならば、なぜ我々はそれを感じないのか？　物理学、天文学は我々の経験に基づくべきではないのか？　また、地球が本当に惑星であるとすれば、他の惑星も地球のような世界なのか？　他の惑星には人がいるということになるのか？　なぜ神は多くの世界を創造したのか？　イエス・キリストはそちらの人々のところにも現れたのか？　このような疑問はいずれも気がかりなものだった。

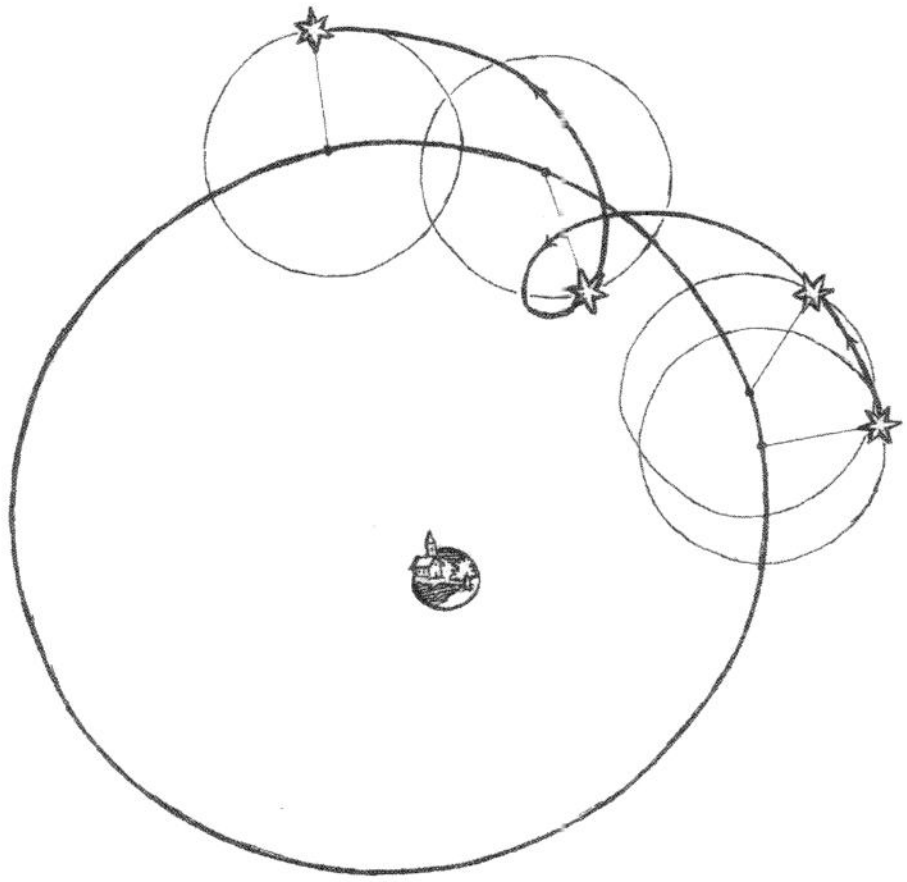

図 2.3.　円と周転円により、火星は地球の周りをくるりと輪を描いて運ばれる。古代人にとって火星は星と同類のものだった。

またコペルニクスの体系は周転円を有していたという理由もあって、プトレマイオスの系に比べて幾何学的に単純になることはほとんどなかった。コペルニクスの小さな周転円は逆行を生むためのものではなく、各惑星の速度変化の不規則性を説明するために使うものだった。

加えて地球の動きは、年間を通じた星と星のあいだの間隙の見かけ上の変化を必然的に伴うものであったが、そのような変化は観測されなかったので、コペルニクスはアリスタルコスと同様に、惑星や恒星のあいだの距離はとてつもなく大きいと主張した。これは、土星と恒星のあいだの間隙が、二つの惑星の軌道のあいだの間隙と同じくらいであるはずがなく、はるかに大きいということを意味する。土星と恒星のあいだの間隙は、太陽と土星のあいだの距離に比べて少なくともおよそ三万倍も大きいはずだ。頭の中に思い描いてみてほしい。なぜそんなにもとてつもなく大きい、ぞっとするほどの何もない空間が惑星と恒星のあいだに広がっているのか？　なぜ神はこのように並はずれて大きい何もない空間を創造したのか？　後にブレーズ・パスカルが述べたように、「この無限の空間の永遠の静寂には私は恐怖を感じてしまう」(16)。

　コペルニクスは自分の理論は酷評されるだろうと予想していた。カトリック教会がアリストテレスの説を採用していたこともその理由の一つである。彼はまた、正直な意見は内密にして友人たちにしか打ち明けないというピタゴラス派の有名な慣例に従った(17)。従って自分の研究を何十年ものあいだかなり秘密にした。それでもコペルニクスにとって、太陽を中心とする体系は、神の意図や事物の神聖なる秩序をみごとに証明するものであった。『天球の回転について』の手稿に、彼は「優雅な聖堂の灯火がすべてを同時に照らし得る場所、それ以外にこの灯火のためのどのようなより良い場所が見つかるというのか？」と記している(18)。しかしそれでも自分の天文学上の計算でも、太陽の中心が惑星軌道の中心に正確に位置しないことを彼は認めていた。

　コペルニクスは手稿の回覧は少しは行ったものの、何年ものあいだ、研究の公表を遅らせた。カプアの枢機卿やクルムの司教を含む彼の友人たちの幾人かは発表することを勧めたが、彼は抵抗した。一五三九年までには、「福音派」リーダー、マルティン・ルターは、コペルニクス理論のうわさを耳にしたようだ(19)。「愚か者が天文学の技全体をひっくり返すであろう」とルターが不平をもらしたという話があるのだ。しかしこの主張は、ルターの言葉を聞いてもいない者によって出されている。ルターから実際じかに聞いた者は、ルターが「新たな占星術師」が天文学をひっくり返そうと望んでいるが、「私は聖

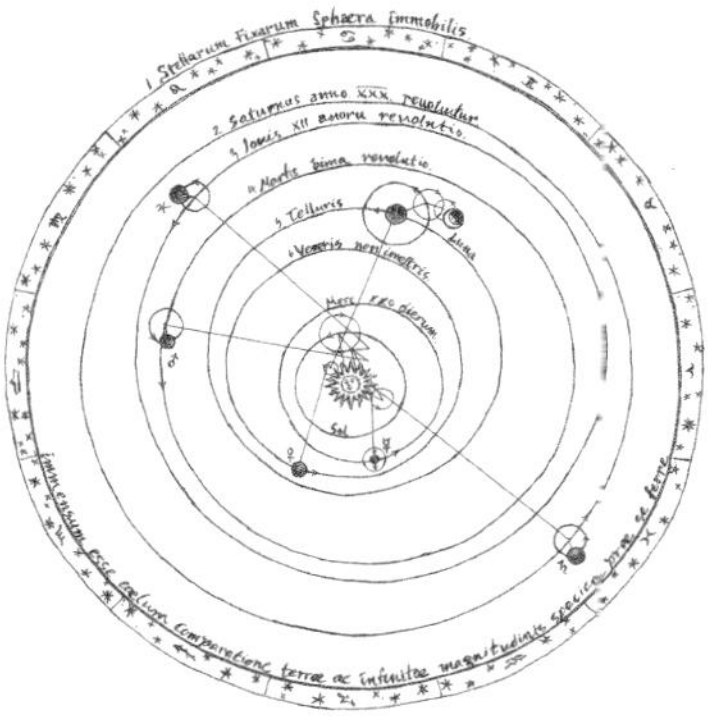

（右）図 2.4.　紀元 150 年頃のプトレマイオスの体系。地球は宇宙の中心で静止している。天空のすべては円運動をする。

（左）図 2.5.　1543 年のコペルニクスの円。太陽は中心近くにあり、不動である。地球や惑星は太陽の周りの軌道を周回する。星は静止している。

書を信じている。ヨシュアは太陽にとどまるよう命じた。地球ではない」と言った、と伝えている。(20)

一五四一年、六八歳となったコペルニクスはついに三〇年間の労作の発表に同意した。彼はパウロ三世に献呈し、「数学に全く暗いのに無駄話をする人々」すなわち「蜂のあいだにいる働きのない雄蜂のように哲学者のあいだにいる元々愚鈍な人々」からの軽蔑、中傷を自分がこれから受けるのではないか恐れているともらした。(21)一五四二年末も近くなって、コペルニクスは右半身が麻痺する脳卒中に見舞われた。徐々に快方に向かうあいだに、彼の書物の印刷の監督を手伝っていたルター派の神学者が匿名の但し書きを加えた。天文学には確実性が全くなく、そのため彼の研究が本質的には数学的計算に都合のよい「仮説」からなると主張する序文であった。(22)病床にあったコペルニクスは一五四三年五月二四日、自著の写しをついに受け取った。数時間後、彼は亡くなった。

地球が動くという考えは一般には歓迎されなかった。「改革派の」キリスト教指導者ジャン・カルヴァンは、

「自然の秩序をゆがめる人々」を非難した。「信仰においてのみならず、すべてにおいて錯乱し、奇怪な本性を得たり、太陽は動かず動いて回転するのは地球の方だと言ったりする者どもを見ることになろう。我々がそんな人々を見たら、彼らに悪魔が憑いたのだと言わなければならない」[23]。カルヴァンは、必ずしもコペルニクスのことを言っているのではなく（コペルニクスを読んでいなかった可能性がある）、そのような主張をした者をひっくるめて言及したのである。

ベストセラー作家アーサー・ケストラーが『天体の回転について』は「誰も読まなかった本」であると評したのはよく知られている。しかし歴史学者オーウェン・ギンガリッチは、この書物の実物を何十年もかけて追跡し、コペルニクスの研究が多数の読者を得ていたと結論づけた。読者の一人は著名な天文学者エラスムス・ラインホルトであり、彼はこの書を用いて時間ごとに天体の位置を与える表を計算し、その表は後に暦を修正するのに一役買った。コペルニクスの書にはラインホルトの注釈がびっしり施されており、そこには「天空の動きは、円形で一様であるか、または円形で一様な部分からなっている」と大いに喜んでいるところがある[24]。

この理論を信じるようになったもう一人の人物は、イギリスの数学者トーマス・ディッグスである。一五七二年、新たな明るい光が天空に見られた。ディッグスはそれが星であると推測し、ずいぶん長いあいだ天文学者は間違ってきたが、天空は不変なものではないと結論づけた。月下世界はやはり、ディッグスの言うところでは「死の帝国」だったが、天にも変化があったのだ。このようにディッグスは、天空について別の説明を考慮するのが賢明であると考え、そのため、古代のピタゴラス学派やコペルニクスのものと彼が考えた「天球の完全な記述」を採用した[25]。

また一五七二年に、デンマークの天文学者ティコ・ブラーエは同様に天空の新しい明るい光に強い印象を受けた。ブラーエは裕福な貴族で、鼻の鼻梁の部分が決闘で切り落とされたため、顔の中心に穴があいていて、銀や金の塊をはめていた(26)。黄金の鼻をもつこの男は、卓越した正確さで星や惑星の位置を測定する装置を発明した。そしてこの新しい明るい光が他の星に対して動かないのを見た。つまりそれは月下世界の大気中で起きたことではないのだ。実はそれも星であった。これもやはり、アリストテレスが天空の性質について間違っていたことを意味した。

地球に変化があるように天空にも変化があることによって、地球も天空にあると考えることができたのである。トーマス・ディッグスは、コペルニクスの体系の要約を英語で発表し、星が天球に埋め込まれているのではなく、惑星を超える無限の空間中に広がっているのだと付け加えた。ディッグスにとって星々がある無限の球体は、「悲しみのない、完全な永遠に続く喜びに満たされた天空の天使の中庭そのもの、すなわち神に選ばれし者の住まい」なのであった(27)。

地球が本当に動いていたなら、何らかの観測可能な証拠を見ることができるのでは、と天文学者たちは期待した。だからディッグズは、年々、一年全体で見れば、地球が新しい星の方へ動いたり、またその星から離れるにつれて、おそらくその星が周期的に輝いたり暗くなったりするのだろうと予想した。しかしそのような効果は全く観測されなかった。

そうこうしている間に、カトリック教会の天文学者たちは復活祭などの宗教行事の日を決定するために暦を定め直した。一五八二年にローマ教皇グレゴリウス十三世は、暦を天文現象と一致させるように一〇月四日の翌日を一〇月一五日とすることを布告した。一〇日間が一度に飛ばされてしまった。一五八二年一〇月五日には何があったかといえば、何もなかった。その日は存在しなかったのだ。(正確にはイタリア、スペインなどこの暦をすぐに採用したほんの少数のカトリックの国々においては)。ティコ・ブラーエはルター派だったが、この新しいグレゴリオ暦の価値を認めていた。

コペルニクスと同様、ブラーエもプトレマイオスの幾何学的な工夫のいくつかを嫌っていた。ブラーエはコペルニクスの仕事は評価していたが、数学的な工夫として評価していただけであり、地球が動くとは信じていなかった。天文学者たちは地球が動くならば、星の何らかの相対的な変位すなわち視差が観察できるはずだと思った。コペルニクスは、自分の仮説からすれば必然的に視差が生じることはわかっていたが、そんな効果は知られていなかった。そのためアリスタルコスと同様、星は非常に遠くにあり、また互いに遠くに離れていると主張した。ブラーエは、コペルニクスを評価する方法として恒星の視差を求めることはしなかったようだが、一五八三年には、火星がプトレマイオスが予想したより地球の近くにあるかどうか確認するため、火星の軌道の視差を検出しようと試みた[28]。そんな効果は発見できなかったので、彼は地球が動くことを認めず、さらに地球が動くことは聖書に反するとして一笑に付した。

しかし聖職者の中には地動説を評価する者も少しは存在した。一五八四年にスペインの神学者ディエゴ・デ・スニガは、ヨブ記についての注釈書を出版した。その中で「彼は地をその場所から動かし、その柱は揺れる」というヨブ記第九章第六節での神の描写は、大地が動くことを言ったように見える、と述べている[29]。スニガはこの一節はコペルニクスや「ピタゴラス派の人々の見解」によって説明できると主張した。伝道の書第一章第四節には「世は到来し、そして世は過ぎ去るが、地は永遠にとどまる」などというところがある。これは見たところ反対のことを述べているように思われる節であるが、スニガの主張によれば、これは地球の動きに言及しているのではなく、地球の永続性に言及したものだという。ところでティコ・ブラーエは彗星も観測していた。アリストテレスやプトレマイオスによれば、彗星は天の現象ではない。なぜなら彗星は変化を示す、すなわち現れたり消えたりする上に、円軌道で動いてはいないからである。そこで天文学者や哲学者は、彗星は月の軌道よりも下で、これまた地球大気がもたらすものとして現れると述べた。しかし一五七七年にブラーエは彗星を観測し、星に対する相対的な視差を注意深く測定した。彼は彗星が月の軌道より下にいるには彗星が示す視差は小さすぎることに気付き、彗星はもっとはるかに上にいるという結論を出した。このことはアリストテレスが誤っており、彗星は大気中の現象ではないことを意味した。古代の説が間違っていることが判明した。つまり天空にも変化があってもいいし、円運動でないものがあってもいいのだ。

天文学者でない著述家の中には、アリストテレスやプトレマイオスを誤解している者がおり、古代の説がダイヤモンドより硬い「絶対的な固体」の透明な材料からなる球体に惑星が埋め込まれているとアリストテレスやプトレマイオスが主張していたようにとらえていた。[30] ブラーエはそのような誤解を信じていた。しかし一五八五年に彗星を解析することにより、クリストファー・ロスマンは、彗星が惑星の軌道を横切って動くのを発見し、硬い天球が惑星を隔てているわけではないことを立証した。後にロスマンへの手紙の中でブラーエは、この発見は自分のものだと述べた。彼は、ピタゴラスやアリストテレスさらにはコペルニクスにまで共通する意見を論破したと主張した。実際のところ、彼らのいずれかが天球についてのそのような解釈を主張したかは証拠がない。残念ながらブラーエは歴史的批評眼をそれほど備えておらず、「誰がいつ、何を述べたかを調べるために彼の先達の著作を吟味する時間を割こうとはしていなかった」のである。[31] 従って、後の歴史学者は誤って、硬い球体は古代の考えであると何度も述べ、壮大な一般論を普及させ、誤りを繰り返した。

ブラーエはプトレマイオス理論の不正確さを発見したため、天空についての彼自身の説明を打ち出した。黄金の鼻をもつこの男は、我々はどうしても経験のせいで、地球が宇宙の中心にとどまり、その周りを月、太陽、星が回っていると受け入れてしまうと主張した。その上で彼は、惑星は太陽の周りを回るのだと主張した。ブラーエの体系は理屈に合っており、物理上の理解と調和しており、コペルニクスの体系の数学上の便利さの一部をそっくり残していた。ブラーエの体系には、火星のわずかな視差を含め、コペルニクスの体系に伴う同じ現象が必要だった。一五八七年にブラーエはその視差を検出し、それを彼自身の体系を支持する証拠と解釈した。

一五九九年にブラーエは当時神聖ローマ帝国の首都プラハで、皇帝ルドルフ二世の皇帝づき数学者に任命された。しかしブラーエは宮廷儀礼と暴飲暴食がたたってか、二年後に没した。彼の助手であったヨハネス・ケプラーはブラーエの最後の日々を次のように語っている。

一〇月一三日、ティコ・ブラーエはローゼンベルヒ尼とともに高名なミンコヴィッチ殿と食事をした。手洗いに立つのをいつもより長く我慢して、ブラーエは座ったままでいた。彼は飲みすぎて膀胱に圧迫を感じたが、礼儀を重んじたのだ。自宅に戻ると痛みは最高潮に達し、まだわずかに排尿はできたが、やはり閉塞になってしまった。激しい発熱と不眠が続き、しだいにうわごとを言い始め、彼が手を伸ばさずにはいられずに食べた料理のせいで事態は悪化した。……臨終の晩、うわごとはすっかり穏やかなものになり、詩でも作る人のようにこんな言葉を繰り返していた。虚しくは生きなかったようだ。(32)

黄金の鼻の男は一六〇一年一〇月二四日に没した。彼がおよそ三八年間にわたり記録した労を惜しまぬ観察はこうして幕を閉じた。四〇〇年後、ブラーエの遺骸から取った毛髪の法医学分析によると、彼の体は有毒な量の水銀を摂取しており、それが病気や死をもたらしたか、または早めたのであった(33)。

その後ブラーエの協力者であったケプラーが皇帝づき数学者となり、惑星のデータを受け継いだ。ケプラーはドイツの数学者できわめて信心深かった。コペルニクスの仕事の中に、ケプラーは神による天空の真の設計と自らが見なすものを発見していた。

ブラーエが没する数年前、宇宙の数学的秩序を見出そうとしたケプラーは、なぜ地球を含めて六つの惑星しか存在しないのかを研究していた。彼はまた、なぜ六つの惑星間の距離がそれぞれの定まった大きさを有するのかと思っていた。ケプラーは古い著作を検討した。プラトンおよびおそらく初期のピタゴラス学派の人々が宇宙の順序における五つの正多面体をいかに非常に重要だと考えていたかを示す著作であった。正多面体は、角錐（四面）、立方体（六面）、八面体、十二面体、二十面体のように、同じ形の面のみから構成される数であり、各面の辺の長さも同じである。五世紀のプロクロス（五世紀のギリシャの新プラトン主義哲学者）によれば、ピタゴラスは「宇宙的図形の構造」を発見したというが、我々はこれを裏付ける証拠をもっているわけではない(34)。ケプラーはこのような考え方に感銘を受け、惑星の軌道は

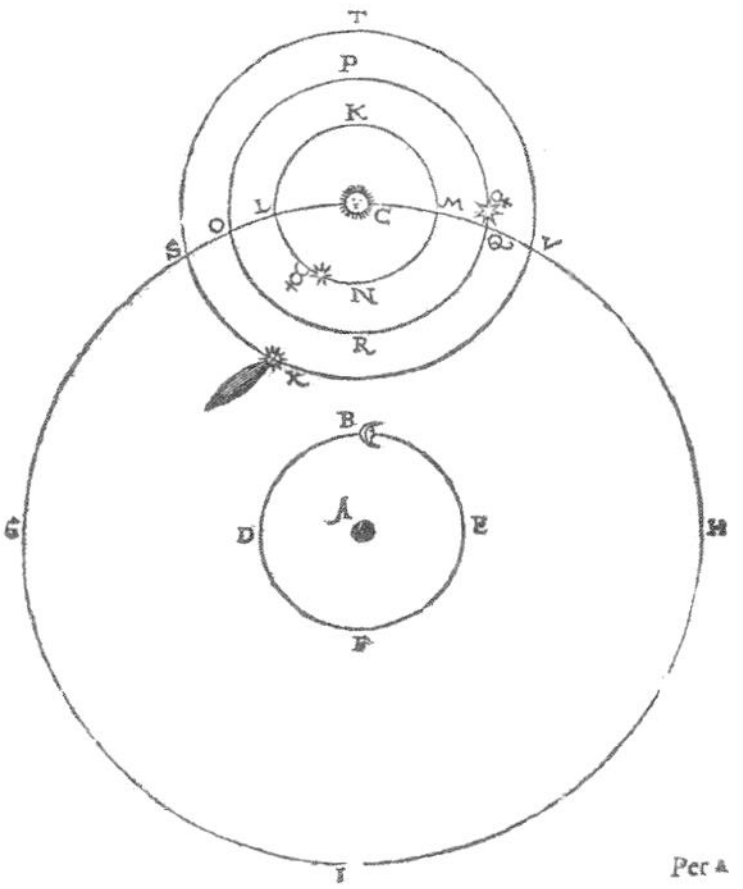

図 2.6.　1588 年のブラーエの円。地球は中心にあって、不動である。月や太陽は地球の周りを回るが、惑星は太陽の周りを回る。

五つの正多面体によって隔てられると推測し、その推測によって、惑星の数とそれらの相対的な間隔を説明できると考えた。

土星の軌道を表す球体を考えてみよう。その内側に立方体を置き、さらにその立方体の内側にその立方体に合うようなできるだけ大きなもう一つの球体を置くとしよう。この二つめの球体が木星の軌道となり、次いでこの球体の中に四面体（四面からなる角錐）を内接させ、さらにこの四面体の中にもう一つの球体を内接させるとすれば、後者の球体が火星の軌道を与える。その内側に十二面体を置き、今度はそこに地球の軌道ができ、それに二十面体が続き、そこに金星の軌道ができ、最後に八面体で、その中に水星の軌道ができる。

六つの惑星の軌道間に六、四、一二、二〇、八の順序で五つの正多面体を置くことで実際に惑星間の相対的な間隔が与えられるのだ。ケプラーは宇宙に関する神の崇高なる設計図の証拠を見つけたと考えた。

この幾何学的体系は現在から見れば滑稽に思われる。しかし惑星間の距離にかなり近いものを再現するので、今から考えると驚くべきことだった。ケプラーは『宇宙の神秘』を一五九六年に出版した。彼はコペルニクスの理論と聖書の整合性について説明する序章を含めることを希望していたが、チュービンゲン大学の評議員会はその部分の削除を求めた。ケプラーはおとなしく従った。「我々はピタゴラス学派の人々を彼らの慣例も含めて見習うことにしよう。個人的に我々の意見を求める人があれば、その人のために我々の理論をわかりやすく解析して差し上げたい。ただ公的には沈黙を守りたい」(35)。

古代の著作家たちと同じくケプラーもまた、ピタゴラスが惑星の動きが生み出す宇宙のハーモニーつまり「天球の音楽」を聞くことができたという主張に言及した(36)。そして宇宙の想定された数値的、幾何学的な調和の中でよく機能しないものがあったら、ひょっとしてピタゴラスが死者の世界から蘇って自分を助けてくれるのではないかと期待した。しかし「たぶんピタゴラスの魂が私に乗り移らない限りは」そんなことは起こらないとケプラーは書いている。[37]

　ところで、コペルニクスの考えに注目した変わり者は他にも何人かいた。特にイタリアの哲学者で司祭のジョルダーノ・ブルーノは、同様の見解をもち、理論を採用して発展させた。ブルーノは周転円の理論を嫌って、それをアリストテレスの誤った理論の単なる松葉づえにすぎないと見なした。[38]彼は完全に球形の物体はなく、すべての自然の動きは中心周りの一様な円を描く動きからはかなりはずれていると主張した。[39]ブルーノは天体の完全な円運動を否定し、惑星の経路はむしろらせんに近いと主張した。彼はさらに星は太陽なのであり、宇宙は無限で、地球のような世界が他にも存在すると論じた。何百年も前に、ピタゴラス派の人々の中にそれぞれの星が無限の宇宙の中のそれぞれの世界であると主張する者がいたとも伝えられる。[40]ブルーノはカトリック教会が禁じていた書物を研究し、アリストテレスの自然学と彼の有限の宇宙とを攻撃した。

　ピタゴラス派の人々と同様にブルーノは、魂は繰り返し生まれ、動物にさえ生まれ変わると

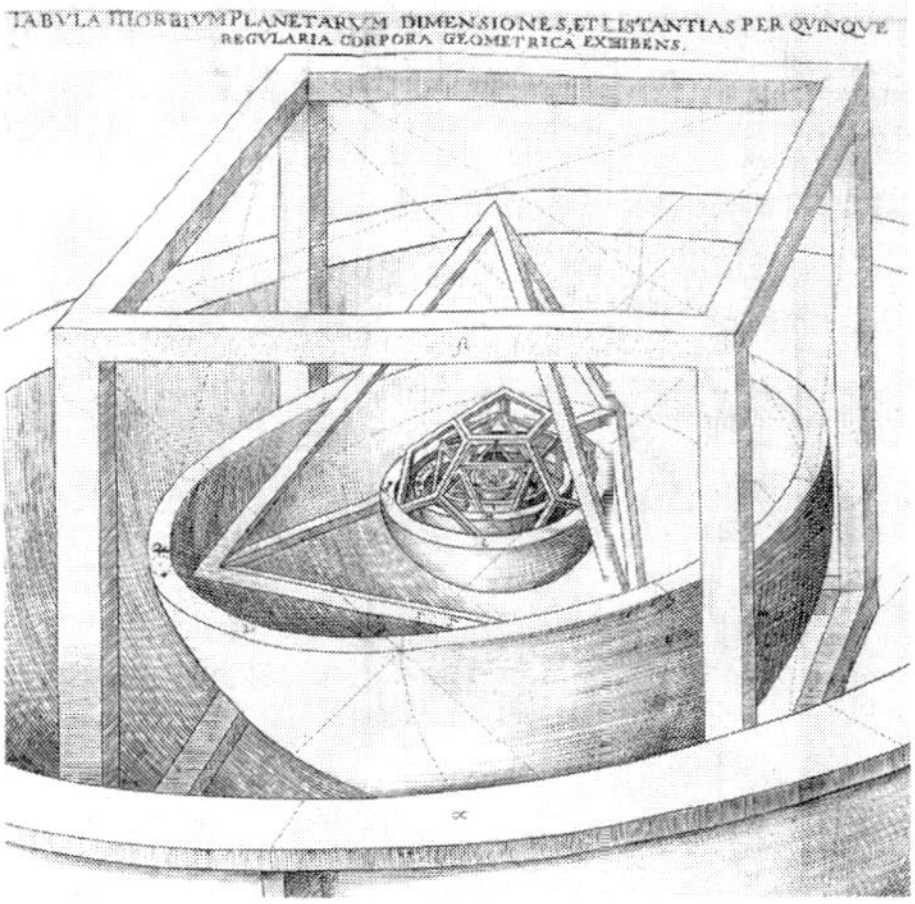

図 2.7.　1596 年のケプラーの体系。5 つの正多面体をあいだに配置することで、太陽を中心とする円軌道間と 6 つの惑星との距離について説明した。

主張した。さらに彼はイエス・キリストについて異端の考えを受け入れ、イエス・キリストを賢い魔術師と見なし、イエスが処女から生まれたことを疑い、イエスが実際には神ではなかったと否定した。ブルーノはまた理性によって見出される知識が信仰によって得られた知識より優れているかのごとくふるまった。そんな考えのせいで、カトリック教会は彼を裁判にかけて破門する準備をした。ブルーノは教会を逃れ、そのあいだに破門されてしまった。そこで彼はカルヴァン派の信徒の側についたが、そこでも敵意をもたれてしまった。彼を拘束して破門しようとしたので今度はブルーノはルター派の教会に接近したが、さまざまな教会が平和に共存するべきだと主張したため、ルター派の信徒は一五八九年に彼を破門した。一五九二年にブルーノはカトリックの異端審問所によって夜中に寝床から連れ出され、幽閉され、何年も裁判にかけられた。ついに彼は、自身の神学上、哲学上の考えの撤回を拒んだため、異端審問所は彼を異端の罪を犯したと宣告、死刑判決を下した。一六〇一年二月一七日、異端審問所の執行者はブルーノを縛り、カンポ・デイ・フィオリの広場に運び、そこで彼の口に舌枷をして黙らせた。そして見物人の前で木製の柱に縛り付け、生きたまま火刑に処した。

作家たちはしばしば、ブルーノがコペルニクスを信じ、世界の無限性を信じていたせいで処刑されたのだと主張する。(41) ブルーノは科学の殉教者だったのだろうか？　実際のところは、異端審問所の記録からブルーノの書類の多くが紛失しているので歴史学者は確かなところを知らないでいる。ただ少なくとも彼は表現の自由の殉教者ではあったのだ。

ガリレオ・ガリレイもコペルニクスの体系を採用したイタリア人の一人で、一五九二年にパドヴァ大学の数学教授になった。この地位はブルーノが得ようとして得られなかったものであった。一六〇九年にガリレオは、あるオランダ人が遠方にあるものを見るための小型望遠鏡を発明したことを知った。そこでガリレオは光学原理に基づいて設計したレンズを磨くことにより、さらに遠くを見る望遠鏡を組み立て改良する方法を発明した。一六〇九年の末、ガリレオは彼の革新的な望遠鏡を用いて驚くべき天体現象をいくつも観察した。ある歴史家の言葉を借りるなら、「一二月と一月のおよそ二カ月のあいだに彼は、それまでの、そしてそれ以降の誰よりも多い数の、世界を変えた発見を行った」のであった。[42]

一六一〇年五月、ガリレオは『星界の報告』と題する著作の中で自らの観察結果を発表した。月の山脈を彼は描写し、天の川が複数の星からなること、四つの光る物体が木星の周りの軌道を周回していることを述べた。これらの発見はめざましく、コペルニクス説の理論を支持していた。コペルニクスの説はピタゴラスの理論であったとガリレオも考えていた。[43] コペルニクスはピタゴラス派を信じるだけだったが、ガリレオはさらなる独自の一歩を加えたわけである。

ガリレオは月に山脈や谷があるのを見たが、これは、アリストテレス、プトレマイオス、その他大勢の考えに反して、月が真の球でないことを示していた。従って天空の物体は全部が完全ではないのだ。月は地球に似ており、明らかにそれも一つの天地であった。少なくとも天体の中に地球に似ているものがあったわけだから、地球も天体なのかもしれなかった。これはコペルニクスがそうであるはずだと考えていたことである。同様に、天の川が実は遠方の星々からなるとすれば、宇宙はたいていの天文学者が想像していたよりはるかに大きいものとなるだろう。

ガリレオはまた木星の周りをさまよう四つの光を見た。つまり木星が天体の動きの一つの中心ということだ。木星の周りの物体は月のようであった。だから地球と木星は似ており、地球も惑星なのかもしれない。さらにプトレマイオスの系は今となっては誤りか、または不完全であり、すべての動きが地球中心というわけではなくなった。動きに複数の中心があるのなら、地球が太陽を中心とする軌道を回っているると想像することもできるだろう。さらに言えば、木星もおそらく地球のような一つの天地なのだろう。

昔の言い伝えでは、ピタゴラス派の人々の中には月には地球と同様に大型動物や美しい植物がいると考える者がいたという(44)。何年ものあいだ、ケプラーは自分が月へ旅行することを夢みる一つの物語の草稿をしたためていた。その物語の中では、年老いた母親が息子に自分は月と会話できるのだと述べ、息子に霊の魔法の秘術を見せている。すると異星の魔物が少年と母親をすばやく月への危険な旅路に乗せ、(洞窟に隠れている)そこの住人と出会い、天文学について話を交わし、太陽を避ける蛇のような奇怪な生き物や、毎日日光が当たると死んで夜には蘇る生き物を目撃した(45)。

そんなときにケプラーはガリレオの発見を耳にした。彼はすぐさまその発見がコペルニクス説の見解を支持することを理解した。月に本当に山脈があると知って、ケプラーは思った。月に住む生き物がいるのだ！　彼はそれらが大型の生き物であり、太陽からの耐えられぬほどの灼熱から自分たちを保護するために時間をかけて粘土で壁を築いたのだろうと考えた(46)。しかし魅惑には恐怖も混じる。最初ケプラーは、木星近くの光が実際は木星の周りではなく遠くの星の周りを動く惑星なのではないかと恐れていた。ケプラーは木星上に生き物がいることも想像したが、太陽が万物の中心ではないかもしれず、数えきれない星がその周りに他の世界を伴う、別々の太陽かもしれないということは、とんでもないことに見えた。彼はブルーノの見解を恐れていた。

一六一〇年一二月、ガリレオは目をみはるような新たな発見を公表した。金星が月のように満ち欠けを示すことである。彼はこの発見を、コペルニクスを支持する強力な証拠として提示した。

古代以来、天文学者は金星がいつも太陽の近くに留まるのを知っていた。二つの別々の星と思われて

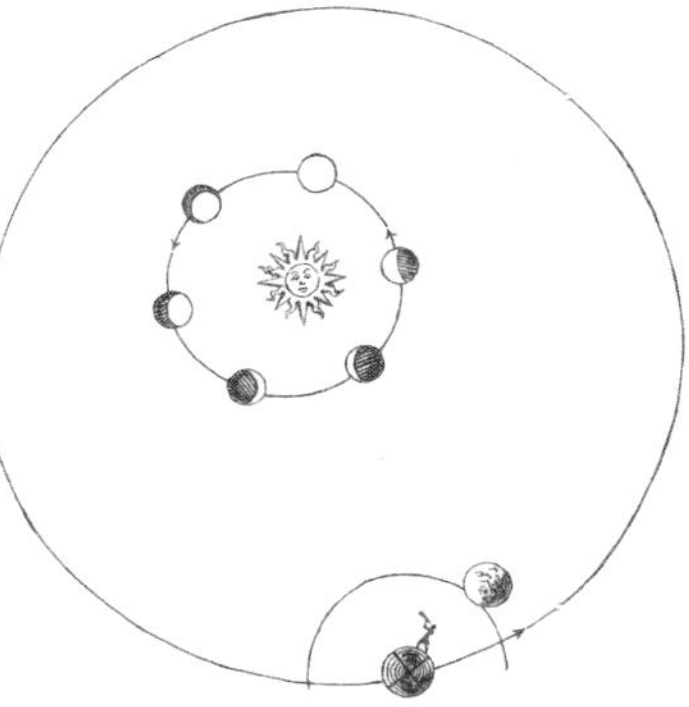

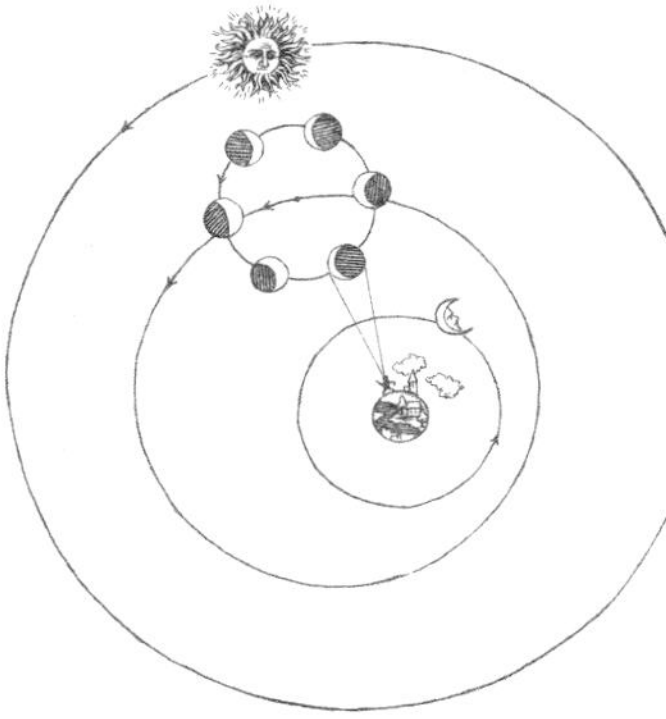

（右）図 2.8.　プトレマイオスの系。金星がその周転円を動く際に地球から観察されるであろう満ち欠けを示している。
（左）図 2.9.　コペルニクスの系。金星が太陽の周りの軌道を周回する際の金星の満ち欠け（地球から見た満ち欠け）を示している。

いた、太陽の近くに現れる明けの明星と宵の明星とが本当は一つの惑星つまり金星であることを、ピタゴラスは発見していたのではないかと考えられた[47]。たとえ金星が周転円上を動くとしても天空上で太陽の反対側に位置することは決してないであろう。従ってプトレマイオスの系では、金星は地球に向かって完全に日の当たる面を見せるはずがないことになる。一六〇〇年代になる頃には、プトレマイオスの系はさまざまな説明で解釈されており、ある説明では金星の軌道は太陽の軌道の下にあり、別の説明では金星の軌道は太陽の軌道の上にあり、さらに別の説明では金星は周転円上を動かないとされた。地球中心のこれらのどの説でも、ガリレオが望遠鏡を通して観察した一連の満ち欠けを金星が示すとは述べていなかった。しかし彼は金星が太陽の周りを動いていることに符合する満ち欠けを見たので、金星の満ち欠けがコペルニクス説の系の真実を示すものだと結論した。

　ガリレオの発見は驚くべきものであり、すぐに公の注目を浴びたが、それでも懐疑的な人は多く、大部分の人は納得しないままであった。教授たちの中にはガリレオの望遠鏡で作成された像を信じない者もあった。彼の装置を覗くのを拒む者すらいた。そんな状況にあった彼は、ケプラーに手紙でこぼしている。「親愛なるケプラー、我々があの連中の常軌を逸した馬鹿さかげんを嘲笑してやることができればいいのですが。たらふく食べた蛇のような梃子でも動かぬという態度で、何千回もの私の努力、招待にもかかわらず、惑星や月、私の望遠鏡を見ることを拒んでくる、この大学に君臨する哲学者たちについて、貴殿は何とおっしゃることやら」(48)。それでもガリレオは装置を改良するとともに新たな観測を続けた。彼は自分の装置を用いて太陽の像を投射し、驚くことに太陽に黒点があることを見出した。人々が考えていたような、完璧な均一な天体ではなかったのだ。そのうえ黒点は動いていた！　彼は黒点がおよそ二七日間かけて太陽を一周することに気づき、太陽が軸上で自転しているに違いないと結論づけた。従って、とガリレオは推論した。このことは、少なくとも天体の中には自転するものがあること、だから地球もまた、コペルニクスが言っていたように自転することを証明している。またしてもガリレオの主張は酷評された。たとえばイエズス会士クリストフ・シャイナーは、黒点は太陽の上にあるのではなく、たくさんの月からなるのだという説を立てた。

そんな非難をものともせず、ガリレオの練り上げた宇宙像は格好がついた。それは基本的にはコペルニクスによって提出された説であるが、ガリレオは、木星に四つの衛星を追加し、また太陽が宇宙の中心で自転しているという考えを提出した。ある人々にとってはコペルニクス説は、太陽の動きに言及した一節を含む聖書と両立しないものだった。ケプラーやガリレオはそれは問題にならないと考えた。今日でも朝に太陽が昇ると言うのとちょうど同じように、聖書は人の感覚を言葉にして書かれたものだから、と彼らは主張したのである。ケプラーやガリレオによれば、聖書は天文学を教えることを意図している訳ではなく、天文学は、聖書をより良く理解するため、キリスト教に役立つように追究することができるものであった。

しかし問題は、聖書をいかに適切に解釈するかについてさまざまな教会が争っていたことだった。一五四六年のトレントの公会議以来、カトリック教会は、聖書を文字通りに読む個々人によって聖書は理解することができるという宗教改革者の主張に対し、カトリック教会にのみ聖書を解釈する権利があるとしていた。一方、「異端者たち」は聖書を読む権利を主張した。ガリレオはと言えば、一六一三年に、アリストテレスの解釈に対して自然の書すなわち「世界というこの偉大な書」を読む権利を主張した。(49) また、ガリレオの意見はイエズス会士に対しては失礼だった。ガリレオは敬虔なカトリック教徒ではあったが、彼の言っていることは、天文学者や数学者が神学者の教令集からは独立に神の創造物を理解できるということだった。

ところでナポリでは、カルメル会のある神父が「ピタゴラスおよびコペルニクスの主張」の弁護を書いた。その神父、パオロ・アントニオ・フォスカリーニの考えでは、地球が動くというピタゴラスやコペルニクスの主張は「全くの狂気の沙汰」であり「もっとも奇妙で奇怪な意見のうちの一つ」であるように思われる——が、彼らの意見は理屈によらず主に習慣によって否定されたのだということだった。新たな天文学の証拠が出れば、ふたたび「威厳のある白いあごひげの古代の人々が間違っていて、それなのにあまりに容易に信じられてきて、その誤った想像が厳かに語られてきた」ことがたぶん証明されるだろう、という。(50) ピタゴラス派の解釈は、地球は不動であると述べたように見える聖書のさまざまな一節と両立できるものだ、とフォスカリーニは詳しく論じた。彼は、球体と円形の寄せ集め、つまり「周転円、エカント、従円、離心円、その他実物というより頭の中のものに見える何千もの空想や妄想」を非難した。

フォスカリーニは表向きは自身の論証を、うやうやしくローマ教会の判断に委ねているが、ホラティウスの書簡詩から「私には、いかなる主君であろうと、その命じるとおりに誓う義務はない」という詩句を引用していた。その理由は、彼の主張によれば、教会はおそらく信仰や救済の事項について誤ることはないであろうが、実践的哲学的判断では誤る可能性があるからだった(51)。フォスカリーニによれば、聖書はたとえば神については、歩いたり、顔や目があり、怒ったりするというようなイメージを有するものとして言及し、死については、食したり動き回ったり、声を上げ、影があるものとして言及するように、さまざまな隠喩や通俗的な物言いを含んでいる。すべてを超越する霊的な天国と惑星の天空とは異なるものだと彼は主張し、地球の中心にある地獄が天を通って太陽の周りを回るという「奇怪で非現実的な」考えを擁護した。コペルニクス、ケプラー、ガリレオの知見に照らしてフォスカリーニは、ピタゴラスの主張はかなりありそうなことであるし、必ずしも聖書とは矛盾しないのだと結論づけた。

フォスカリーニとガリレオに対する告発に応じて、カトリック教会が介入した。一六一六年にコペルニクス理論を検討するために異端審問が開かれた。ジョルダーノ・ブルーノに対する死刑裁判の異端審問者であったロベルト・ベラルミーノ枢機卿が参加した。さて、繰り返し顔を出す一つの神話がある。カトリックの神学者が主に悩まされたのは、人類が文字通り神の創造の中心ではないという考えだったという神話である。しかし歴史を調べてみるとその証拠は示されていない(52)。地球の奥にある宇宙の中心というのは、そこを実際に地獄の場所と信じていたベラルミーノのようなカトリック教徒にとっても、とくに特権的な場所ではなかった(53)。コペルニクスの仕組みが違反しているように見えたのは、ガリレオがそれを、教会指導者の解釈に反して、聖書解釈のための権威ある典拠だと唱えたからだった。ベラルミーノ枢機卿は、地動説の問題は実際は信仰の問題ではないけれども、それでも、太陽が天空にあり地球の周りを動くと信じるすべての使徒、預言者、注釈者など、その言葉が伝えられているかの人々を信じるかどうかの問題である、と述べた。そして今までのところ地球が動くという証拠も証明も存在しないので、聖書の伝統的解釈を放棄することも、トレントの公会議に反することも不適切である、と主張した。[54]

一六一六年にカトリック教会の検邪聖省は、「聖書と全く相いれない、ピタゴラス派の誤った学説」を弾劾した。[55] 枢機卿たちは、太陽が動かないという主張は、「哲学的に愚かで不合理である上、この主張は、言葉を文字通りに解釈すると多くの箇所で聖書の意味と明らかに矛盾するので、形式的に異端」である、と結論づけた。[56] 従って太陽中心説を擁護することも持ち続けることも不可能になった。聖省は、コペルニクスとスニガの書物を修正されるまで閲覧禁止とした。より徹底的にカトリックの教義を擁護するため、聖省は、フォスカリーニによるピタゴラス説の小冊子や将来にわたるすべての同様の著作を「完全に発禁かつ没収の宣告を行った」。[57] 同様に異端審問者たちはガリレオがコペルニクスの考えを信じるのを禁じ、ベラルミーノ枢機卿はガリレオに地動説を信じて擁護することを禁ずる証書を与えた。しかしガリレオは、少なくともこの理論を思索上の仮説として自身が考察したり教えたりすることはできるものと考えていた。何と言っても聖職者たちは、コペルニクスの系がある種の数学的な利点を備えていること、つまり惑星の位置の計算を簡単にすることは認めていたからだ。

その頃、ケプラーは別の困難に直面していた。妻がハンガリーの発疹チフスと癲癇発作にみまわれた。子供のうち三人をすでに亡くしていたし、後に妻も亡くした。再婚したが、その後に生まれた赤子も三人亡くした。また宗教上の問題も抱えていた。ケプラーは、ルター派信徒であったが、分裂したキリスト教の和解を望んでいた。「大きな三つの派が互いに悲惨なほどに真実を引き裂くとはなんと嘆かわしいことだろう」[58]。ケプラーは、すべてのルター派信徒に求められるとされた正統派の信条である和協信条に署名するのを拒んだ（これを受け入れなかったルター派信徒も実際にいた。この書類を作成した聖職者のほぼ半数が署名しなかったほどだ）。ケプラーが主に同意しなかったのは、聖餐式のパンとぶどう酒が実際にイエス・キリストの身体の肉と血と結びついたものという彼らの主張だった。ルター派信徒は、パンとぶどう酒が文字通りキリストの肉と血になるというカトリックの化体説を否定してきた。その代わりルター派信徒は、パンがキリストの肉と、ぶどう酒がキリストの血というふうに四つの実体が聖餐式の際に結合するという、いわゆる「聖餐結合」（両体共存説）を主張した。ケプラーはこれに同意せず、むしろ聖餐式はキリストの霊的存在によって満たされた本質的に象徴的な祝典であるというカルヴァン派の考えに共感した。ケプラーはなおも聖餐に与ろうと望み、取るに足りない意見の相違にすぎないのだと主張した。しかしルター派の聖職者らは納得しなかった。ケプラーにとって無念なことに、一六一九年に聖職者たちはケプラーを教会から破門した[59]。

同年、カトリック教会は、ケプラーによるコペルニクス説に関する著作を閲覧禁止にした。ケプラーはコペルニクス説による系の現実性を肯定したばかりでなく、公然と数秘学について考察し、自らの神学上の見解を表明していた。数学は隠された神聖な知識を含むものであり、「プラトンは、数学的事物の現象を通して神の本質についての多くの注目すべきことを教え、ピタゴラス派の哲学は、神聖な事物についての自らの教えをいわばベールで覆い隠したのだ」と主張した[60]。ケプラーは、古代のピタゴラス派の人々は五つの正多面体と惑星の順序の関係を知っていてそれを隠したのだ、と推測した[61]。また、天空が人の耳には聞こえない音楽を奏でていることを否定したアリストテレスやキケロに反論して、こう主張した。「これらの先入見は、自然の内なる秘密を解き明かそうと努力する読者には大きな障害である。しかもそのせいで、真理を追究する優れた判断力のある多くの人々がぎょっとして、ピタゴラス派の大ぶろしきだと軽蔑し、距離を置いてほとんど認めず、その書物も読まずに捨てることにもなりかねない[62]」。

その頃ケプラーは、母親に対する法的攻撃に対処しなければならなかった。母が魔女として告発されたのだ。彼の大叔母は、それより前に魔法を使ったとして火刑に処せられていた。以来七年ものあいだ、迷信的な住民や隣人たちはケプラーの皺だらけの老母に対するうわさや疑いをまき散らした。「非常に多くの人々によって嘘が何度となく繰り返されたので、本当のこととして受け入れられ始めた」のであった[63]。彼の母親は、一服盛って人々を毒殺し、子牛を死ぬまで乗りつぶし、家畜をこわがらせ、子供に触れてけがをさせたり、死なせたりしたと言われた。うわさは訴訟記録に記載が認められることになった。実際、彼女は少なくとも少々奇妙な行動はとっていた。たとえば息子のための酒杯を作る目的で墓掘り人に彼女の父親の頭骨を掘らせようとした。それは違法なことだった。何年ものあいだケプラーは、母親を処刑しかねなかった四九箇条に対して母親を守った。それでも死刑執行人がその拷問具を見せつけて、魔術を自白せよと言葉で威嚇される刑に母親は処せられた。だが彼女は自白しなかった。最終的に告訴された容疑は晴れたが、その後すぐ一六二二年に亡くなった。そして一六二三年には、ケプラーはさらに一人、生まれたばかりの息子を失った。

一方ガリレオは、異端審問所の判決を受け入れると言ったにもかかわらず、コペルニクスの理論が真理であるかのように追究し続けていた。ガリレオはまた、真理に至る道はカトリック教会の権威とは無関係に存在するかのような主張を続けていた。一六二三年に彼は次のように書いている。

哲学は宇宙という広大な書物に書かれている。宇宙は我々のまなざしに絶えず開かれた状態で存在しているが、この書物を構成している言語を理解し、その文字を読むことを学ばない限り、この書物を理解することはできないのである。この書物は数学の言語で書かれており、その特性は、三角形、円、その他の幾何学図形であり、それらなしにはその一語たりとも人知で理解することはできず、我々は暗黒の迷宮をさまよう。(64)

ここでもガリレオは、自然という神の作品を理解するための特別な技術を、彼自身のような数学者たちがもっていると言っているようだ。

同じ頃、ガリレオの友人マッフェオ・バルベリーニがカトリック教会の新たな指導者に選ばれ、一六二三年にローマ教皇ウルバヌス八世となった。その結果ガリレオは、ローマ教皇に懇ろに招かれて六回も謁見した。それゆえガリレオは、いずれコペルニクス説に軍配が上がるのではないかという自信で大胆になったらしい。一方ケプラーは、病にあり遅ればせながらも月についての自身の「夢」をさらに発展させ、ついに出版することを計画した。だが一六三〇年に二度目の妻と六人の子供たちを残してこの世を去った。

一六三二年、六八歳のガリレオは、『二大世界体系――プトレマイオスとコペルニクスによる――に関する対話』〔いわゆる『天文対話』〕を出版した。その中でガリレオは、三人の人物による議論を描いたが、そのうちの一人はコペルニクス説の理論を支持し、説得力をもって主張した。アリストテレス派の見解を擁護する人物は愚か者の様相を呈していた。この直後に異端審問所によってガリレオは、一六一六年の異端審問所の判決規定に違反しているかを判定するための裁判でローマに召喚された。

ローマ教皇ウルバヌス八世はひどく立腹した。ガリレオがローマ教皇を欺いていたこと、ガリレオが「立ち入るべきではなかったのに敢えて立ち入ったこと、……それはその当時、大騒ぎになり得るもっとも深刻で危険な主題、つまり宗教に対する大きな危険をはらむ問題（これまでに想像されてきた中で全く最悪の問題）……人がかつて経験し得た中でもっとも正道をふみはずした主題だった[65]」。同様に、イエズス会の代表者たちは、ガリレオのいかがわしい書物は、「神聖な教会にとってルターやカルヴァンの著作よりも有害である[66]」と述べた。しかしなぜなのか？　どうしてそんなことが言えたのか？　彼らは単におおげさに言っていただけなのか？　カトリック教会は、ルターやカルヴァンの影響のせいでヨーロッパの半分を失っていた。地動説のような科学的な問題が、どういう意味で異端者の罪より危険に思われる可能性があったのか？　この問題を何年も研究してきたのだが、私はまだその理由を理解できていない。最終的に私は、ある特別な言葉が重要な意味をもっており、それが見過ごされてきたことに気づいた。ピタゴラス派である。

「聖書と全く相いれないピタゴラス派の誤った学説」を禁止した、一六一六年の異端審問所判決をもう一度検討してみよう。歴史学者や科学者は、これが古代の数学者、科学者、天文学者の伝統を暗に指し示したものと読んできた[67]。いつものことながら作家たちは、地球が運動すると実際にピタゴラスがかつて主張したという証拠を示していない。証拠などないからである。しかし宗教的な含みについてはどうだろうか？　先の文言を代わりに、「聖書と全く相いれないルター派の誤った学説」としたなら、そこに何らかの宗教上の問題があることが明白となるだろう。だがピタゴラス派の姿は、何世紀にもわたって解釈し直されてきたので、宗教上の特質ははっきりしなくなっているように見える。

現在ピタゴラスはたいていは古代ギリシャの数学者として描かれている。しかし、ピタゴラスがその名声に値するかどうかは明らかではない。むしろ古代では、何世紀ものあいだピタゴラスはまずもって死後に何回も生まれ変わることを信じる正体不明のカルト教団の指導者と言われていた。人々はピタゴラスを神として崇拝していた。

ガリレオの太陽中心思想を「ピタゴラス派」として非難したカトリックの神学者はおそらく、ぞっとする脅威を感じていたのだろう。ピタゴラスは、相いれない異教徒で強い影響力をもつ存在だった。ギリシャの神々、特に太陽神であるアポロンを崇拝していたのである。[68]古代の詩の一つは、ピタゴラスがアポロンの子で、アポロンが後にピタゴラスの母親となるある女性を訪ねたことを述べている。「ピタゴラスは、ゼウスの子であるアポロンによってピュティアスが産んだものであり、ピュティアスは、サモス島住人のうちのもっとも美しい女性であった[69]」。イアンブリコスは、ピタゴラスが「歴史に記された人の中でもっとも美男子で神のようであった[70]」と述べている。中でも特にピタゴラスは、死すべき運命の人々を正しく生きるよう教え導くために、アポロンの領域から送られてきた超人であるといわれていた。初期キリスト教会の神父たちはピタゴラス派の哲学を異教で偽りだとして激しく非難した。その哲学は「全存在物を造ったとされる造物主は、偉大な幾何学者、計算者である太陽なのであり、太陽は全世界の中に固定されている」とするものであったのだ。それで神父たちはさまざまな異端者を「キリストの門人ではなくピタゴラスの門人[71]」として告発した。キリスト教徒はイエスは生まれ変わる、しかもイエスのみが生まれ変わると信じているが、ピタゴラスは何度も生まれ変わっているらしい。しかもピタゴラスは、他の人間の魂も動物にすらも繰り返し生まれ変わると教えている。ピタゴラスは人の魂は天の川から来ており、そこは黄泉の国が始まるところで、動物の魂は星々に由来すると教えたとも伝えられる。[72] そしてピタゴラスは明らかに、我々は肉を食べるべきでないと言うが、聖書は信者に肉を食べよと言い、ミサではキリスト教徒はキリストの体を食べているではないか。ピタゴラスはまた多くの奇跡も行っているとも伝えられている。[73] ピタゴラスのものとされる教えや神からの啓示は、たとえばオウィディウスの異教徒的な詩『変身譚』に描かれている。[74] ピタゴラスが「太陽、月、そして星はすべて神である」という理論を立てたとディオゲネス・ラエルティオスは記している。またピタゴラスが「実は神アポロンである」こと、ピタゴラスが二〇七年間も黄泉の国で過ごし、そこでそれまで亡くなった人すべてに会ったこと（「真鍮製の柱に縛り付けられ歯ぎしりしているヘシオドスの魂や、木に吊るされ蛇に囲まれる刑に処せられたホメロスの魂に会った」）、ピタゴラスが自分の地獄で苦しんだ経験を覚えていたこと、そして死者たちの神プルートーがピタゴラス派の人々とともにのみ食事をとったことを、ラエルティオスは伝えている。[75]

多神教の忠実な擁護者ポルフュリオスもまた、ピタゴラスを誰よりも優れた道徳的で神のような超人であるとほめたたえた。[76] ポルフュリオスにそのもっとも初期の著作の中で、神たる「アポロンが、キリスト教徒のどうしようもない堕落を暴露し、キリスト教徒よりむしろユダヤ教徒の方が神を理解していると述べている」[77] と主張した。ポルフュリオスの悪名高い一五巻の著作『キリスト教徒駁論』は、最初のキリスト教徒のローマ皇帝によって禁書となり、写本はほぼすべて、キリスト教徒によって破棄、焼却され、断片が残るだけであった。[78] ポルフュリオスが歴史的に徹底して批判的な攻撃を加えたせいで、キリスト教に対する初期の最大の敵対者の一人として知られるようになり、その名前は神への冒涜の同義語にもなった。ローマ教皇レオ十世は、悪魔すなわち「偽りの祖によって心の眼が見えなくされているもの」としてマルティン・ルターの著作を非難したとき、ルターを「新たなポルフュリオス」と非難した。[79] 聖アウグスティヌスは、広く読まれた自著『神の国、異教徒への反論』において、地獄の住人（死者、神のふりをする悪魔）と通じることで未来を占う交霊術師だとピタゴラスを非難した。[80]

ピタゴラスは未来を占うために数を用いたといわれている。[81] キリスト教徒の風刺作家は、魂が「運動する数」からなると主張するピタゴラスを嘲笑した。[82] ピタゴラスのもっとも有名な公然たる信奉者の一人で、著名な予言者で悪魔祓いでもあるテュアナのアポロニオは、キリストの奇跡を模倣した魔術を行ったとして繰り返し非難された。[83] 一六世紀の終わりにヴァチカンは、オカルト術に対する攻撃を開始した。その当時、魔法に関するさまざまな書物がピタゴラスの能力について論じていた。[84] 占い師は、占いのためにいわゆる「紡ぎ車」を用いた。[85] 占い師はまたアルファベットの文字を惑星、曜日、黄道十二宮に関連させた「ピタゴラス」の数秘学をも用いた。[86]

ピタゴラスをもっとも単純化して幾何学者と呼んだところで、こういった幅広い秘教的な意味を帯びてしまうことは、まず絶対に避けられないことである。ガリレオやケプラーがあんなに誇らしげに使っている数学者という言葉ですら、占星術、数秘術、占いの意味を含んでいるのだ。聖アウグスティヌスは、「善良なキリスト教徒は、数学者や、邪悪な占いを行う者に用心しなければならない、特に彼らが誠実に話していても、魂が悪魔と付き合うことで誘惑されないように」と警告している。[87]

従って何世紀にもわたって、カトリックの神学者の中にはピタゴラス派の見解を明らかに反キリスト教的と解釈する者がいたのである。一六一六年、異端審問所はフォスカリーニ神父の「新ピタゴラス主義的世界体系」の聖書による擁護を「全面的に禁止し、糾弾」した。コペルニクスとガリレオに対する禁止命令よりも強く指弾する否定だった。同様に、一六二二年、ピタゴラス派のシンボルに関するある書物が、審問所の禁書目録によって宗教上の理由で禁止された。[88] すると、イエズス会士の中にガリレオの書物を異端の宗教改革者の書物よりも不道徳で危険として非難した者がいたのは理解できる。少なくともプロテスタントの方は異教徒の世界体系を擁護したりしない[89]。

ガリレオはベラルミーノ枢機卿から受け取っていた証書があったが、それに反して異端審問所はこのとき、ガリレオがコペルニクスの理論を教えたり論じたりすることの暗黙の許可など与えられてはいないと主張した。彼らはその趣意の文書を公にしたが、そのときまでに亡くなっていたベラルミーノの署名はそこにはなかった。それで裁判の宣誓証書においてガリレオは嘘をついた。ガリレオは自著の『対話』において、もっぱら「もっとも純粋な意図」だけをもって考えて、コペルニクスの理論が「根拠薄弱で説得力がない」ことを示し、コペルニクスの理論に異議を唱えているということにしたのである[90]。しかし、異端審問所の判事たちは、ガリレオの書物は本人が実際に信じているらしい理論を精力的に擁護して教えていることを示した。異端審問所は、ガリレオが確かにキリスト教会の教えに違反したとの判決を下した。

ローマ神聖異端審問所はガリレオが異端の罪を犯したと宣告した——拷問、投獄、または死刑をもって罰せられる罪である。彼らはガリレオを跪かせ、自身の主張を撤回させた。そのときガリレオは述べた。「心からの誠実さと真実の誓約とによって、私は先に述べた誤りと異端の罪(コペルニクスの解釈)を、および神聖な教会に概して反するあらゆる誤り、異端、宗派を、公然と捨て、罵り、嫌悪するものです[91]」。

それでも伝説によれば、ガリレオは最後に立ち上がりながら、「それでもそれは動いている」とつぶやいたとされる。しかしこれを裏付ける歴史的証拠は存在しないし、そんな行為は全く軽率で危険な行為であったことであろう。ガリレオの大胆な言葉を示す物語が最初にはっきり現れたのは一七五七年に印刷された、トリノ生まれのジュゼッペ・バレッティによる英語の印刷物においてである。バレッティは、「彼は、自由にされるとすぐに空を見上げ、地面を見下ろし、足を踏みしめて瞑想するかのように、いいいいいい、それでもそれは動くのだ（E pur si move）と言った」と書いている。[92] 証拠はないのだが、一六四〇年代の絵には、暗い地下牢の中で、地球が太陽の周りを回っている図を少々、そして *E pur si muove* という言葉を爪で壁に刻みつけている老ガリレオが描かれている。[93]

枢機卿たちは、ガリレオを終身禁固刑に処するという判決を下した。ガリレオの著作も閲覧禁止とした。ガリレオは地下牢に投獄されたわけではなかったが、上述の絵のような神話が広まったのであった。[94] ガリレオは、フィレンツェの自宅に閉じ込められたまま、見張りに監視される刑に服した。一六三三年の夏、かつてガリレオに不利な宣誓証言をしたイエズス会士の神学者メルキオール・インコフェールは、「熱心な宗教伝道者として皆を元気づける目的で」太陽中心説に対するカトリック教会の反対を正当化する書物を出版した。さまざまな反対理由があるが、インコフェールは、「ピタゴラス派の人々がしだいに信仰に反するようになってきたので、真理は聖書の中にあること、そして我々の主たる著者たちが知っていたように、真理は彼らとは対立することを示さなければならない」と訴えている。インコフェールは、「コペルニクスの理論やそれに関連するピタゴラス派の哲学は全く教えるべきでない」と要請した。ローマ教皇庁の主席代理はすぐにこの書の出版を許可し、「この神学者は、これらのピタゴラス派の人々に対するキリスト教の反駁を与えた。そして彼は数学や人文科学が聖書の規律に従わねばならないことを正しく示した」と述べた。[95]

ガリレオに関する伝統的な物語は、古代においてピタゴラスが地球や惑星が太陽の周囲を回ると主張し、後にピタゴラスの理論はコペルニクスによって採用され、改良され、その理論によってガリレオがカトリック教会と対立することになったという。この物語はその半分が作り話で欠陥がある。代わりにこう書き換えたらどうだろう。ガリレオは、太陽中心説をピタゴラスのものだとしたが、この組み合わせは、カトリック教徒のあいだではほとんど受け入れられそうにない異教徒の意味を必然的に伴っていた。この文は、ガリレオ事件の主要な側面を要約しているわけではないが、ピタゴラス派の文脈との関係について述べようとするなら、かなり的を射た一文である。

三世紀半過ぎた後、カトリック教会は、神学者たちがガリレオの裁判において誤りを犯したことを認めた。(96)

いずれにしろ、たとえば金星の満ち欠けにおいて、ガリレオがアリストテレスやプトレマイオスの解釈とは反対の説得力のある証拠を見つけたことを我々は見てきた。それを、ガリレオの他の知見や主張とあわせて考えると、コペルニクス系が真実であることをガリレオが実際に立証したことになるだろうか？　決してそんなことはないのだ。ティコ・ブラーエの解釈もまた同様に金星の満ち欠けを説明するものであった。ガリレオの『対話』における戦略に、ブラーエの解釈を実質的に無視することだった。それでもイエズス会士の天文学者たちはその説のことをよく知っていたし、それそれを使えば十分ガリレオの発見を取り込んでしまえることも知っていた。イエズス会士の天文学者たちは一六二〇年代までにはブラーエの系を採用していた。「ピタゴラス派」の系は嫌悪しながら、これらのカトリック教徒は——ルター派が考えた世界観の方は採用したのだ。

木星の衛星については、プトレマイオスは予測しておらず、コペルニクスも予測してはいなかった。それで宇宙には運動の中心が一つしかないというアリストテレス学派の主張はくつがえるが、どんな説明でもつけることできただろう。さらに、地動説を示したとされるガリレオお得意の数学や物理学上の主張のいくつかは間違っていた。特にガリレオの『対話』は、地球が動いていることのもっとも説得力のある証拠が潮の干満であるかのように主張している。地球が完全に静止しているなら、水もまた静止するであろうし、しかも水が入っている容器のように、その動きは水に影響を与えるとガリレオは論証した。潮の変化は月の動きに関連するとケプラーが主張したことをガリレオは知っていた。だがガリレオはそれを否定した。ケプラーの方が正しかったのだが、ガリレオは、ケプラーの考えていることは天体が地上の現象に影響を及ぼすというオカルト占星術のことであるかのようなことを言って、その説を退けた。このように、地球が動くことを示したとされるガリレオの主たる「証拠」は間違っていたのである。

というわけでガリレオが当時確かであったこと以上のことを主張したわけなので、天文学者たちやカトリック教会がガリレオを批判することはまるで合理性を欠いたことではなかった。地球が東の方へと常に回転しているならば、物体を空中へ投げ上げたときに、まっすぐに落下する経路からどうしてそれることがないのか？　ガリレオは都合のよい答えを持ち合わせていなかった。我々が今日でこそ知っているように、物体は落下するときに、実際はほんのごくわずかであるがそれるのである。この効果は、一八五一年、パリでジャン・ベルナール・レオン・フーコーによって見事に説明された。フーコーは、振り子が繰り返し動いているあいだ、あたかもちょうど地球が実際に東の方へと回転しているかのように、一日のあいだに少しずつ振り子の向きが変わることを示した。一例をあげると、動いている自動車の中にいたとしよう。ちょうど運転手がハンドルを左に切ったときに、何かを前方のフロントガラスに向かって投げた場合、投げた物が狙った場所に当たらず、右にそれるのを見ることになるだろう。同様に、振り子が動いているあいだに、振り子の向きがほんの少しずつ変わるように見えるが、我々はそれ

表 2.1. ピタゴラス派は、天文学に関しては間違っていたと描かれるか、あるいは宇宙の本当の構造を知っていた古代の権威として描かれる。

紀元前 350 年頃	アリストテレス	ピタゴラス派は、地球が星の一つであり、中心の火の周りを円運動することで、地球は夜と昼とを生じる、という誤りを述べている。
紀元前 220 年頃	アルキメデス	アリスタルコスは間違って、恒星と太陽は動かず、地球が太陽の周りを回っているという説を立てた。
紀元 150 年頃	プトレマイオス	地球は宇宙の中心であり、惑星は地球の周りを離心円と周転円で運行する。天にはそれとわかる調和音が存在する。
紀元 150 年頃	「プルタルコス」	ピタゴラス派の中には星はそれぞれが、無限の宇宙の中のそれぞれの天地であると主張する者がいた。
紀元 300 年頃	イアンブリコス	ピタゴラスによって、天球や星の運行、日食や月食、離心円や周転円を含め、宇宙の万物についての真の理解に到達した。ピタゴラスは、天球や星による宇宙のハーモニーや音楽を聴くことができた。

1200 年の後

1540 年頃	コペルニクス	秘密主義のピタゴラス派は地球が太陽の周りを移動すると主張したが、これは正しい。
1572 年	トーマス・ディッジズ	ピタゴラス派は、天体の軌道の完全な記述を有していた。
1570 年頃	ジョルダーノ・ブルーノ	ピタゴラス派は、魂は繰り返し再生し、動物にさえ生まれ変わること、星は無限の宇宙においてそれぞれが世界となっていることを主張した。
1590 年頃	ティコ・ブラーエ	ピタゴラス派は、貫通できない固体でできた球体が惑星の軌道を隔てているという誤った考えをしていた。
1590 年代	ヨハネス・ケプラー	ピタゴラス派は宇宙の秩序における五つの正多面体を認識していた。惑星の運行には和音がある。さらに「たぶん彼（ピタゴラス）の魂は、私（ケプラー）に転生した」。
1611 年	ガリレオ・ガリレイ	ピタゴラスは地球や惑星が太陽を中心とする軌道を周回すると考えた。これは正しい。
1616 年、1632 年	カトリックの神学者たち	ピタゴラス派の考えはいかがわしく、危険であり、断罪すべきである。

を地球の回転のせいだとしている。このような結果を得ていなかったので、ガリレオは地球の運動についてかなり多くの興味深い知見や類推を行っていたが（若干の間違った知見や類推もあったが）、それについての明確な証拠をもち合わせてはいなかった。アリストテレスやプトレマイオスが多くについて間違っていたように、コペルニクスやガリレオにも間違いがあったのだ。太陽は静止しておらず、宇宙の中心にない。彼らの予想に反して、太陽は一つの星である。星々は静止してはおらず、天球に埋め込まれてもいない。しかも重要なことには、惑星の軌道は円ではない。

　さて、始めに戻るとしよう。地球が動いているなら星々の相対的な位置変化を検出できるはずだ、とアリストテレスは提起した。ブラーエと同様に、ガリレオもそのような変化を見出せなかった。そんな効果は確かに存在するのだが、それを検出するにはガリレオの望遠鏡はあまりに不十分なものであった。フリードリッヒ・ベッセルは学校を中退し、天文学と数学をもっぱら独学で勉強した人物であるが、改良された装置を用いたおかげで一八三八年、恒星視差の検出と測定に成功した[97]。アリストテレスは正しかったのだ！　地球が実際に動くならば、星々は位置が変化しているように見えるはずだしそして実際にそう見えるのだから。

第三章　ニュートンのりんごと知恵の木

　さて、また一つ広く知れわたった神話を追い払うことにしよう。ニュートンは、ガリレオが死んだ年に生まれたという。この間違いは最近の文献にもずっと現れている。たとえばこんな例がある。「彼は一六四二年に死んだ。それから数日たたずにアイザック・ニュートンが生まれた」(1)。著述家たちはしばしばいずれも一六四二年に起こったと主張する。そうであればピタゴラス学派の魂の輪廻転生という考え方に見事に合う。「ニュートンはガリレオが死んだ、まさしくその日に生まれた」(2)という説が書かれている例すら私は見たことがある。この間違いは、ガリレオの死んだ日は新しいグレゴリオ暦により、ニュートンの誕生日は古いユリウス暦によっているせいで起こっている。それを知っている書き方をする人もいる。実際にはほぼ一年の違いが生じている。グレゴリオ暦では、ガリレオは一六四二年一月八日に没し、ニュートンは一六四三年一月四日に生まれたことになるのだ。旧ユリウス歴で計算すると、ガリレオの没した日は一六四一年一二月二九日、ニュートンは一六四二年の一二月二五日、クリスマスに生まれている。

　正確な日付を書くのは実際、必要なことである。さもないともっと混乱に遭遇してしまう。たとえば、最高の売れっ子物理学者、スティーブン・W・ホーキングはこう書いている。「ガリレオは一六四二年一月八日に死んだ。それは私が生まれた日のちょうど三〇〇年前だ。アイザック・ニュートンはその年のクリスマスの日に、イギリスの工業都市、リンカーンシャーのウールスソープで生まれた。ニュートンは後に、ケンブリッジ大学の数学のルーカス教授になるのだが、その席に私がいま座っている」[3]。このすばらしい一節は神話的な次元をいくつももっている。時間と空間の偶然の一致は、ガリレオ、ニュートン、ホーキングのあいだにつながりがあることを意味しているようだ。だがニュートンの誕生について、ホーキングには混乱がある。グレゴリオ暦を使うとクリスマスにはならないし、ガリレオが死んだ年と同じということにもならないのだ。ウールスソープは「工業都市」などではなく、小さな村である。それに「後に〜になる」という言いまわしが使われていることにも要注意。まるでニュートンが生まれたときから大成することを運命づけられているかのようだ。他にも間違った日付を引き写して書く人がいるし、故意にそうしている人すらいる。ある教科書は、ホーキングが書いた同じ日付を使ってこんな脚注を付けている。「イギリスでは暦をまだ改定していなかったので、イギリスの一六四二年一二月二五日は、ヨーロッパの一六四三年一月四日に当たる。イギリスの日付を使うのはほんの小さな嘘である」[4]。事実に関する間違いを単純に固定させたりはしていないが、編集者たちはそのままにしておくことを好んだのだ。

さて、とにかくりんごの話をしよう。二世紀以上にわたって、何百という評論家たちがニュートンのりんごの話について、それこそ山ほど言葉を書き連ねてきた。典拠を挙げる立派な伝記作家たちすら、資料を引用するのではなく、それがあるようなことを言うだけで、さまざまな出典を無視したり省略したりする傾向がある。歴史的な証拠とその初期の解釈を広範に説明したものがないので、私が今やってみることにしよう[5]。

私は「広範」という言葉を使ったが、それは網羅的という意味ではない。私が言うのは、ただこの件に関して使える他のどんな証拠よりもさらに証拠を集めた、という意味にすぎない。そうするために、私は多くの書き手がこの話題について書くときに繰り広げた、多くの心理学的で、推測による、文学的な作文を控えた。そうした解釈の多くには魅力も洞察もあると思うが、私はひたすら資料が整った証拠について語ることに集中する。これから示す内容が科学の神話や、それがどのように成長していくか体系的に研究するのを促進する一助になればいいと願う。

一六六二年、一九歳のニュートン強い宗教的な不安に襲われていた。誰にも知られず隠れて自らの罪を告白するため、彼は簡単な、謎めいた暗号で書いた。数年にわたり、彼が折々神に背いた罪をリストアップした。ニュートンが挙げた項目の第一は、『神』という言葉をはばかりなく使った」だった。他にも、「御身御一身を愛さなかった」、「御身の定めを望まなかった」、「御身よりも人を恐れた」、「神よりも世俗のことを大事にした」などのことが入っていた。[6] ニュートンはまた、神の日において行うべきではなかったさまざまな行為を列挙した。ひもを撚った、鼠獲りを作った、パイを作った、無為なおしゃべりをした、水を噴出した、泳いだ。そして、二番めに挙がっているのが、「御身の館でりんごを食べた」だった。もっと重い罪もある。嘘をついた、盗みをした、母の箱からプラムの砂糖漬けを奪った、誰かに刺さるように、そいつの帽子に針を入れた、妹を叩いた、たくさんの人を殴った、誰かの死を願った、継父と母に火をつけると脅した（「父と母であるスミス夫妻に、おまえらも頭の上にある家も燃やしてやると脅した」）。

火をつけると脅した日付は一〇年以上も前のことである。彼の実の父は彼が生まれる少し前に亡くなっていた。少年は母親の二度目の夫バーナバス・スミス師のことを軽蔑していたが、ニュートンが一一歳の誕生日を迎える前に亡くなった。この焼き殺すという脅しは彼のリストでは一三番目の罪であり、すでに述べたように、教会でりんごを食べたという方が二番目に位置していた。

一六六五年夏、二二歳のニュートンは自分の所属するケンブリッジのトリニティ・カレッジを後にした。広がりつつある危機から逃れるためである。腺ペストがイギリスじゅうに蔓延し、死者数万人を出していた。彼はその後二年ほどのあいだ、比較的隔離された状態で過ごした。リンカーンシャーのウールスソープ村にある家族の農場で暮らし、物理学と数学の問題を考え、研究することに時間をかけた。

さて、科学史上でもっとも有名な話の一つは、ニュートンが一六六六年、ウールスソープの自宅の庭でりんごが落ちてくるのを見て閃きを得て、万有引力について考えるようになったというものだ。この話を、理由は違っても、受け入れて書く人たちがいる。その一方、ただの伝説だと片付けて書く人もいる。だがニュートン自身がそれを話した証拠がある。ニュートンの友人、ウィリアム・ステュークリーがある手稿で伝えている。一七二六年四月一五日に彼は、当時、非常に高齢だったニュートンと食事をともにした。

正餐の後、暖かい日だったので私たちは庭に出て、りんごの木が木陰を作っている下でお茶を飲んだ。彼と私だけだった。話の途中で彼は私に、以前、重力の考えが浮かんだときと全く同じ状況だと言った。「なぜりんごはいつも地面に垂直に落ちるのか」。そう自分に問いかけた。腰を下ろして物思いにふけっているとき、りんごが落ちてふとそう思ったのだ。「なぜ脇にそれたり、上に上がったりしないのか？　必ず地球の中心に向かうのか？　その理由はもちろん、地球がそれを引っ張っているからである。物質には引っ張る力があるに違いない。そして地球にある物質が引っ張る力を合わせたものが地球の中心にあって、どちらの側にも偏っていないに違いない。だからこのりんごは、中心に向かって垂直に落ちるのだ。物質がこのように物質を引っ張るのなら、それは物質の質量に比例していなければならないし、そうなると、地球がりんごを引くだけでなく、りんごも地球を引いていることになる」。我々がここで重力と呼んでいるようなものがあって、それが宇宙全体に広がっていると。[7]

ニュートンは一七二七年に没した。八四歳だった。同年、ロバート・グリーンは、友人のマーティン・フォークス（王立協会でニュートンが会長であった当時、フォークスは副会長だった）がグリーンに、ニュートンの万有引力のアイディアは一個のりんごからインスピレーションを得たものだったと語ったことを、ラテン語で活字にして伝えている。「この有名な命題は、すべて一個のりんごに始まって、我々の知識に対して明らかにされている通りに考えられ、生まれたのである。これはもっとも才あってもっとも学識ある人物にして、私にとってはもっとも細やかで親しい人物、王立協会の真に功績のあるフェロー、マーティン・フォークス殿から教わったことである[8]」。同様に、ニュートンの友人、ジョン・コンデュイットが一七二七年か一七二八年に書いたノートにはこうある。「そして一六六五年という年、彼はペストの蔓延のため地所へ引っ込んで初めて重力の体系のことを考えたが、それに行き当たったのは、一本の木から一個のりんごが落ちるのを見たことによる[9]」。また別のノートでもコンデュイットは書いている。「彼は重力に関する自らの体系を発見した／木から落ちるりんごを見てその最初のヒントをつかんだ[10]」。さらに別の手稿ではこんな具合である（以下に示したように、いくつか単語を横線で消している。別の語を挿入している時はスラッシュのあいだに入れて示す）。

その年一六六六年、彼は／ふたたび／ペストのせいでケンブリッジからリンカーンシャーのブースビーの母のもとへ逃れ、庭で物思いにふけっているあいだに脳裏によぎったのは、／同じ／重力が

〈それが木から地面へのりんごの落下はもたらした／を起こさせた／〉地球からのある一定の距離に限られてはおらず、この力は通常考えられているよりもはるかに遠方に広がっているに違いないことだった。月の高さまで延長しているのではないか、と彼は思った。そしてもしもそうなら／月の動きにも影響されているに違いない。影響しているにちがいない。／そして／たぶん月を軌道上に保たせているのだ……。(11)

この早い時期にもう一人の作家がこの話を記録している。しかもある意味でそれはもっとも壮大かつ劇的である。ニュートンが死んだとき、ヴォルテールがイギリスを訪問中だった。ヴォルテールは高名なるこの物理学者とある程度親しい人たちの一群と過ごし、その中にはニュートンの姪もいた。ニュートンについて聞いたことを即座にしたためた。グリーンと同じく、ヴォルテールが英語で書いた最初の出版は一七二七年だった。ヴォルテールは大詩人ジョン・ミルトンの優れた技巧をたたえているとき、ニュートンについての一文を挿入した。ミルトンは若かりし頃、イタリアを旅してひどい劇を見た、とヴォルテールは書いている。『『人間の墜落』についての喜劇で、登場人物は神、悪魔たち、天使たち、アダム、イブ、大蛇、死神、七つの大罪の化身たちである』(12)。ヴォルテールが語るところによれば、この芝居は天使たちの大仰なコーラスで始まる。虹、惑星、時間、風について語り、それらがすべて音楽をなし、「おびただしい勘違い」になだれ込んで行く。ミルトンはこの馬鹿馬鹿しい演目を最後まで見て、主題に隠された偉大な荘厳さがあることを感じ取り、それが何年か後の自作叙事詩「失楽園」へと結実した。仰々しい劇に対するミルトンの反応を論じるところでまさしく、ヴォルテールはニュートンとりんごに触れているのだ。

あの馬鹿げた些末なしろものから、彼〔ミルトン〕が二〇年以上もの年月をかけて作り上げた、人間の想像力がかつて試みた中でもっとも高貴な作品の最初のヒントを取り出したのだ。同じように、ピタゴラスは鍛冶屋のハンマーの音から音楽の考案を行った。そして我々の時代においては、アイザック・ニュートン卿が自宅の庭を歩いていて、木からりんごが落ちるのを見て重力体系の最初の思考を得たのである。

彼我の国と国の天才の違いがあまねく照らしだされて見えるとすれば、それはミルトンの失楽園である。

イギリスに一つの叙事詩があると言われると、フランス人は軽蔑の微笑みを浮かべ、悪魔が神に挑み、アダムとイブが蛇に丸めこまれてりんごを食べる話じゃないか、と答えるのだが。[13]

図 3.1. 庭にいる若きアイザック・ニュートン

ニュートンとりんごの話はこんな具合に、ミルトンとピタゴラス、悪魔、神、アダムとイブに挟まれて、活字になって登場する。この科学の物語について、これ以上に驚異の公式デビューができようとは、まず望めない！　数年後、ヴォルテールはアダムとイヴ抜きで、ニュートンの創造的瞬間について自説を詳しく述べている。

彼は一六六六年にペストから避難し、ケンブリッジ近郊の田舎にいた。ある日庭を歩いていて木から果実が落ちるのを見た。彼はあらゆる哲学者たちがその原因を長いこと追求しても突き止められず、一般の人々はその神秘を感じ取ることすらできなかった重力について深い思索に入り、思った。これらの物体が落下するこの天空のどの高さからでも、その落下はきっと、ガリレオによって発見された率となり、それによって覆われる間隔は、時間の自乗に沿ったものになるだろう。重い物体を落下させるこの力は、地中のどの深さにいようと、どんなに高い山の上にいようと、それとわかるほど減ったりせず、同じなのだろうか。その力が月の高さまで広がっていないわけがあろうか。そしてそこまで遠くまで届くのなら、この力が月を軌道にとどめ、動きを決めているという可能性が高くならないだろうか(14)。

ここではヴォルテールはただ「果実」と書いており、りんごとは特定していない。ヴォルテールは、ニュートンの姪でジョン・コンデュイットの妻であるキャサリン・バートンからこの出来事を聞いて書き記した。夫妻はニュートンが亡くなるまでロンドンのニュートン宅で一緒に住んでいた(15)。もう一つ触れておく価値のある報告がある。ヘンリー・ペンバートンがニュートンにその重力の理論に至らしめた発想について本人に直接会って聞き、やはりこんなふうに伝えている。

彼は一人で庭に座り、重力の勢力について沈思した。この力は地球の中心からもっとも離れた距離でも、知覚上でわかるほど減少してはいかない。どんなに高い建物の上に上がろうが、どんなに高い山々の頂上に行ってさえ変わらない。彼にとって合理的な結論は、この力は通常考えられるよりもはるかに離れたところまで広がっているに違いないということだった。月の高さまでという可能性はないのか？と彼は考えた。そしてもしそうなら、月の動きは重力の影響を受けているに違いない。おそらく月はそれによって軌道にとどめられているのだ。[16]

ペンバートンはりんごには触れていない。しかしニュートンが庭で一人でいるときにはっと閃く考えを得たことを報告している。

りんごの話の重要な側面は、他の話と違って、時間を経るにつれて、証拠が増えているところである。一八三一年、デヴィッド・ブリュースターはニュートンの伝記を出版してこう書いた。「落ちてくるりんごの逸話はステュークリー博士によってもコンデュイット氏によっても言及されてはいない。私は確かなよりどころを見つけられずにきたので、この逸話を自分では勝手に使う気になれない[17]」。後になって、ブリュースターはコンデュイットによる話を見つけているし、また別の人たちがステュークリーの詳細な手書きの記録を見つけている。

ヘンリー・ペンバートン、ウイリアム・ステュークリー、ジョン・コンデュイット、キャサリン・バートン、マーティン・フォークス、といった人たち全員が、ニュートンが一六六五年か一六六六年に果物庭でインスピレーションを得たと言ったとはっきり主張しており、また明らかに彼らのうち四人が果物かりんごに言及しているのだ。我々の手元にニュートン自身による文書があったなら、まずそれを直接の根拠と見なしただろう。我々の情報源のうちの二つ（ステュークリーとコンデュイット）は少なくとも二次情報である。他に二つ（ヴォルテールとグリーン）は、せいぜい三次情報である。それでも、九つの手稿と公刊された話が一つの結論に収束している。この話はニュートンに由来するものである、と。

こんなふうに言うとあたかも私が、ニュートンがペスト流行の年一六六六年に落ちてくるりんごによってインスピレーションを受けたと断言しているように見えてしまうだろう。だが私が実はそう主張してはいないことを心に留めていただきたい。ヴォルテールその他の人々が、六〇年前にりんごによって引き金を引かれたように見える思考の流れ、推論の連鎖を正確に記していると想定する十分な根拠はない。それに対して歴史家たちには、ニュートンの徐々に進んだ歩みをよくたどるために使ってきた多くの手稿がある。どちらにしろ、万有引力の数学的理論を明らかにするのに、ニュートンは何年もの作業を必要としたのである。

もう一つの問題としては、ニュートンの正直さを評価するためには、我々は彼のオリジナリティを問う必要がある。若者だったニュートンが庭に一人で座り、それが月まで至る重力の力を生みだした最初の人物だった、と想像すると胸は躍る。だが実際にはそんな議論は当時の天文学では比較的ありふれていた。たとえば一六〇九年にケプラーが論文を発表し、その中で重力と潮の満ち引きについて以下のように説明している。

もし地球が水を自分自身に引き寄せるのをやめてしまったら、すべての海水が上昇し、流れて月の本体まで行くだろう……。月の引き寄せる力の影響が地球にまで及び、それが熱帯地方の水を引き上げるのだ。……だから月の引っ張る性質が地球にまで伸びているなら、さらに大きな根拠で、地球の引き寄せる力が月やさらに向こうまで広がっていることになる。そしてそれゆえ、地球上の物質からなるものでは、いかなる高さにまで持ち上げられても、この引っ張る力の強力な作用から逃れられるものはないのである。[18]

ここにはすでに重力が山の高さも越え、月にまで達しており、地球と月のあいだで互いに引っ張り合っているという考えがみられる。ウイリアム・ギルバート〔イギリスの物理学者〕に従って、ケプラーは重力が物体内の磁力によって起こると説明しようとしたのである。ケプラーの研究は天文学でもっとも広く流布した文章の一つであった。ケプラーは惑星が互いに引き合っているとは主張しておらず、たとえば地球と月のような同類の物のあいだでのみ引き合うと主張した。ケプラーは万有引力という考えはもっていなかったが、ニュートンが最初はりんごについて思いをめぐらせたと伝えられていることは、それまでの天文学者の研究と響きあうものだった。[19]

また別の問題としては、ニュートンが秘密主義者で猜疑心が強く、自分の発見の日付を遡らせ、他の人より早かったという話をでっち上げるのに長けていた点を考えねばならない。たとえば彼の重力の法則はあまりに見事すぎて、その元になったものが何かについての論争と憶測が絶えない。

ニュートンの研究とは独立に、ロバート・フックが重力の力は距離の自乗に反比例して弱まると推測していた。[20] フックは自分の説がニュートンに剽窃されたと誤って推測し、不満を抱いていた。[21] 大いに不快感を味わわされたニュートンは、自著『プリンキピア』にそれまで付けていたフックへの謝辞を削除することにし、代わりに、自分の発見に対してもっと古くて誉れ高い由緒を探した。ニュートンにとって、逆二乗法則は古代の哲学者たちの輝かしい達成を思い出させるものに見えた。ニュートンはタレスとピタゴラスが、物体の中には、磁気、電気、重力を示すものがある――それが互いに遠隔作用を及ぼす――のは、神の生命を与える霊によって吹き込まれたからであるということをよく知っていただろうと推測していた。[22]

ニュートンは自身の万有引力の概念をピタゴラス派の伝説につなげるようになった。伝承では、ピタゴラス派は同じ張力を半分の長さの弦にかけると、作用する力の強さは四倍になることを見出したと言われるが、ニュートンは、ピタゴラス派はそのような陳述の中に、自分たちの重力に関する知識を隠しておいたのだと推測した。[23]ピタゴラスが羊の腸や牛の腱を使い、それにおもりを吊り下げて引き伸ばすという実験をしたという昔からの説をニュートンは知っており、ピタゴラスが音楽の比率を発見し、ピタゴラスは「天界にそれをあてはめ、その結果、これらの重さと惑星の重さを比較し、弦の長さと惑星の距離とを比較することによって彼［ピタゴラス］は、天界の調和によって、太陽に向かう惑星の重さが、その惑星の太陽からの距離の自乗に反比例することを理解していた」と推測した。[24]ニュートンはマクロビウスの主張に基づいて、「ピタゴラスがすべてのギリシャ人の中で最初に」諸天球の回転が調和音を出すことを把握した人物であり、ピタゴラスこそがハンマーと弦楽器とおもりで伸ばした大腸と腱で実験することにより、基本的な協和音に成り立つ比という「偉大な秘密」を発見したと推測したのだ。[25]

ピタゴラスが重力の法則を知っていたなどというのはただの作り話である。伝えられている、音楽の比をどう発見したかという話も本当ではない。古の人々が説くところとは違い、述べられている実験を再現しても、求められている結果は出てこないからである。たとえば、弦の振動は弦にかける単位おもりの個数に比例せず、おもりの個数の平方根に比例する（従って、ニュートンがピタゴラスの音楽分野での発見と言っていることは、自作の話によるものだった）。同様に、重さの異なるハンマーは、必ずしも異なる音色も音程も生み出すわけではない。たとえば一ポンドのハンマーがかなとこの上にある鉄を打つ音と、二ポンドのハンマーが出す音を区別するのは難しい。

それでもニュートンはピタゴラスの功績を認めた。友人のファシオ・ド・デュイリエは、ニュートンはピタゴラスやプラトンなどが重力の逆二乗則を重々承知していて、ニュートンが明らかにしたことをすべて先取りしていたと信じていたことを記している。[26] ジョン・コンデュイットはある手稿にこう書いている。「アイザック卿はピタゴラスを崇拝し、その音楽は重力だと考えていた」。[27] もう一人の親友デヴィッド・グレゴリーはさらに、重力の法則はピタゴラスによるものだと、証拠もないのに頭の中だけでの推測で教科書にまで書いている。[28]

この例は成功した科学者ニュートンの権威のせいで、彼の勝手な歴史的推測が科学の教科書にまで浸透し得てしまうという、物理学の歴史ではよくあることを、具体的に証している。幸いこの特別なケースでは、他の著者たちはグレゴリーの説明を真似しなかった。だからピタゴラスが逆自乗則の産みの親として広く知られる事態にはならなかった。

さてヴォルテールは『失楽園』について論じるときにニュートンに言及していた。ミルトンの詩には科学が含まれている。ガリレオにも触れ、コペルニクスが論じたように、太陽が中心かどうか、地球には三運動〔自転、公転、自転軸の首振り〕があるのか、考察しているケプラーのように、太陽の磁気で「引き付ける性質」についても触れている。ミルトンのエデンの園には、善悪を知る木のりんごを食べたことがあると蛇が主張するくだりがある。[29] 蛇は言葉を得て、「天や地で見られるもの」について考えた。興味を示したイヴを、禁じられた「すべての災いの根源」へとそそのかし、蛇はその木は「知恵〔サイエンス〕の母」であり、ものごとの原因を教えるものだとほめちぎった。イブは食べ、「知識の樹液」に酔いしれた。[30] では二つの物語の類似性を要約しておこう。

死の危険を冒して、若きイブは父の園をさまよった。イブはりんごの木のそばで蛇と言葉を交わした。りんごを食べ、天と地について前と違う考え方をするようになった。彼女はこの新しい知識を共有し、罪へと突き進んでしまった。自然の些細なことに影響されて、イブは世界の調和を壊したのである。

ペストから逃れ、若きアイザックは母の庭へひきこもった。沈思黙考し、一人りんごの木の元へ座り込むとりんごが一つ落ちてきた。アイザックは天と地についてそれまでと違うように考え始めた。この新しい知識を秘密にしたまま、彼は科学へと突き進んだ。自然の些事から影響を受けて、アイザックは世界の調和を見出したのだ。

どちらの物語も、神を畏れる若い人間がありふれた一つの物のおかげで、世界についての尋常ならざる真理を発見したことになっている。

亡くなる少し前、ニュートンははっきり言っている。「私は自分が世の中からどう見えるものかはわからない。だが私自身は、自分は海岸で遊び、ときどき他よりなめらかな小石やきれいな貝殻を見つけて喜んでいる少年のようなものにすぎなかったように思う。私の前には、真理の大海が、すべて発見されないまま横たわっているというのに」(31)。ニュートンの言葉にはミルトンの響きがある。

本にはやたらと詳しいが、本人は薄っぺらなまま
天然なのか酔っているのか、集めるのはおもちゃと

表 3.1. ニュートン以後、逆自乗則は未来にも過去にも枝分かれしたようだ。

西暦 430 年頃	マクロビウス	ピタゴラスは天球の回転が和音を生み出すことを発見した最初のギリシャ人であった。
西暦 430 年頃	プロクロス	ピタゴラス派は中心を「ユピテルの牢獄」と呼んだ。
1609 年	ヨハネス・ケプラー	太陽は一つの魂を持ち、それが惑星を、距離に反比例して弱くなる磁力で動かしている。
1645 年	イスマエル・ブイヨー	太陽からの力が惑星を支えてるとしたら、その力は距離の自乗に反比例して弱くなるが、そんな力は存在しない。
1666－71 ？年	アイザック・ニュートン	惑星が「太陽から離れていく勢いは、太陽からのそれぞれの距離の自乗に反比例するだろう」。
1674 年	ロバート・フック	「すべての天体は何であれ、それ自身の中心へと向かう引力または重力を持つ……また他のすべての天体をも引き付ける」。
1680 年	ロバート・フック	「私の仮説は、引き付ける力というものは常に中心からの距離の自乗の逆比にある、というものだ」。
1666－70 年代	アイザック・ニュートン	万有引力は天体の中心からの逆自乗則に従っている。
1686－90 年代	ロバート・フック	ニュートンが逆自乗則を剽窃した。
1690 年代早期	アイザック・ニュートン	「ピタゴラスは、太陽の強烈な引力について語り、それはゼウスの牢獄であると述べた。……」「そしてピタゴラスは「惑星の太陽に対する重さが、太陽からのそれぞれの距離の自乗には反比例する」ことを認識していた」。
1692 年	ファティオ・デ・デュリエ	ニュートンは、自分が世界の体系から得た、重力が距離が増加するとその二乗に逆比例して減ることに基づいて明らかにしたことを、ピタゴラスがすべて所有していたと信じる。
1715 年	デヴィッド・グレゴリー	「ピタゴラスは……太陽に対する惑星の重力が（惑星はそれがとる拍子によって動く）太陽からの距離の自乗に反比例するということを、いわば天の和音によって理解していた」。
1767 年	ジョセフ・プリーストリ	「電気は重力の法則と同じ法則に従い、それゆえ距離の自乗によって決まる」。
1785 年	チャールズ・クーロン	実験からみると、電気は逆自乗則に従う。

お気に入りのことのためのささいなもの、スポンジで吸い取る
子どもたちが海辺で小石を集めるように[32]

一八二七年には面白い主張が生まれていた。「ニュートンが『失楽園』を読んだ時、穏やかにこう言ったという。『いい詩だね、だが何を証明したというんだ？』」[33]

ニュートンがりんごが落ちるのを見たというのは大いにありそうなことである。農園にはりんごの木があったのだから。何があったにせよ、神話の形を効果的なまでにもっている。単純なスタートが大きく発展して、大変身を遂げるわけだ。だから共鳴するところがあり、人口に膾炙したのである。では元々の根拠がどのように進化したか、その軌跡を今考えてみよう。

一七六〇年、数学者レオンハルト・オイラーが、プロシア国王の姪であるアンハルト・デッサウ公国の王女宛てに多くの手紙を書いた。科学を説明する手紙の一つの中で、オイラーはこの物語の一つの形のものを伝え、それは後によく目に触れるものになった。

この偉大なイギリスの哲学者・数学者は、ある日、庭のりんごの木の下に座り込んだところ、頭にりんごが落ちてきて、いくつかのことを考えるきっかけとなりました。重みでりんごは落ちたこと、枝から離れたのは、たぶん風か何かのせいだということは、よくよくわかっておりました。そう考えるのはごくごく自然なことでしたし、どんな農夫でも同じことを考えたでありましょう。ところがこのイギリスの哲学者はそれよりずっと先まで進みました……もしニュートンが庭でりんごの木の下に腰を下ろさなかったら、そしてたまたまりんごがその頭の上に落ちなかったら、たぶん私達は、天体

の動きについて、またそれによってきまる他の無数の現象について、相変わらず知らないままだったでしょう[34]。

つまり一七六〇年になると、りんごが実際にニュートンの頭に当たったように思われていたのだ！

オイラーの手紙は出版され、複数の言語に訳されてもいる。

一七九一年、匿名の研究が発表された。タイトルは『文学珍奇譚』。その著者はこう論じている。「事故というものは往々にして、もっとも優れた天才たちに自分の力を発揮させる[35]」。彼は偉大な詩人、哲学者、芸術家は同じように、突然の出来事によって作られると主張した。

図 3.2. イブ、果実、蛇

ニュートンの不朽の労作が非常に些末な偶発事に負うことも、よく知られたことである。「若かりし頃、彼はケンブリッジの学生で、国にペストが流行っているあいだ、隠棲した。りんごの木の下で読書していると、その実が一つ、頭にごつんと落ちてきた。りんごの小ささから考えると、その一撃の強さには驚かされた。このことが落体の加速する動きを彼に考えさせることになり、それが重力の原理を演繹的に導くこととなり、彼の哲学の基礎が生まれたのである[36]」。

この匿名の著者とはアイザック・ディズレーリというオクスフォード大学の民法の博士であった。大人気の文章家で、ジョージ・バイロン（後のバイロン卿）、ウオルター・スコット卿その他の綺羅星のような人々から称賛されていた。ディズレーリは、ニュートンに関する論評については先行する話を引用しているのが明らかで、彼自身が作ったものではない。それでも彼の『珍奇譚』は広く増刷され、再刊された。

後に、詩人のバイロン卿はニュートンとりんごについて数行の詩句をものした。一八二三年に発表された「ドン・ジュアン」の一部である。今から見れば、このくだりの見事なところは、月へ向かう宇宙船の旅を予告していることだ。

ニュートンはりんごが落ちるのを見て、
少々驚いて黙想から覚め、発見した。
と、言われている（というのも、私はどんな聖者の信条にも計算にも、この世での責任を負えないから）
地球が「引力」と呼ばれるごく自然な勢いで、
回転していることを証明する方法を。
アダム以来、一つの落下、または一つのりんごを
相手に組み合ったのはこの人ただ一人。

人はりんごとともに墜落し、りんごとともに立ち上がる。
それが本当かどうかはわからぬが、考えねばならぬ。

アイザック・ニュートン卿が当時は未開の星々を抜ける
舗道を明らかにできたその方法をこそ、
それは人間の苦しみを相殺してくれることを。
以後不死となった人間は、あらゆる種類の
機械で輝き、もうまもなくすれば
蒸気機関が月へと導くことだろう。[37]

一方、ニュートンらの歴史的人物たちについてディズレーリが行った説明に惑わされて書いた人々もいる。ある人はディズレーリは「著述家たちの一貫性のなさ」について書くべきで、その一例に自分自身も入れるべきだったのではないかと述べた。[38] さらに、文芸評論家のボルトン・コーニーはディズレーリが多くの話題を歪曲していることに異議を唱えようとした。コーニーは幼い頃、最初に『珍奇譚』を読んだときはとても面白いと思ったが、一八三四年にあらためて第九版を読んだとき、間違いが多いことに困惑した。ディズレーリのニュートン物語を斥けるため、コーニーはコンデュイット、ヴォルテール、ペンバートンその他の作家の著作を引用した。コーニーが述べた不満は、又聞きの又聞きをうのみにして、それを持ち上げ、おうむ返しに繰り返す人々に対するものだった。人気のある著作の間違いを正すのは重要なことであり、「作家の嘘や思いつきを明らかにするのもまた適切なことであろう」とコーニーは言い、多くの版を重ねた本が誤りを増殖させてしまったと考えて、「ディズレーリはこの例だけをとっても、二万人以上の読者を誤解させたと結論せざるを得ない！」と書いている。[39]
知名度のあるディズレーリは、自分の誤りを単純に認めるどころか、パンフレットを作って自分を擁護した[40]。以前に主張したことの根拠となる証拠を何一つ挙げずに、ただコーニーを無能だとけなしたのである。コーニーは反論した。「私は真実が危うくなる時にその危険を見ぬふりをするような人間ではないし、このときも私は見ぬふりはしなかった。……許していただけるなら、この大思想家に対して、事実に基づかない思想はただの白日夢ではないかと申し上げたい。……私は手の届く範囲で最高の材料を使って小さな軍艦を建造し、私のわずかな技の限りを尽くして必要な設備をその船に対して設けたのだ。そしてその船は時間の流れの上を浮かんでいくだろう。安易にものを書く一派がどんなに幅をきかせようとも[41]」。つまり、この知識の中の取るに足らないどうでもよさそうな一角において、真剣に真実のかけらを追い求めた者がいたわけである。せんじつめれば、高名なるディズレーリは権威をかさに着て反論し、批評した人間をただ一蹴した。だがコーニーの方が正しかった。その地味な船は比較的暗い中を進んだが、沈まずに保たれた。他方、ディズレーリの説明は今ではただの作り話と言われている[42]。

数学者オーガスタス・ド・モルガンもりんごの物語についてはっきりと言及し、やはりディズレーリを批判した。「ディズレーリがなぜ頭にごつんと落ちたと言うのか私には想像できない。それもほかならぬニュートンの頭なのだ。これは彼の通常のものごとの説明からみると、あまりに彼らしくない。話としては愉快だし、ありうる話ではあるが、ただ一つ欠点がある。ニュートンほどの深い学識のある数学者はさまざまな著作によく通じていて、そうした著作の方が、仮に一袋まるごとのりんごがいっぺんにあの強力な頭上にころがり落ちたとした場合よりも多くの示唆を与えていたはずだろう[43]」。作家の中には、ニュートンの洞察がその事故によって生じたと見なすものもいれば、偉大な発見が偶発事が引き金となって生まれたことを否定し、ド・モルガンのように、ニュートンの発見はその並はずれた研究のたまものだと主張するものもいた。他にも、こういう突破口は天賦の才をもった人間の特性だと考える作家もいる。名前は伝わっていないがある人物はこう論じている。「このような発見は、かくかくしかじかのことが、何らかの時点で起こったせいで生まれたというようなしろものではない。ほとんどはふさわしい観察者の眼前で起こったがゆえである。それは、それまで知られていない暗黒の分野に、科学の物見櫓《やぐら》から見通すような精神の持ち主でなければならない。りんごが落ちたときニュートンが庭にいたということが、偉大な力を働かせたのだ」(44)。当時は、骨相学という科学もどきに興味をもつ人が多くいた。人の頭の形が知性と行動とにどう相関するかという研究である。骨相学者はおおむねディズレーリの説明には納得しなかった。りんごがニュートンの頭にぶつかってその精神の発達を引き起こしたわけではなく、ニュートンに生来の精神的な特性があったせいで落下するりんごから知識を引き出すことが可能になったと考えた。

ある骨相学者は脳の特定の部位が重さを処理し、顔の眉に沿った隆起部分が個人の機械的な力を分析する能力に対応すると論じた。彼が言うには「アイザック・ニュートン卿の骨相ではそれはとりわけ大きく、あのりんごの落下がこの器官の注意を引き付け、この哲学者をして一亘の思考へと導き、重力の理論という真理を発展させる結果となった。この器官が彼の額の中で小さかったならば、りんごの落下が彼の理性を刺激してこのような思考の道筋へと至らせはしなかっただろう」(45)。当のりんごは、重さを分析する鋭い物理的な傾向をすでに備えているわけでもない人に対しては、天啓を与えることはできないというわけだ。

一八七〇年、『骨相学ジャーナル』に載った一つの論文が、ニュートンがりんごが落ちるのを目にして重力の法則を思いついた「幸せな瞬間」と、ベン・フランクリンが凧を揚げて電気をもたらした「幸せな瞬間」について述べ、この二つの「幸せな瞬間」を、小学生だったフランツ・ジョセフ・ガルが、目が大きい少年たちは自分より暗記がよくできると気付き、俳優たちもまた同じ特徴があるので、頭の特徴が能力と対応関係があると気付いた「幸せな瞬間」になぞらえた。そして後の骨相学という科学を作り出した。[46] 一八九七年、『骨相学ジャーナル』はふさわしくもニュートンに関するディズレーリの説を取り上げた。たぶん、ユーモアをこめてのことだったのだろう。[47] それからまもなく、骨相学者なら、例のりんごは知恵の女神ミネルヴァに導かれてちょうどニュートンのでっぱりの正しい部分にぶつかったとでも言いかねない、と冗談を書いた人々もいた。[48]

ニュートンは本当に落ちていくりんごから霊感を受けたのだろうか？　証拠ははっきりしないので、書く人それぞれがこの話を自分にとって好ましい方、つまり真実、一部分は真実、間違いのいずれかの見方を選んでいる。たとえば数学者カール・フリードリッヒ・ガウスはこの話を一笑に付した。「りんごの話は単純すぎる。そのりんごが落ちようが、落ちまいが、そんな発見がそれで遅れたり、早くなったりすると思い込むのは別にかまわないが、真相はこんなところだろう。ある馬鹿で押しの強い男がニュートンを訪ね、偉大な発見にどうやってたどり着いたかを聞いた。そのときニュートンは子供じみた相手と向かい合っていることに気付き、追っ払いたいと思って、りんごが一つ鼻に落ちてきたのだと答えた。相手がそれですっかり教わったと満足して立ち去ってくれそうなことを答えたのだ」。[49] ガウスもまた、勝手に尾ひれを加え、何かの知識を当然のことと考えていた点に注意しなければならない。そんなニュートンのりんご話のあれこれに値打ちがあるのは、それが過去を記述していなくても、こういう話をした人物の横顔を我々に垣間見せてくれるところがあるからだ。

この話はさまざまな方向に進化を遂げた。一九九七年、『アイザック・ニュートン——最後の魔術師』で、マイケル・ホワイトは、ニュートンが一般には物理学、特定の分野としては重力の研究をしな

表 3.2. ニュートンのりんごの話の成立発展における変動

1665－6 年	アイザック・ニュートンが家族の農場で一人で物理と数学に励んだ。

60 年の後

1720 年代	ウイリアム・ステュークリー	1726 年にニュートンが私に語った。腰を下ろして物思いにふけっていてりんごが落ちてきたとき、重力について考え始めたのだ、と。
1727 年	ロバート・グリーン	マーティン・フォークスが私に言った。ニュートンの万有引力のアイディアは 1 個のりんごから閃きを得たものだ、と。
1727 年	ヴォルテール	「ニュートンは家の庭を歩いていて、りんごが木から落ちるのを目にした途端、自身の重力の体系に関する最初の考えが閃いた」。
1727－28 年	ジョン・コンデュイット	庭で考え込んでいたとき、重力がりんごを木から地面に落とし、ニュートンの脳裏には、重力は地球からの一定の距離に限定されたものではないということが浮かんだ。
1728 年	ヘンリー・ペンバートン	「彼が庭に一人で座っていた時、重力の力に関する一つの考察に入った」。
1734 年	ヴォルテール	「1666 年……ある日彼は自宅の庭を歩いていて、1 本の木から果実が落ちるのを見かけ、重力についての深い思索に入った」。
1760 年	レオンハルト・オイラー	ニュートンは庭にいて、木の下に横臥していると、りんごが 1 つ落ちて頭に当たり、それで重力について考えるようになった。
1797 年	アイザック・ディズレーリ	若きニュートンが木の下で読書していた時、りんごが 1 つ落ちて、彼の頭に強く当たった。
1838 年	ボルトン・コーニー	りんごがニュートンの頭に当たったという証拠はない。
1838 年	トーマス・チャルマーズ	「……ある日庭で座っていると、彼はりんごが自分の足に落ちるのを目にした」。
1800 年代	カール・ガウス	馬鹿であつかましい男を追い払うため、ニュートンはりんごが自分の鼻に当たったと言った。
1980 年	リチャード・ウェストフォール	りんごの話は「十分に証明済みだから棄てることはできない」。
1997 年	マイケル・ホワイト	ニュートンのりんごの話は、彼の重力理論が錬金術に由来することを隠すためのウソであることはほぼ確実だ。
1999 年	A・ルパート・ホール	コンデュイットは妻のキャサリンからりんごの話を知った。

がらも、錬金術の影響を大きく受けていたことを論じている。ゆえにホワイトは、りんごの話は「真実を偽装するためにニュートンが作り出した話なのはほぼ確実」だという。りんごの話は「少なくとも特定の目的を意図して作られた誇張である。重力の理論にとっての霊感の大部分は、その後の錬金術研究に由来するという事実を隠すためであることはほぼ確実である」[50]。これは、ニュートンの話を隠蔽、つまりホワイトが支持しようとするあやしい話の偽装と解釈する、ホワイトの話には似つかわしい。「ほぼ確実」という表現がここにもある点に注目のこと。「全く根拠はない」といった方がふさわしそうな話を偽装するための迷彩のようなものである。また、名高い歴史家であるA.ルパート・ホールも、コンデュイットが妻のキャサリン（ニュートンの姪）からりんごの話を知ったと主張している[51]。だがここにも証拠はないし、似たような例が他にもある。

私はニュートンの元々のりんごの話が本当かどうかは知らない。だが少なくとも本人から我々が得た話ではある。加えて、広く繰り返される他の話（ピタゴラスが音楽の数論を発見した、ガリレオがピサの斜塔からものを落とした、ダーウィンがフィンチから閃きを得たなどの）よりもりんごの話を支持する証拠ははるかに多い。真実か否かにかかわらず、この話は多くの人を感動させ、科学の創造性について伝える、魅力的な惹句となったのである。すばらしいではないか。

さて、ニュートンのりんごの木のその後の顚末やいかに？　伝説というものはゆかりの品を生み出すものである。ニュートン没後、その不動産と所有物は異母弟の息子四人、娘四人、つまり、母とスミス師の孫たちのあいだで分けられた。亡くなる前にニュートンは、コンデュイット家の人々にいくばくかの土地を与え、ウールスソープとサスターンの不動産はジョン・ニュートンに遺贈した。ジョン・

ニュートンの曾祖父がアイザック・ニュートンの叔父に当たる関係である。わずか五年後の一七三二年、ジョン・ニュートンはウールスソープの邸宅と土地をトーマス・オルコックに売った。翌年オルコックはエドマンド・ターナーに売った。その後、ターナー家が代々この資産を保有した。ほぼ一世紀の後、一八三一年に出版されたアイザック・ニュートンの伝記の中で、デヴィッド・ブリュースターがウールスソープの敷地にある一本の木がどうなったか伝えている。「かの高名なるりんごの木、その実の一つが落ちて、ニュートンに重力という問題へ注意を喚起したと言われる木であるが、四年ほど前の風で倒れてしまった。しかしターナー氏が椅子にして保存している[52]」。

その四角い椅子はいまは個人のコレクションにある。後のもっと詳細なニュートン伝（一八五五年刊）の中では、ブリュースターはその椅子については触れていないが、その代わり、別の説明を備えた脚注が付加されている。「当のりんごの木を私たちは一八一四年に見て、一本の根の一部分を持ち帰った。木はあまりに朽ちており、一八二〇年に木は切り倒され、そこからとった材木はターナー氏が細心の注意を払って保管した[53]」。

ブリュースターによる二つの説明の一つは、その木は一八二七年に風で横倒しになり、椅子に化けたというものだ。もう一つは、古木は朽ち果てて一八二〇年に解体され、木片は注意深く保存されている、という。

どちらにせよ、オーガスタス・ド・モルガンは意地の悪いことを言っている。「ウールスソープのある特定の木が、りんごの形の女神をぶらさげる絞首台に選ばれた。一八二〇年に枯れてターナー氏が保管したが、サー・D・ブリュースターが一八一四年に根の一部をもち帰っている。さぞかし亡くなるまでの四三年間うしろめたい思いをしてもっていたにちがいない。自分が木を枯らした張本人かもしれないのだから」[54]。

ニュートンのりんごの木の歴史にさらに付加された細部については、リチャード・キーシングが苦労しつつもその軌跡をたどっている[55]。ブリュースターが木のことを書くよりも前に、エドマンド・ターナーが一八〇六年に脚注で一行だけ書いている。「りんごの木は今も残っており、通りがかりでも見ることができる」と記しているだけだ[56]。それがニュートンの死から八〇年後である。さらに何年か後、リンカーンシャーの学校に通うある少年が、嵐で倒された後のりんごの木を見たという報告がある。この話はウイリアム・ウォーカーによって、父リチャード・ウォーカー（一八〇七年生まれ）、つまりその少年本人のことを書いたものである。

父が私に話してくれたのは、父がそこの学校に通っていた時のことだ。ある晩、ひどい嵐となり、朝にはウールスソープのアイザック・ニュートン卿のりんごの木が倒れたという一報が入った。校長先生のピアソン先生と学校の生徒たち何人かですぐニュートン卿の家があるウールスソープへ向かった。ストークから遠くなく、ちょうどビーヴァー城のリンカーンシャー側のすぐ隣にあった。着いてみると、そのりんごの古木は地面に横倒しだった。まわりじゅう、つっかい棒でもう何年も支えられ、枯れないようにあらゆる努力がされてきた状態だった。父によると、風の力で支柱を超えて吹き飛ばされて倒れていたという。ピアソン先生がどういう権限でそんな行動がとれたのかは父にはわからなかったが、どこかからのこぎりを持ってくると、枝からかなり多くの薪材を切り出したと父は言った。父はその中の一つをもらってきて、面白い記念品としていつももっていた。友人知人たちがしばしば父に、分けてくれないかともちかけたが、父は必ず断っていた。とても大切にしていたのだ[57]。

一九一二年、ウイリアム・ウォーカーは父親の小さな丸太にこの説明を付けて、ロンドンの王立天文学協会に寄贈した。

この木の歴史を研究したキーシングは、倒れた木の絵をいくつか見たこと、そのうち一つはどうやら日付がないものだったこと、もう一つは一八二〇年の日付で〔後で「ターナーの絵」と言われているもの〕、三番目は一八一六年のもの、もう一つは一八二〇年の日付で〔後で「ターナーの絵」と言われているもの〕、三番目は

本しかなく（果樹園の方にはたくさんあったのだが）、だからあれこそが例の有名な木にほかならないという。だがウィリアム・ステュークリーが一七二一年に描いたニュートン邸の絵には、後の絵ではりんごの木が描かれている場所に木がない。

ところで、ブリュースターの木片の方はどうやら行方不明らしい。伝えられるところでは、ブリュースターは、木のかけらをいくつか、エディンバラ大学の自然哲学教授、J・D・フォーブスに与えた。フォーブスはその遺物を息子のジョージ・フォーブスに遺し、そのジョージが次のように語っている。

筆者は父親（J・D・フォーブス教授）から木片一つと紙切れが入った小さな箱を相続した。それはデヴィッド・ブリュースター卿から父へのプレゼントだったものだ。その紙片にはデヴィッド卿の書きつけた言葉があった。「ニュートンがりんごの落下によって重力の理論に導かれたという話が嘘ではないのなら、この木片はニュートンがりんごが落ちるのを見た、あのりんごの木の一断片である。私はニュートンの生家詣でに行ったとき、その庭に生えている古いりんごの木から切り取った」。一八七五年頃グラスゴーで講演をした際、著者は聴衆に見せた。翌朝、講演のテーブルから自分の持ち物

をとろうとしたら、この貴重な記念品が盗まれているのに気付いた。今誰がもっているかがわかったらいいのだが[58]！

キーシングは一八四〇年に、チャールズ・ターナーなる人物がニュートンのりんごの木から接ぎ木用の枝をとったと主張したのを発見した（しかしとっくに枯れていたのではなかったか?）。そしてそこから「よく育ったりんごの木が二本」できた。これらの木がどうなったかはわからないが、一九三七年になると、クリストファー・ターナーという、当時のウールスソープの地所の所有者が、ベルトン公園にニュートンのりんごの木の末裔があると主張している。キーシングはこう書いている。「この木の若枝がイースト・モーリングの果実試験場で接木された。世界中に植えられたニュートンのりんごの木のほとんどは、ここの生まれである」。

一九七七年、この木がどうなったかを知りたくて、リチャード・キーシングはウールスソープを訪れた。例のりんごの木が描かれた古い絵を彷彿とさせる邸宅の写真でも一枚撮れれば、という気持ちからだった。「私はカメラのファインダーを通して、ターナーの絵に見える景色を作り出そうとして、後ずさりして歩いていて、気付いたら仰向けに倒れていた。立ち上がって辺りを見回すと、絵に描かれた木のように見えるものの上に自分が倒れ込んだとわかり、驚いてしまった。今でもそのときの記憶は、私をまごつかせる。自分が一八二〇年にいるのか、一九七七年にいるのかわからない気分になったからだ[59]」。

キーシングの写真とチャールズ・ターナーの一八二〇年の絵を比較して、キーシングが出した結論はこうだった。二つの画像はよく似ていて、今ある木は、一八二〇年に嵐の後に倒れた幹の一部から伸びたものにほかならない。さらに一九九七年には、こう推測している。「こんな説をたててみたい。端々から根が伸びて根づき、ウールスソープの地所で今なお成長するあの横倒しになった虚ろな木株は、チャールズ・ターナーが一八二〇年に絵にしたあの木の枝であり、ニュートンが一六六五年か六年にりんごが落ちるのを見たと特定された木であると。もしそうなら、このりんごの木は今、樹齢が約三五〇年ということにならざるを得ない(60)」。

この説明は不確実な部分を含んでいるにもかかわらず、キーシングの疑念は二〇一〇年までには消えていたように見える。新しい証拠など何も引用しないまま、彼はヨーク大学物理学科のウェブサイト上でこう主張しているのだ。「この年老いた木は支柱で支えるあらゆる努力をしたにもかかわらず、一八一六年の嵐で吹き倒されてしまった。いくつかの枝は吹き飛ばされてなくなったが、木の主要な部分は残り、ふたたび根付いた。驚くべきことに、この木はウールスソープの地所で今日も育っており、いま三五〇歳を超えているとせざるを得ない」。

「せざるを得ない？」りんごの木は六〇年もたつとたいていだめになるそうだ。中には一〇〇年や二〇〇年生きているると報告されるものもあることはある。だが三六〇年も？　ウールスソープのお気に入りの木に対し、キーシングがどんなに思い入れをもったとしても、それがあの木だという証拠はない。他の多くの人々もそうだが、キーシングは何かを見つけようとして何十年も探し、少なくとも自分の満足のいくことを見つけたのだ。一七二一年の絵には見られないその木、一八二〇年には同じ古木がひどく衰えて裂けてしまい、また同じ古木が一八二七年（またはたぶんもっと早い時期に）嵐で「破壊された」、それが奇跡的にいま生きており、三五〇歳を超えるということだ。

まずそれは椅子になり、それからその根の断片が保存されたと伝えられ、そしてその枝の断片、さらには生きている接木が保存され、今日ではニュートンの木の子孫は多くの場所にあるという。ケンブリッジのトリニティカレッジのグレートゲイトの右の芝生にも一つあるし、ヨーク大学にも、マサチューセッツのバブソン・カレッジの図書館にもまた別の子孫がある、などなど。それらの木が生み出すりんごは「フラワー・オブ・ケント（ケントの花）」と呼ばれる稀な種で、いくぶん洋ナシの形をしており、香りはなく、色は赤く、黄色と緑のすじがある。

この木の最新の行先は、地球という惑星をも超えて、大気圏外の宇宙空間となった。王立協会アーカイブは、コレクションの中から価値あるものをイギリス生まれの宇宙飛行士、ピアス・セラーズに宇宙飛行に持っていく許可を与えた。王立協会の新しい記事はこう報告している。「ニュートンが重力の理論をうちたてるように、インスピレーションを与えた元々の木から取られた木片」がＮＡＳＡの宇宙飛行に加わることになるだろう。そしてセラーズはこうコメントした。「アイザック・ニュートン卿のりんごの木の一部を乗せて、軌道周回へ行けて嬉しい。木が上空にいるあいだは無重力なので、木にりんごがついていても、落ちてきてはくれないのですが[61]」。また別の宇宙飛行士がスペースシャトル、アトランティス号のことを「人類がかつて作り上げた、もっともすばらしい一つの機械」と記しており[62]、二〇一〇年五月にはそのアトランティス号が古木の一部を、宇宙に連れていったのである。

第四章　古代人の石

一六五七年、オズワルド・クローリーは、錬金術について次のように述べた。「目に見える、そして目に見えない自然のこの親睦は、非常に称賛されたあの黄金の鎖である。これは天国と富との結婚であり、プラトンの指輪である。自然のもっとも内奥にあり秘密とされる部分において知ることが困難な、あの暗黒に閉ざされた哲学であり、それを獲得するためにデモクリトス、ピタゴラス、アポロニウスなどがインドのブラフマンや裸行者のもとへ、またエジプトのヘルメスの柱にまで旅立ったのである」(1)。これとは対照的に後の化学者たちは、錬金術を非合理な、古くから伝わるいんちきであると見なした。天文学者が占星術をそう見なしたのと同じである。ガリレオやケプラーは富裕な後援者から資金を得るために占星術を用いてはいたが、両人とも占星術に対しては秘かに疑念をもっていた。ケプラーは、天天空に存在するもので実際に地球上の活動に影響を及ぼしているものがあると考えた。つまり月が実際に潮の干満を引き起こす、と正しく推論したのであった。つまり、占星術には、ガリレオが思っていたよりは妥当なところがあった。錬金術師たちは金属もまた天体と結びついていると考えていた。くすんだ金属は病気であるため治療して完璧なものにできると考える者もいた。彼らは、金属は地球の深奥で生きて成長すると考えており、とらえがたい超自然の「種子」、つまり「病気にかかった」くすんだ金属を完璧な黄金に変えることができると伝えられている、いわゆる「賢者の石」を探し求めていた(2)。錬金術師は飲める金を調合して作るため、この神秘の赤い粉末を追いかけた。それを飲めば健康と長寿が得られ、錬金術師は神ともっと密に交流できるのである。彼らは頭上に動物の骸骨を吊り下げた地下室や洞窟で作業し、火にかけて溶かした金属をかき回して臭気を発する物質を加熱した。この物質は、発汗し、唾液を出し、成長すると思われていた。自分たちの発見を秘密のベールにくるみ、神話になぞらえた姿で覆い隠した。

錬金術師の中には自然の秘密を解明しようと実直に努めたものもいたが、彼らもまた暗号を用いた寓意的な言葉で記している。たとえば次の文である。「風は太陽と月が、さらに水星（メルクリウス）とドラゴンが浸かる。そして火はこの仕事の統治者として第三の場所で栄える。土は洗い浄められた乳母ラトーナで、エジプト人がディアナとアポロン、つまり白と赤の色を養うものとして安んじて得た。これが世界全体をすべて完璧にする元である」(3)。このような空想は科学とはかなりかけ離れたところにあるように見える。

錬金術の主要な著作は古代の、ヘルメス・トリスメギストス（「三倍偉大であるヘルメス」）という名の謎の著者によって書かれたと言われていた。それはギリシャ神ヘルメス（メルクリウス）とエジプトの知恵の神が組み合わされたという伝説の存在である。そして錬金術師はピタゴラス派のように秘密主義であった。そこで何世紀ものあいだ、エジプトを訪れたと伝えられているピタゴラスがそのような秘密を内々に伝えられていたのではないかとにらむ人々が錬金術の知識の探究者たちの中で増えていった。すでに歴史学者たちが、ヘルメスという人物に焦点を当てて錬金術について書いている。だから私はむしろここでは、物質変成の歴史を、一部、伝説のピタゴラスと関連させて分析する。長いあいだ、元素の変成は秘伝か神話だと思われていた。

『変身譚』（紀元八年頃）という詩の中で、オウィディウスはリディアのミダス王の物語を語っている。

ミダス王は、酔いつぶれた老いたる半人半獣の神サテュロスの身柄を、ある農夫から引き取った。ミダス王はサテュロスを客人扱いし、昼夜を問わず一〇日間もてなした。一一日目にミダス王はサテュロスの養子である若き神バッカスのもとへサテュロスを返したが、今度はバッカスが、ミダス王に願いを一つかなえてやろうと申し出た。「うれしいことではあったが、無益であった。ミダス王は、その褒美をうまく使えない運命にあったからだ。『私の身体が触れるものはすべて黄金に変わるように』とミダス王は言った。バッカスはミダス王の望みを受け入れ、有害な能力を与えたが、もっとまともなものをミダス王が望まなかったのは残念であった(4)」。ミダス王は最初はこの贈り物に有頂天だった。小枝や石が黄金に変わったからだ。だがその後、自分の食べ物も金に変わり、ワインや水もそうなると気づいて驚愕した。みるみるうちに悲嘆に陥り、受け取った贈り物を憎悪し、のどの渇き、飢えに苛まれて絶望した。そして「当然の報いであるがミダス王は忌まわしい黄金に苦しめられた。自分の輝く手や腕を天へと差し上げながら、『父よ、バッカスよ、私を許したまえ。私は罪を犯した。どうか憐れみを。乞い願わくはこの贅沢な不幸から救いたまえ!』と叫んだ。神々の意志は情け深かった。ミダス王が自らの過ちを認めたとき、バッカスは「ミダス王をもとに戻した。ミダス王を泡立つ川へ行かせ、自身の罪を洗い清めさせたのだ」。以来ミダス王は富を嫌悪するようになり、森や洞窟に住んだ。それでも依然として鈍く愚かであったので、ふたたび自らを傷つける運命にあった(5)。

だが金属変成によってすべての人間が悲惨になったわけではないとも言われる。『変身譚』の中でも、オウィディウスはピタゴラスを変化の達人として描き、次の言葉をピタゴラスのものと見なした。「この世界のすべてのものの中で変わらないものは何一つない。万物は流転し、形あるものはすべて変化する性質を有する」。オウィディウスの描くピタゴラスは、「黄金時代から鉄の時代に至る変化」について語り、またさまざまな変成、すなわちその水を飲む人の内臓を石に変えてしまう小川や、「髪の毛を透明な琥珀や輝く黄金のようなものに変えたり」、馬が腐敗してスズメバチを発生させたり、死んだ人間の脊髄が蛇に変化したり、泥が緑色の蛙を生み出すといったことを述べた[6]。ピタゴラスは元素さえも変化し得るのだと主張した。ただしオウィディウスの詩は歴史については全く無頓着であった。たとえば登場人物として描かれたピタゴラスは、その死後何世紀も経過するまで起こらなかったできごとについて述べているのだ。霊魂が繰り返し再生するという考えの提唱者であるピタゴラスは、黄金とは特別な結びつきがあった。ルキアノスの物語（紀元一七〇年頃）の中では、ピタゴラスは黄金の大腿部をもって現れるが、それはピタゴラスが太陽神アポロンと関係があることを示していた。ルキアノスは、ピタゴラスが七回の転生の後にこうなったと述べている。「ピタゴラスの右半身全体は黄金であった[7]」。

　ピタゴラスと錬金術とのつながりがもっともらしいことに見えたのは、ピタゴラスが魔術を研究し、植物の薬効に精通していたと主張する著作家が何人もいるからでもあった。多くの錬金術師は、植物のように成長する性質が鉱物にあると主張した。紀元七八年頃、大プリニウスは、ピタゴラスが球根やハーブの薬効や魔術的な効能について一冊まるまる著した書があり、自分の発見をアポロンのものであるとしたと伝えている[8]。大プリニウスによれば、ピタゴラスは、キャベツやからしの効能をたたえ、アニスを手にもつ者はてんかん発作を起こすことがないと述べたという。またユリ科の多年草、海葱《かいそう》を玄関に吊り下げると悪霊を寄せ付けないと主張した[9]。ピタゴラスはさらに、キャベツ、小麦、ドクニンジン、スミレの花が咲いているとき、ある種の病気が人体に奇妙な発作を起こすと言っているらしい。また別の古代の著述家はこう述べている。「ピタゴラスや、物質についてそれが変化すると言う一群の人々は、現実に生成や消滅があると断言した。なぜなら彼らは生成は元素の変成や運動のせいで生じると考えていたからだ」[10]。

さらにヘラクレイデス・ポンティコスによれば、ピタゴラスはメルクリウス（ヘルメス神）の息子という評判だった。メルクリウスはピタゴラスに、「その魂が永遠に転生する」能力を与えたので、「その魂が気に入る植物や動物何にでも転生しつづけた。また、地獄で受けた苦しみ、他の魂によって耐え忍ばれる苦しみをすべて知り、思い出す力も受けた」。ピタゴラスはその秘術の達人になったように見えた。「生きていても死んでいても、自分の身の上に起きたことの記憶を残してくれますようにと求めていた」からである[11]。

こういったことに基づいて、錬金術についての最初期のラテン語のテクストの一つは、ピタゴラスを主人公にした。それは一三世紀に現れたが、アラビア語から翻訳されたものである。古代の錬金術の本の不明瞭な箇所を明確にする目的でピタゴラスが召集した九人の哲学者の会合について述べている。ピタゴラスは、「石でない石」という、ありふれてはいるが隠されたもの、月の泡、太陽の心臓などという多くの名前で知られているものについて述べている。そして仲間の一人の哲学者は、変成のプロセスについてこう述べるのだ。「最初に加熱すると水になり、そして長く加熱するほど濃さが増して、最後には石になる。これをうらやむものは石と呼ぶが、実際にはそれは金属になろうとする卵である。その後それは飽和して砕けるが、そうなると、それを血のような色になるまで、さらに強火で加熱しなければならない。そうなったとき、硬貨の上に置くと、神の望みに従って黄金に変わる」[12]。同じ技術を伝えるために、そして俗悪で愚かな人々から大切な技術を隠しておくため、哲学者たちは驚くほどさまざまな言い回しを用いているとピタゴラスは主張した。登場人物たちは歴史上の人物で、その対話はソクラテスよりも前の哲学者たちの見解を模倣してはいるのだが、作り話である。

膨れ上がっていくピタゴラスの伝説は錬金術や化学の歴史の中へ知らぬ間に入り込んだ。[13] エジプト人の秘術とピタゴラスの結びつきは、ギリシャとエジプトの神話のある種の混合を示しており、それはヘルメス・トリスメギストスという伝説的な人物に具現することが多い。ヨハネス・ケプラーの言葉によれば、「ピタゴラスがヘルメス化するか、またはヘルメスがピタゴラス化するか」である。[14]

数世紀にわたって著述家たちは、ピタゴラスがエジプトへと旅行し、エジプトの神官からさまざまな秘密を学んだ、と主張してきた。[15] しかしピタゴラスがエジプトで学んだとされる分野にはばらつきがある。幾何学か天文学か、建築学か錬金術、宗教かその他などなど。実のところ我々は、ピタゴラスが本当にエジプトへ旅行したかすら知らないのだ。

旅に関して書かれた現存するもっとも早い記述は、彼の死後一世紀以上もたってから書かれたものだ(イソクラテス、紀元前三七五年頃)。その中では、エジプトでピタゴラスは宗教儀式を学んだが、必ずしも神の美名を刻するためではなく、自分の評判を高めるためであったと、嘲笑しながら述べているだけである。[16] それより前にヘロドトス(紀元前四三〇年頃)が、ギリシャ人たちが、しきたりや儀式や神々の名前をエジプトから模倣したという主張を何度かしている。[17] そしてエジプトへ旅したことがあるヘロドトスは、「エジプトとピタゴラス派の」埋葬のしきたりについて比較した。「こうした儀式に与る者が羊毛の着衣で埋葬されるのも、不信心なことだからである。これについては神聖な言い伝えがある」。[18]

ヘロドトスはピタゴラスがエジプトへ旅したかどうか、または錬金術を研究したかどうかについては言及していない。しかしだからといってピタゴラスがそれらをしなかったことになるかといえばそうはならない。またイソクラテスは後にピタゴラスがエジプトへ旅したと主張した。だからといって、本当にそうだったということにもならない。私にとって重要なのは、この関連において、イソクラテスに関

表 4.1. いかにしてピタゴラス伝説が錬金術と化学にまで広がったか

紀元前 430 年頃	ヘロドトス	ギリシャ人は多くの慣習と儀式をエジプトから取り入れた。
紀元前 375 年頃	イソクラテス	ピタゴラスはエジプトを訪れて宗教儀式を研究し、少なくとも自分の評判を高めた
西暦 8 年頃	オウィディウスの詩、ピタゴラスが言ったこととして	「この世で不変のままでいるものはない。万物は流動し、形あるものはすべて変わる性質をもつ」。元素でさえも変化する。
西暦 150 年頃	作者不明、「プルタルコス」の作とされる	ピタゴラスは、物質は変化を受けやすく、それは元素の変成によって起きると主張した。
西暦 900 年頃	賢者の群れ (*Turba Philosophorum*)	ピタゴラスは黄金を作ることのできる石の秘密を知っていた。
1575 年	パラケルスス	アラブ人とギリシャ人はペルシャ人とエジプト人の隠された謎を解読し、それを「ピタゴラスの助言と判断に準じた賢者の石の奥義」と呼んだ。
1620 年	グロリア・ムンディ	ピタゴラスはひそかに恵みの石の薬を所有し、それを使って自分の命を 900 歳以上にまで伸ばした。
1657 年	オズワルド・クローリー	ピタゴラスはインドとエジプトに旅し、錬金術にかかわる自然の秘密を学んだ。
1776 年	エドワード・ギボン	「ピタゴラス、ソロモン、あるいはヘルメスの作と勝手に思われているこれらの古代の本は、もっと近年の信奉者による信仰に基づくペテンだった」。
1980 年	カール・セーガン	「化学は単純に数なのであり、その考えはピタゴラスも好んだことだろう」。

する最近の解説者、ナイル・リビングストンが、物語が膨らんでいくときに従うパターンすなわち連想がどのように伝説を生み出していくのかを特定したことである。リビングストンが説いたのは、ヘロドトスはピタゴラスがエジプトを訪ねたというストーリーを「一回は訪問したのだろうという考えに至る推理の最初の二段階を踏むことにより」（類似の特徴がある、ゆえに同一の特徴である、同一の特徴がある、ゆえにそれは借りてきた特徴である、というように）間接的に生み出したということである。ヘロドトスはピタゴラス派とエジプト人の埋葬のしきたりが似ていると書き記したが、それらは同一だと言っているように見える。そして、我々の解釈の方向はピタゴラス派がエジプト人を模倣した、という因果関係を想像する流れとなったのだ。「誰か、たぶんイソクラテス、その後にヘロドトスのヒントがあって、ピタゴラスがエジプトを訪れたと断言する第三段階に至り、その考えは、後にピタゴラス派とピタゴラスの伝記作家たちに積極的に受け入れられた[19]」。

　私はピタゴラスがエジプトを訪れなかったと言っているわけではなく、単にわからないだけである。私が注目したいのは、このパターン、つまり似ているから同一である、同一であるゆえに借りてきたものである、というのは、錬金術についての伝説が膨らんでいくとき繰り返されてきたようだという点である。さらに、ピタゴラスがエジプトからもち込んだという話は、数学、建築学、天文学、宗教、錬金術のようなさまざまな分野で広まっていったから、どうやらこの話が学問分野の初期のルーツに実体を与える働きをしたようだ。ピタゴラスが実際どこかに旅したかには関係なく、著述家たちは長い年月の間にその話に多彩で無視できない細部を加えていった。私が読んだ中でもっとも心を動かされ刺激を受けた形のものは、『神聖なる真理のきわみへ』という本の中に収められている次の一節である。英雄の旅、失われた楽園、耳を貸そうともしない凡庸な人々に対する高邁な苦闘というありふれた図式とどれほど結びついているかに注意してほしい。

何かの星に導かれるように、この欲求に導かれ、旅をしてエジプトに入り、どんなに大きな困難に遭遇してもものともせず、どこまでも堅忍不抜を守りぬき、とうとう幸いにもエジプトの知恵の奥義をきわめ、未来の思索のための真実の宝物をギリシャへともたらすに至った。だがそれは幸福な日々で、真の哲学の王国へ向かい、人間の魂が現世の体と結合して達しうるかぎりの完成へと進む運命にあった。そんなことを言うのは、我々の時代では、英知の声はもはや神聖なる孤高の沈黙の中では聞こえず、その声があった場所を奪い取ってしまった愚行により、あらゆるところが野蛮で耳をつんざく卑劣な信徒たちの怒号で満たされるのと同時に、商売の残忍な手が神聖なる黙想の偏見のない目を盲目にしてしまったからである。それはまた不運にも、時のめぐりが絶えず変異を生み出すうちに、ついには追い求める目的を逆にしてしまう。それゆえにかつて当然最初であったものがついには、退行した転回によって、大方の評価の中で最後になってしまうからだ。[20]

ピタゴラスにまつわって広まった伝説の一つは次のようなものである。「ピタゴラスほか大勢がかの恵みの石の薬を誰にも言わず所有していた。そしてそれを悪意ある目的でも使わなかったし、邪悪な人たちにも明かさなかった。神自身がこの知識を高慢な人々や不純な気持ちのある人々、思い上がった人々から隠していたのと同じように」。聖書の人物アダム（五〇〇年生きたといわれる）やノア（九〇〇年生きたといわれる）や当のピタゴラスなどの人々のような、自分の命を長らえるのに使った者もいたとも言われている。[21]

錬金術が秘密にされるようになった理由の一つは、その多くがまやかしだったからである。また危険でもあった。たとえ錬金術師たちが高貴な技術を追い求めていると本当に信じていたとしても、誰かが黄金を造る方法を発見したとしたら、その人物は巨大な力を手に入れることができ、すでにある支配者たちを弱体化させることさえできるのだ。黄金が入手しやすくなれば、なるほど昔ながらの富の価値は下がるだろうし、通貨の崩壊もあり得ることだ。

もっとも裕福な支配者たちは、錬金術師の企てに反対した。カトリック教会は錬金術師を糾弾し、捏造であると非難した。一四〇四年、ヘンリー四世は金属増殖禁止法を制定したが、これは錬金術の技術を用いて金や銀を造らせないようにするための法律だった。逆に、錬金術の秘密を意のままにしようとした支配者もいた。ヘンリー六世は、錬金術の技術を調べるために王立委員会を任命して、国王のためにもっと富を造ろうとした。また、ヘンリー六世はカトリックの聖職者に金を造ることを要求した。なんといっても彼らは日常的にパンをキリストの体に変成させているなどと口にしていたからだ。聖職者たちは怒って断った。いくつかの国では、国王の許可を受けていなかったために告発された錬金術師たちが迫害され、起訴され、追放され、破門され、投獄され、絞首刑にされ、火あぶりの刑に処され、沸騰する油の中に沈められた(22)。

黄金ほど血なまぐさい盗み、欺瞞、殺人を引き起こした物質はあるだろうか？　皮肉なことに、もっとも使い道のない金属の一つであるのだが。つまり道具や建造物にするには柔らかすぎるし、不便ほど重く、化学的には反応しにくい。けれど見た目が良いだけでなく、長いこと変わらない。他の金属の鉄や銅などは、曇ったり、錆びたりするが、金はそうならない。まるで人間がかくありたいと望むように何とかして若さをつなぎとめているのだ。美しさ、若さ、富は黄金で象徴される。

ルネッサンスの時代には、ベルナルド・トレヴィザンが錬金術師の秘密を探求した。ある自伝的な文章には、賢者の石を求めての奮闘ぶりが書かれている。トレヴィザン家は裕福だったので、錬金術の研究に大金をつぎ込んだ。ヘルメスとピタゴラスを称賛したが、詐欺師たちが自分をだましたと不平を述べた。鉱物、金属、野菜、血、髪の毛、排泄物を使って、神の助けを祈り求めながら研究にいそしんだ。共同研究者とともに一年以上かけて、塩を使ってその石を作ろうと試みた。四六歳の時、二〇〇〇個の卵を買い、黄身と白身を分け、馬糞の中で腐らせた(その後三〇回蒸留し、白い液体と赤い油を抽出した)。二年間これらの残留物に取り組んだ後であきらめ、さらに八年間を他の実験に費やした。トレヴィザンの研究は銀、水銀、硫黄、オリーブオイルに及んだが、やはり何の結果も得られなかった。親族は彼を笑いものにした。彼は食べることも飲むこともやめ、痩せ衰えた。彼は旅をし、さらにお金を使い、財産を売った。六二歳になる頃には貧しくなり、ロードス島に引きこもったが、まだその石を知っているという人を探していた。借金をして、金、銀、水銀、馬糞、火、尿を何カ月も混ぜたが、それでも何の成果もなかった。老いたトレヴィザンは眠れずに、自然は変えられないのではないか、卑金属から貴金属への変成について書いている人々は、いまいましく残酷な盗人ではないかと考えた。(23)

だが、すべての錬金術師がそこまで不運ではなかったようだ。ある興味をそそられる錬金術師は、バシリウス・バレンティヌスという筆名で文章を書いている。ベネディクト修道僧といわれているが、その身元や正確にいつ生きていたのかはいまだ謎である。(24) 彼は特定の毒を薬として使用するというような、さまざまなオカルトや錬金術の話題について書いている。短い論文の一つが最初一五九九年に出版された。秘密の力と徳について考察し、神はそれを金属と鉱物の中に注ぎ込んだと主張した。この論考は「バシリウス・バレンティヌスの12の鍵」と呼ばれるようになった。

この著者は何年も修道院で過ごし、そこで神への信仰を通して、また古いテクストを研究することによって、ついに地上の宝へと研究が進んだという。修道士の一人は、医者が治せなかった重い病を患っていた。彼を助けようとして、バレンティヌスは植物の物質を使って六年間研究した。だがうまくいかなかったので、鉱物と金属を使う作業に進んだ。ついに色鮮やかな鉱物質をなんとか調合することができ、そこから「霊的エキス」を抽出し、それで病気に苦しむ修道士を完治させる一助を得たと主張した。それが「古代人の石」であったといわれている。

バレンティヌスによれば、「石」の知識を受け取るためには、まず神への信仰と感謝を示し、貧しい人々を助け、罪を真に悔い改めなければならない。さらに、自己鍛錬と献身を伴うさまざまな条件が、「石」の古代の秘密の知識を手に入れるのに役立つともつけ加えた。また、神の法による秘密をわかりやすく暴露することは禁じられており、神の怒りを恐れていると明かした。それでも、秘密の技術について自分が発見したことを他の実践者たちと分かち合いたいという思いがあるとも述べている。

バレンティヌスの鍵の一例を挙げると、その二番目の鍵には、二人の剣士が互いに剣を突き合わせている場面が描かれている。一方の剣には蛇が巻きつき、もう一方にはワシが乗っている。二人のあいだには裸の男が立っており、それがメルクリウスであることはすぐにわかる。なぜなら、頭上にはメルクリウスのシンボルがあり、背中と足に羽をもっているからである。それぞれの手にカドゥケウス、すなわち互いに向き合った一組の蛇が絡み合った杖をもっている。背景の景色には、太陽と月が地面近くに現れている。このイメージは何を意味したのか？

バレンティヌスはこのイメージに、宮殿、海、アポロ神とディアナ神の結婚を思わせる数節を加えた。彼の論によれば、聖なる新郎新婦は婚礼衣装で壮麗に飾り立てられていても、その結婚の夜には裸で清らかでなければならない。王アポロは敵対する二物質によって洗浄されなければならないと説明する。けれどももし長いあいだ岩の中に棲んで、地の洞窟から這い出してきたばかりの冷たいドラゴンの上に鷲を投ずるなら、両者を一緒に地獄の椅子に置くならば、プルートが風を吹き、すると冷たいドラゴンから揮発した荒々しいスピリットが生じ、それはその大いなる熱により、鷲の翼を焼きつくして汗の風呂を作り出し、それが桁はずれなために、もっとも高い山々の頂の雪が融け始めて水となり、それによって生き生きとした鉱物の風呂が作られ、かくして王に富と健康を与える。(25)

図 4.1.　バシリウス・バレンティヌスの第二の鍵。1624 年筆。

この暗号のような、好奇心をそそり同時に馬鹿げた言い回しは、実践にいそしむ錬金術師を何世紀ものあいだその気にさせてきた。本当に錬金術の秘密が隠されていたのだろうか？

一九八〇年代初め、デラウェア大学の学部生ローレンス・プリンチペがバレンティヌスの鍵に心惹かれた。プリンチペは研究室でテクストの解読と錬金術の工程の再現に多くの時間を費やした。インディアナ大学で有機化学を勉強するために大学院に進んだ後も、引き続き錬金術の古い紋章と言語を辛抱強く研究し、錬金術師たちが遠回しに言い表した実験手順を再現した。

第二の鍵の言葉とイメージを見て、プリンチペは月と太陽が銀と金を表していることに気付いた。太陽は昔からアポロ神のシンボルであり、月はディアナを象徴する。だが二人の戦士が鷲と蛇のついた剣を振りかざしているのはどうか？　さらに、二人のあいだに立つメルクリウスの翼のある姿については？　錬金術の紋章では、兵器はしばしば賢者の火、つまり一つの物質を殺し、それを他の物質になるようにする方法に相当する。[26] プリンチペは、剣士の衝突は二つの物質の混合を意味し、それが今度は翼のあるメルクリウスに象徴される何かを生み出すのだろうと推論した。剣に絡みついている蛇は「蛇紋石の粉」を想起させるが、これは古いタイプの火薬で、そこには硝酸カリウムという物質（暗い洞窟でブラシのように育つ結晶で、コウモリの糞や尿と腐りかけの肥やしから作られる）が含まれる。もう一方の剣に乗っている鷲は、昔から珍しい揮発性物質である塩化アンモニウム（これもコウモリの糞やマグマの通路である火道で見つかる）のシンボルである。

プリンチペは、この二つの物質、硝酸カリウムと塩化アンモニウムが合わさると、翼のあるメルクリウスの姿によって描かれる揮発性の酸が生成されることを知っていた。この酸は銀を腐食し金を溶かす働きをする。[27] 現代の用語で言えば、第二の鍵は硝酸カリウムと塩化アンモニウムの化学反応を表している。

$KNO_3 + NH_4Cl$

これは二人の戦士のイメージよりもっと明確に見えるだろうか？　この二つの物質は、正確な割合で

混ぜれば強い酸、実のところは硝酸と塩酸の混合物を作ることができる。すなわち

$HNO_3 + 3HCl$

これは危険なほど腐食性ある黄色の液体で、すぐにその強力な力を使って毒ガスを吐き出す。この酸は錬金術師たちがアクア・レジア、すなわち王水と呼ぶもので、金を溶かすのである。

さらなる分析により、プリンチペはバレンティヌスの第三の鍵は王水の使い方を論じ、第四の鍵は金を揮発させる方法を示していると考えるようになった。だがそれはありえないように思える。錬金術師たちが、実際に黄金をガスに変えられるような絶妙な手順を知っていたなんてあり得るだろうか。その後の研究で、プリンチペは塩化金の揮発性について検討している一九世紀末の論文を見つけたが、そこには有名な化学者ロバート・ボイルの古い研究が引用されていた。

ロバート・ボイルは、我々が科学と考えるものにまで化学を進歩させたことで有名である。彼の多くの実験には、空気ポンプのような見事に考案された技術と重要な器具が使われていた。教科書では、「ボイルの法則」、$PV = k$をたてた人物として取り上げられている。この法則は「圧力とガスの体積の積は一定の値kとなるというもので（温度が一定に保たれる場合）、ボイルによって確認されたが、ボイルが発見したわけではない[28]。ボイルは物質の有用な分類を考案し、再現可能で公に目撃される実験的証拠を確保することの重要さを強調し、化学変化を数値化して分析するという方法の使い方を前進させ、やっかいな現象を理解するために機械的説明の価値を提唱した。ボイルは物体はすべてさまざまな並び方をしている原子からなると信じていた。

一六六一年、ボイルは『懐疑的な化学者』と題する本を出版し、その中で物質に関する古い説を批判

的に分析してこきおろした。彼が叩きのめした説の中にはあらゆるものは土と水と空気と火でできているという古来の説もあった。こうしてボイルは錬金術のいんちき、いかさまを暴露することにより、科学をナンセンスから切り離したことで有名となった。彼は「近代化学の父」として呼ばれるようになったのである。[29]

ローレンス・プリンチペは、ボイルが金を揮発させる方法について何らかの明確な知識をもっていたことを発見した。ボイルのノートを読んだとき、ボイルが金を揮発させるために述べている手法は、プリンチペがバシリウス・バレンティヌスの鍵から解読したものと全く同じであることに気付いたのだ。ボイルはその酸を「バシリウスによって謎のように記述された『アクア・プジルム』〔戦う水〕」と呼んだ。アクア・プジルムは、黄金のような貴金属を溶解できるアクア・レジア、すなわち王水に対して付けられることがある名前の一つである。プリンチペは、アクア・プジルムあるいは「戦士たちの水」は、バレンティヌスが「二人の戦士から抜け目なく作られたもっとも貴重な水[30]」と呼んだものを参照にしたと書き留めている。つまり、ボイルはバレンティヌスの二人の剣士のイメージを直接参照しているらしい。なぜ、錬金術には懐疑的なことで有名な化学者が錬金術の文献などを引用したのだろうか?

ボイルの私文書を掘り返したプリンチペが発見したのは、複数の原稿、手紙、ノートで、それによるとボイルは錬金術師の書いたものを集中して読み、シンボルを解読し、実験を再現していた。また、ボイルが書いた「金属変成に関する対話」と題する原稿の断片を見つけた。一方、また別の研究者マイケル・ハンターは、ボイルが秘密を打ち明けるほど信頼した司祭ギルバート・バーネットによる、ボイルに対するインタビューを見つけた。この二つの文書は次のような奇妙な話を伝えている。ボイルはかつてある外国人を訪問し、その人物は鉛をバターのように柔らかい物質に変えることができるという見知らぬ人物を紹介した。ボイルの助手がその変換を行う鉛とるつぼを準備したので、ペテンはなかったのだろう。火によって鉛はるつぼの中で溶けると、そのよそ者は少量の光る粉をるつぼに投じた。すぐにるつぼを火から外し、冷めるまで待った。そしてボイルは、鉛が実際に本物の純金になったのを見た、と伝えられる。(31)

ありえないことだろうか？　化学者はいま、どんな化学的手段によっても金を作ることは不可能だと述べている。にもかかわらず、一六〇〇年代にボイルは変成を目撃したらしいのだ。それゆえに彼は『対話』の中では、不可能だという理由が多々あるにもかかわらず、金の製造は実際には可能かもしれないと結論づけている。

さらに一六六六年の段階では、ボイルは自身の実験によって、金は破壊でき、銀に変えることさえも可能だと確信するようになったが、腺ペストにより自分の実験室から離れざるを得なくなったため、その実験を繰り返す機会がなかった。(32)加えてボイルは、賢者の石は善良な霊とのコミュニケーションを促進すると信じていた。それは理性のある霊、天使の存在を証明することになる。従って、神の存在を証明する可能性すらある。賢者の石は、単に金属を黄金に変えるだけでなく、無神論者を信仰者に変えることになるだろう。当時、何人かの信奉者が神、または神々とやりとりする力を熱心に探した。ピタゴラスが熟達したと言われた技能である。(33)

ローレンス・プリンチペはさらに、ボイルが錬金術師たちと多くの交流があったこと、またフランスにある錬金術師の秘密結社に加わるために多くの手段を講じていたことを発見した。その秘密結社は、それからいくらもたたずにルイ一四世が彼らの潜伏している城を爆破して大勢の会員を殺したとき消滅した。

ロバート・ボイルは、イングランドとヨーロッパの錬金術師の仕事に多額の資金を提供した。そして一六八九年、ボイルとソールズベリーの司祭は金属が黄金に変わるのを実際に「見た」と議会で証言した。これがイングランドの金銀製造を禁ずる先の金属増殖禁止法という古い法律が廃止されるのに一役買った。変成を行うことは合法となった。だがボイルにはその決定の恩恵を得ようとするチャンスはなかった。一六九一年一二月三一日に没したからだ。ボイルは、自分の原稿の山を整理するために哲学者ジョン・ロックを含む三人の友人を指名していた。ボイルの死の直後、ロックは数通の奇妙な手紙を受け取った。それは何とアイザック・ニュートンからであった。

ニュートンは二〇年以上にわたって個人的に錬金術を研究し、数えきれないほど実験を行い、多くのノートを書いた。本章の初めの方で引用した、太陽と月を入浴させる風について、そしてアポロとディアナと世界の完璧さについての詩を書いたのはニュートンである。ボイルと同じく、バレンティヌスやその他の人々について読み、変成の技を追い求めた。ニュートンはロックに宛てて、ボイルが「赤い土と水銀」がかかわる手順を入手していたことはわかっていると書いた。ボイルはその手順のために錬金術を禁ずる法律を廃止させたのだった。ニュートンは、ボイルが書いた処方書の写しと共に赤い土のサンプルを頼んだ。(34)

ロックは求めに応じて謎の赤い土を少しと処方を郵送した。だがその後ニュートンから音沙汰がなくなった。黄金を作るのに失敗したようにも、そしてそれを恥じたかのようにも見えたが、一六九三年のニュートンは慢性的な不眠のためにノイローゼになっていたのだ。その後一六九六年に、匿名の「信奉者」なるものが彼を訪れ、あらゆる金属用の溶剤を作り出すと言った。ふたたびニュートンは錬金術について思いめぐらすようになった。その年に彼はロンドン塔にある王立造幣局の監事になった。何年ものあいだコイン製造を監督し、偽造者は容赦なく罰した。
　では、ボイルの目の前で変成を実演したといわれている男はいったいどうなったのだろう？　フランクフルト・アム・マインの医師が一七〇六年に書いたものによれば、「ボイルが見ているあいだに鉛を金に変えた」錬金術師は、ボイルの手紙を彼の雇い主にもっていくためにフランスへ向かう旅中、落馬して亡くなったという(35)。

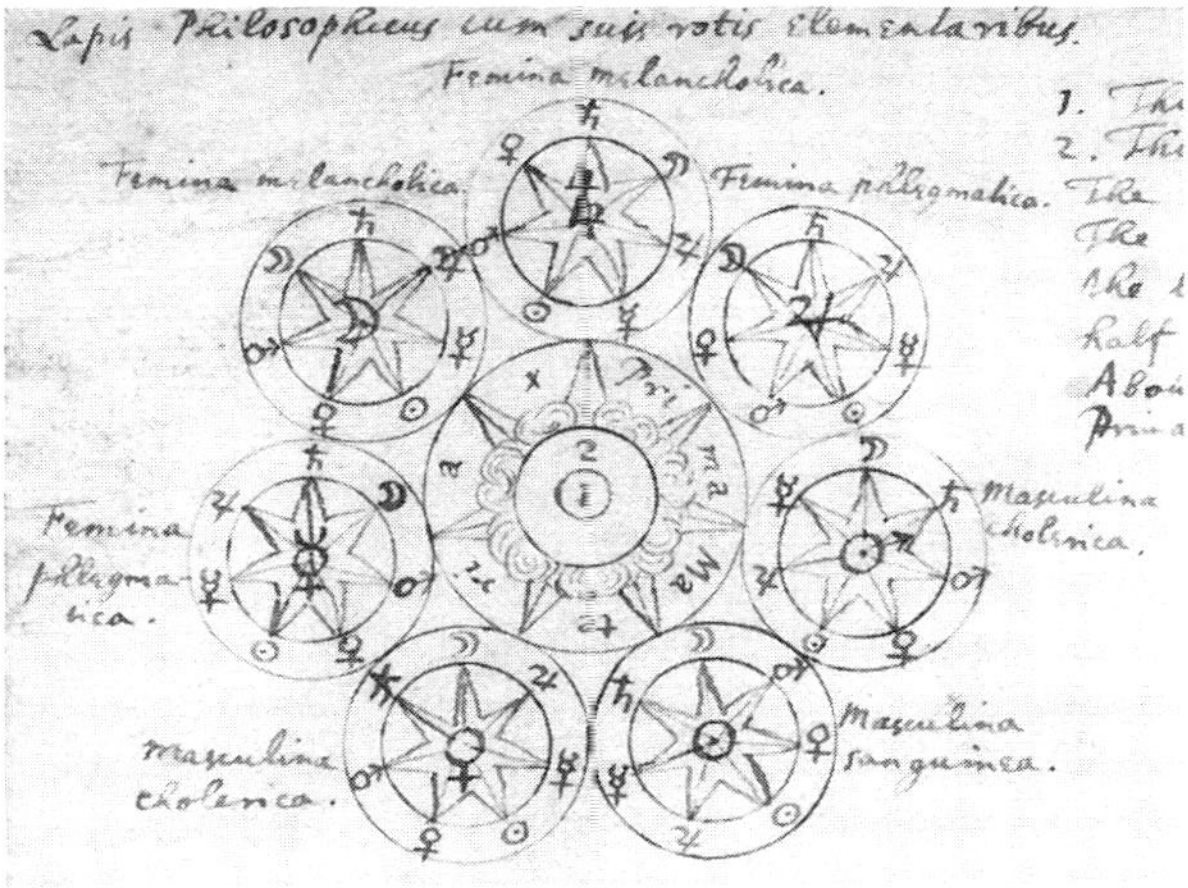

図 4.2.　円の上の円：アイザック・ニュートンによる賢者の石の手描きの図。

　変成の秘密は、ボイルとニュートンには発見されなかった。たぶんそんな秘密は全くなかったのだろう。化学者は、特定の物質、元素は、変えることができないという結論を下した。次の世紀の間、時々黄金を作ったと言った人間が何人か現れたが、信じる人はほとんどいなかった。錬金術師が評判を落として沈んでいったあいだに、化学者たちが名をあげてきた。錬金術は概ね軽蔑され、あざ笑われた。化学者から歴史学者に転じたヘンリー・カーリントン・ボルトンはこう述べた。「科学的主張をもつあらゆる種類の文献の中で、一六世紀と一七世紀の錬金術師がよく引用した『賢者の群れ』に収められた、ピタゴラスの信奉者のアフォリズムよりも無意味なものを見つけ出すのは難しいと思われる」[36]。著名な歴史学者であるエドワード・ギボンもこう述べている。「これらの古い書物は勝手にピタゴラス、ソロモン、ヘルメスのものとされたが、実はもっと近年の信奉者たちによる、神の名を借りた嘘だった」[37]。

また別の錬金術師、パラケルススは、変成の秘密は謎めいた言い回しによって隠されていると嘆いた。「だが、天より高いところで行われていることは、彼らの能力が浸透できるところよりさらに奥深くに隠されている。そのため彼らは賢者《マギ》の慣例に沿った天より高い奥義とは呼ばず、ピタゴラスの助言と判断に従って、賢者《フィロソファー》の石の奥義と呼んだのだ。この石を手に入れた者は誰でも、さまざまな謎のような図形、見せかけの類似、比喩、架空の称号でそれを曇らせたために、それが隠されたままになったのかもしれない。だからそれに関する知識はそれらからはほとんどあるいは全く得られない」[38]。

オウィディウスの『変身譚』で、ピタゴラスとして描かれた登場人物が、すべては変化を受けると言っている。「我々が元素と呼ぶものさえも持続はしない。集中力を働かせよ、さすれば私は彼らが通っていく変化を教えよう」[39]。だが、赤い着色剤とその薬の力は捉えどころなく秘匿されたままであり、秘密主義のグループの話題にとどまったままだった[40]。どんな古代のテクストにもそんな教えは全く見つからない。このような高尚な話は神話となって、科学的に不可能なものという棺の中に埋葬されたのだ。だが時として死者は息を吹き返すものである。

一八九〇年代までに、ある奇妙な物質が化学の分野に浮上した。アンリ・ベクレルは、重くて謎の金属ウランが目に見えない光線を放射したのを発見した。黄金は光線を放射しなかったし、銀もそうだった。だがウランは真っ暗闇でも、写真フィルムを感光させる能力があった。またその目に見えない光線は、周囲の空気を帯電させた。金属はもちろん帯電するが、ウランはそれ自体が電荷の源であった。

一八九八年、ポーランドの化学専攻の学生マリア・スクウォドフスカ、またの名をマリー・キュリーという女性が、パリで博士課程の研究の一環としてウランを研究し始めた。夫のピエール・キュリーは、空気中のかすかな電荷を計測することでウランの不可視光線を検出する装置を組み立てた。マリーはその装置を使い、光や水蒸気などさまざまな因子の放射線への影響を分析した。彼女は、光線は影響を受けないままであることを見つけ、それにより「放射能」はウランそのものに備わる性質であるという結論を導出した。

マリーはまたウラン以外の元素も目に見えない線を放射しているかを試験した。最初はこのような性質をもった他の元素はないように思われた。やがてマリーがトリウムを試したところ、トリウムも目に見えない線を放射しているのがわかった。マリーはすべての元素についてこのような線を探し、多くの化合物についても試験した。ウランは通常ピッチブレンドから抽出された。ピッチブレンドはドイツとチェコスロバキアのあいだの鉱山から採掘される重たい黒色の鉱石である。マリーは、ウランが抽出された後でさえ、ピッチブレンドの残滓が線を放射し続けることを見出した。非常に驚くことに、ピッチブレンドの残滓は純粋なウランよりも多量の線を放射していた。他の鉱物の中にも線を放射しているものが少しあった。マリーはそのような線が加熱、光、酸浴などの条件とは無関係であることを見出した。一八九八年、彼女は目に見えない線がまだ発見されていない元素の「原子的性質」であると発表した。マリー・キュリーは疲労困憊する作業をさらに何カ月も続けた後で、みごとに二つの新元素を特定し、それぞれポロニウム、ラジウムと命名した。彼女はこれらの元素が純粋なウランの数百倍も放射能を有すると推定した。

ピエール・キュリーがラジウムの放射性を研究しているあいだ、マリーがピッチブレンドからラジウムを完全に単離する作業を行った。そのときになって初めて、マリーはラジウムの化学的性質を明確に測定可能にしたいと思った。化学者の中にはこの元素の存在自体すら疑うものもいた。ピエールとマリーはふさわしい実験室で作業しようと試みたが、利用できたのは大きいが寒くてみすぼらしい木造の物置小屋だけで、そこではよく医学生が死体を解剖していた。天井は破れており、建物はさながら馬小屋であった。それでもマリーとピエール、そして一時雇いの作業員何人かが、大量のピッチブレンド残滓からほんのわずかなラジウムを少しずつ抽出するために働くようになった。彼らはピッチブレンド残滓を煮詰め、酸、アルカリ塩、水で繰り返し洗浄した。それは大変な労力を要する作業であった。マリー・キュリーの思い出によれば、「ときどき私はまる一日を自分の背の高さほどもある重たい鉄棒で煮詰めている物を攪拌するのに費やした。一日が終わるとくたくたに疲れてしまうことがよくあった」[41]。

二年の作業を経て、キュリー夫妻と助手たちは、四〇〇トンもの洗浄用の水と何千回もの化学処理や蒸留操作を用いて八トンのピッチブレンドを処理していた[42]。日が暮れてからピエールとマリーが物置小屋に入ると、暗闇の中でさまざまな容器の中の蒸留物が、彼女の言葉では「妖精のようなかすかな光が」輝いているのが二人には見えた。一九〇二年までにマリーはついにほぼ純粋なラジウムの試料を手にしたが、それはほんの小さな金属片であり、ティースプーンの約五〇分の一ほどだった。およそ一〇トンものピッチブレンドから骨の折れる抽出で得られたものである。

今日の大部分の人は、マリー・キュリーがなぜ国際的な有名人になったのかほとんど知らない。マリー・キュリーは新元素を発見し、「放射能」という言葉を造り出し、フランスのエリート大学であるソルボンヌ大学で女性初の教授となり、二つのノーベル賞を授与された。このような業績によっても、なぜジャーナリスト、写真家、サインをほしがる熱烈な人々がマリー・キュリーをしつこく追いまわすようになったかは、完全には説明できない。

マリーの貢献がなぜ並はずれたものであったかをもっと理解するためには、マリーが発見して単離した、とらえがたい物質の驚くべき性質のいくつかを挙げる必要がある。ラジウムはほんの少量でガラスを着色し、ダイヤモンドさえ着色する影響を及ぼす。またその周りの空気を帯電させ、その効果は固体の物体を貫通する。ラジウムはもっとも強力な種類の毒物といわれるようになった。ラジウムの効果は摂取も接触すらも要せずに伝達され、離れていても有毒であった。ピンの頭ほどのかけらだけのラジウムを入れた管をマウスの背骨に置くことで、わずか三時間で麻痺が生じ、続いて痙攣が起こり、そして死に至った。ラジウムは微生物すら殺し、ラジウムがあると種子は発芽不能になった。その上、ラジウム抽出物は自己発光性だった。青色の電球のように輝いたが、エネルギーを注入する必要はないのだった。ラジウムは同じ量の石炭を燃やしたときに生じる熱より約二五万倍を上回る熱を継続して放射した。計算すると、一トンのラジウムが、一〇〇〇トンの水を一年間沸騰させるのに十分なのがわかった。ラ

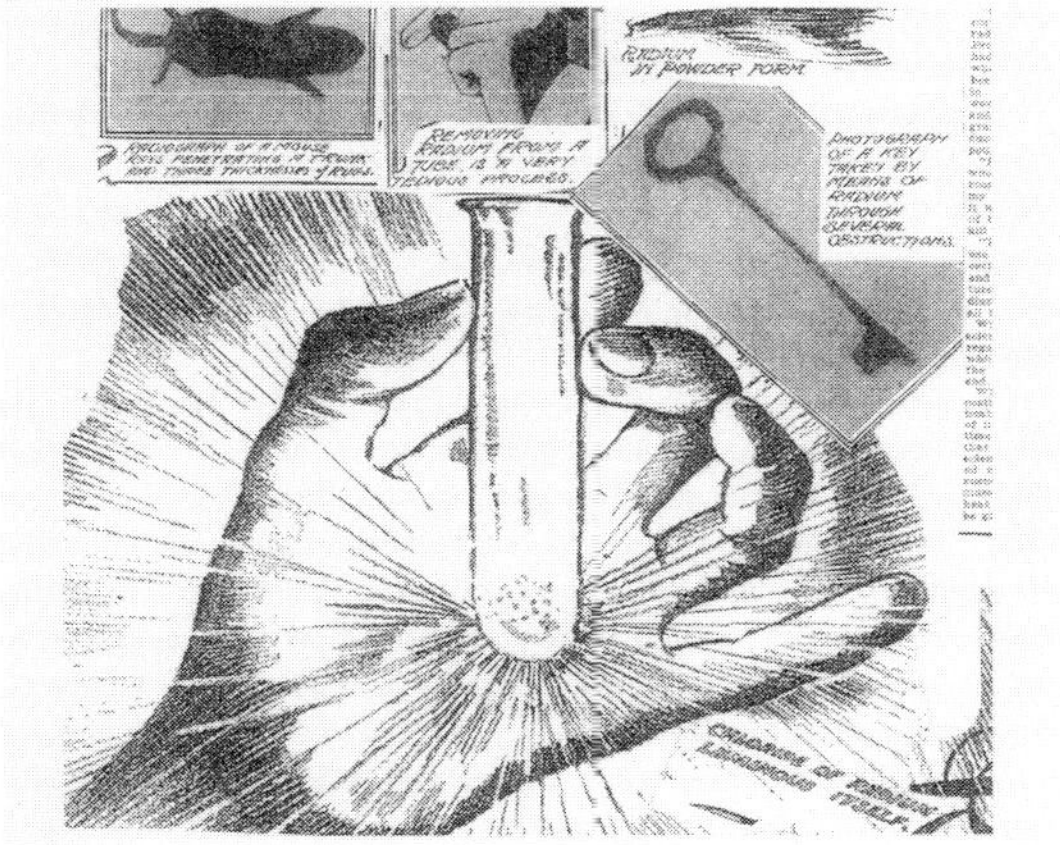

図 4.3.　1900 年代初め、ラジウムに関するフィラデルフィア・プレスのニュース記事の挿絵。

ジウムのエネルギー出力はここまで大きかったので、それは信じられないほど恐ろしい新兵器の可能性を意味した。フレデリック・ソディーは次のように述べている。放射能によって「地球は爆発物でいっぱいの貯蔵室のように想像されるようになった。それは我々の知るいかなる爆発物よりも、想像を超えた強力な爆発物であり、おそらく地球を天地創造以前の混沌に戻してしまうのに適した起爆装置を待つばかりの貯蔵庫なのだ」(43)。同様にアーネスト・ラザフォードは、「実験室内の愚かものがうっかり世界を吹き飛ばしてしまうことだってあるかもしれない」(44)と述べた。しかしラジウムにはプラス効果もあった。皮膚がんを治したのである。ほんの数年前ならば、このような性質の一つだけでも有する金属など考えるだけでも、笑止千万な錬金術の夢として退けられていたであろう。

ラジウムは消費者の大評判を得た。一九〇三年、サンクトペテルブルクの二人の患者の顔の皮膚がんが実際に治った。その後、さらに多くが治ったので、ラジウムはがんの究極の治療だという神話が生まれた(45)。ピエール・キュリーはラジウムが失明や結核を治すことができればと期待した。

さらにこの希少金属にはもっと奇妙な性質があった。一八九八年、マリー・キュリーは放射能が「原子の一種の崩壊(46)」ではないかと推測していたが、ピエールはマリーにそんなことは考えるなと説き伏せた。そして一九〇二年、モントリオールのマッギル大学でアーネスト・ラザフォードとフレデリック・ソディーは、放射性元素の放射について実験に基づいて解析した。ソディーはトリウムから出ている奇妙な気体を検出し、そのため「この事実の途方もない意味に呆然として」立ちすくみ、驚いて「これは変成だ、つまりトリウムは崩壊し、変成してアルゴンガスになっている」と口走った。だがそのときラザフォードは叫んだ。「お願いだからソディー、それを変成などと呼ばないでくれ、そんなことを言ったら、僕らは錬金術師と言われてクビだ(47)」。

数年後ソディーは、振り返って、こう述べた。「自然はときどき皮肉っぽい道化師としてふるまうことがあるものだ。過去数千年間に何十万人もの錬金術師たちが苦労してかまどに火を入れ、骨の折れる労働の昼や眠れない夜を過ごしながらある元素を別の元素につまり卑金属を貴金属に変成させようと試み、探究のさなかに報われずに死んでいった。一方でマッギル大学での私の最初の実験でトリウムが自発的、不可避的、継続的、不変的に変成の過程をたどるのを見るという特権が私たちに与えられたのだ！」[48]。

一九〇二年、ソディーは放射性元素はヘリウムを放出すると推論した（ヘリウムは、これより前にその特有の光が太陽の周りで検出されていたので、太陽を表す神話的なギリシャ語名であるヘリオスに名をとって命名された）。一九〇三年には、ソディーとウィリアム・ラムゼーはラジウムがヘリウムガスを放出することを証明した[49]。ふたたびこのことは放射性元素が変化するのだということを意味した。一九〇四年、マリー・キュリーはこのような知見によって最終的に「元素の変成が可能である[50]」ことが証明されるであろうと評価した。

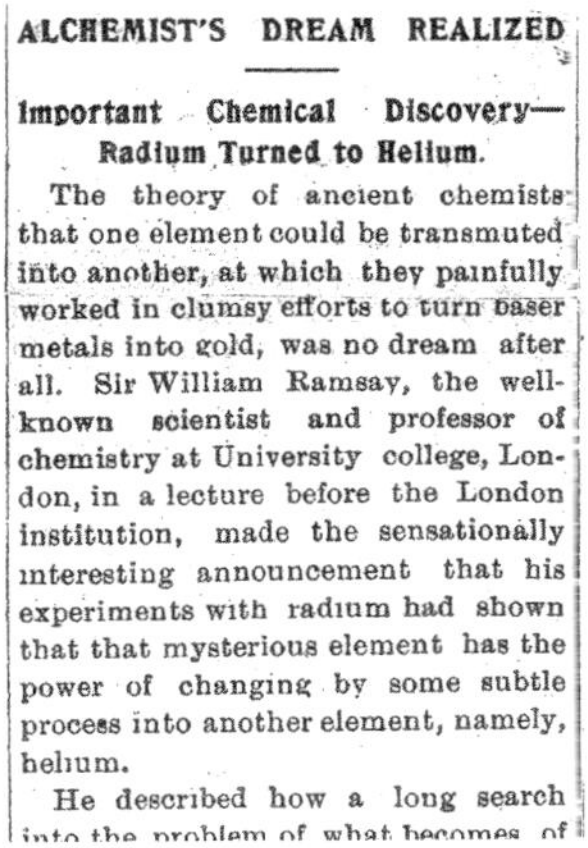
ALCHEMIST'S DREAM REALIZED

Important Chemical Discovery—Radium Turned to Helium.

The theory of ancient chemists that one element could be transmuted into another, at which they painfully worked in clumsy efforts to turn baser metals into gold, was no dream after all. Sir William Ramsay, the well-known scientist and professor of chemistry at University college, London, in a lecture before the London institution, made the sensationally interesting announcement that his experiments with radium had shown that that mysterious element has the power of changing by some subtle process into another element, namely, helium.

He described how a long search into the problem of what becomes of

図 4.4.　1903 年 12 月 12 日付アリゾナ・ブレイドおよびフローレンス・トリビューン

それでも化学者たちは、この種の変成は錬金術師たちの夢とは区別されると思っていた。一つにはそれが自発的に生じたからである。一九〇三年、ラザフォードとソディーは放射能が「既知の制御可能な力の範囲の全く外に」存在する過程であると記している[51]。同様に一九〇六年、ピエール・

キュリーはラザフォードとソディーが正しいとすれば、彼らの主張は「錬金術師たちが理解した元素の変成とは違う元素の変成の真の理論」となるだろうし、「有機物は不動の法則に従って世代を経るうちに必ず進化するであろう」と主張した。(52)

しかし一九〇六年のある日、パリの通りを急いで横切ろうとして、ピエール・キュリーは荷馬車に轢かれて死んだ。マリーは彼の死を嘆き、ますます隠棲するようになった。ラジウムは極度に有毒であるという人々の理解も深まった。なぜならキュリー夫妻を含む多くの人が中毒し、何十人と死者も出たからだ。それでもラジウムには本当に驚くべき性質があった。新聞や広告がラジウムを「奇跡の薬」とたたえた。企業家たちはピッチブレンドから商業目的で物質を抽出するプロセスを機械化する方法を開発した。その物質は、関節炎、狼瘡、精神病、母斑その他のさまざまな症状や病気に効く製品、さらに石鹸、ヘアトニック、化粧クリーム、お茶、歯磨き粉、夜光塗料に含まれていた。

マリー・キュリーは国際的に有名となった。一九二一年、あるアメリカ人のインタビュアーで募金活動でも知られる人物が彼女を「世界でもっとも偉大な女性」とたたえた。「神の癒しの奥義の一つを求めて、地球の内奥へと到達した」点でジュリアス・シーザー、ブッダ、イエス・キリストにもなぞらえられるというのである。このインタビュアーはラジウムを「世界でもっとも貴重な材料」であり、「世界最強の力であり、一グラム中に有するその力は二万八〇〇〇トンの戦艦をも空中に一〇〇〇フィートも持ち上げるのに十分なのだ」と絶賛した。(53)

一方、錬金術師たちの夢つまり黄金を造ることが近づいたと投機家たちは期待した。H・G・ウェルズは『解放された世界』という小説を書き、原子の核種変換の結果についてあれこれ思いめぐらせた。彼はその本を「フレデリック・ソディーのラジウム解釈に」捧げていた。この小説の中では、科学者た

WAY TO TRANSMUTE ELEMENTS IS FOUND

Dream of Scientists for a Thousand Years Achieved by Dr. Rutherford.

NEW AGE, SAYS RICHARDSON

Remarkable Result of Bombarding Nitrogen Gas With the Alpha Rays of Radium.

The transmutation of elements, the dream of both charlatans and scientists for nearly a thousand years, has actually been accomplished by the recent work of Sir Ernest Rutherford, and his results are generally accepted by scientists and physicists, according to Dr. James Kendall, Associate Professor of Chemistry at Columbia who said, on the other hand, that there was not the slightest reason to believe that the Germans had accomplished their reported feat of making synthetic gold.

Nitrogen, sodium, aluminum, chlorine, oxygen and carbon have been transmuted, or broken up by Rutherford into hydrogen and helium, according to Dr. Kendall.

This was first accomplished, accord-cording to the claims of Rutherford, by bombarding nitrogen gas with the

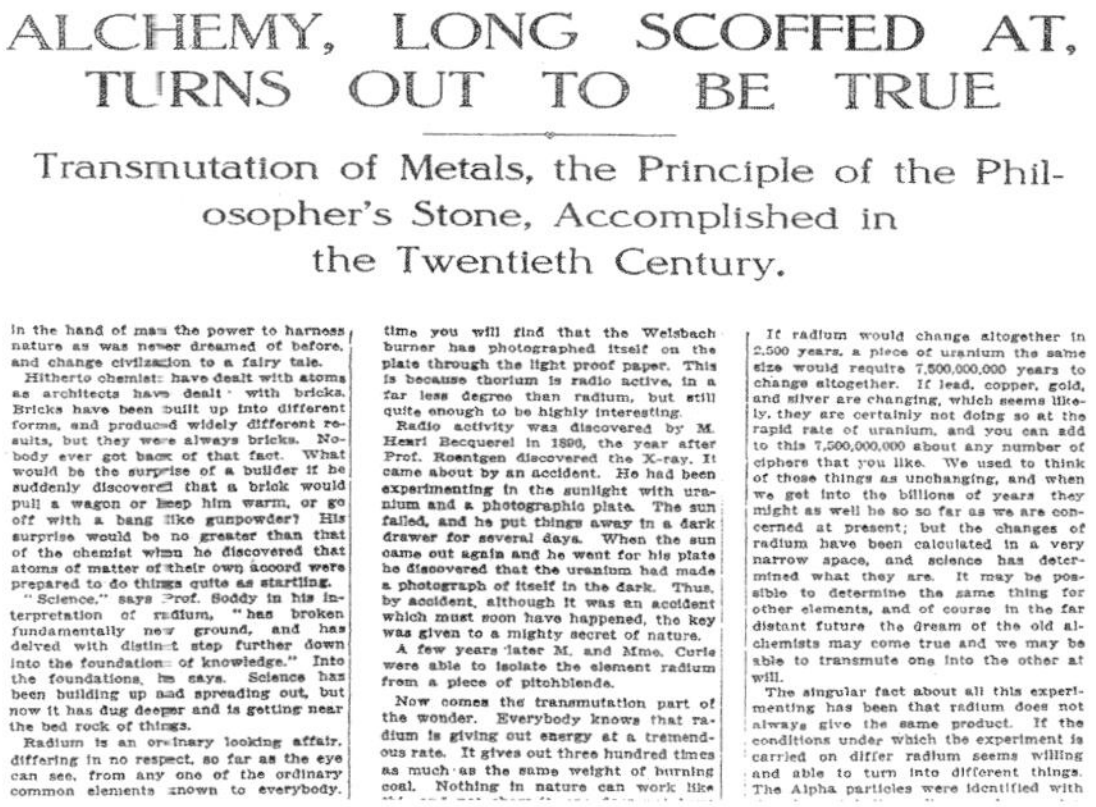

ALCHEMY, LONG SCOFFED AT, TURNS OUT TO BE TRUE

Transmutation of Metals, the Principle of the Philosopher's Stone, Accomplished in the Twentieth Century.

in the hand of man the power to harness nature as was never dreamed of before, and change civilization to a fairy tale.

Hitherto chemists have dealt with atoms as architects have dealt with bricks. Bricks have been built up into different forms, and produced widely different results, but they were always bricks. Nobody ever got back of that fact. What would be the surprise of a builder if he suddenly discovered that a brick would pull a wagon or keep him warm, or go off with a bang like gunpowder? His surprise would be no greater than that of the chemist when he discovered that atoms of matter of their own accord were prepared to do things quite as startling.

"Science," says Prof. Soddy in his interpretation of radium, "has broken fundamentally new ground, and has delved with distinct step further down into the foundations of knowledge." Into the foundations, he says. Science has been building up and spreading out, but now it has dug deeper and is getting near the bed rock of things.

Radium is an ordinary looking affair, differing in no respect, so far as the eye can see, from any one of the ordinary common elements known to everybody.

time you will find that the Welsbach burner has photographed itself on the plate through the light proof paper. This is because thorium is radio active, in a far less degree than radium, but still quite enough to be highly interesting.

Radio activity was discovered by M. Henri Becquerel in 1896, the year after Prof. Roentgen discovered the X-ray. It came about by an accident. He had been experimenting in the sunlight with uranium and a photographic plate. The sun failed, and he put things away in a dark drawer for several days. When the sun came out again and he went for his plate he discovered that the uranium had made a photograph of itself in the dark. Thus, by accident, although it was an accident which must soon have happened, the key was given to a mighty secret of nature.

A few years later M. and Mme. Curie were able to isolate the element radium from a piece of pitchblende.

Now comes the transmutation part of the wonder. Everybody knows that radium is giving out energy at a tremendous rate. It gives out three hundred times as much as the same weight of burning coal. Nothing in nature can work like

If radium would change altogether in 2,500 years, a piece of uranium the same size would require 7,500,000,000 years to change altogether. If lead, copper, gold, and silver are changing, which seems likely, they are certainly not doing so at the rapid rate of uranium, and you can add to this 7,500,000,000 about any number of ciphers that you like. We used to think of those things as unchanging, and when we get into the billions of years they might as well be so so far as we are concerned at present; but the changes of radium have been calculated in a very narrow space, and science has determined what they are. It may be possible to determine the same thing for other elements, and of course in the far distant future the dream of the old alchemists may come true and we may be able to transmute one into the other at will.

The singular fact about all this experimenting has been that radium does not always give the same product. If the conditions under which the experiment is carried on differ radium seems willing and able to turn into different things. The Alpha particles were identified with

（右）図 4.5.　1911 年 2 月 19 日付ニューヨーク・タイムズ紙より抜粋
（左）図 4.6.　1922 年 1 月 8 日付ニューヨーク・タイムズ紙より抜粋

ちはビスマスを金に変えることに成功し、それで世界経済の崩壊、果ては核戦争まで引き起こしてしまう。ウェルズはこう考えた。「一九三三年の錬金術師たちに主として感銘を与えたのはビスマスから黄金を生み出すことであり、たとえ利益を生み出せない品であっても錬金術師たちの夢が実現したことになったということだった[54]」。現実には、人々はますます核種変換から導かれる結果を恐れるようになった。一九二〇年代、金融の専門家たちは「現代の錬金術」が起こしかねない衝撃を論じた。合衆国連邦政府の代表たちは、人々を安心させようとして、ニューヨーク・タイムズ紙にもしも現代の錬金術師たちが黄金を造ることに成功しても、崩壊はしないという見解を公表した[55]。

まもなくさまざまな国の化学者たちが黄金を合成したと報告した。再現実験はそんな主張が間違いだということを明らかにしたが、それでも数十年以上は奮闘が続いた。問題の一部には、水銀を真空中で蒸留して得られる金が微量であるという点があった。さらにバークレイの研究者たちは、中性子を白金に当てることで、少なくとも金の放射性同位体は検出した。[56] またミシガン大学の科学者たちも金に人工的に誘導した放射能を研究した。[57] 一九四一年、ハーヴァード大学の科学者たちはサイクロトロンを用いて「水銀の核種変換」を達成した。[58] 彼らは水銀約三五〇グラムに速い中性子を当てたところ、三種類の放射性の金（数時間または数日で崩壊する同位体）を生み出すのがわかった。化学者たちと物理学者たちが実際に黄金を造ったのだ。ただ不幸にして数日で消えてしまう種類の黄金だった。そして錬金術師たちの推測にふさわしい成果であったことに、彼らはすべての金属のうち水銀からそれを生み出していたのである。

しかし今にも人工的な金ができるだろうという可能性は金融市場を損ないはしなかった。エコノミストたちは通貨は金属に依拠しない方が好ましいと認識していたからだ。一九七一年に合衆国は、ドルは金との兌換性をもって価値を決めることは今後はしないと決定した。この決定は世界経済が核種の変換によってだめになるという何度も出てくる恐怖を小さくした。

最終的に一九八〇年に、カリフォルニアのローレンス・バークレイ研究室の科学者たちがピンク色をしたレアメタルであるビスマスのごく微量を、金に変えた。[59] 炭素イオンやネオンのイオンを極度の高速でビスマスに当て、ほんの少量の断片を破壊して金を生じさせ、次いでエーテルで抽出して塩酸で洗って、白金上に薄くメッキする。この工程全体にかかるコストは約一万ドルである。当時の一セント硬貨にもならない、一セントの約一〇億分の一に相当する価値のごくわずかな量の金しか生み出さない。ゆえに錬金術師のかねてからの夢は、地中から金を掘り出すよりも金を造る方がはるかに費用がかかることがわかって打ち砕かれてしまった。もっと悪いことに、店で金をただ買うのと比べても黄金を造るのは高くついてしまう。

しかし化学者たちは何十年か前は、核種変換において解放されるエネルギーの貨幣的価値は金の値打ちよりはるかに大きいと期待していた。[60] もちろん化学者たちの「核種変換」は、錬金術師たちの卑金属から貴金属への変成といわれていたものと同じではない。似てはいても同じではないのだ。初期の錬金術師たちは科学者たちが、光を放ち、離れた距離からエネルギーを与えたり、破壊したりする作用をもつ驚くべき性質を有するとんでもなく価値のある元素と、元素を他の元素に変える能力を見つけてしまったことを喜んだだろう。バシリウス・バレンティヌスの本にあるように、毒であっても薬として使うこともできる毒があるのだ。マリー・キュリーはかつて、自然科学を振り返ってこんなふうに書いている。「自分の実験室にいる科学者は技術者であるだけではなく、自然現象の前にいる子どもでもある。その現象が、おとぎ話のように心に刻まれるのである」[61]。

というわけで、私が書こうとした核種変換に関するストーリーは、伝説のピタゴラスからごく微量のものを取り出せるほど綿密な化学者までたどりついて終わる。だが後から思い付いたことを一つ付け加えさせてほしい。錬金術師たちの金は驚いたことに、化学者ではなく、一人の作家によって発見されたのである。望まれていた通り、結局「賢者の石」は想像できないほどの富を生み出したのだ。だがそれはきらめく赤い粉末からでも、実在の金属断片からでもなく、アイディアそのもの、紙上のインクからであることがわかった。富への鍵は文字通りの一つの石ではなく、このページのこのインクで書かれたのと同じ、言葉による「賢者の石」だった。

一九九五年、スコットランド、エディンバラの無名の作家が『ハリー・ポッターと賢者の石』なるタイトルの原稿を書き上げた。数えきれないほど突き返された後で、一九九七年に出版されると、著者ジョアン・ローリングは瞬く間に大金持ちとなった。歴史上もっとも早く売れた本のシリーズとなり、著者には何億ドルも転がり込んだ。地球上のかつていかなる作家による書き物で得られた富をはるかに凌駕するものである。英国女王よりも彼女は金持ちとなったのだ。本を読んだ人は誰もが面白くていい本だと思う。だがなぜここまで前例もないほどの成功なのであろう？　ローリングの物語はそんなに、人類史上で書かれたどんな本よりも優れているというのだろうか？　私はそうは思わなかった。だからこの謎は何年も私の心にひっかかっていた。この問題を私は「ハリー・ポッター問題」と名付けた。

本書のオリジナルのタイトルには「賢者の石」が入っていたのだが、それはただの偶然だったのだろうか（私がオリジナルのタイトルだと言ったのは、米国では『ハリー・ポッターと魔術師の石』というタイトルに付け直されて出されたからにほかならない。出版社がアメリカでは賢者の石を含むタイトル（Harry Potter and the Philosopher's Stone）では効果が薄いだろうと考えたからだ）。多くの読者がただちに魅了された本だったが、しかしなぜ何百万部も売れたのだろう？　二〇〇九年、ある人が私に、この物語は多くの材料、イメージ、神話をより古い話から借りていると私に強調する人がいた。多くのもの、つまり「そこにはすべてがあるのだ、何もかもだ」。あの石まである。それで私は閃いた。それだ、古き良きストーリーのもっとも優れた要素の多くを組み込んで、作者は読者の生活には欠けている豊かな神話的イメージを提供する。ローリングの本は神話、古代人の秘密がもつ意気を高めてくれる力を、実生活で神話に飢えている読者たちに余すところなく伝えてくれるものだったのではなかろうか。この考えはすばらしいように思えた。影響力の大きい学者、ジョーゼフ・キャンベルによって何年も前に提起されたある問題とよく合致するからだ。キャンベルは神話の価値を分析していた。古典的な神話は今ではめったに教わらないし、耳にすることもないので、人々は道を見失い、過去の意味深い叙事詩の体験とのつながりも失っていると嘆いた。「我々の今日の社会では、このような種類の適切な神話的な教えがないので、若い人たちは自分の行動を整理するのが難しいと思っている」[62]。そういう神話を復活させた物語の本があれば、役に立つ。そして科学と神話のあいだにあるように見える不必要な断絶は、これに関連して解決すべき問題の一つである。そこでは、化学の研究は、錬金術とともに、神話とともに、始めるべきなのだ。

第五章　いなかったダーウィンのカエル

古い本の多くは、チャールズ・ダーウィンがガラパゴス諸島を訪ねたとき、フィンチの嘴に多様性があるのを見て進化について閃いたと主張している。ほとんどの人が種というものは化学元素のようなもので変化しないと信じていた。金属学者には黄金など造れず、魚やトカゲは鳥にはなれないのと同じである。それをダーウィンが「種の変移」を理論化して、すべてを変えてしまったという。フィンチの各々の種は特定の島に属しており、それぞれ進化し続ける嘴に適合した特徴的な食の習性、大きな種子や小さな種子を砕いたり、昆虫を食べたりする習性を発達させたことを彼が発見したといわれている。今でも多くの人がそう思っているし、歴史上もっとも広く複製されている写真の一つがダーウィンフィンチであろう。

しかし、手堅く行われた過去の研究では、ハーヴァード大学のフランク・J・サロウェイが、実はダーウィンがフィンチの影響をほとんど受けなかったこと、その食餌をほとんど観察していなかったことを明らかにしている。(1) 実際のところ、ダーウィンは集めた標本が少なすぎて、どの種のフィンチがどの島の固有種であるか決定できなかった。各々の標本をどこで採取したか追跡できる記録すら残していなかった。実は、どの島にも固有のフィンチがいたわけではなかった。それなのに不幸にしてサロウェイの歴史的発見にいまだ気付かないままの教師や著述家たちが存在するのである。(2)

ガラパゴスのフィンチがダーウィンに進化について考えさせる決定打になったという流布している神

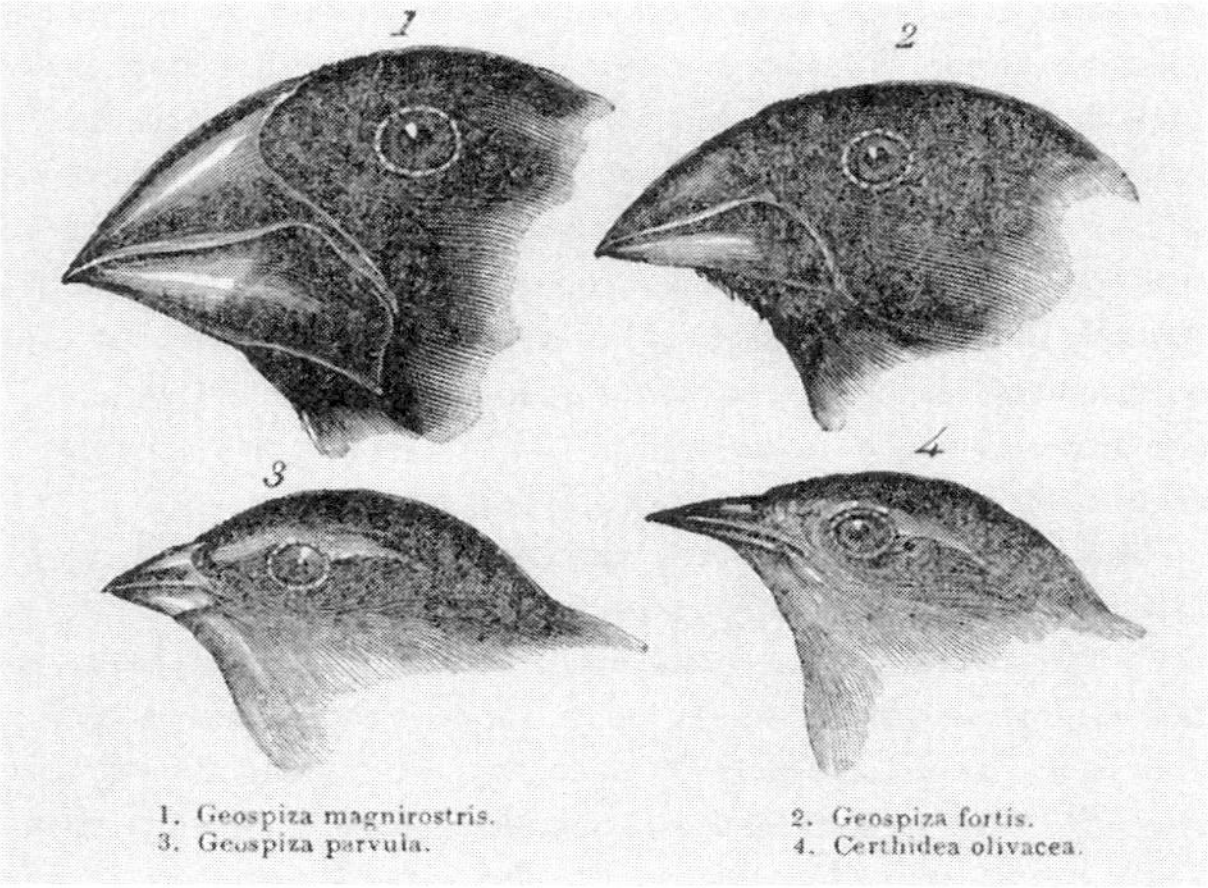

図 5.1.　ガラパゴスのフィンチのイラスト。1845 年のダーウィンの本から。

話が生じたのは、『ビーグル号航海記』の第二版に、フィンチに関するこんな一文が加えられているからだ。「互いに近縁である鳥の小規模な一群における構造の漸次的変化と多様性を見ると、この群島に元々いたわずかな鳥から、一つの種が選ばれていろいろなものに変化したと本気で想像してもいいかもしれない(3)」。だが、この短い見解はダーウィンの旅行記とおびただしいノートとは異質であり、一八三五年の航海時の彼の考えを代表するものといえる証拠はない(4)。この見解を加えたのは一八四五年のことであり、彼が進化を確信してからすでに八年たっていた。それにもかかわらずフィンチが名声を獲得したのは、彼の航海記のいくつもの版が、くだんの引用文とともにフィンチの図を含んでいたのが理由の一つに挙げられよう。それによりダーウィンがフィンチを進化の動かしがたい証拠と解釈したという幻想が生み出されたのだろう。実際にはダーウィンのフィンチ観察はわずかしかないため、彼のフィンチに関する思考は結論がはっきり出ていない推測にとどまるものである。『変移に関するノート』でもガラパゴスのフィンチには言及しておらず、一八五九年の『種の起源』においても進化の証拠として使っ

表 5.1.　ダーウィンの手稿におけるガラパゴスの鳥に関する記録

1835 年	ビーグル号航海中に書かれたガラパゴスの鳥に関するダーウィンのノート	豊富な種類の地味なフィンチが「説明のしようがない乱雑さ」と、「嘴の形が少しずつ違うところ」を見せている。習性によって種を識別できる可能性はない。フィンチはすべてよく似ていて、餌も一緒に食べている……
		マネシツグミの四つの標本のうち二つは二つの島だけにいる別個の種である。カメを見るとどの島から来たかがわかるというスペイン人がいた。そんな指摘は「種の安定性を損なう」可能性があり、精査すべきである。
1837－1838 年	種の変移に関するダーウィンのノート	ガラパゴスのフィンチにはコメントなし
1857 年	自然選択に関するダーウィンの大手稿	「ほとんどすべての鳥が変化を遂げる必要があったと私は思う。新しい生息地の可能性があるところにできるだけ広がるために、選択によって改良されたと言えるかもしれない。その中にはおそらく最初期の入植者であるゲオスピザ属［フィンチ］のように、他の種よりもはるかに大きな変化を経たものもいる。ゲオスピザ属は嘴が驚くほど幅広い違いを示している」。

てはいない。

それでもこの伝説は広まってしまった。一九四七年にデヴィッド・ラックが書いた本『ダーウィンフィンチ』もその一因であった。ラックはガラパゴス諸島で、フィンチの嘴、習性、地理的位置だけでなく、その種と多様性も進化の過程で説明できることを示すデータを精力的に集めて分析している。その途上で、ラックは科学的知見のいくつかをダーウィン自身によるものとしたようだ。[5] フィンチの写真で飾られた教科書がそんな主張を増幅した。フィンチの嘴は進化の適応として理解することができるという、ラックのすばらしい洞察は、一九六一年、ロバート・ボーマンによって実証された。[6] 一八三〇年代のダーウィンのものと決まって言われてきたこの洞察が科学的に確立したのは、一世紀以上も後になってからのことだったのだ。[7]

なぜこの伝説は広まったのだろう？　フィ

ンチについての話はなにゆえこんなにも広く伝播してしまったのか？　サロウェイは、おそらく伝統的な英雄神話の形に見事にはまったからだろうとも述べている。つまりある人間が故郷を離れ、大胆な冒険に乗り出し、困難に出会ってそれを乗り越え、深い真実を手に携えて帰還するというものだ。また別の理由としては、四種のフィンチの絵は、ダーウィンの本の中で、進化を描いたと考えられる唯一のイラストとして魅力的に見える場合が多いことが挙げられる。この発見の物語がふさわしい補完として進化したのだ。

昨今も科学の教科書はフィンチの画像を目玉にしており、教科書の著者は、ダーウィンはフィンチを見たが、それが進化の優れた例であることがわかったのは後になってからのことだと記すことによって、巧みに話を組み立てている。重要「だったかもしれない」因子について推測を書いた人々もいる。たとえばスティーヴン・J・グールドは五年にわたって権威をかさに着る艦長に反論したことが、ダーウィンを唯物論と進化の方へと向かわせたのではないかと論じている。「五年間もしつこく弁舌をふるっているあいだに、ダーウィンの脳にどんな「隠れた錬金術」が作用したか、誰にわかるだろう(8)」。問題は、ダーウィンを本当に進化に導いたのは何かということだ。この経緯は短くても立派に語ることができるし、トカゲとカエルについての全く無視された話を浮かび上がらせることによって説明もできる。

一六九一年にジョン・レイは『創造の諸作品に明示された神の叡智』という本を書き、神は善良だからすべての動物のどの部位もその用途に完全に適合していると論じた。こうして自然科学は神学の支えとなっていた。神がエデンの園を、生きとし生けるものすべてが特定の環境に快適に適応する美しく調った場所に創った、と人々は信じていた。寒いところでは毛皮のある動物を、砂漠ではまたそこにふ

表 5.2.　他の作家たちがダーウィンとフィンチについて表明したこと

1835 年	チャールズ・ダーウィンがガラパゴス諸島を訪れ、鳥を含む動物を集める。	
1837 年	ジョン・グールド	ダーウィンは、大陸のフィンチとは対照的に、羽毛はほぼ同一だが異なる嘴を有するガラパゴスのフィンチを 13 種採集した。
1839 年	ダーウィンの『調査旅行記』	「[フィンチの] 二つを除くすべての種は、群れなして地上で餌を食べ、その習性は非常に似ている。この種類については、嘴の形にほぼ完全な段階的差異が確認できる点が顕著な特徴である。……私は系列に属する一定の成員はそれぞれ別々の島限定では**ないかと思う**」。
1845 年	ダーウィンの『研究日誌』	四種のフィンチの図解。「互いに近縁である鳥 [フィンチ] の小規模な一群における構造の段階的差異と多様性を見ると、この群島では鳥は元々は少数しかいなかったものから、一つの種が選ばれ異なるものに変わったと本当に**夢想してしまいそうになる**」。
1859 年	ダーウィンの『種の起源』	ガラパゴスのフィンチについてはコメントなし。「それら［ハト］が共通の祖先から由来するものと**信じるのはとても難しいと思った**。どんな博物学者でも自然界におけるフィンチの多くの種やまた鳥類の他の大きな群に関して同様な結論に達しようとすれば、同じように難しいと思うだろう」。
1944－1983 年	デヴィッド・ラック	「……1835 年にチャールズ・ダーウィンは見た目はぱっとしないガラパゴスのフィンチをいくらか採集した。新しい鳥の種族であることが判明し、巨大リクガメその他のガラパゴスの動物たちとともに、『種の起源』で頂点に達した一連の思考を開始させ、世界を揺るがした」。
1977 年	スティーブン・J・グールド	「カメとフィンチが、ダーウィンの世界観を変えた主要なものだと言えば、必ずその通りと同意されてきた」。
1982 年	フランク・サロウェイ	フィンチはダーウィンが自らの理論を生むヒントではなかった。
1999 年	レイブンとジョンソン『生物学』	「13 種のフィンチの嘴とその食糧源との対応関係は、ただちにダーウィンに対して、進化がそれを形成したことの示唆となった」。

注：太字は不確実性を映し出す言葉を強調するために加えた。

さわしい動物を神は創りたもうたのだ。さらにぴったりと適合する動物と植物という組合せもあり、これもまたデザイナーの計画があったことの明らかな証拠を示している。たとえば小さなかぎのある種をもつ植物は、そのかぎが動物の毛にひっかかって種が遠くへ運ばれ、他の植物ですでに混み合っているところを越えてばらまかれる。

一八〇〇年代の初めパリでジョルジュ・キュヴィエは脊椎動物を研究していた。多くの人と同様、キュヴィエもすべての種が同時に創られ、すべてが互いに共存していると信じていた。また種は時間がたっても一定不変であるとも信じていた。ただジャン゠バティスト・ラマルクのように、時間がたつとすべての種が漸進的に進化すると思っていた博物学者もいることはいたのだが、それは人々の嘲笑を買う発想だった。しかし博物学者たちは、既知のどの生物にも一致するようには見えない、風変りな化石を次々発見していた。人々はそのような変わり種については、広大な諸大陸のどこかにはそういう生物がいるのだろうと想定して気にしなかった。

キュヴィエもやはり、シベリア・マンモスやアメリカのマストドンといった恐竜のような象のような巨大なものになりそうな奇妙な骨の断片をつないでみた。問題はそんな大きな動物がどこかにいたならば、旅人や狩人が出くわしていたに違いないのに、その手の目撃情報は誰も述べてはいないことである。そんな骨や見慣れない化石は、はるか太古の昔の世界には違う個体群がいたことを物語っているようだ。それゆえキュヴィエは、自分は今まで間違っていた、全動物が同時期に共存していたわけではない、と認めた。十分な根拠はないままであったが、彼は古代の生物個体群はある時点を境に、現代の個体群と入れ替わったと推測したのである。

しかしまた別の問題がもち上がった。地質学者たちが、はっきりした特徴のある化石を含む堆積岩の、より古い地層を次々と発見した。各々の地質年代に異なる動物個体群がいるようだった。地層が古ければ古いほど、化石は見慣れないものになっていった。地球史上で二つの全く異なる個体群があるというよりは、さまざまな変化が連続して存在しているようなのだ。多くの種がもはや現存していない。一体どんな恐ろしい災害が動物すべてを死なせたのだろうか。

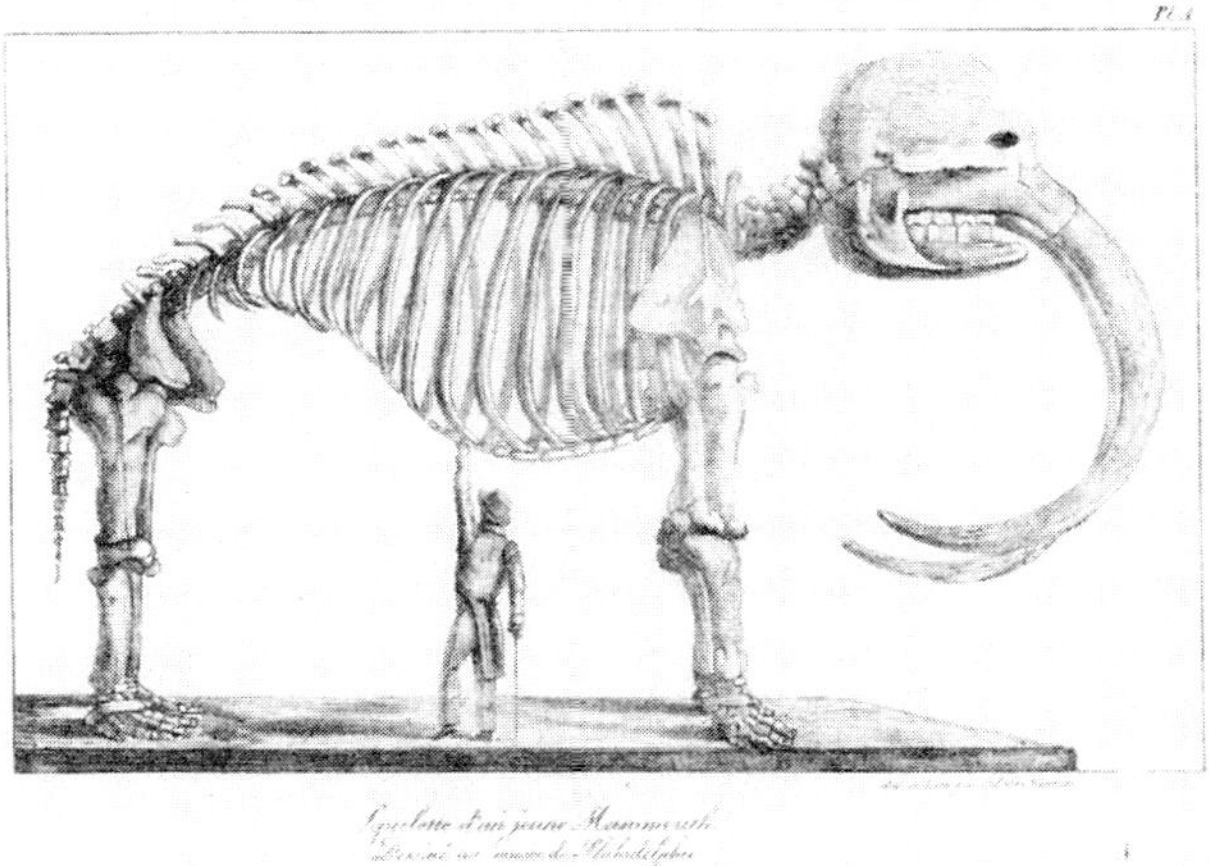

図 5.2. アメリカで発見されたマストドンの骨格。間違って牙を下向きに再構成している。キュヴィエはこれを「絶滅」の範疇に入れた。

キュヴィエは、大規模な天災が絶滅をもたらしたと推測して、こう述べている。「数えきれないほどの生物がこれらの厄災の犠牲となった。突然の洪水にやられたり、海底があっという間に隆起することによって干上がってしまったり、種族が一様に途絶え、博物学者でもなかなか気付けないような小さな断片以外は、何の記録も残らなかったのだ[9]」。

問題は他にもあった。ヨーロッパで見つかった化石は今のヨーロッパに生息していない動物を示していた。その一方、より古い堆積岩になるほど、今ヨーロッパに生息する種の化石を含んではいないように見えたのだ。ゆえにキュヴィエは、化石を埋もれさせた過去の大災害は、特定の大陸に地域が限定されていると推測した。そうならばたとえばヨーロッパで生き延びた動物種は、激動の地域から移住してきたのである。現在ヨーロッパにいる動物がどこか別の地域に起源を有するなら他の大陸にヨーロッパの動物の化石を発見することが期待できよう。だがそんな化石は発見されなかった。

さらに見慣れないものが岩の中に埋まっていた。キュヴィエは象より大きい大トカゲの化石遺物を同定した。ウイリアム・バックランドはまた別のばかでかい爬虫類の化石遺物を見つけ、一八二四年にメガロサウルスと名付けた。これとは別の絶滅した大型爬虫類が現れ、一八四一年までにリチャード・オーウェンがそんな生物に対してダイナソー〔恐竜〕という呼称を提唱した。地球の歴史において大小の爬虫類が地上を支配していた一つの時代があったらしい。その頃は哺乳類はほとんど存在しなかったらしいが、人間の歴史の範囲では、哺乳類が陸上で優勢な捕食者となっている。

哺乳類の時代よりも前は爬虫類の時代である。岩盤のより深い地層を見た地質学者の目に留まったのは、その前には魚と無脊椎動物の時代があり、そこには哺乳類も爬虫類も化石がないことだった。これに加え、さらに古い堆積層では魚の化石すら見当たらず、もっと馴染みのない、より小型の生き物だけとなる。なぜ地球のより古い地層には人間の遺物がないのか、博物学者たちは気温その他の条件が人間にはたぶん適していなかったのだろう、と推測していた。

一八二〇年代の終わり、若かりし日のチャールズ・ダーウィンはイギリス国教会の聖職者になるべく勉強中だった。しかし自然研究への興味が日増しに強まり、ケンブリッジではウイリアム・ペイリーの一八〇二年の『自然神学』を学び、動物の各器官がその機能にいかによく合っているかは神の善なるご意志と知性あるデザインを示すということに感銘を受けた。(10) また師であったアダム・セジウイック教授から、激変が過去の多くの種を滅ぼし、地表の形を崩し、姿を変えたことも学んだ。

一八三一年、二二歳にしてダーウィンは英海軍軍艦ビーグル号に乗り、世界を回る旅に出るというチャンスを得た。主たる任務は南米海岸の観察である。多くの異国の地と種を探索し、研究できることになり、若い艦長のロバート・フィッツロイの話し相手を務めることにもなった。艦長は身分の違う部下などとは交際するものではないとされていたからだ。フィッツロイは相手をしてくれる人間を欲していた。長旅の孤独が心の病を引き起こすのではないかと恐れていたのである。精神を病んで自ら命を絶った叔父がいたため、自分にもそれが遺伝しているかもしれないと悩んでいた。フィッツロイは科学の素養があった。また人の顔の特徴がその性格と対応しているという観相術すら学んでいた。ダーウィンに会ったとき、親しくなったが、フィッツロイは鼻が細長いワシ鼻だが、ダーウィンのはやや幅のある鼻だったので、長旅に必要なエネルギーと覚悟がある人物かどうかは疑わしいと考えた[11]。それでも彼はダーウィンを誘い、ダーウィンはそれを受けて航海に加わった。

英軍艦ビーグル号は南米海岸沿いを航海し、詳細な地理学的調査を行った。船はしばしば停泊し、ダーウィンはさまざまな場所の動物を研究した。南へと旅しながら、特定の動物種が似てはいるが異なる変種や種に置き換わることに強い印象を受けた。たとえば大型の飛べない鳥、レアが多くの土地を占めていたが、もっと南の方へ行くとレアの別の種が北方にいた種と共存していた。さらに南へ行くと南方種のレアはいたが、北方種は見られなかった。生息地は重なってはいるが、なぜ一方の種がもう一つの種に領地を譲るのであろうか?

後にパンパ地帯を旅行中、ダーウィンは印象的な鎧をつけたような巨大な動物の化石を見つけた。南米の小さなアルマジロに似ていた。またカバほども大きい齧歯類の古代の頭蓋骨、馬ほども大きいアリクイの骨、マストドンの類のようにも見えた骨も見つけた。どれほど多くの絶滅によって種が消え去っているのか、それをどう説明すればいいかと、ダーウィンはますます思うようになった。

ダーウィンは珍しい風変りな標本を何百と集め、南米大陸の土壌と地質学上の累層を分析した。旅行中の読書のためにフィッツロイは、一八三〇年のチャールズ・ライエルの『地質学原理』をダーウィンに贈っていた。ケンブリッジで、ダーウィンは古代の激変が世界の形を造ってきたことを学んでいた。しかしライエルはそのような激変はいっさい否定し、通常の環境にある作用——雨、風、河川、風化、地震、火山——が徐々に陸地全体を形成したと論じた。ライエルは、地質学の進歩は主に、仮説上の壮大な出来事について憶測をする科学者よりも、既知の原因だけを挙げる科学者によってなされたと主張した。古代のピタゴラスをライエルは賛美した。詩人のオウィディウス（八世紀頃）によると、ピタゴラスはこう断言したという。「自然は万物を新しくするもので、絶え間なくあらゆる形を別の形へと変化させる……、かつて固い大地だったところが塩の海になるのを見たことがあるし、深い海から乾いた陸地ができるのを見たこともある。またはるか大海原から、貝殻が撒き散らされる」[12]。ライエルはピタゴラス派の学説が、「大地の体系に本性として内在する永遠の漸進的循環の原理」を確認するものだったと主張し、ピタゴラスがそんな考えを地質学に応用していれば、もっと崇拝されただろうと述べた。天文学者がピタゴラスを古代のコペルニクスとたたえるのと同じことである[13]。ライエルの理論は後にダーウィンの進化へとつながる要となる発展と解された。そしてそれゆえに、ある人はこの古代の賢人にこんな賛辞を寄せた。「エジプトに二〇年以上住んでいたピタゴラスによって、ギリシャの哲学者にこれらの考えは紹介された。そしてその時から『激変説』には新たな説が対抗するようになった。それは後に『連続性』、『斉一説』、『進化』といった名で呼ばれるようになるだろう[14]」。

ライエルはあらゆる自然の変化速度が時間を経ても絶対に均一であると信じていた。岩石の層、非常に変わった山や渓谷、崖を説明するにも、観察可能な強度の自然の作用だけをよりどころにした。そのようなプロセスが多大な時間をかけて作用したに違いないと彼は考えていたのだ。奇妙なことに、アンデス山脈の何か所かの高所で、ダーウィンは貝殻と海の生物の化石を見つけた。壮大な激変がそのような土を海から隆起させたと考える人がいてもおかしくはないが、ライエルはそのようなことは何百万年、何千万年かけて徐々に隆起したものでなければならないとした。

一八三五年二月二〇日、ダーウィン一行がチリのバルディビアという沿岸部の町にいたとき、突如大地震がその地を襲った。ダーウィンはこう書いている。「このような地震は昔からの連想を一瞬にして破壊してしまう。確固たるものの象徴のような世界が足下で、液体の表面に薄い殻のように動いているのだ。一瞬にして、今まで知らなかった不安定な感じが頭に浮かぶ。何時間考えても、そんな考えは決して生まれないだろう」(15)。それは動揺させられることだった。ピタゴラスが言ったとされる言葉を思い出してほしい。「地震はほかでもない、死者の大集会である」(16)。家は激しく揺れ、人々は恐怖で逃げまどった。だがバルディビアの木でできた構造物はもちこたえた。タルカワノ港にビーグル号はその後停留したが、近接するコンセプシオンの町は地震で壊滅状態だった。ほとんどすべての家が瓦礫と化し、何十もの村が荒れ果て、港と破壊物とが三回の大津波によって一掃されてしまった。

ダーウィンがいちばん目を見張った地震の効果は地面の隆起であった。コンセプシオン湾の土地は実質的に二～三フィート押し上げられ、今まで水面下にあった岩が露出した。それだけでなくフィッツロイはサンタマリア島で、ある海岸一帯が一〇フィートも隆起し、その結果、以前は住民が潜って採っていたムール貝が、海底が日に当たって腐り始めたことを記している。ダーウィンは何百フィートもの高さに上ったところで似たような貝の古い遺骸が見つかるのを見たし、バルパライソの町では、海抜一三〇〇フィートのところで貝殻を見つけていた。
　このような証拠は風化の度合いがさまざまな地層が次々と重なったところに現れており、ライエルの説が正しかったことを示している。たとえばアンデス山脈のような、地形の主要な特徴は、古代の一回だけの災害によって突如として起こるものではなく、激しい地震のような多くの事象を経て徐々に起こるのである。
　一八三五年にビーグル号は、イギリス人には「エンチャンティッド諸島〔「魔法にかけられた島々」の意味〕」と呼ばれていた未知の諸島にたどり着いた。赤道直下で南米から約五五〇マイル西である。スペイン人はガラパゴス諸島と呼んでいた。そびえたつ火山の島々で、航海の完了前に何度か停泊して調べるのはここが最後で、そこからまた世界をぐるりと回ってイギリスに戻ることになっていた。他のどこの場所からも遠く、不吉な前兆のような海岸は、ギザギザに壊れた醜悪な黒い岩でできており、赤いカニや、おぞましいとさかのようなものがついた背中の巨大なイグアナが群れをなしていた。それは、ロバート・フィッツロイ艦長には、伝説の地獄の都、パンデモニウムを思い出させた。[17]
　ガラパゴス諸島は火山島なので、その地質学的な構造は大陸の海岸とは完全に違うものであった。ゴツゴツ切り立った黒い岩と乾燥した土壌、高い海抜、温帯気候とはいっても普通の温帯とは違う気候など、すべてが違っていた。ダーウィンはたくさんのクレーターにも出くわした。中には三〇〇〇フィートより高いものもあった。植物は見栄えが悪く、ほとんど葉がない。悪臭を放ち、成長を抑えられた木は枯れているように見えた。サボテンだけが高く伸びて、木陰を作れる大きさまで成長していた。死んだような景色は地獄のようで、「地獄地方にある耕作地」のようだと言うフィッツロイにダーウィンは同意した。[18]

探検隊のメンバーたちは巨大リクガメや見たこともない島に出くわした。チャールズ島だけ人や動物が住んでいた。政治犯罪による流刑者がほとんどだった。チャタム島は豚やヤギが飼育されていたが、定住者たちがもち込んだものである。チャタム島にはマウス、ジェームズ島にはラットがいた。この二つの島は船乗りたちがよく訪れるので、ダーウィンは、マウスやラットは船から来たものだろうと推測した。一〇〇年以上、船の行き来があるからだ。ダーウィンは植物、魚、貝殻、昆虫の標本を集めたが、その多くが珍しい特徴を備えていた。たとえば、熱帯地方は通常多くの昆虫が生息しているが、その多くは色あざやかである。だがガラパゴスには非常に少ない種類しかおらず、小ぶりで色も鈍い色をしていた。

当地に住む動物でもっとも衝撃的なのは爬虫類だった。ウミガメ、巨大リクガメ、無数にいる見栄えのしないトカゲ、そして何種類かのヘビ。巨大リクガメはほとんど聴覚がなかった。ダーウィンの目には、聖書に書かれた大洪水を生き延びた古代の生物のように映った。「ノアの洪水の時の古めかしい動物たちのようだった、あるいはどこか他の惑星に住んでいる動物か」。おぞましくも強力なトカゲ、「闇の小鬼」は岩だらけの海岸にのみ生息しており、そのかぎ爪は、はいずり回るのにおあつらえ向きで、その平らな尾たるや泳ぐのにぴったり。特筆すべきことに、知られているトカゲの中では、海の植物を食べて生きる唯一の種類だった。もう一種のトカゲは水生ではなく、内陸にとどまってのろのろ動き、「特異的にぼんやり」に見える。[19] ダーウィンはこれらのすべての爬虫類の奇妙な行動を記録した。たとえば、大型の水生のトカゲは海に入って海底の海藻を食べることがままあるが、ダーウィンが一頭と向かい合い、脅すようにして岩の一角に追い詰めたとき、「奇妙な異常」に気づいた。すなわち、脅かされると、トカゲは水に入ろうとしない。そのため、このトカゲを断崖絶壁の上まで追い込むのはたやすい。その場所から水に飛び込もうとはしないで、すぐに人に尾をつかまれてしまうのである。噛みつこうとは夢にも思わないようだ。しかしもっと追いつめられると、鼻孔から液体を吹きかけてくる。ある日私は、引き潮の後で残された深い水たまりに一匹を連れていき、何度かできるだけ遠くへ放り投げた。トカゲは必ず、まっすぐ私が立っているところへ戻ってきた。非常に優雅な迅速な動きで海底近くを泳ぎ、ときにはでこぼこの地面の上を足で立つ。水陸の境界近くまで着くや否や、まだ水中にいてひとむらの海藻の中に自分を隠そうとするか、裂け目の中に入り込もうとする。危険が去ったと思うなり、できるだけ速く乾いた岩へと這い出してくる。私は何度か同じトカゲを捕まえて、一カ所へ追い込んでみたが、あんなに完璧な飛び込みと水泳の能力をもっているのに、水に入ろうとは思わないようだった。私が投げ込むたびに、上述の方法で戻って来るのだった。見るからに馬鹿に見えるこの単一の行動は、おそらくその環境によって説明がつくのだろう。この爬虫類にとって、岸の上には何がいようと敵ではないのだが、海では往々にして無数のサメの餌食になってしまう。それゆえ岸は安全な場所だと遺伝的に固定された本能によって、どんな緊急事態があろうと、陸の方に避難するのだ。(20)

何から何まで、ガラパゴスはダーウィンが訪ねた他のどんな場所とも違っていた。大群の草食性哺乳類の代わりに大群の草食性爬虫類がいた。鳥に関していえば、ダーウィンは六四の標本を集め、その中には水鳥、見慣れないフィンチ、マネシツグミ、タイランチョウ、タカ、フクロウがいた。

そんな変わり者たちであっても、ガラパゴスの動物と南米の動物には明らかに大きな類似性があった。

その姿かたち、鳴き声、しぐさ、食習性に密接な類似性があったのだ。ダーウィンは書いている。「陸と水のほとんどすべての産物は、見まごうことのない、アメリカ大陸の特徴を帯びている」。「博物学者はアメリカの地に立っているように感じる」という言葉ももらしている。[21]

　進化論がどう生まれたか、世の中に流布した話では、ダーウィンがガラパゴス固有種の巨大リクガメを進化論に基づいて考えたといわれている。ガラパゴス諸島の副長官はダーウィンに、甲羅の形によって巨大リクガメの出自を特定できると言った。そしてダーウィンはこの言葉を熟考してカメの甲羅を分析し、特定のカメが異なる環境に適応したことに気付いたというお話になっている。

　だがこの神話もまたフランク・サロウェイによって一蹴されてしまった。[22]実際のところは、当時ダーウィンは甲羅の形がドームかサドルの形か（ちなみにガラパゴとはサドルを意味する）に基づいてカメの種を区別できる可能性には、注意を払っていなかった。彼はガラパゴスで目にしたカメがインド洋で見たのと同じ種だと推定していた。だからカメの甲羅を集めて分析しようという気はなかったのである。

図5.3.　ダーウィンとガラパゴスの溶岩の岩上の暗黒のインプ。1835年10月。ビーグル号は湾に停泊中。

　フィッツロイはガラパゴス諸島から船を出発させる前に、三〇もの巨大リクガメを捕獲したが、ただ食糧として捕まえたにすぎなかった。ダーウィンとその仲間たちは、それらの巨大で美味しいカメをイギリスに帰還する前にことごとく食し、ばかでかい甲羅と骨を海水に投げ捨てていた。ダーウィンは二匹の子ガメをペットとして飼ったが、船上にもち込んだ巨大なリクガメの方は全部平らげたのである。
イギリスへ帰る道すがら、ダーウィンはノートをまとめ始めた。ガラパゴスのマネシツグミの四つの標本について書いているときは、そのうちの二つは二つの島にだけ生息する異なる種であると記した。その時点で彼はスペイン人がその大きさや甲羅や鱗を見るとどの島から来たカメかわかると主張したと記している。このような発言は「種の安定性を危うくするものであり」、だからこそ吟味すべきだと、彼は短く述べている。[23] このことは、ダーウィンが急に生物変移説に寝返ったという意味ではない。むしろ、後に彼が思い返しているように、種は変化しないものであるということに対する「漠たる疑念」を旅行中に経験したのである。[24]
何がそんなにまごつくようなことだったのか？　奇妙なことであるが、ダーウィンは互いに近い関係にある群島つまり同じ岩、気候、海抜を有する島々なのに、そこに住む生物は異なることがあるとは予想していなかった。種は各々の環境に適応すると考えられている。では、なぜ異なる種が同じ環境で生きてきたのだろうか？　この疑問を彼は早い時期には考えていなかったので、すべての標本を場所の違いをラベルして分けることができなかった。だから彼はフィンチについて特に推論できるはずはなかったし、カメに至ってはうわさを聞いただけだった。少なくともマネシツグミの四つの標本については、それを捕獲した四つの島の名を記し、大陸の東、南、西、つまりウルグアイ、パタゴニア、およびバルパライソでさらに多くのマネシツグミを集めていた。
標本が何の標本なのかを特定しようとして、ダーウィンは混乱して悩んでいた。多様な標本は異なる種、属またはただ単に異なる変種だったのか？　どこでそのいくつかを手に入れたのだったか？　どれが新しい種なのか？　南米のリマよりも北の北西部沿岸には彼は足を踏み入れていなかったので、ガラパゴスの動物たちが島に固有なのかどうか判断できなかった。南米からの大型の化石にしても、彼はそれが何なのか、ほとんど特定できなかったのである。

ついに彼は自分の標本をロンドンの専門家に送った。哺乳類の化石の魅力的なコレクションはリチャード・オーウェンが分析した。ジョン・グールドは鳥のコレクションの分析に当たった。オーウェンは哺乳類の化石は南米で現生する動物に似ていることを見出した。ダーウィンがマストドンではないかと思ったものは実際には、ラクダほども大きい大型ラマの一種だった。アリクイに見えたものは、大きなよろいのような殻がある巨大な化石と同様、アルマジロにも似ていた。また別の巨大な骨は、熊よりも大きく、ナマケモノに似ていた。

他の博物学者たちもまた、新しい種が古い種とどのように置き換わるのかという謎が心を占めていた。神は、悪天候が全種を一掃するたびに、繰り返し新しい種を創造したのであろうか？　一八三六年にジョン・ハーシェルはチャールズ・ライエルに書き送った。「もちろん私が言っているのは、謎の中の謎、絶滅した種が他の種に置き換わるということです。多くの人がきっと先生の推測を大胆すぎると思うでしょうが、そう思うのもすぐに困難にぶつかることになります[25]」。神の作用は一瞬のことだったのか、それとも中間の原因を重ねてのことだったのか？　時々起こる突然の奇跡だったのか、それとも体系的な法則があったのか？

ライエルはダーウィンの標本に対するオーウェンの知見に熱烈な興味をもった。なぜなら現在南米で生息する動物は古代に絶滅した種に似ているという「型の連続性」を確認できるものだったからだ。ダーウィンもまた感銘を受けた。鳥に関しては、ジョン・グールドが労を重ねて調べたが、ガラパゴスの標本は特に興味深いものと考えた。そのほとんどが大陸には存在しないからである。ダーウィンが自分の鳥を分類しようとして推測したことはほぼ間違っていた。ガラパゴスの標本について、マネシツグミ属の一種のみを確認したが、グールドは三種を区別した。ダーウィンは自分が得た大陸産のマネシツグミはすべて同じ種だと推定したが、グールドはそうではないという結論を出した。同様に、グールドはフィンチをいろいろな類縁関係のある種にまとめていたが、ダーウィンはもっとばらけたものだと考えていた。さらにグールドは見慣れないタカを、一般によく見られるコンドルと南米のカラカラという、全く別の種族のあいだをつなぐ「中間種」と見た。(26)

一八三七年の段階では、ダーウィンは密かに、種は時間とともに変化しうるという推測をしていた。七月には「種の変移」に関するノートをつけ始め、多くの種と、それらのあいだの場所や時期における関係について事実を収集・整理するようになった。一八四〇年の段階では、種は変異しうると確信しきっていた。南米の化石やとりわけガラパゴスの生物種の全体的な特徴や分布に心を動かされていた。(27) 動物の時間上、空間上の分布、地理学と化石とによって種が進化することが示唆されたのだ。古代の絶滅した動物と現生の動物のあいだの相違点と類似点は唖然とさせられるほどのものだった。「型の連続性」が存在したのだ。だが、神はなにゆえ種を、似てはいるが異なる種と置き換えてきたのであろう？　すべての種が調和の中で生きられ、各々の環境と完全なバランスで適合できるようにデザインしておきながら、なぜ恵み深い造物主は種がそっくり死に絶えるようなことをお許しになったのだろうか？

環境というものはすべての種にいつも適していたわけではない。南部に生息したレアの異なる種に関してダーウィンは自分が見てきたことを考察し、こんな可能性も考えてみた。たぶん気候は南寄りの種の方をひいきしているのだろう。しかし逆に北寄りの種をいためつけたという推測もできる。どちらの種も完全にその生息地に適していたのなら、中間の地域ではどちらも完全に適合してはいなかったとダーウィンは考えた。二つの種は、生息地を占めようと競争しているのではないか。この点はすべての種がその環境に完全に適合しているという理論とはどう合致するのか？　生態が完全にバランスがとれたものだという仮定は疑わしくなった。

環境に合っていないように見える動物もいる。ガラパゴスの動物はアメリカの動物に似ていたが、ガラパゴスの土壌も環境も大陸とは非常に違っていた。ダーウィンの認識では、ガラパゴス諸島は地質学的にはむしろ、西アフリカの沖合の赤道付近にある火山島群、カーボ・ヴェルデ群島に似ている。ダーウィンは「土壌、気候、海抜、島の規模に見られる火山的な性質は、ガラパゴスとヴェルデ岬群島のあいだにかなりの類似性がある。しかしそこに生息する生物たちはなんと全く異なることだろう！」と感嘆している。(28)

実際には、ガラパゴスの動物たちはアメリカの動物たちに似ており、ヴェルデ岬の動物たちはアフリカの動物たちに似ていた。なぜなのか？　これは「ほとんど普遍的な法則」のようにも見えた。島の個体群は近くの大陸の個体群に似ているという法則である。ダーウィンは「この壮大な事実」は、何回か別々に創造されたという通常の理論によっては説明し得ないと考えた。

ダーウィンが種の変移を考えたとき、カメについてのガラパゴスのスペイン人の言葉と現地の副知事の言葉を思い返していた。自分がペットにした二匹のカメと他の標本を比較しようとしたが、その甲羅は大きく成長して初めて違いがわかるものだったので、残念ながら何の推理もできなかった。ダーウィンはガラパゴスに定住していた人々の言葉を信用したが、彼らは誇張していたのである。今日のカメの専門家でさえ、ガラパゴスのカメをただ見ただけではどの島由来かはほとんど推定できないであろう。

甲羅がドーム型、サドル型と言っても、そのあいだに段階的な違いがある。一九七〇年代に動物園が五〇匹ものカメを、地元で育てるためガラパゴスに返したが、専門家も出身地の可能性のある島について、一匹以外は特定できなかった。要するにダーウィンはカメの甲羅を調べることによって自分の変移の理論に到達することはなかったのだ。

ここまでは、私はダーウィンがガラパゴスで出会ったさまざまな動物について述べてきた。しかし彼が見つけなかった動物についてはどうだろう？　そちらも重要な謎となる。おそらく神はガラパゴス諸島に鳥類と爬虫類の独特の種をいくつも置かれた。しかし両生類はどうだろう？　フランスの博物学者で地図製作者のボリ・ド・サン・ヴァンサンがアフリカ沖の火山性群島では両生類つまりカエル、ヒキガエル、イモリなどの類が全くいないと指摘していることを、ダーウィンは知っていた(29)。ただ大洋中の島の諸条件は、その類の動物に理想的に適している。ガラパゴスのある地域は特にお誂え向きだった。だからダーウィンは苦労して探し回ったあげくに、結論を出した。「ガマもカエルも、全く生息していない。隆起した場所にある穏やかでじめじめした森が彼らの習性にぴったりのように見えるので、これには驚いた(30)」。

同様にダーウィンが記すところでは、北米に近いカナリア諸島にはカエルはいない。サンドイッチ諸島（今のハワイ）にもいない、カーボ・ヴェルデのサンジャゴ島にもいない、セントヘレナ島（アフリカと南米の中間）にもいない(31)。なぜいないのだろう？　なぜ神は外洋性の島々にはカエルを配置しないことをお選びになったのだ？　ダーウィンの見解はこうだった。「外洋性の島にカエル科がいないことはトカゲの場合と比較すると、もっと驚かされる。トカゲはどんなに小さい島でもたいていうじゃうじゃいるのだ。この違いはトカゲの卵が石灰質の殻で守られているので、カエルのねばねばの卵よりも、海水をくぐって運ばれるのがずっと容易なせいで起きているのだろうか?」[32] ダーウィンは正しかった。カエルもその同類もその卵も外被が半透性で、塩水中では体液が吸い出されて死んでしまう。そのような動物では、外洋の塩水が広がるところを死なずに漂って渡ることはできない。逆に、何種類かのトカゲの卵は、海流によって、あるいは浮遊する植物と泥のかたまりに紛れて、運ばれることが十分にありうる。

ガラパゴスに土着の哺乳類が少ないことについても、ダーウィンは熟考を重ねた。陸地では、いくつかの種のラットだけが土着種のように見えた。ダーウィンは船や、その他の方法で何とかたどり着いたのだろうと想像した。アザラシとアシカもいた。ガラパゴスには、別の目立った哺乳類、ほとんどすべての島で見つかる哺乳類がひとついた。コウモリである。ニュージーランド、ノーフォーク島、ヴィティレヴ群島、ハワイ、モーリシャスのような他の島でも、固有種のコウモリが生息する。創造主はなぜほとんどの島で固有のコウモリは創られたのに、陸生の哺乳類やカエルは創造されなかったのだろう? ダーウィンはコウモリが広大な水域を越えて飛ぶことを知っておう、日中に洋上で道に迷ってさまよっているのを見たこと、大陸から六〇〇マイルもかなたのバミューダまで飛んでいったコウモリも知られていることを書きとめている。

ダーウィンは、ガラパゴスにいるいろいろな生物種がすべて、海や空を渡ってそこまでやって来ることができたもの、つまり鳥類、爬虫類、昆虫、コウモリだけだということに気づいた。そうして、そのいろいろな住民は、この島々で創造されたのではない――入植者である――と推測した。祖先はみなたとえば南アメリカのどこかよその出身である。要するに、ガラパゴスに土着の動物は、自分自身でまたは偶然にガラパゴスにたどり着けた種だけであり、ここだけに独自に一回起こされた奇跡によるものではないのだ。

それでもこれらの動物の多くが、大陸のものとは異なっていた。それでダーウィンはこう推理した。まず彼らはガラパゴスに到着する。その後で変化した。新しい環境に何とかして適応したのだ。だがどうやって？　数年後、ダーウィンはこう考えた。ガラパゴスでは「空間的にも時間的にも、あの大事実――謎の中の謎――この世に新たな生物が最初に現れるという事態に結構近くまで行けるらしい(33)」。

ダーウィンは自分の推論を確かめることもした。卵と植物の種子は塩水を何百マイルも浮いて運ばれ、なおも陸地で生息することが本当に可能だったか？　ダーウィンは海に浮かぶ木材や氷山が土や種がくっついた塊を運んで、種子が発育する能力を保持することを見つけた。さらに彼は、塩水の上を三〇日間も浮いていた死んだハトの胃の中にあった種子がその後で発芽できることもテストした。そんな種子でも実際に「驚いたことに」確かに発芽できることをつきとめた。そして、ハトの排泄物を調べてみると、種子によっては消化されずに排泄され、それで発芽できるものもあることがわかった。ダーウィンはまた、塩水に数週間浸した後の種子でも発芽できるかどうか試した。八四種のうち六四が二八日間の浸水の後で発芽することを発見した。一三七日浸した後でも発芽したものすらあった。ほとんどの種子は沈むが、果実は長いこと浮いている。乾燥したヘーゼルナッツを九〇日間浮かせて、ダーウィンがその後で植えるとちゃんと成長した。熟した果実をつけた九四種の植物のうち一八種が二八日以上浮いていた。どこかの国産の植物一〇〇種のうち一四種は二八日浮遊してなお発芽能力を維持すると、ダーウィンは推定した。

植物と動物が環境中でぴったりと合わされているように見える例の一つは、種子にかぎがあって哺乳類の毛にひっかかるのに役立ち、肥沃な土壌へと運ばれる植物であった。それでもダーウィンはそんな植物と種子の中でも、毛皮がある哺乳類が住んでいない島で見つかるものがあることを知った。[34] 独立にたてられたという理論はほとんど意味をなさない。種子が自然の輸送手段でいろいろな場所へただ到達すると考えれば、筋が通るのである。

このような輸送は勝手に起こるわけではない。決まった流れの海流に従うからである。ダーウィンは大西洋の海流の平均速度が一日三三マイル（速くて一日に六〇マイル）ということも知っていた。それゆえ種が一カ月で広々した海へ出て九〇〇マイルでも旅する可能性があるだろうとダーウィンは推定した。後に、特定の動物の卵がどのように旅するかを同様に考えると、ダーウィンが見たものは以下のような結論に収斂した。ガラパゴスの生物はそこで創造されたのではなく、自然のプロセスで到達したものである。[35]

だから生物というものは、最初は完全には合っていない環境中に広がってそこで自分自身が変化するのである。だが、どうやって？　ラマルクの理論を知っていたダーウィンは、間違って、個々の生物はその習性を環境に応じて変えるとき、獲得した形質がその子孫にも遺伝するのだと思った。しかしこのメカニズムは多くの種の膨大な複雑さを説明するのは不十分に見えた。

さて、一七五五年に遡るが、人口成長に関してまごつくような観察が、ペンシルバニアの匿名の人物によって発表された。彼は誕生、死、結婚に関する人口統計データを分析し、アメリカの莫大な資源と土地により、人口はほとんど抑制されずに成長し続け、少なくとも二〇年か二五年には二倍になるだろうと結論した。アメリカは最終的には大英帝国よりも多くのイギリス人が住むことになる定めにあるらしい。そしていつの日か、アメリカ全土ですらその人口を維持するのに十分ではなくなるだろう、という。この論文は何度も印刷されて広まった。電気の本の中に収められていたことさえあった。匿名の著者はフィラデルフィアの印刷業者で市民活動家であったベンジャミン・フランクリンである。[36] 彼はさらにイギリス人は将来のためにカナダを併合すべきだと論じた。[37] 人間の人口が抑制されずに指数関数的に成長し続けるだろうというこの知見は、政治的な関心事になった。

一七九八年には、ロンドン在住の別の著者が人口増大に関する懸念を匿名で発表した。後の版には自身の名を入れていて、英国教会の牧師トーマス・マルサス師という、著名な政治経済学者となった人物であることがわかった。一九三八年の九月末から一〇月に、ダーウィンは一八二六年版のマルサスの『人口論』を読んでいた。[38] マルサスは人々のあいだの性的な引力が非常に強いため、人口ははなはだしい増大傾向にあると論じていた。原則として、増大の速度は幾何級数的である（彼は合衆国は二五年ごとに人口が二倍になり続けたと記している）。しかし土地が限られていれば、万人が食べられるだけの資源がないために増大は制限される。マルサスにとって、貧困と飢餓は富の不公平な分配の結果ではなく、自然に起こる、ほとんど不可避なことであった。社会は富の再分配によって繁栄すると主張する、楽観的な社会改革者だと馬鹿にされたが、マルサスは、再分配（富める者が貧しき者を助けようとするときのような）は通常うまくいかない、なぜなら人々はあまりに貪欲であり続け、ふたたび貧困と飢餓を生み出すからだと強く主張した。[39] 人々が食べさせることができない子供を産んでしまうのを避けるだけの道徳的抑制心を修練して培わない限り、結果として戦争が起こるという。マルサスは神がこんな明らかに粗野な状況をお許しになったのは、人々が道徳的な目的意識を求めて努力するためだと信じていた。悲惨さ、飢餓、戦争が、人間に労働の徳と道徳的行動を教えてくれるのだ。人口増大が地域の持続の手段に対する恒常的な圧力として働くので、人々を暮らしにくい土地に移住させたり、おとなしい国々を侵略させたり、「場所と食糧をもとめて絶え間なく闘争する」野蛮人のような不安定な種族たちを相手に戦わせたり、という作用をすると彼は述べた。「そして、同じ環境下での種族間での争いが頻繁に起こり、数々の生存闘争となり、敗北すれば死で罰せられ、勝利すれば生を与えられるという省察に鼓舞された必死の勇気で戦われることになる」[40]。

ダーウィンはマルサスを読んだため、このような生存闘争が動物のあいだでも起こるものと考えた。道徳心などない動物の人口は自分たち全部を支えるだけの資源が足りなくなるまで増大する。動物の個体数は「二五年よりもはるかに短い速さで幾何級数的に増える」ことができ、それゆえに種は資源をめぐって競争し、個体同士が互いに競争する、とダーウィンは推理した[41]。十分な食料と安楽さを得るのに適していない方が死ぬのだ。ダーウィンは、この圧力により特定の特徴が有利になり、それによって、結果として種が変化するのだと考えた。

だが、種はその環境と常につりあいがとれているわけではないというのは、本当だろうか? ダーウィンはふたたび、自らの推論を部分的に実験によって検証した。小区画の土壌にイギリスに固有の雑草を植え、発芽した苗三五七本を得た。まもなくその中の二九五が主に昆虫のせいで枯れたのがわかった。草刈したり、放牧で草を食べさせたりした芝生の小区画では、二〇種の植物のうち九種が姿を消したのがわかった。元気な種の方が生き延びたのである。このような実験および野外での観察により、ダーウィンは植物と動物はお互いに常に生き延びようとして競争しているという結論に達した。加えて、生物すべてに対して気候が、主として食糧供給を削減することによって、影響を及ぼしている。たとえばたった一冬のあいだに、ダーウィンの土地ではすべての鳥の五分の四は死ぬと彼は書き記している。自然を観察してみて、死亡率はとてつもなく高いことに彼は気付いたのである。

森をちょっと歩いてみる分には、自然は調和しているように見える。だがすべての生物は厳しい競争にさらされている、とダーウィンは推理した。生きるために木々は何千もの種子をまき散らす。生物は互いを餌としている。彼は一見すると子をなすペースがもっとも遅いゾウ（九〇年にわずか六匹の子供しか生まない）のつがい一組だけからでも、五世紀たてば生きている子孫を一五〇〇万頭も生み出すと推定した。[42] 一〇〇〇年やそれ以上になったらいったいどれほどになろうか。そんな膨大な数のゾウの群れが今いないということは、膨大な数の子が絶えず死んでしまうことを意味する。ダーウィンは書いている。「自然の顔は、表面は肥沃でありながら、内側では一万もの鋭いくさびがびっしりと詰まって絶えず打ち込まれているようなものかもしれない。時々一本がぐいっと押し込まれ、それからまた別の一本がもっと強い力で押し込まれたりするのだ[43]」。

彼はこの闘争が同じ種のメンバー間で最大となり、特に兄弟のあいだで強く起こり、幼いものがいちばん闘争が厳しいことを認識した。

子はすべて、親と比べて少しずつ違ったところを見せる。その違いの中には、危険なとき、資源が少ないときに有利になるものがある。つまり、ごくわずかでも有利なところをもった個体は生き残る数が多くなり、生殖してそのような特徴を伝えて比率が高まることになりやすい。時間を経ると、集団は、不利な特徴が消えることで変化する。こうしてダーウィンは、育種家が鳩や犬や牛の「純粋」品種を作るのと同じように、自然は種に作用することを認識した。

どの個体を交配させるかを選択することにより、育種家である自然は未来の動物を形づくるのだ。隔離された個体群の中で、特定の特徴が継続して選択されることで、外見が他と明瞭に異なってくる。個体群間の混合を妨げる障壁がなければ、新しい雑種の変種が生じる。ダーウィンは、異なるタイプの植物が実際に周囲の植物と交じり合い、野生では「純血」を保たないことを示す実験を行った。環境が、ある種が進化するか、絶滅するかを決定する。ダーウィンはこのプロセスを「自然選択」と呼んだ。すなわち環境が種を形成する方法である。それは非常に徐々に進むものであり、突然の大きな変化つまり激変は必要としないものと予想された。種の変化は交雑によって遅れることもあったが、個体群が非常に長い時間隔離されていた場所では促進されることもあった。

つまりダーウィンは自分の見解を変えたのである。それまでは種はそれぞれの土着の土地で奇跡によって出現し、その環境と恒久的な調和の中で生きるのに完全に適している、と信じていた。だが、風景や気候が変わるのと同じように多くの種が姿を消してしまっている。恒常的なバランスなどはなく、自然は流転にあり、種によっては自分に快適に合っているとは言いがたい環境で生き延びているものもある。動植物は生存競争し、そのプロセスを通して多くの個体群が徐々に進化し、変動する環境に精妙に適応する、とダーウィンは考えた。

このような考えは、種が神によって一瞬にして創造されたわけではないことを示唆しているように思われた。あるいは神は、個体群が変化する状況に適応できるように、この仕組みそのものを創造したのだろうか？　ダーウィンは宗教上の論争が起こるのを恐れて、自分の説を近しい友人以外は秘密にしておいた。

一八四四年に匿名の著者による本が出版され、種は発達という進歩的な法則によって進化すると論じられていた。(44) 科学者たちは否定したが、ベストセラーとなり、論争の渦を巻き起こした。ダーウィンは比較的、秘密を保ちながら自分の理論を練り続け、自分の理論を関係者のあいだだけの秘密にして研究を続けた。一五年後、『種の起源』を発表したが、そうしたことはすべてまた別の話である。

フィンチに関する神話に話を戻そう。昔からある話はこんな具合である。ガラパゴスを訪れたあいだに、チャールズ・ダーウィンは異なった形と大きさの嘴をもったフィンチの多様な種に気付いた。その食習性を観察して、嘴の形は餌に対応していることに気付いた。さらにある種は特定の島に固有だということにも気付いた。それでダーウィンは多様な種には同類の、つまり共通祖先からの子孫たちが島々に生息してきて、個々の島の状況にさまざまな形で適応してきた。種は進化したのだ、と推理した。

この短い物語はうまく使える。科学の教科書に割り当てられたスペースに収まるからだ。それにサロウェイがいうように、発見の古典的な道筋にもぴったりだ。家を離れ、大胆な冒険に乗り出し、困難に出会ってそれを乗り越え、深い真実をもち帰る男の物語だ。だがこの話は真実ではない。だから課題となるのは、これをどういうふうに、もっとちゃんとした話に置き換えるかということだ。今まで長々書いてきたことから要素だけ抜き出しておこう。こんなふうに書くといいのではないだろうか。世界を半周回って、若き旅人、チャールズ・ダーウィンは何かの前触れのようなそそり立つ火山「魔法にかけられた島々」へとたどり着いた。その暗く険しい土地には闇の小鬼のような気味の悪い爬虫類の群れや、地味な鳥たちがいた。だがカエルやガマが島にはいなかった。ダーウィンがそこで見つけた動物は、塩分の多い海を超えて大陸から来ることのできた動物たちだけだった。どれもアメリカにいる種と似ていたが、奇妙に違うところがあった。後になって、ダーウィンはこのような島に住む種は外来動植物の子孫であり、何らかの形で進化したものだと結論づけたのだ。

こちらの話の方が前と同じくらい短く、同じくらい教科書にもふさわしいし、この方がいい。神話的なイメージは含んでいるが、実際に真実なのだから。

第六章　ベン・フランクリンの電気凧

ダーウィンのフィンチと同様に、イメージが科学史で人気の高いアイディアに多大な影響を及ぼしてきた例が他にもある。ちょっと太めのベンジャミン・フランクリンが雷鳴とどろく中で凧を揚げているイメージは、私たちの頭に刻みつけられている。本、切手、美術作品、通貨、果ては二〇〇六年発行の米ドル銀貨にまで顔を出している。魅力的である。たたき上げのアメリカ人が子供のおもちゃを使って科学に大きな貢献を与えたのを示すものだからだ。つまり雲の中には電気が存在し、稲妻の恐ろしい力は電気と同じものに関係していることを証明したのである。だがこのイメージはこれまで明らかと思われていたほど確かではなくなった。困ったことに、フランクリンがそもそもそんな実験を行ったという証拠がないという事態をつきつける歴史家が何人か出てきたのである[1]。

若きベンジャミン・フランクリンは『ペンシルバニア・ガゼット』という新聞を発行し、印刷していた。電気の性質を研究するずっと前に、稲妻についての報告をいくつか出し、一七三一年にはこう書いている。「ニューキャッスルからのニュース。今月八日火曜日、本地より何マイルもないところにある一軒の家に雷が落ちた。驚くことに、そこで犬が三匹死に、数人の耳が聞こえなくなり、一人の女性の鼻が裂けた」。一年後の一七三二年、フランクリンはアレンスタウンにある一軒家に起こった事故のことを書いている。「雷が落ち、煙突の一部が裂け、バターが溶けて、火事になった[2]」。一七三六年にはフランクリンの新聞はこの珍しいエピソードを報告している。

ヴァージニアからのニュース。一軒家に雷が落ちてまもなく、ドアのところに立っていて雷に打たれた男性が一人死亡した。遺体を調べたところ、暴行の形跡はなかったが、胸の上に松の木の痕がまるまる残っていた（小さくなってはいたが）。松はドアの前に生えていた木で、まるでミニチュアのように刻印されていた。この驚くべき事実は最近になってそこからやって来た一人の紳士の言葉による。彼が自ら目撃したことである。遺体が埋葬される前に、好奇心から一目見ようと非常に多くの人々が集まったこともこの人物は伝えている。(3)

印刷業者フランクリンは実際にこの話を信じ、刻印の正体は、稲光がこの男性の胸に木の像を写したのだと考えた。(4)一七四二年、また別の報告が彼の新聞に現れた。「二人の男が、ソサエティ・ヒルの木こり小屋の軒下に立って雨宿りをしていたところ、雷に打たれた。だが一人は回復し、トーマス・スミスが死亡しているのを見つけた。その帽子は大きく裂け、靴の片方の一部分も引き裂かれていた。スミスの頭、首、胸および片腿の内側に火傷のように見える斑点があった。生き残った方も靴の片方の表面の革が裂け、体を何か所か火傷していた。(5)

古代以来、哲学者は雷と稲妻には頭をひねってきた。たとえばオウィディウスは、ピタゴラスが稲妻の由来は、ゼウス神か、暴風か、雲の衝突か、いずれかであることを知っていたと主張した。(6)科学者たちが最終的に雲にまで到達し、そこに電気があることを発見するまでは、憶測だけが何世紀も続いたのである。長い糸を使って空から稲妻を捕まえようとするフランクリンの物語は、古代の神話にも似ている。ギリシャの叙事詩では、空と雷の神であるゼウスが人間から火を取り上げて隠してしまったが、プロメテウスがウイキョウの長い茎に火を移してそれを盗み出す。[7] プロメテウスは雷神から火を盗み、フランクリンは「電気の火」を雷鳴とどろく空から捕まえてきたというわけだ。

そうだとしても、彼が最初の人物ではないのである。一七五二年五月、マルリ＝ラ＝ヴィルで数人の人間が、先の尖った四〇フィートもの鉄の棒を使って嵐の雲が電気を伝えてくるかどうかをテストした。雲が頭上を通り過ぎたとき、鉄の棒から電気の「火花」を抽出した。このグループは、たいてい「トマ・ダリバール他」と言われる（もっとも最初の成功した実験のときにはダリバールはいなかったのだが）。フランクリンが提案した実験に概ね従って試していたが、フランクリンとは独立にやっていた。[8] だからフランクリン自身が雲から電気を引き出した最初というわけではなかったのだ（何年も後である一七六八年には、フランクリンはダリバールのことを、「雲から電光を取り出そうと試みる勇気のある最初の人物」と書いて称賛している）。わずか数か月後である一七五二年七月、また別のフランス人の実験家、ジャック・ド・ロマがある科学の学会に手紙で、「子供のおもちゃ」を使って雲から帯電する可能性を探るという計画をたてた、と述べている。[9]

一七五二年八月二七日、ベンジャミン・フランクリンの新聞である『ペンシルバニア・ガゼット』紙は、ダリバールその他の避雷針の実験を要約した手紙を載せた。[10] フランクリンは自分がこれ

図 6.1. 1870 年代の版画。恐ろしいほど稲妻の近くで、悠長に凧を揚げているベンジャミン・フランクリンと息子。

に類する実験を行ったということは一言も付け加えていない。その年の一〇月、フランクリンは自分の新聞に凧の実験の短い説明を載せた。彼が説明した他の実験と比べると、説明は曖昧でフィラデルフィアのいつ、どこで行われたかもはっきり書いておらず、証人のことにも触れていない。自分が実験を行ったとは実際に述べてはいないのだ。

はっきり言えば、雷が凧に落ち、電気を糸に走らせたら、それはすさまじいことで、糸だって蒸発するだろうという想像は誰でもできそうだが、それをフランクリンは説明していなかった。稲妻は華氏五万度（摂氏二万七七六〇度）の温度、つまり太陽表面の約五倍よりも熱くなることもあるのに！ フランクリンが書いているのはこんなことである。雷が鳴っているときに、実験者は金属の突起をつけた凧を揚げて、雨で凧糸を濡らし、雲から電気が伝わるようにする。その電気が今度は、凧糸につないだ金属の鍵を帯電させる。鍵の反対側には絶縁用の絹のリボンをつける（これは濡れないようにしておく。実験者は屋根の下に立って、窓やドアから外へ延びる糸を持っていなければならないからだ）。それから実験者は鍵に「電気の火」が見えるかどうかを、自分の手の甲を使って調べる。フランクリンはその実験は「簡単」で、誰でもできると書いたが、そうではなかった。あまりに恐ろしく危険だったので、敢えてその種のことをする勇気のある人はほとんどいなかった。加えて、雨まじりの雷の中で窓から離れて凧を揚げるという難しさはかなりのものに見える。フランクリンの説明は詳細に見てみると首をかしげたくなるものだ。たとえば、糸の長さはどうだったのか[11]？

それでもフランクリンは主張した。「稲妻と電気の原因となるものとが同一であることが完全に示された」[12]と。もしそうなら、そのわずか数か月後になぜ彼は自分の新聞の読者に対し、「木材、石、煉瓦、ガラス、金属、動物の体、などなどに対する稲妻の作用について、および、あのとてつもない大気現象の本質を発見し、話を完成させそうな他のあらゆる状況について」情報を何でも送ってほしいという要請を紙面に載せたのであろうか？[13] 一七五二年のこの記事の直後、それを読んだ特別会員の科学者でフランクリンの友人でもある人物が、こう書き送っている。「一般の新聞から得られるよりも、もっときちんと記憶にとどめられ、信に足るやり方で、もっと詳細な説明が出版されることを私は望む[14]」。

図 6.2.　1884 年に描かれたフランクリンと息子

フランクリンの短い報告は曖昧であり、詳細なやり方が絶対必要な実験があるとしたら、まさにこの実験がそうだから特に苛々させられる。遊びで稲妻にかかわる人などいるわけがないのである。その放電は、上空約五マイル（二五〇〇フィート）から、毎秒約六万マイルの速さで落ちてきて、木を引き裂き、家を焼き、鉄の棒を溶かし、ケイ砂を融かしてガラスにするほどの熱と力をもつしろものだ。トム・タッカーが的を射たコメントをしているように、ただ読んでいるときならあまり細部にこだわらないが、実際にこの実験をやろうとしたら、命のリスクがあるわけで、その意味では一言一句、おろそかにはできないのである。

一七五三年、フランス在住のジャック・ド・ロマは、空中で発生した電気を大凧の撚糸を使って集める試みに成功したことを報告した[15]（ド・ロマはフランクリンや誰か他の人が同じ実験を思いついていたことは知らなかった）。ほとんど濡れていない糸で電気を集めるのには失敗したド・ロマは、薄い銅線を麻糸に沿わせた。日中彼は凧をおよそ五五〇フィートの高さまで揚げ（糸は七八〇フィート）、三・五フィートの絹を地面側に結びつけ、振り子のような重い石にくくりつけておもしにした。糸上の絹に近いところでは、一フィートの長さのスズの筒を結びつけた。ド・ロマはそれから、ガラスの棒の先端に金属をつけ、それを吊るした筒に向け、近づけることによって火花を引出した。彼と数人の手伝いおよび見物人もまた指を使って火花を引き寄せた。頭上の暗い雲が流れていくと、火花は減った。雲がもっと流れてくると、目撃者たちは指、鍵、細いガラス棒、剣を用いて電気を感じようとした。だがそのときド・ロマはこぶしを用いており、指、手首、肘、肩、尻、両膝、両足の踵に痛みのあるショックを感じた。さらに実験を重ねた後で、嵐が近づき、勢いを増してきたが、雨はなかった。それでとんでもない事故になることを恐れたド・ロマは、ガラス金属の杖だけを使って火花を引き寄せた。誰もが後ずさりして離れた。何本かのわらを地面の上に直立し、吊り下げたスズの筒の下で踊った。ド・ロマは自分の顔に蜘蛛の巣が張られたような電気の効果を感じた。すると長いわらが一本、地面から跳んでスズの筒へと引き寄せられ、すさまじい爆発を起こし、雷のような音をたて、電気の「火」の八インチほどの明るい火花を生じた。さらに火花が出るとともにバリバリという音が起こり、糸は光を発した。風と雨が凧を落としてしまったので、実験は終了となった。幸いなことに、負傷者はいなかった。

　フランクリンとは違い、ド・ロマは、さまざまな手順、寸法、予防措置、時間、条件、見えたこと、観察、音、さらには匂いまで詳細な観察を豊富に残している。フランクリンが、たった一度の実験を簡単に書いただけで、半端に謎めいた指示しか書かなかったのに対し、ド・ロマは多数の具体的な実験を行ったことを書いている。まもなくド・ロマが凧の実験を行ってその効果を目に見える形にした最初の人物という功績を認めることができるのかと言い出す人たちが現れた。(16)ド・ロマはパリ科学アカデミーに対し、自分が本当に最初に成功した人間で、フランクリンの報告は複数の側面が疑わしいように見える、と訴えた。しかし科学者たちはフランクリンをプロメテウスにたとえ始めた。「もしもこの新しいプロメテウスが天空から火を引き寄せることに成功したのが真実であるならば、電気に関するすべての現象の中で、フランクリン氏が発見したことほどすばらしいことはなかなか見つからない(17)」。

アカデミーの一つの委員会が一七六四年に、フランクリンまたは誰かがそれを崩す証拠を出さない限りは、ド・ロマの方が実際には先取権があると見なすべきだと結論した。委員会にはフランクリンの科学上の天敵である、ジャン・ノレ師が入っていた。論争好きなノレは、フランスとイタリアで電気に関する詐欺と食わせ物を批判して暴いてきた経験があった。しかしフランクリンは反応しなかった。それは、フランクリンに対して個別に具体的な実験について問い合わせてきた自分のファンに対して奇妙にも沈黙を守ったのと全く同じことだった。(18)

後に一七六七年、ジョゼフ・プリーストリは、フランクリンの短いオリジナルの記事にいくらか詳細を加えたものを発表した。プリーストリは(たぶんフランクリンの言葉を繰り返して)、フランクリンが野原の小屋で凧の実験を行い、聞くところでは目撃者は一人で、それはフランクリンの息子一人だった、と書いている。プリーストリの記事では、フランクリンの実験は一七五二年六月とされているが、すでに稲妻が電気でできていることが証明されていたマルリでの実験のわずか一か月後である。だがフランクリンはまだそのことを聞き及んではいなかった。(19)もしこれが事実だったなら、なぜフランクリンは三か月以上も待ってから自分のめざましくも勇敢な実験を一〇月のガゼットに初めて載せたのだろう?

だがなにゆえ我々はベン・フランクリンを疑おうとするのだろう？　フランクリンの一七五二年よりも前の実績を見ると、避雷針を発明し、新聞を主宰し、図書館とボランティアの消防士の会社を起ち上げ、偽札の予防技術の道具を作り、フィラデルフィアにアカデミーと大学を創立し、ペンシルバニア病院の創設に尽力し、ペンシルバニア議会に選出され、フィラデルフィア最高裁判所判事の一人として働いたのがわかる。

彼の科学、政治、外交、印刷に対する多くの積極的な貢献はあるにせよ、一杯食わせるのが得意という面も彼にはあったのである。一七三二年、彼は面白おかしい暦の出版を始めた。優れた暦を編集している実在する編集者の死を予測するという（架空の）編集者によって始められた年鑑だった。一七四二年には、「まじりっけなしの真実」というエッセイを書き、軍事行動をけしかけようとするスコットランド人の長老派信徒のふりをした。一七四七年には非嫡出児を多くもつ罪で清教徒から裁判にかけられた女性についての物語を創作して出版した。[20]この物語は国際的な関心を大いに呼んだが、二二年後にフランクリンが完全にいたずらだったと認めた。その他の出版物に、イエズス会士、プロイセン国王、イスラム教徒といった人物たちを装っていかにもありそうだが偽のメッセージをでっち上げたものもある。ワインの中に沈めたら、死んだハエが息を吹き返した、というようなユーモラスな手紙も出版している。ただ単に、本当とは言えない言葉を大量に紡いで出版してみせたのである。

ベンジャミン・フランクリンは長老派信徒でも、イエズス会士でも、イスラム教徒でもなかった。秘密結社「古代の名誉ある友愛会」、つまりフリーメーソンの活動的な一員だった。一七三四年にペンシルバニア支部のグランドマスターとして働いたときに、フランクリンは「フリーメーソンの成り立ち」という一七二三年に書かれた論述を復刊した。そこに記されているのは、何より、フリーメーソンの教えはすべて――民間人用、軍人用、聖職者用いずれも――、ピタゴラスによって権威づけされた幾何学の定理に基づいたものだということだった(21)。

フランクリンは本当に電気の凧の実験を実施したのだろうか？　どうすれば雨の中、窓や玄関口から凧を揚げることができるだろうか？　たまった電荷が失われないように、窓やドア枠に線が触るのを防ぐ必要がある。結びつけられた絹のリボンは乾いたままにしながら、雨が線を濡らすにはどうすればいいのか？　トム・タッカーはこの件を調べ、窓と木枠から外へ凧を揚げようとすら試みた。そして結論した。「フランクリンは本当はやらなかったのだ(22)」。

私は今まではタッカーと同意見だったが、今では確信がもてなくなっている。この話題をいろいろな本で調べてきたが、どうしても出てくる議論がある。タッカーが言うように、フランクリンが建物から凧を揚げることができたなら、窓や玄関口の両側に触れたりからまったりしないようにしておくのは、とてつもなくやりにくいだろうということだ。それである日私は、プエルトリコのエル・モロ城の野原まで繰り出した。古い建物のアーチ道の下から、それからまた別の列柱のある高い建物の入り口の下からも、父と一緒に凧を揚げてみたのだ。糸は驚くほど安定しており、これらの入り口の両側に何十分も全く触れなかった。だから私は、建物から凧を揚げ、その糸をしっかり保つことはもはや難しくないと思っている。それでも私は、雷を伴う嵐の中や、霧雨のような雨の中では凧を揚げていない。フランクリンの説明の中で、やはりこれらの要素が彼の話を本当にあったこととは思えないものにしているようだ。まず第一に、雨が降る前に凧を揚げなければならない。それから建物の屋根のあるところへ移動し、そしてできることなら霧雨が降り出して、最終的にはその雨が絹のリボンの下の線の部分を濡らさないのが望ましい（なぜ凧を揚げる前に糸をただ濡らしておかないのだろうか?）。個人的には私は過去について憶測をしようとは思わない方だ。ただフランクリンがこれをどうやってできたかが私にはわからないのだ。

それでも、著述家や歴史家はたいてい、フランクリンが実験を行ったのだと正式に評価している。たとえば古典的な論文だが、I・B・コーエンがたくさんの証拠を正確に論じ、さまざまな曖昧さを考察し、フランクリンは一七五二年六月には凧を揚げていなかったと結論づけている。それでいて論文の最後では、コーエンは自分はフランクリンとプリーストリが書いたことは本当だったと推定し始め、その後には、すべての証拠を二人の話と矛盾しないように解釈しようとしている。厖大な量の合理的な推測をあからさまに使いつつ、コーエンは、言わず語らずのことがもっとあると考えたのだ。「この論文のもっと多くの言説が『という見込みが強い』『の可能性がある』『おそらくは』『とも考えられる』といった単語を含むべきだったと私はよくわかっている」[23]。私はコーエンとは対照的に、そんな推論にすぎない議論など使ったりしないので、コーエンと同じ結論には到達しなかったのである。

テレビ番組「怪しい伝説」で二〇〇六年放映の回では、フランクリンの実験を再現しようとしていた。番組に出演するメンバーたちが、フランクリンの曖昧模糊とした設計書に従って凧を作った。ところが修正を施さない限り、凧を揚げることができなかった。嵐の雲の下で飛んでいる凧がどうやって電気を集めることができるかを試験する代わりに、稲妻が凧に落ちるという自明な神話をテストすることになってしまった。ヴァン・ド・グラーフ発電機を使って、濡れた糸に電気を送ると、それが鍵から小さな火花を発生させた。もっと電荷の量を増やすと発火した。次に彼らは発電機を四八万ボルトにまで上げて凧を揚げた。電気の火花が凧に跳びかかって、糸を伝って下りてきて鍵へ、そしてフランクリンの手に見えるように作られたダミーの手へと伝わった。心臓モニターは、このショックでフランクリンが死んでいたはずであることを示していた[24]。

ところで二〇〇六年という同じ年、ベリーズの町で、ある電気工が姪と一緒に凧を揚げていた。凧糸をもっと長くしたいと考えたが、糸がそれ以上なかったので、銅線を加えた。凧は飛びながら高圧電線に近づいた。報告によるとその凧は壊れて離れ、銅線は電線上に落ち、男を感電死させた。男は叩きつけられ、激しく燃え上がって、まもなく死んだ。(25) この事故の後で、ベリーズ電気会社は新聞発表を行って安全な凧揚げのこつを教え、銅線は使わないように、凧は雨や嵐の天候下では決して揚げないように、と述べた。

フランクリンが凧を揚げたかどうかは私は知らない。もし揚げてはいなかったとしても、その物語は今も生きている。アメリカ建国の父の一人が、人を魅了するこけおどしで科学に貢献したという評価を得ているし、その実験の単なるアイディアだけでも影響力はあったのである。貧しい身から出世した庶民で、子供のおもちゃを使って勇敢にも空から恐ろしい稲妻の力を引きずり下ろしたわけだ。このイメージは遠回しながら平等を示している。独学のアマチュアでも、知的エリートと全く同じように科学に貢献できると語ってくれているのだ。フランクリンが実際には実験を行っていなかったとしても、勇気ある個人が何人も、さまざまな工夫を凝らして安全な予防装置も用意してやってのけている。そして電気の歴史には他にも同じくらい並はずれた実験で、明らかに実際行われたものがあるではないか。凧の実験を行って真実をテストするのは怖いし、ためらわれるが、他にも複雑な実験で我々が十分試せるものはいくつもあるのである。

第七章　クーロンの不可能な実験？

多くの学校の教科書で、電気はまたしても無味乾燥、難しくて退屈な教科内容として登場する。だがずっとそんなに退屈だったわけではない。電気は死後の生命の秘密を握っているように思われていたのだ。一八〇二年、イタリアの実験家、ジョバンニ・アルディーニはフランスの科学者たちの前で、死んだ動物と電気を流すためのフォークを使った実験を行った。これを目撃した人たちはこう報告している。「アルディーニは犬の頭を切り落とした後、強力なバッテリーで電流を流した。ただ接触しただけで実に恐ろしいひきつけが始まった。口は開き、歯はガチガチと鳴り、目は眼窩の中でぐるりと動き、理性が妄想を食い止めてくれていなかったら、この動物はまた苦しみ出して生きていると信じてしまいそうだった(1)」。

アルディーニは、人体に対してこの種の実験を公に行うだけの図太さももち合わせていた。見物人たちは結末を目撃するだけの勇気をもち合わせていた。当時までは、犯罪者への罰は必ずしも死で終わるわけではなかった。たとえばロンドンでは、死刑とその後に公開解剖という宣告を受けることがありえた。死体は切断され、皮を剥がれ、諸器官は取り出される。一般大衆への道徳的教化と教育のためであり、また拷問刑の延長としてである。一八〇三年一月、ジョージ・フォスターがロンドンのニューゲート刑務所で、妻と子供を溺死させた殺人罪で絞首刑となった。まだ温かい遺体が、ジョヴァンニ・アルディーニ教授が「電気刺激する《ガルヴァナイズ》」予定の家に運ばれた。そのいきさつは、『ニューゲート暦――犯罪者血まみれ登録簿』という本で伝えられている。[2] 見ていた医学関係者の前で、アルディーニは電気を流すための棒をくだんの死体の口に当て、別の棒を片方の耳に当てた。すると顔はすさまじく歪み、あごはぶるぶる震え、目は見開かれた。アルディーニはさらに、死体の尻に電気棒をつなぎ、全身、両足、両腕を痙攣させた。[3] 見ていた者の中には、殺人者、ジョージ・フォスターが生き返るのではないかと恐れた者もいた。外科医協会の一人の老幹部は肝をつぶし、その場を去ってからまもなく恐怖で死んだ。[4]「犯罪者血まみれ登録簿」は、この受刑者は息を吹き返したとしても再度絞首刑になるはずだったと記している。

電気は一九世紀始めは、高望みの領域だった。アルディーニの究極の目的は「生命力を操る」方法を知ることだったし、メアリー・シェリーは電気実験が意味することに動転して、あのホラー小説『フランケンシュタイン』を書いた。電気は生命と死をもたらす力を有するのみならず、正気を保つ力もあるように見なされていた。アルディーニは精神を病んだ人々に電気ショックを負わせて治したと伝えられている。それより数十年も前である一七四〇年代、実験家たちがライデン瓶と呼ばれる蓄電器に電気流体を貯蔵する方法を発見していた頃、電気は人を面白がらせたり、何これと思わせたりするために使われていた。何十人もの人間を数珠つなぎにして、電気を流すとみなが叫び声を上げたり身をよじったりするのだ。さらに電気は不可能と思われていたこと、つまり物に触れずにそれを動かすことを実行するのに使うこともできた。

古代以来、特定の物質、ことに琥珀をこすると、髪のような小さなものがその方向に動くのを人は見ていた。琥珀は地面から少量の物質を引き上げることができた。ディオゲネス・ラエルティオスによれば、古代の哲学者、ミレトスのタレスは琥珀のような、生きてはいない物体にも魂または生命があると信じていた。[5] この高貴な黄色い物質は、絶滅した針葉樹の木の化石化した樹脂であり、色が黄色なので、ギリシャ人たちはエレクトロン（elektron）と呼んだ。同名の白っぽい金色の金属に似ていたからだ。ラテン語化してエレクトルムとなったその金属は自然にできた金と銀の合金で、そのもとの語であるエレクトール（elector）とは「光を発する太陽」という意味である。

一八世紀の終わりまでには、電気の神聖なる力を利用する、数知れぬ工夫がこらされた。電気を理解することはますます重要になってきた。どんなふうに作用するのか？　自然法則によって理解され得るものなのか？　電気の効果に数学的な秩序が見いだせるならば、電気はオカルトのような謎としてではなく、自然現象として理解できるだろう。この問題に対する一つの解決が提案された。アルディーニの研究より一五年ほど前になるが、退職したフランスの技師、シャルル＝オギュスタン・クーロンによってである。

クーロンの主張は、要するに、電気は次の式で表せる法則に従うと言ったことに行き着く。

$$F=k\frac{q_1q_2}{d^2}$$

この式は、二つの電荷（q_1とq_2）がお互いに引きあったり反発したりする力は、両者のあいだの距離（d）が減ると、その二乗に比例して増えることを言っている。この等式のめざましいところは次のニュートンの万有引力の法則と同じ形をしている点である。

$$F=g\frac{m_1m_2}{d^2}$$

つまり、質量間に働く重力の力は距離の自乗とともに、同じ比例関係で変わる。ニュートンの法則は、世の中からは現象を数で理解しようとしたと言われるピタゴラス派の野心を満たすように見えた。そして同様に、クーロンの法則も同じ形を示しており、電気の神秘的な現象を数の調和的なルールに従わせている。(6)

なぜ二つの法則は同じ形なのだろうか？　重力の作用は、電気の作用とは全く違うように見えるのに。重力は普遍的に見える。ニュートンによれば、すべての物体は重力を有する。他方、電荷を有するのはすべての物体ではないようだ。電荷は物体の中と外を流れるので、ある物体がある瞬間は多くの電荷をもち、またある瞬間には全くもたないということがあるのだ。重力の方は一つの物体で変動することはないように見える。さらに、帯電した物体はお互いに引きつけ合ったり反発し合ったりする。だが重力はただ引っ張るだけだ。するとなぜこんなにも違う力が同じ数式に従うのだろうか？

静電気の引っ張る力は重力より弱いものだと想像する人もいるだろう。なぜなら私たちが通常、静電気を目にするのは髪の毛やセーターのようなささやかなことだが、太陽の重力は何百万マイルもかなたから、木星のような巨大惑星を軌道に保つようなものだからだ。実際には電気の力は重力よりも強い。ブラシ上で作用する重力は弱すぎて、ひとひらの頭のフケほどの大きさのものも引きつけられないが、電気はその何億倍も強いのだ。ざっと比較すると、電気は重力の10^{39}倍も強い。我々は大部分こまやかにバランスが取れた、ほぼ中立の電気的環境に暮らしているので、我々が電気ですぐに死ぬことはないが、雷ほどになると死ぬ。だからこそ科学者は電気がどのように作用するのかを知ろうと奮戦してきたのだ。

ニュートンが天空の力学をみごとに説明したのを受けて、ヨーロッパの人々は彼の数学的方法をさまざまな分野で複製しようとした。たとえばパリ科学アカデミーのメンバーたちは、数学に助けを借りた理性がどんなに謎の物理的現象でも解明できるのだと確信をもった。シャルル・クーロンはパリ・アカ

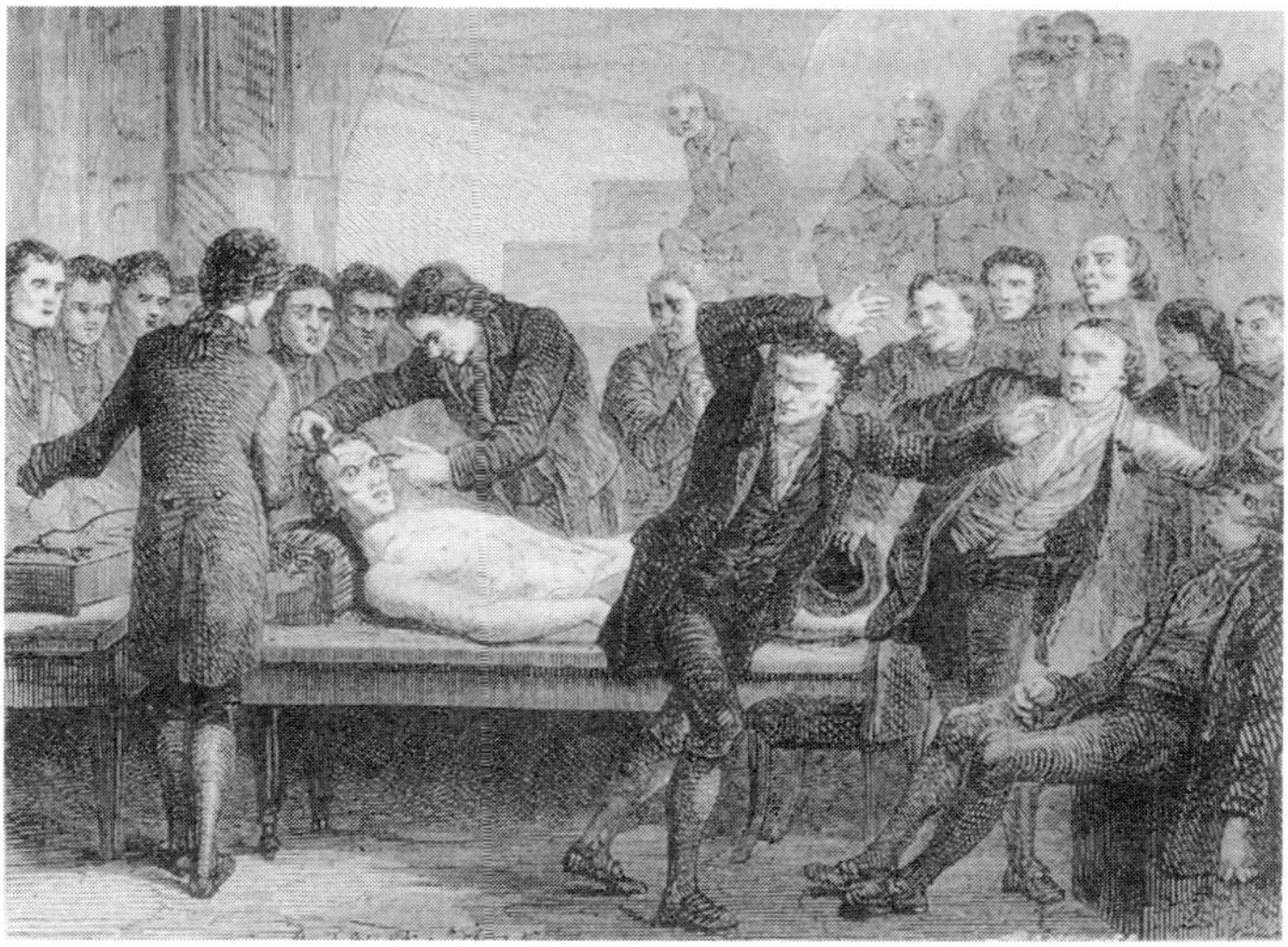

図 7.1.　1818 年、グラスゴーのアンドリュー・ユア博士がある殺人者の遺体に電気をかけると、死んだ男は苦痛と怒りで顔をゆがめたように見えた。

デミー会員であり、電気の力について分析するために研究していた。一七八五年には彼は、アカデミーに対して電気力がニュートンの重力のように数学的なふるまいをすることを証明したと発表した。アカデミーはフランクリンの短くて曖昧な報告には疑念を投げかけていたが、クーロンの実験は受け入れ、賞賛した。クーロンはどうしたのだろうか？

まず逆自乗則の式を見てみよう。実験によるテストをするまでは、これはただの頭で考えられる理論的な説明にすぎない。だからこの式をテストするために、そこから導かれる数値で表せる帰結のいくらかを見てそんな数値が実験に実際に現れるかをチェックするのだ。

この式の一つの単純な特徴からすると、二つの物体間の距離が半分になると、両者間に働く力は四倍になるということになる。このことは誰にとっても明らかというわけではないので、以下のように説明してもいい。二つの帯電された物体、q_1とq_2が、距離dだけ離れているとしよう。もし両者の静電気の反発が逆自乗則で表せるならば、それらの反発力はこのように予測される。

$$F_1=k\frac{q_1q_2}{(d)^2}$$

さて、もしこれらの二つの物体が帯電したままで、もっと近づけられたとする。それらのあいだの距離がいまや半分の大きさになると、それらの反発力はこのようになるだろう。

$$F_2=k\frac{q_1q_2}{(d/2)^2}$$

やはり変わるのは力と距離だけである。この式はこんなふうに書き直せるだろう。

$$\frac{1}{4}F_2=k\frac{q_1q_2}{d^2}$$

これをF_1の式と合わせると、次が出て来る。

$$4F_1=F_2$$

これは、距離が半分では二つの物体間の力は四倍になることを意味している（ピタゴラス派が発見したと言われる、一本の糸上の同じ張力が、糸の長さが半分になると四倍になるのと同じように）。クーロンはこの単純な関係をテストする一つの方法を創案した。電気の反発が実際に式が示すようにふるまうなら、二つの帯電した物体が距離が半分にされるといつも、両者間の力は四倍になる。

クーロンは電気力を測定するための道具を設計した。実験家たちは同じ種類の電荷を有するもの同士は反発して、互いに離れようと動くことを知っていた。その互いの反発を測定することで力が測定できると考えられる。クーロンはねじれたワイヤーの性質を研究したことがあった。ワイヤーはある量ねじれると、そのねじれに対して比例的な力を働かせる。たとえば、ワイヤーをある角度にねじると、一定の力でもとに戻ろうとする反応を見せる。その倍の角度にねじるなら、二倍の力で戻ろうとする。クーロンはねじれがあるときのワイヤーのこの性質を電気力の測定のために使えることに気づいた。

クーロンは「ねじり秤」と呼んだ装置を組み立てた。彼は一枚の図を提示し、これがベン・フランクリンの凧揚げのようなイメージと同様に、数えきれぬほど繰り返し印刷されてきた。実は、この図は「他のどんな図よりも複製された回数が多い」実験装置の図の一つと言われている。[7] ガラス筒の中に、クーロンは細い銀の針金を垂らした。その針金に、細い回転する棒を水平に取り付け、その一端には植物の繊維でできたボール、他端にはつりあいをとるための紙のおもりがついていた。[8] その近くに曲がりにくい棒があり、先のボールと同じ高さのところに同じボールを保持している。二つの球に電気を伝えることによって、クーロンは両者を反発させることができた。一つのボールの場所を固定すると、もう一方（回転する棒とワイヤーから吊り下げてある方）は離れる方向へ動く。すると今度は、この反発力によってねじられたワイヤーが反作用する力を反対方向に及ぼす。ある地点で、斥力はワイヤーの反作用力とつりあうところに達し、

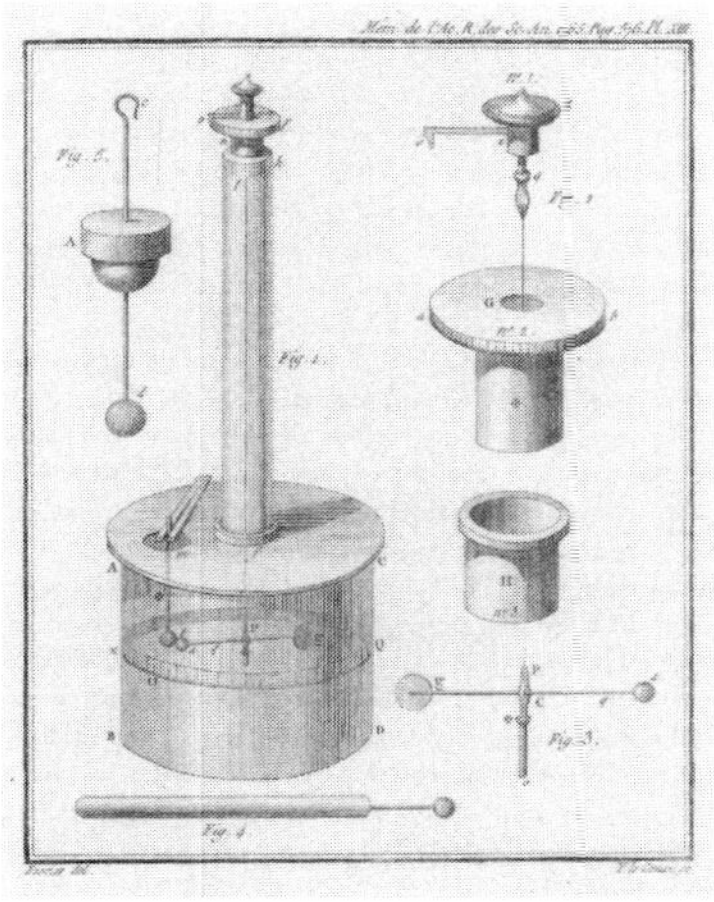

図 7.2. 1785 年のクーロンのねじり秤

可動の方のボールは動きを止める。

いったん二つのボールが一定の距離のところに置かれ、二つの力がつりあうところに保たれれば、クーロンは装置の上部をねじって、吊り下げられたボールが静止したボールに近づくように仕向けることが可能となる。それから彼は、どれほどねじればボール間の距離にどれだけの影響を与えるかを測定することができた。

さて、クーロンは力の式をテストしたいと考えた。二つの物体を離しておいて、電気的な反発力を測定することはそれに数を割り当てることを意味する。二つのボールの距離が大きくなるほど、それを離すための力が大きくなり、ボールが離れれば離れるほど、ワイヤーはますますねじれる。ゆえに、ワイヤーのねじれは力を表すことになる。ボールがたとえば三〇度離れたら、ワイヤーのねじれは三〇度になると期待される。それでその力は三〇だということもできよう。この数が力を表すわけで、ワイヤーがどれだけねじれたかによって定量化されるのだ。さて、この場合、数はまた二つのボールの距離（角距離）を表す。

クーロンはボール同士を近づけるように仕向けることでボール間の力を増やすことができた。それは、自分の装置の上部にあってワイヤーを取り付けたつまみを回し、それで一方の球をもう一方の球に近づけることで行った。クーロンはつまみの全周に目盛りを刻んで、どれだけのねじれをワイヤーに加えたかがわかるようにした。その間、二つのボールは反発したままなので、ワイヤーに新たなねじれを加える。つまり彼の装置では、

ワイヤーのねじれ全体　＝　ダイアル上の角度　＋　ボール間の角距離

他方、二つのボールの距離は、二つのボールの角距離によって、簡単に近似値が測定できる。そしてこの角距離を測定するために、クーロンは紙の帯に三六〇度の目盛りを打って、おおよそ二つのボールの高さのところで大きいガラスの筒に巻き付けた。

さて、クーロンはボールのあいだの距離と、両者に働く力とを測定できたので、問題の式を確かめるために使うdとFが得られたことになる。そうする一つの方法は、我々が特定した式の性質を使うことだ。つまり距離が半分になると力は四倍になるということである。

それでクーロンは、ボールが互いに近づけられたときに距離がどれだけ変化するかを比較した。まず二つのボールに電気を流した。吊り下げたボールは、静止したボールから離れ、着実に三六度の距離に達したとクーロンは報告している。ゆえにワイヤーのねじれ全体も、この段階は三六度であった。

次にクーロンはつまみにかかる力が前の四倍になる分だけ回し、距離がどうなるかを見た。力を四倍にしたら、ボールの距離は最初の距離の半分になるであろうと予測した。そのときボールは一八度のところに位置するはずである。では、反発力を四倍になるようにするには、つまみをどれだけ回すべきか？　ワイヤーの全ねじり量は36×4＝144になるはずである。だが全ねじり量は、上述したように、上部ダイアルの角度プラス二つのボール間の距離からなる（つまみはボールを一方向に押すが、反発力は反対方向に押しやる。その結果、ワイヤー上にはより大きな全ねじり量がかかる）。ねじれの総量を一四四にするためには、両ボール間の距離一八を含める必要がある。そこでクーロンは、ねじれの総量を一四四にするためには、つまみを144−18 ＝ 126回さなければならないことを知った。

次に、力がまた四倍になると、144 × 4 ＝ 576で、距離は半分、18 / 2 ＝ 9となるはずである。従って、この角距離を得ようとすれば、ワイヤーを、上部のつまみでの五六七度と下の物差しでの九度からなる、総量で五七六度ねじる必要があることになる。

手短に言えば、静電気反発の逆自乗式は、二つのボールの最初の距離が三六なら、ボールを近づけることによって、すでに述べた以下の結果を得ることができる。

つまみダイアル		0	126	567
距離		36	18	9
	＋			
力	＝	36	144	576

これらは、電気の力が距離の自乗に反比例で変わるという予測を表す単一の代数式を仮定して生まれる、純粋に抽象的で、理論的な結果である。クーロンが自分の実験で得たと報告した数と理論的な数とを比較すると、

つまみダイアル		0	126	567
距離		36	18	8.5
	＋			
力	＝	36	144	575.5

これらの数はクーロンがこの問題に関して公表した唯一のデータであるが、予想された数列と驚くほど近いものである。クーロンは静電気の基本的な法則が逆自乗則であることを発見したと結論した。彼の論文では、彼の実験に立ち会った人のことには全く触れていない。それでも彼は自分の装置をパリ科学アカデミーに示して自分の得た結果を「たやすく再現でき、ただちに斥力の法則を目にすることができる」と書いている。(9) ベンジャミン・フランクリンが自分の凧の実験について書いたのと全く同じで、「簡単」なのだ。

この実験を完全にうまくやるには、電荷がボールのみに伝わり、装置の他の部分に広がらずにそこでとどまることが不可欠である。その目的のためにボールをその支持物から隔てる絶縁体の材料としてプラスチックを使うのが役立つであろう。だが一七八五年には、合成プラスチックはまだなかった。代わりにクーロンは天然の熱可塑性ポリマーを使った。ラックカイガラムシ科のいろいろな種の昆虫から分泌された粘着性の樹脂成分から製造されたものである。このような昆虫はインドのムクロジとアカシアの木に主として生息しており、そこからねばねばした樹脂が集められ、ヴェニスの商人によってスペインやフランスに輸出された。ゆえにクーロンはスペイン蝋と呼ばれる化合物（といっても蝋は含んでいないのだが）を用いて絹の一本のより糸をコーティングして、吊り下げたボールのための、細く水平に設置した、曲がりにくい回転する棒としたのである。彼はさらに先端にゴム状のラック樹脂のコーティングを施して絶縁した。同様に、静止した方のボールも固いスペイン蝋の棒で支えられていた。

私が知る限り、一七八五年にクーロンのねじり秤は力を測定する機械のうちではもっとも敏感な装置だった。細いワイヤーをまるまる三六〇度回転させるには、四〇〇〇万分の一ポンド持ち上げるほどの力しかいらない。

フランス人たちはまもなくクーロンが自然の根本法則を実際に証明したと確信するようになった。それから二〇〇年以上にわたり、クーロンの実験は、実験がどのように物理法則を確立するかを示す、優れた例として知られるようになった。多くの物理学の教科書にはクーロンのねじり秤の図を転載した。またさまざまな装置のメーカーが他の形のねじり秤を製造し、ヨーロッパとアメリカの物理学者たちがこぞって買った。

それでも数々の本は、他のデータといえるものを全く付け加えることもなく、クーロンのデータだけを参照してきたように見える。結局、このクーロンの結果を補強する報告がないことが疑問を生じさせた。

一九九〇年代の始め、ドイツ、オルデンブルク大学のペーター・ヘリングが、過去の科学者たちがねじり秤をクーロンほどうまく操作したかどうかを明らかにする、歴史的研究を実施した。だがヘリングは、他の科学者がクーロンのたった一つの報告ほどうまく結果を出せたという証拠がないことを発見した。それどころか、特に一八〇〇年代のドイツの物理学者たちがねじり秤の操作の困難さを報告していることに彼は気付いた。もちろん、そんな困難さもなくクーロンと同様の結果を得られた物理学者もいたのだろう。だがもしそうなら、そんな結果が報告されて出版されてきていないように見えるのはなぜなのだろう?

そこでペーター・ヘリングはクーロンの実験を再現してみることにした。オルデンブルグ大学のヘリングと同僚たちはねじり秤のレプリカを、クーロンのオリジナルの設計図に従って、装置のどの部分の寸法も本物そっくりに複製した。それでもすべての材料が複製できたわけではない。たとえばワイヤーは純銀ではなく銅であったし、それは樹脂に押しつけるのではなく、はんだづけされていた。針は絹と

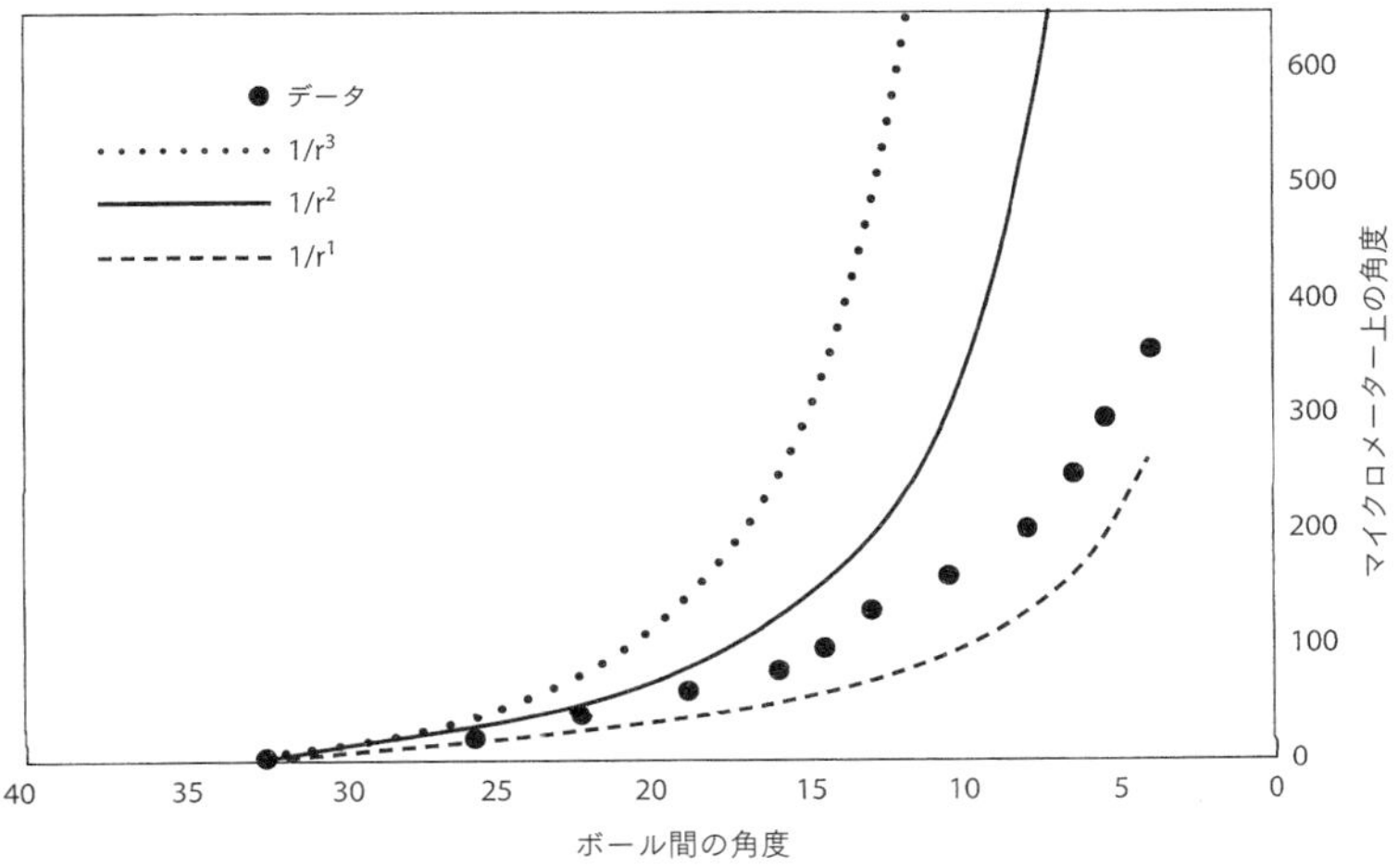

図 7.3.　クーロンの実験を再現するペーター・ヘリングのある試みの結果

スペイン蝋で作られたのではなくポリ塩化ビニルであった。それでもやはり、各パーツの特性はクーロンが規定したのとおそらく同じだっただろう。だからことごとく似たような結果を生み出すはずだった。いったんすべての要素が定位置に置かれても、さらに、意味のある測定ができるようになるまで装置の安定化と較正に、六か月、毎日の稼働を要した。ヘリングは多くの実験を行った。が、一つとしてクーロンの時に起こったのに類似した結果を出した実験はなかった。最終的にヘリングはこう報告した。「クーロンが測定したと主張する結果を得ることができる実験はなかった」[10]。

上図に示されているように、ヘリングの結果では、データは静電気の逆自乗則によって予測される結果を表す中央の線に合致していない。ヘリングは、クーロンが自分の実験中で報告しているよりも多いデータをこの試験で集めたが、読み取り回数を多くして遅れがあっても結果には影響しないことを確かめた（そのあいだにボールから失われる電荷は多くないため）。このデータと、若干の三角比を使って想定される逆比例の法則$1/r^n$の指数を計算すると、理論上の$n=2$ではなく、$n=1.28$という結果が得られる。

このグラフに示されたクーロンが報告した結果と比較してみよう。こちらで指数を計算すると$n=1.91$となる。明らかにクーロンの報告された数は逆自乗則にぴったりの曲線を選んでいると言えそうに見える。ヘリングがこれと同じほど「よい」といえる結果を何とか得られたのは、実験装置を変えたときだけだった。

吊り下げられた針は不安定な動きをした。ヘリングは、この振動のせいで、可動のボールの正確な位置を測定することは絶対に不可能だった、と述べている[11]。ヘリングは実験者、つまりヘリング本人がねじり秤に近づいたときはいつでも、可動のボールが振動することに気付いた。実験者の体にある電荷が実験のふるまいに影響するのが明らかとなった。ゆえに、装置を遮蔽するため、ヘリングは「ファラデーかご」と呼ばれる針金の網で装置全体を完全に覆った。そうやって初めて、ヘリングはクーロンとほとんど並ぶ結果を得た。だがクーロンは自分の装置の周りにそんな金属の遮蔽物など記述していなかった。さらに、そんな金属のケージが創案されたのは、数十年たってからのことで、マイケル・ファラデーによる一八三〇年代の話である。ゆえにクーロンが同等の算段ができたとは考えにくい。特にその類のものについて何も言及してはいないとなれば。

それゆえ、ヘリングは「クーロンが自分の回顧録に書いたデータは測定では得てはいなかった」と主張した[12]。また別の歴史家、ジョン・ハイルブロンはこう述べている。「ヘリングの注意深くかつ工夫に富んだ仕事からみて、クーロンは数をでっち上げたか、クーロンが報告したのとは全く違う実験条件で得たかのどちらかに見える[13]」。

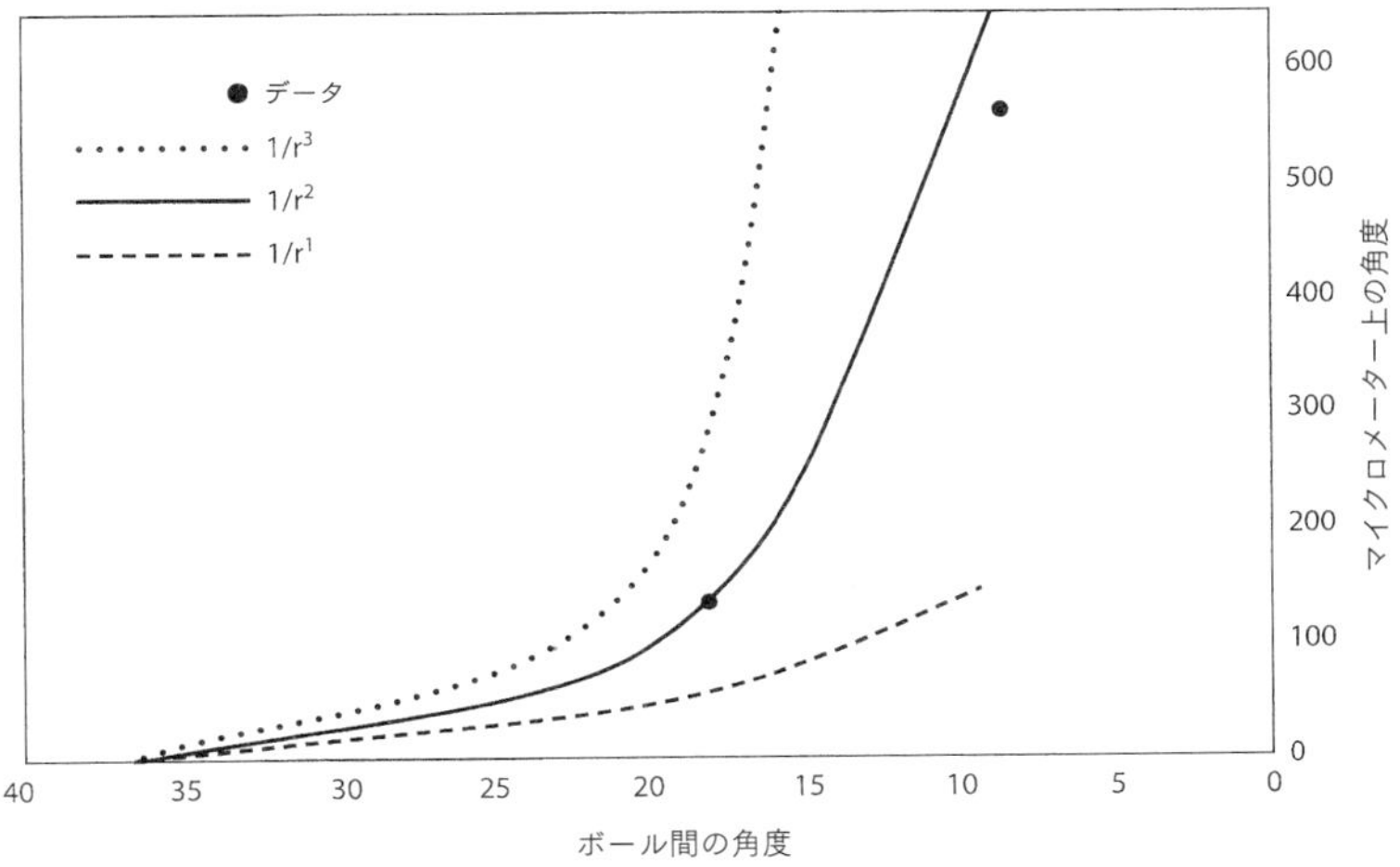

図 7.4.　1785 年のクーロンの実験結果

他方、クリスチャン・リコップは、クーロンがさまざまな論文の中で用いた、装置の正確さを論じるレトリックは、彼の話を最初に聴く人たち、すなわちパリ・アカデミーの数学者たち向きにあつらえたものだと論じている。ニュートンの重力の法則のような単純な数学の法則に電気も従うとすぐに信じ、仲間の会員のものなら少々特異で私的な成果も受け入れるような聴衆たちだからだ。[14]クーロンの洗練された単純な一七八五年の話術と、現実の実践に生じる複雑さには落差があったということは、衆目が一致するようになったらしい。特に、クーロンのすばらしくも正確な数字はヘリングの結果と照らし合わせると、どう見てもありそうにないのである。のみならずクーロン自身の回顧録の中でも自分のねじり秤は後で修正を施すことを計画したような欠点があったことを認めている。それに従って、クーロンが行っていても報告されないままに終わったのではないかとされる暗黙の手続きや実践上の知識について、さらに推測を進めた歴史家たちもいた。動くボールがいったん帯電し、落ち着くまでしばらく振動したのなら、その後クーロンはどうやってわずか二分に三つも記録できたのだろうか？　ハイルブロンはクーロンが動いているボールがどこで止まるかを予測し、その位置を実際に記録するのではなくその推定を報告したのかもしれない、と考えた。ハイルブロンはまたこんなふうに述べている。「クーロンの叙述では、最初の位置では、球の電気力と両者の斥力のみでワイヤーに与えられるねじれとで針はつりあっていると書かれているが、おそらくクーロンは最初の一組のデータについてもつまみを回してワイヤーにある程度のねじれを加えていたのだろう。クーロンの最初の測定に対する都合よく切りのいい数（$f = q = 36$度）は、最初の設定のためにマイクロメーターのつまみに手をかけていたこと、針がつりあう位置を推測する特別な手段をもっていたことを示唆する(15)」。

文章に書かれたことと、実際の細かいこととのあいだの明らかな矛盾によって、実際に含まれていた操作の手順や科学報告の過去の実践に関してさまざまな憶測が出るようになった。それは、実験室の環境にあった可能性がある未確認の物質的因子についての鋭い疑問ももたらしている。クリスティン・ブロンデルは、クーロンが自分の装置を絶縁体のニス状物質で覆ったのではないかと思った。ジェッド・バックウォルドはクーロンが短距離用の望遠鏡を使って測定を行い、その間は装置からある距離離れていたのではないかと思った。マリア・トランプラーとハイルブロンは、たぶんかつらや絹のシャツのような因子でも実験者の体の電荷に影響を与えてしまいかねないだろう、とすらコメントしていた。

さらに、マサチューセッツ工科大学の学生たちはジェッド・バックウォルドの指導の下で、クーロンの実験の再現を試みた。だがその結果はヘリングの結果ほども望ましいものにならなかった。フランスでは、ベルトラン・ウォルフがねじり秤を操作して、ヘリングの報告にあるのと同様な不安定な針のふるまいを観察した。その不安定さのせいで、この装置はクーロンの法則を確かめるのには全く使い物にならなかった。あるドキュメンタリー・ビデオはこう結論している。「クーロンが発表した結果は、逆自乗則とこんなによく調和していたので、無数の測定からクーロンがニュートンの宇宙の重力法則と類似する法則という、以前にたてられた仮説を確証するものを選んだのではないかと思ってもよい」[16]。これはありそうな結論だが、それでも推測である。奇妙なことに、二世紀以上たって、教科書や学術誌でねじり秤について何百という解説があるにもかかわらず、クーロンの三対のデータに匹敵する実際のデータを示す資料は浮かび上がってきていない。

今日、物理学の教室には広く流布した困った習性がある。多くの実験クラスの学生たちは、基礎実験を一つ二つ再現しようとする。だが往々にして、物理学の理論によって予測された結果を得られない。レポートを書くとそれで自分の成績が決まってしまうため、学生たちは結果を「盛る」方へ走る。学生は目立たないようにデータを調整して、実際の値よりも理論に近かったかのようにごまかす。有名な科学者たちも元々自分たちの実験でデータをごまかしていたなんてことがわかっては、困ってしまうのではないだろうか？　我々が期待するのは、理論やその結果が正しいかどうかを決めることではなく、ある理論が成り立つかどうかを実験が決めることなのではないのか？

それでは我々は誰を信じろというのだろうか？　クーロンとフランスのアカデミーの科学者たちおよび訳もわからずクーロンの報告を繰り返す古い教師たちや教科書か？　それとも、ハイテクの実験物理学という資源や批判的なあと知恵の恩恵を有する、二世紀を経た今の物理学者や歴史学者がクーロンの報告を疑わしいと論じている方を信じるべきなのか？　クーロンの法則の見た目上の大勝利は人工的で社会的に構成されたものであったようにも見えてくる。

だがもう一つの選択肢がある。科学を信用するかどうかは、権威に訴えたり、人気投票で問うたりして決めるものではない。そんなことはせずに、実験を行ってどんな結果が出るかよく見ればいいのだ。それでもたぶん、一つの判断が一つの意見になるわけではないのだろう。

ヘリングの説明と照らし合わせると、クーロンの実験は魅力的すぎてかえって困惑するものに見える。それで私は実際に実施を試みたほどである。私は物理学者ではないし、今まで古い科学実験を再現する大きな経験ももってはいない。しかし歴史を教えていると、ときとしてそんな試みに導かれるのである。二〇〇五年の春、カリフォルニア工科大学において私は、クーロンの仕様書に従い、科学史家のジェッド・バックウォルドのアドバイスという恩恵も受けながら、ねじり秤を組み立てた。いくつかの構成要素については、発泡スチロールのボールや、ある金属学者がクーロンが使ったという細いワイヤーを作るのは「不可能」だろうという教えに沿った比較的太いワイヤーをはじめとして、さまざまな材質を試みた。クーロンの処方にはその通りにはできないものもあったので、さまざまなやり方で構成要素をあつらえた。たとえば非常に薄い銅線を樹脂に押しつけて接着することはできなかった（クーロンのよりも細くできた点では、先の金属学者の予言ははずれた）。代わりに、それを結びつけて、そこからぶら下げた。それから私は固定されたボールを、スペイン蝋の棒ではなく木の棒に接着した。後になって私はコートをかける白いプラスチックのハンガーで作った棒を使った。電気をこのシステムの中に挿入するために、先端が丸い金属のピンをプラスチックの棒に取り付け、一束の猫の毛にこすりつけた。数か月しても、クーロンの結果と似た結果は出られなかった。まったく成果のあがらない作業だった。

少しずつ私は一連の調整を加え、効果が出ない原因に見える構成要素を突き止めていった。たとえばワイヤーを、平らになった金属にしっかりと押しつける際には、それをシャープペンシルの先端に挿入して何とか成功した。また、しばらくのあいだは、吊り下げられたボールをぶら下げる針として、封蝋で覆われた糸を使っていた。するとヘリングが記したような不規則な振動を示したのである（この時点までには私が元々もっていた懐疑主義的な疑いは増大した。どうやったらこんな荒っぽい卓上の器具が物理の根本法則をテストできるのだ？　真空を使うことすらできない代物なのに）。だが私の場合は、電荷がボールから蝋の糸へと漏れていることによって振動が起こったことが判明した。蝋を塗った撚り糸自体が、もう一つの帯電したボールによって引き付けられていたことを、やっと発見した。それで蝋の撚り糸を薄い青いプラスチックの棒に置き換えた。その棒は使い捨てのジレットの本体を溶かして自分で作ったのである。

　こうして、装置のパーツを一つずつ精密にしていって、ボール以外の各構成要素が電荷を効果的に遮断し、そして各パーツどうしの造作がクーロンが書いたようにした。私はまた、クーロンとほとんど同じくらい細くて、九九・九九パーセントの純銀でできているワイヤーも入手して使い、喜んだ。そしてただの脱水したボールを確実になめらかに磨くことが重要だということを発見した。[17]

図 7.5.　各要素の寸法と特性は、1785 年のクーロンの指示に近いものにしてある。

　実験は制約によって複雑化するものだ。私の場合はといえば、時間がなくなってしまった。まもなく私はテキサスで新しい仕事に就くため、カリフォルニアを去らなければならなかった。しかし八月までには、いったんすべての構成要素が配置され、すべてがクーロンの処方にそっくりで、ねじり秤は非常に安定的なふるまいをするようになった。私はまた別の一連の実験を行った。この実験はデジタルで記録し、ダイアルのつまみをしかじかの位置に手動で合わせ、その結果として可動の球が安定した位置につき、静電気のつりあいで保持され、一方では、その球が、大きな円筒に巻き付けたテープの目盛り上の特定の角度数に沿うのを、カメラで追わせるなどのことをした。

つまみダイアル		0	126	567
距離		36	19.5	8.5
	＋			
力	＝	36	145.5	575.5

これらの結果を見て私は唖然とした！　この実験は、そして他も似たようなものだが、クーロンが報告したのとまさしく同じ、三六度のきれいな角距離を得ることが可能なのを示している。それはまた、次にクーロンが記したようにつまみダイアルを動かすと、すぐにクーロンと似た数字が得られることを示していた。さらには、これらの結果は力の四倍になると距離が約半分になるという予期した結果とうまく合うことを示していた。そして、上に示した結果では、データは逆自乗則の曲線にとても近いところになる。この実験では指数 $n = 1.96$ となった。別の例を取り上げよう。グラフはこうなる。

つまみダイアル		0	100	200	300
距離		59	39	30	25
	＋				
力	＝	59	139	230	325

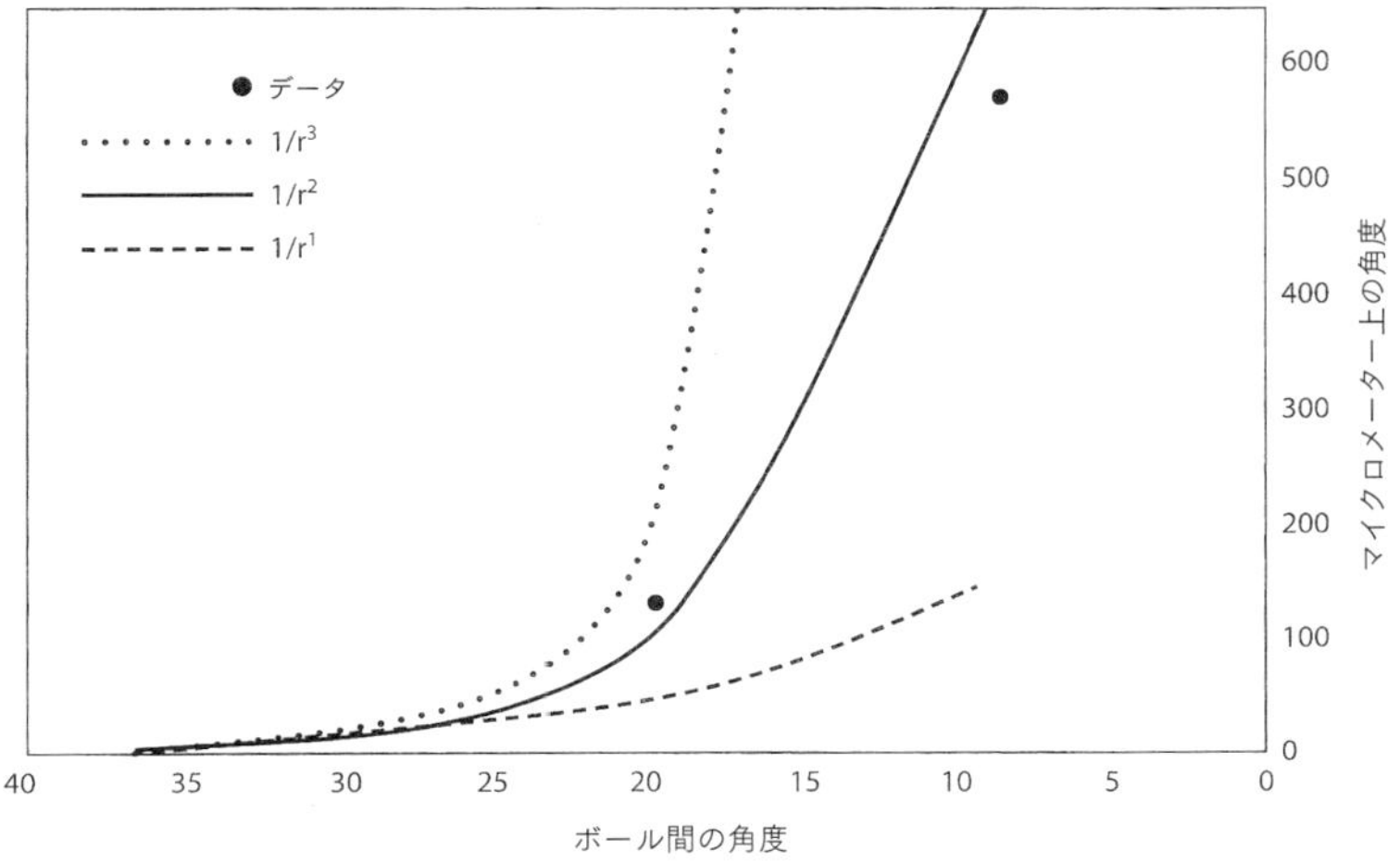

図 7.6.　クーロンの実験の一つの再現結果

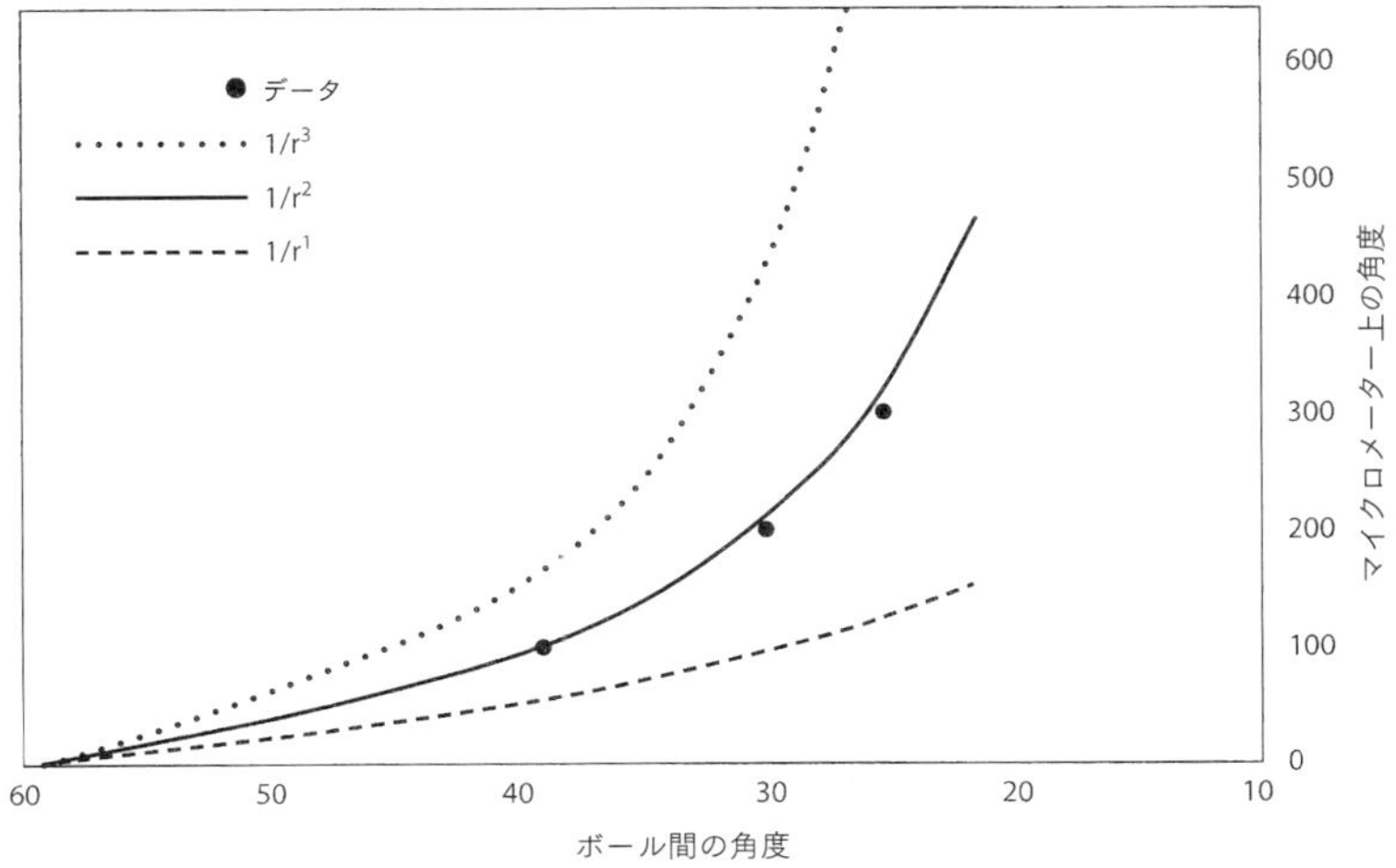

図 7.7.　クーロンの実験の一つの再現結果

ここでは計測を三回ではなく四回行った。ワイヤーにかけた最初の力、五九度のねじれを考えてみよう。四をかけると二三六度となる。ゆえに二三六度で、二九・五度の角距離を観察しなければならない。最初の角距離の半分である。そして実際のところ、データから支持されていることは、全体の力の二三〇度ではボール間の距離は三〇度になる。ふたたび、これらの数は力が四倍になると距離が半分に減るという予期した結果とうまく合う。またしても、データは逆自乗式を支持するのである。

この実験は指数 $n = 1.92$ を与えた。クーロンの結果との類似性には仰天させられた。私の材料はクーロンと全く同じではない。たとえば私は二〇〇五年製のプラスチックの針を使った。彼は一七八〇年代に製造されたスペイン蝋を使った。だが別に同じである必要はない。なぜなら我々がテストしているのは「自然法則」、すなわち電気の一般的性質だったから。クーロンの処方に従って、私の装置のふるまいは私があり得るとは予期していなかった程度にまで彼の主張と一致した。

このような結果、さらにさまざまな考察とともに私は、一七八五年のクーロンのオリジナルの報告には何もごまかしはなかったという結論に至った。クーロンはまさしく彼が報告書に記載したねじり秤の実際的な実験測定から、彼が記した通りの手続きを使って、彼の数字を得ることは十分にできた。何世紀ものあいだ、クーロンの主張をただ繰り返している何百という教科書と教師たちは、少なくとも信頼できる情報源を反復していたことにはなる。もう一度言おうか。私は物理学者でもないし、実験家というわけでもない。だから、そうした手順の一つに参加して、そこで絶えざる好奇心が驚くべき結果を生んだことは、すばらしいと思う。心を一つの問題に向けた人は誰でも、それを解くチャンスをもつのだという確信を強めてくれた。それがつまりフランクリンが凧を揚げているイメージによってうまく伝えられている理想なのである。

クーロンは、物理学の根本理論をすばらしい数字の結果で見事にテストする洗練された実験を設計することが可能なことを示した。さらに電気の歴史は、科学において扱うべき真理は、本や大物理学者（存命中の人でも故人でも）の権威によって決めるべきではなく、実験で決めるべきことを我々に思い出させてくれる。クーロンの実験もまた、我々の言葉をいかに注意深く評価するかについて教えてくれるものがあるのだ。後から見れば、歴史的状況を再現しようという意図はどんなに立派でも、特定の発見の重要性をおおげさに考えてしまうことがある。たとえばヘリングが「クーロンは自分の研究論文で発表したデータは、測定で得てはいなかった」と主張したのは言いすぎだった(18)。同様に我々は「不可能」のような単語は気をつけて使わなくてはならない。

最終的には「式で語ること」と「因果律による説明」のあいだには大きな違いがある。帯電した物体の動きは、実際、逆自乗式で表すことができる。だが、物体は数学的法則に「従う」のが我々が得られる最高の説明だと思うならば、自分で自分を騙すことになってしまう。なぜ同じ電荷をもったボールは、重力のように引きつけ合うのではなく、反発したのか。電気とは本当は何であったのか？　距離が離れた物体を動かしたり、雲の中で雷を起こしたり、さらには頭のない体までまた動かしてしまう、この目にはみえないものは何だったのか？　これらについてはクーロンの実験は何も教えてはくれていないのである。

第八章　トムソンとプラム・プディングと電子

我々は学校で電気は原子より小さい粒子の流れで、負に帯電しているものだと習う。それが電子である。だが誰が発見したのか。そしてどうやって？　ピタゴラスが何かを見つけたかどうかという問題もそうなのだが、何をもって科学の発見とするかという問題は一筋縄ではいかない。電子の場合は幸い、証拠記録が山ほどある。その証拠の中にはイギリスの物理学者、J・J・トムソンの物語も入っている。

ついでながら、私は一度トムソンに多少なりともご縁があった。私はプエルトリコで育ったが、その頃の話である。一六歳頃の私は学校でテレビのクイズ番組に参加して、最後の一問として私に向けられたのが「二〇世紀の初めに、他の物理学者が理論をたてる元になる飛躍をとげ、後に核分裂につながる発見をした大物理学者は誰？」だった。何秒か時計が進むあいだ考え込み、私は質問をもう一度、と頼んだ。時間切れとなり、ためらいながらも答えた。「J・J・トムソン」。

不正解。司会者の期待した答えは「アルバート・アインシュタイン」だった。私はただちに、質問が曖昧だと自分は思う、と反論したが、陰に隠れていたプロデューサーは私をきっぱり押しとどめて叫んだ。「これはテレビですからね！」。そして彼らは、対戦相手の学校の生徒に質問した。「核分裂を発見した最初の科学者は？」　その生徒は答えた。「エンリコ・フェルミ」。そして勝利は彼らの手に渡った。

その後、アインシュタインは「その後に核分裂に至る理論をたてた」物理学者の一人にすぎないし、一九五五年まで生きて仕事していたのだから、「二〇世紀始めの人物」とはいえないではないか、と私が述べると、私の先生たちはそうだそうだと言ってくれた。それゆえ私はこの答えは、原子が構造と各部分を有するものであり、だからこそ分裂できるのだという発見に貢献した誰かになるべきだと思っていた（しかし後で考えてみると私の推理は正しくはなかった。質問は核分裂について尋ねていたが、J・J・トムソンはそれに貢献したようには見えないというのも理由の一端である）。私は相手方の生徒の答えも間違っているとも言った。フェルミより前にオットー・ハーンとフリッツ・シュトラスマンが原子核を分裂させていたからだ（後で知ったことだが、さらにそれ以前にリーゼ・マイトナーがそのような解釈を示していた）。だが耳を貸してもらえず、我がチームはやはり負けだった。このクイズ番組の一件は、いまや、科学史の事実を確かめることが一般に馬鹿にされているという事態の典型に見える。何の違いがあるのだ？という態度が、理科の授業でもあからさまに見られる。どう違うんだ？と言われそうだが。ではJ・J・トムソンの場合を考えてみよう。

数ある教科書において、J・J・トムソンは二つのことで知られている。電子を発見したこと、そして原子の「プラムプディング」モデルをたてたことだ。一方は抜群の成功であり、もう一つは失敗作である。二〇世紀初頭の当時、原子はどうやら、正電荷の微かな塊に、小さな負の電子がでたらめにあちこちに——イギリスでは昔ながらのパンのようなごちそうに入っているレーズンのように——くっついたものといったところらしかった（そのプラムプディングにはプラムは入っていない）。だが教科書が私たちに教えてくれるのは、アーネスト・ラザフォードと助手たちがアルファ粒子（正電荷をもつヘリウム原子）を薄い金箔に吹きつけることによって、トムソンによる原子のプラムプディングモデルを否定したことである。ふわふわしたパンを薄く切ったものめがけて弾丸を撃ち込むようなものだ。驚いたことに、弾丸の中には跳ね返ってきたものがあった。つまり、原子は実は柔らかい毛玉のようなものではなく、密度の高い、硬い原子核があるということらしい。典型的な科学の進歩物語である。

何年かかけて、ルーベーン・マルティネス（マルティネスといっても私の親戚ではない）が原子のプラムプディングモデルの歴史を調べた。彼は何百という本や文書を分析した。それでもJ・J・トムソンがプラムプディングモデルらしきものを出したという証拠は全く得られなかった。(1)

トムソンの原子モデルには、科学書に出てきて有名なプラムプディングモデルの図や説明に似ているものは全くなかった。トムソンの方は、たとえば、原子は何枚かの平面を重ねたもので、そこで負電荷をもつ粒子が、物質としての実態はない正電荷の球の軸を中心に回転しているといった理論をたてた。プラムプディングの話が出版物で最初に現われたのは、ルーベン・マルティネスが見つけたのだが、一九四三年の物理学の教科書だった。もし誰かがだいたいプラムプディングのように見える原子モデルをたてたとすれば、実際にはそれはJ・J・トムソンの前にいたトムソンである。一八九九年、ウィリアム・トムソン（J・J・とは無関係）で、ケルヴィン卿という名の方が知られている人物が、原子について、数十年後にこれほど多くの教科書に登場するプラムプディングの図に良く似た表し方をした。

この調査を行って私はプディング原子に言及した早い時期のものを見つけた。中には、一九一九年の、著者がこのモデルは主としてケルヴィン卿によるとしている本さえあった。(2)もっと一般的には、どちらのトムソンとも無関係に、一八九〇年代、ある見立てが発表された。物質は粒子でできているのではなく、だいたい連続的な「プラムプディングのような」ものであると論じた誰かによる。だからJ・J・トムソンのプラムプディングは食欲をそそる神話にすぎない。(3)J・J・トムソンのトムソンのつづり（Thomson と Thompson の二通りのつづりがある）を憶える気があるなら、次のような詩句を思い浮かべるとよい。

J・J・トムソンにPはない。

彼の原子にプラムプディングはない。

教科書を書く人たちは書き直すべきである。しかし残しておいてよいもっといいことがある――かな?

「一八九七年、J・J・トムソンは電子を見つけた」。これが数えきれないほどの教師、教科書、ウェブサイトおよび百科事典にある決まり文句である。だが一九八〇年代の終わり以来、この主張に疑念を投げかける歴史家が増えてきた。(4) 彼らの申し立てをチェックする前に、J・J・トムソンが実際に何をしたかを見ておこう。

一八七〇年代、若きジョゼフ・ジョン・トムソンがケンブリッジのトリニティカレッジで物理を学んだとき、物理学はもう終わったという感覚が強まっていた。彼は後に回想して、「もう面白いことは全部発見されてしまい、残っているのは物理の定数のいくつかの小数を一桁か二桁変える程度のことだという、当時はよく見られた、ある悲観的な感情」があったと述べている。(5) ドイツでも物理学の教授だったフィリップ・フォン・ヨリーが自分の学生であったマックス・プランクに、物理学は根本的には終わっているので、この分野で就職しようとはしないようにと忠告していた。(6) この悲観主義は全員が共有していたわけではなかったが、一八九〇年代まで続いていた。ニューヨークで学生として物理学を学んでいたロバート・ミリカンも同様の回想を記している。「一八九四年、ブロードウェイの一ブロック西の六四番街の五階に私は住んでいた。コロンビア大学の大学院生四人と一緒だった。一人は医学、あと三人は社会学や政治学で、私は彼らに物理学なんて『もう終わった』、はっきり言えば『死んだ科目』にしがみついているなんて、とぼろくそに言われていた。社会科学という新しい『生きた』分野がちょうど生まれてきた頃だった」[7]。とはいえ、これは世の常であるのだが、当時も新しいことは発見されていた。X線、放射能、電子などなど。

一八九七年四月、J・J・トムソンは謎の「陰極線」の分析に関する知見を王立研究所に発表し、結果と論拠を詳述して一〇月に一つの論文にまとめた[8]。陰極線は、希薄なガスが入ったガラス管の中で、端に金属片（陰極となる）をつけたワイヤに電流を通すことによって、ガラス管の中に色鮮やかな靄のような輝き（グロー）が現れるという形で生じた。この陰極線はガラス管の反対側へ電気を伝えていた。

一八九五年にジャン・ペランは、陰極線はその電荷と一体になっているように見えることを示した[9]。陰極線を受容器に入れると電荷を伝えるが、同じ線を磁石で偏向させて容器に入っていかないようにすると、容器の中では電荷が集められないのである。トムソンはペランの実験を、陰極線が磁石で偏向させられているときに電荷も偏向させられるかどうかを確かめるように設定を変えて追試し、トムソンは電荷は陰極線とは不可分一体であると結論した。

トムソンはまた陰極線が電場によって偏向させることができるかどうかもテストした。一八八三年には、ハインリッヒ・ヘルツが電場で陰極線を偏向させようとしたがそんな効果は見つからず、それゆえ陰極線は負に帯電した粒子でできている可能性はないと結論していた。それでもトムソンは「真空」管の中に残留したガスがヘルツの実験に影響を与えたと推論した。トムソンは同じ種類の実験に使う自分の真空管の真空度をさらに上げることができ、その結果、陰極線が帯電させた金属板のあいだを通過するとき、線が明らかに偏向するのを見出した。このことは陰極線は負に帯電した物体でできていると考えるのがよさそうだということを意味していた。

トムソンはまた、さまざまなガス中を通り抜けるあいだに、磁石によって偏向させられる陰極線の曲がり具合を分析した。陰極線の通る経路は使うガスの種類とは無関係であることを発見した。

要約すると、負に帯電した物質粒子と同様なふるまいを陰極線がするので、トムソンは線は物質の微細な粒子からなるのだと結論したのである。それでもトムソンは悩んだ。分子なのか、原子なのか、それともさらに小さい何かなのだろうか？

トムソンはこのような負に帯電した「微粒子」の特質を分析した。その速さ、電荷そして質量を推定した。まず陰極線は真空管を横切って反対の端にある集電極まで飛ぶ。そこに電位計を置いて集電極で受け取る電荷の総量Qを測った。この電荷は、それぞれが電荷eをもつばらばらの微粒子N個分の総和からなると仮定して、トムソンは次のように書いた。

$$Ne = Q$$

集電極のところに別の装置をつけてそこでの温度上昇を測り、その値からトムソンは陰極線のエネルギーを計算した。定義によって、各微粒子について運動エネルギー＝$1/2mv^2$（mとvはその質量と速さ）。ゆえにすべての微粒子によって伝達される全エネルギー量Eはこうなる。

$$E = N(1/2mv^2)$$

トムソンはまた、ワイヤーを巻いたコイル二つを真空管の両側に沿って置いた。これらのワイヤーに彼が電流を流すと、その磁場Mは陰極線を偏向させた。磁場が強くなればなるほど、陰極線は大きく偏向した。トムソンは陰極線の通った跡を、その「曲率半径」によって表した。これを説明するために、小さな弾丸が飛んでいくのを想像してほしい。強力な磁石によってまっすぐな軌道から偏向してそれていく。磁石が強力であれば弾丸の軌跡もより曲がっていく。この曲がった道を延長して円を描けば、その円には半径がある。円が小さければ半径も小さくなる。だから弾丸の運動量が大きければあるいは磁場Mが弱ければ、弾丸は大きく偏向することはなく、その曲率の半径は大きくなるだろう。さて、弾丸が標的に当たろうとするとき、その偏向がほとんどないことによってその当たる強さは大きくなる。だから曲率半径Rが大きければ、運動量は大きいということなのだ。ゆえに電磁場での運動量＝MRe。

トムソンは、さまざまな真空管を使って陰極線を、その電荷、それが引き起こす温度上昇、その曲率半径について測定した[10]。これらの測定結果を用い、温度を運動エネルギーに換算して、トムソンは速さ、質量、負の粒子の電荷を以下のように計算した。飛翔体の運動量は、質量×速さによって与えられる。トムソンは$mv = MRe$とした。この式には粒子の速度vも入っていて、$v = MRe/m$となり、これを全エネルギーEの式へと代入することができる。それは$N = Q/e$と合わせてこうなる。

$$\frac{QM^2R^2}{2E} = \frac{m}{e}$$

この式のすばらしいところは肉眼で見える規模の測定値を目に見えない微視的な量、つまり負電荷の粒子の質量と電荷に移し替えているところである。同様にトムソンはこれらの目に見えない粒子の速度を次の式で推定した。

$$v = \frac{2E}{QMR}$$

ここでもまた、この目に見えない性質すなわち負の帯電粒子の速度は、全エネルギー（温度）、運ばれる電荷、磁場の強さ、曲率半径という四つの測定値に基づいて推測される。

これらの実験に加えて、トムソンは、m/eとvの量を測定する全く違う別の実験を行った。彼の最初の方法は、一様な磁場での陰極線の偏向を用いていたが、第二の方法は、集電極で電荷を集めるのではなく、静電場も使った。

陰極線の質量と電荷の比m/eを、磁場での分子や原子の運動からわかっている質量と電荷の比と比較することにより、トムソンは陰極線粒子が原子よりもはるかに小さいことを推定した。陰極線粒子のm/eは帯電した水素原子のm/eの一〇〇〇分の一の小ささだった。

さて、トムソンはこの実験をしているあいだに、陰極線のふるまいが非常に一様であることを発見した。管の中に入れるガスとして、空気、水素、二酸化炭素と、いろいろなものを用いた。また、陰極についても、アルミ、白金、鉄というふうに材質を変えてみた。どの場合にも、陰極線のm/eの値は、このように因子を変えても事実上影響がなかった。

トムソンは、自分の実験から、気体原子はもっと小さい、「根本原子」に分割できるという結論が導けると論じ、その粒子を「微粒子」と呼んだ。また、この物質の「新しい状態」（固体でも液体でも気体でもない）は、一種類だけで、これが既知の化学元素すべてを構成する実体であるとも論じた。

これが一八九七年のトムソンの全部を要約したことである。彼が陰極線が原子よりも小さい、負に帯電した粒子からなると結論したのは正しかった。そしその速さ、質量、電荷に対する彼の推定もまずま

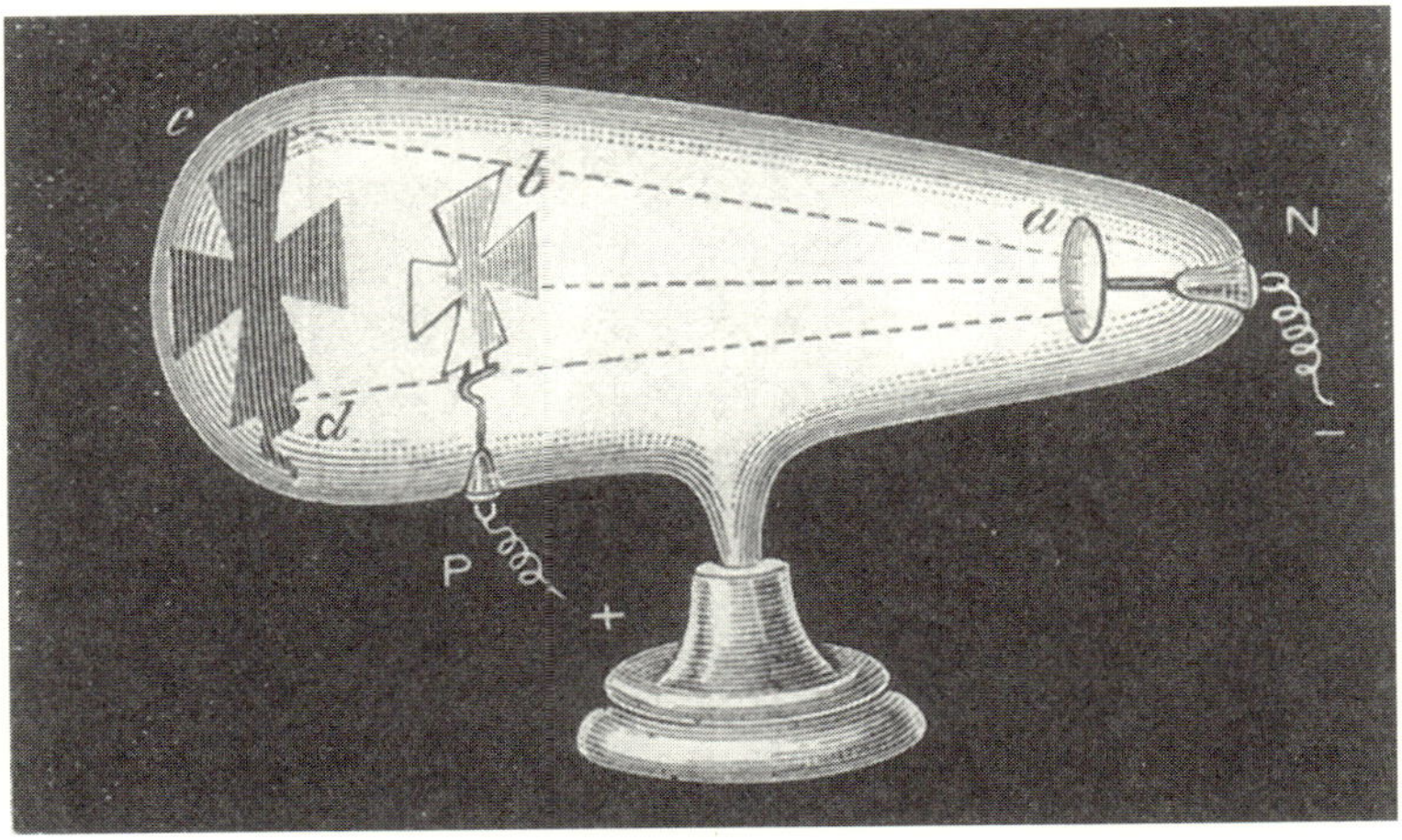

図 8.1.　陰極線が投げかける影を示すクルックスの実験

ずのものだった。彼はまた、その「微粒子」が原子の構成成分であるという点でも正しかった。ということは、トムソンが電子を発見したことになるのだろうか？

要するに、鍵になる問いはこういうことだ。何らかの物理的作用に粒子が関与していることを我々はどうやって知るのか。ある伝統的な証明のしかたはこう問うことだった。そのような作用は直線上を伝わるか。弾丸のようか。ニュートンのような物理学者が、光は直線上を進み、くっきりとした影を作るから粒子でできていると論じていた。同様に一八六九年、ヨハン・ヒットルフが陰極線も影を作るということを示した。その学生であったウィリアム・クルックスもまた実験を行って鋭い影を示した。たとえばクルックスは陰極線の通り道に鉄製の十字を置くと、非常に鮮明な影ができることを発見した[11]。

クルックスはまた陰極線は、用いるさまざまな材質に関わりなく、みな同じ特質を有することも発見した。さらに、ある効果が粒子からなるものかどうかをテストするには、その効果がものを押すことができるかどうか、運動量を与えるかどうかを決定すればよいだろう。これに沿ってクルックスはパドル付の小さな金属車輪をガラスのレール上に設置して、パドルに陰極線が当たるようにしたものを考案した。陰極線がパドルに当たるとき、車輪が回って動き、陰極線が運動量を与えたのを示すことを彼は見つけた。クルックスはまた、陰極線が強力なU字形の磁石によって偏向させられることがあること、陰極線の二つの流れは帯電した物体同士のように（クーロンの実験におけるボール同士のように）互いに反発することも示した。

一八七九年、クルックスは実験で得た根拠からこう結論した。陰極線は「物質の第四状態」（固体でも液体でも気体でもない）であり、いわば「輻射物質」であると。彼は述べている。「負の極から発射された分子は、鉄の弾丸の放出にもたとえられるかもしれない」。極端に微細で尋常ならざるスピードで動き、気体からの抵抗を受ける弾丸である。彼は陰極線を「宇宙の物理的基礎を構成するものと正当な理由をもって考えられる、小さくて分割不能な粒子」と記した(12)。

一八八四年、アーサー・シュスターは負に帯電した粒子からなる陰極線は、陰極の近くの分子が崩壊したときに生み出されると論じた(13)。彼は、数は少ないが重要な実験によって粒子が一定の電荷を帯びていることが示唆されているように見えると推論した。磁力による偏向実験によって、一八九〇年までにはシュスターは、e/m、電荷対質量比の上限と下限を推定した(14)。彼はヘルマン・フォン・ヘルムホルツの主張を引用した。電気は「電気の原子」からなっているようにふるまっていると「我々は結論せざるを得ない」。だがシュスターは原子は分割可能であるとも、取り外し可能な部分をもつとも考えていなかった。そんなことを言ったら、古くて馬鹿げていると思われていた錬金術にあまりに近すぎると思われるところだろう。シュスターは後になって回想しているが、「電気の原子が分離して別個に存在する

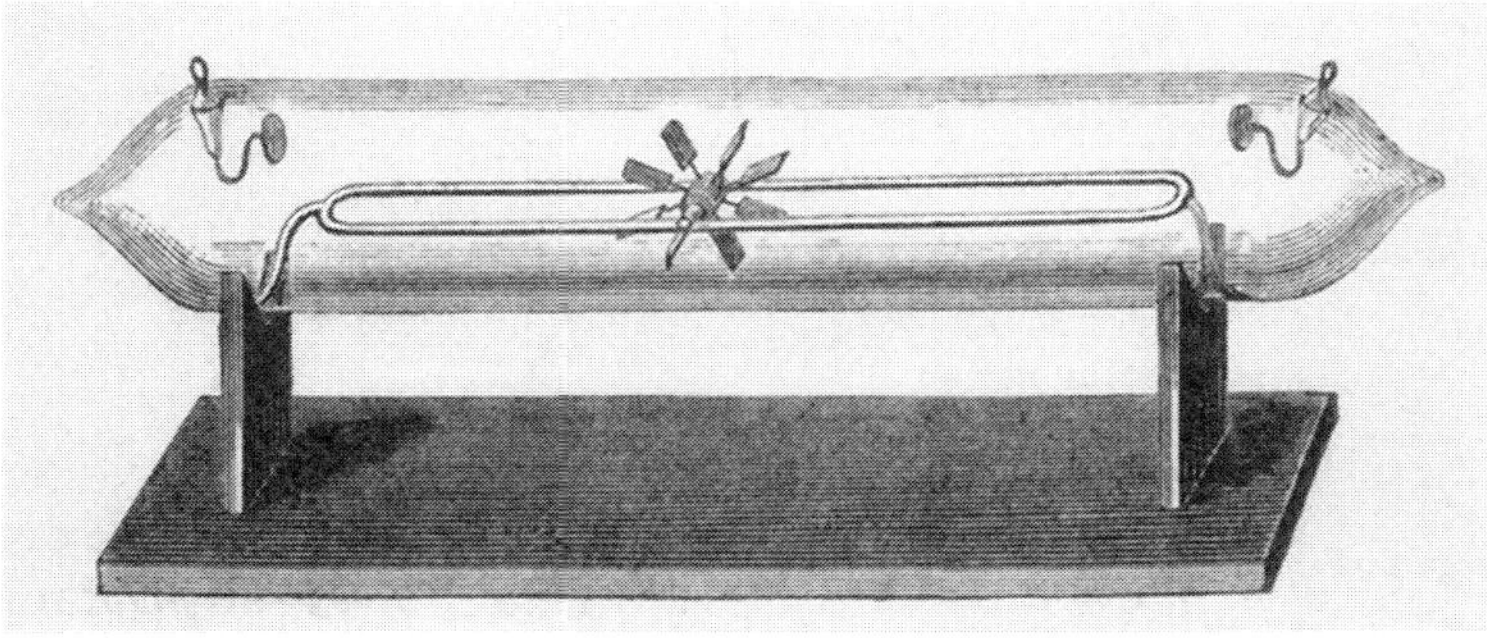

図 8.2. 陰極線の運動量を示すクルックスの実験

など、私にはそんなことがありえようとは全く思い浮かばなかった。もし浮かんでいて、そんな異端の説を公然と明らかにしようものなら、私はまともな物理学者だとはとうてい思われなかったはずだ。科学の中で許容され得る異説の限界にすぐに達しただろうから(15)」。

一八七〇年代以来、ジョージ・ジョンストン・ストーニーは、恒久的に原子に付属する正と負の電気の物質的な形の伴う単位が存在すると論じていた。それらが原子の周りを回っていると彼は想像し、一八九一年になると彼はそれらの小さな単位を「電子」と呼んだ(16)。

なおも、陰極線は原子より小さい粒子であると別の論証をするとすれば、原子を通さない物質でも陰極線なら透過できるのを証明することだろう。こちらはボンにおいて一八九二年、ヘルツとその学生であったフィリップ・レーナルトが示した方法である(17)。だが彼らは、陰極線は物質を貫通するので、波のような類であり、ちょうど音が壁を通り抜けるようなもので、粒子ではないと主張した。レーナルトは、陰極線が金属箔を通過する際に偏向し、扇型に広がることを示した。(この結果は、弾丸が金網のフェンスを通り抜けるときに跳弾するようなものと解することもできよう)。レーナルトはまた、ガラス管の外で陰極線を操作して、それらが希薄化されたガスの効果ではなく、独自に起こる現象だということを示した。[18] そしてレーナルトは陰極線がガス中でいろいろな距離を進むときに明るさが衰える速さを調べた。彼は陰極線がくぐるガスが何であるかには関係なく、磁場によって同じ偏向を示すことを発見した。[19] トムソンはレーナルトの発見を解釈して、多くの分子のあいだを分子にぶつからずに通れるのだから、微粒子は原子よりも小さいことを示唆すると考えた。

一八九五年、ジャン・ペランは、負の電荷は陰極線には必ず伴うことを実験で証明した。[20] 彼が言うには、陰極線が波ではなく粒子からなるという主張を支持する一つの結果である。トムソンはこれらの結果は自分の研究に影響を与えたと認めた。さらに一八九六年四月、グスタフ・ヤウマンは、陰極線の静電気による偏向を示す実験結果を発表した。[21] 広く言われていたこととは正反対に、本当はトムソンがそれをやった最初の人物ではなかったのである。[22]

しかもこれらの科学者たちで、電子（または「イオン」あるいは「微粒子」）のすべての特質を同定したものは誰もいなかった。彼らの特徴づけや推論には間違いがあったのである。J・J・トムソンもそうだった。たとえば彼は、原子の構成物はこの微粒子だけだと主張した。それは間違いだった。

このように、一八九七年よりも前は、さまざまな物理学者が陰極線が、原子よりも小さい負に帯電した粒子からなるように見えると主張していた。その理由は、陰極線がまっすぐな道筋で進み、影を投げ、箔を突き抜け、運動量を移し、磁場によって偏向し得るから、というものだ。これらの物理学者の中には、そのような粒子の電荷と質量の比を推定した者もおり、それらは原子の構成成分だと推測していた。

J・J・トムソンが電子を発見したという説に何か残るものがあるだろうか。トムソンは電荷と質量の比を測定した最初の人物であったと主張した人もいたようだ。その主張はオリヴァー・ロッジ、ノー

が彼らは間違っていた[23]。一八九〇年までには、シュスターは推定値の上限と下限とを発表している。一八九六年と一八九七年の三月、トムソンの研究に先んじて、ペーター・ゼーマンが負に帯電した粒子の質量と電荷の比を測定して発表し、帯電した原子の一〇〇〇分の一の小ささと結論した[24]。ゼーマンは自身の発見を、電荷をもった物質粒子が存在することの「直接的な実験的証拠」と述べている[25]。そして一八九七年一月、やはりトムソンの研究よりも前に当たるが、エミール・ヴィヒャートもまた、陰極線が帯電した粒子、通常の分子よりも小さい「電気の原子」からなることを示した。彼はまた e/m 値の上限と下限とを計算した。ヴィヒャートはこう断言した。「我々が相手にしているのは、我々が化学で知っているような原子ではない。なぜならここで動いている粒子の質量は、知られている中でいちばん軽い化学的原子である水素原子の質量の二〇〇〇分の一から四〇〇〇分の一という小ささだからである[26]」。

トムソンの e/m の測定は当時、いちばん正確だったのだろうと想像する向きもあろう。だが一八九七年、ヴァルター・カウフマンは、我々がいま知っている値にかなり近い測定値を得ているのだ[27]。それにトムソンの値は、はっきりと一つの定数に向けて収束するようには見えなかった[28]。報告されている彼の最大の値は最小の値の約五倍だった。そして彼の電気と磁気による偏向を用いた結果は、彼の磁場を用いた方法と比較して二〇パーセントも違う。このずれは大きすぎて、トムソンの伝記を書いた一人は、こんなにずれていては食料品店の商売でも認められないと言っているほどだ[29]。

でもノーベル賞はどうだ？　なんといってもトムソンは一九〇六年に受賞しているではないか。物理学者たちのあいだで彼の貢献が優れていると意見が一致したようにも見えるだろう。だが彼の受賞は何かの原子より小さい粒子の発見に対するものではなく、授賞理由は「気体の伝導性」――つまり陰極線――だった。さらにレーナルトが一九〇五年のノーベル賞受賞者であるが、それも陰極線研究に対してであった（しかもレーナルトは後になって、自分の初期の実験で電子の存在は証明していたと主張した）[30]。

それはともあれ、何人かの物理学者や歴史家によるトムソンの評判の元となった発見には、一八九七年のトムソンの成果は電子の存在を証明していなかったとしても、後の実験では証明しているという擁護のしかたもあった。一八九九年には電荷と質量の比を測定する方法をさらに二つ示し、その結果は以前のものとおおむね一致していた[31]。さらに微粒子の電荷だけを測定することもできて、それによって今度は質量も計算できた[32]。これらはとてつもなく価値ある貢献である。とはいえ、歴史家のテオドル・アラバツィスが述べるように、それは電子の性質のうちの二つでしかない。その他にも多くの性質があるのだから、なぜ特にその二つの同定によって「電子の発見者」という冠を誰かに与えるべきなのか？（さらに言えば、質量と電荷の値は、ジョゼフ・ラーモアとH．A．ローレンツによってより早い時期に推定されていた）[33]。電子の存在をすでに認識していた物理学者たちは、トムソンの新しい測定の正確さに感銘は受けたが、そもそも存在することの発見だとは解釈しなかった。たとえばアーサー・シュスターはトムソンの一八九九年の重要なレクチャーについてこう回想している。「それはすぐに確信をもたらした。この問題が少しずつ発展していったのを追いかけてきた人間にとっては、今までの実験がすでに示してきたことがますます確かになっただけのことであるが、科学界は、その基本構想が大変革を受けたことに突然気付かされたようだった」[34]。一九〇〇年にはピエールとマリーのキュリー夫妻はトムソンが電子を発見したとは位置づけておらず、「ウイリアム・クルックスの弾道理論を完成させた」人物と考えていた[35]。

トムソンが果たしたとされている役割を擁護する方法がもう一つある。彼の研究は少なくとも、ほとんどの科学者に電子を最終的に確実に受け入れさせた点で主要な貢献があるといえる。このアプローチは何かの発見者であるという評価は、単にある主張を行った最初だというだけでなく、大多数の仲間を説得するのに実際に成功した人物をも意味するのである。

たとえばシャルル・クーロンは「クーロンの法則」を提唱した最初の人物ではない。ジョゼフ・プリーストリーのような人たちの方がもっと早く提唱しているのである。同様に、チャールズ・ダーウィンは自然選択による種の進化を提唱した最初の人物ではなかった。一八三一年の本の中で、パトリック・マシューが、競争と環境の圧力に対抗して子の数を過剰にすることが種を変化させると論じている。[36]彼の推測は無視されてきたようだが、ダーウィンの成功の後で、マシューは功績が認められることを求め、自分こそが「自然選択の原理の発見者」だと述べた。それでも評価は得られなかった。ダーウィンの意見では、一般的には、「読者たちを確信させるのに成功したものに「すべての功績」が行くのである。[37]

しかし電子に関しては、社会に少しずつ信じさせ、現象を確かめるのに一役かった物理学者が何人かいる。陰極線は直進すると示したものもいれば、陰極線は機械的な運動量を弾丸のように伝えると示したものもおり、また陰極線は原子より小さい粒子からなると示したものもいる、などなど。繰り返しになるが、J・J・トムソンがみんなを確信させたと主張すると問題になるのは、それが歴史的には成り立たないことだ。多くの物理学者たちがいまだ確信するには至っていない。たとえば一八九七年、ジョージ・フィッツジェラルドはトムソンの主張は粒子がすべての物質の基本構成要素だとするもので、物理学者はいまや「錬金術の進路」上にあり、「物質の変成が可能な方法」へ向かわせることを意味すると書いている。[38]フィッツジェラルドはまた、負の粒子というのは物質のないただの電荷であるという仮説を含む、別のありそうな仮説を考察した。同様にジョン・ゼレニーという当時ベルリンの研究室にいた若い物理学者は「ベルリンでは誰一人」電子がいわゆる微粒子だなんて主張は信じていないと報告している。[39] マックス・プランクも一九〇〇年にはまだ物質としての電子などというのは半信半疑の仮説だと軽蔑していた。一九一〇年代になって初めて、多くの実験者の研究が出てから、ほとんどすべての物理学者が物質はたとえば原子や電子のような粒子でできているという概念を受け入れた。一九一四年にやっと、トムソン自身の学生の一人、オーウェン・リチャードソンが、精力的に電子について研究し、「この一五年」にわたる一連の発見が、最終的に電子の存在を確立したと述べた。[40] アーネスト・ラザフォードも同様の見解をもっていた。

マリー・キュリーがラジウムを最終的に単離するまではラジウムの存在を疑った化学者がいた。同じように、電子が単離されるまではその存在を物理学者が疑った可能性があるのだ。だから一八九九年に、たとえばヘンリ・アームストロングなる化学者がトムソンの研究を批判して、微粒子が原子から分離できることを証明してはいないと述べた。さらにトムソンの研究を評価した物理学者でも、新しい粒子の発見だとは解釈していなかった。[41] 単一の電子の単離はロバート・A・ミリカンが一九一一年についに達成したことだ。ちなみにミリカンはトムソンだけが電子を発見したとは考えてもいなかった。[42]

「電子の発見」を振り返ったテオドル・アラバツィスは、この表現は、物理学者の電子があると信じるのを固めるに至った複雑な過程と解するのが適切だと説いている。その意味で彼はJ・J・トムソンが電子を発見したわけではなく、ただその受容プロセスに貢献したのだと結論したのである。

J・J・トムソンは陰極線が粒子からなることを信じた最初の人物ではなかったし、実験的にその推測を実証した最初の人物でもなかった。このことは一九〇〇年代初期の物理学者や工学者たちには明らかなことだった。一九〇六年、エドマン・フルニエ・ダルブが電子説の歴史的な解説を発表した。その中で彼はこう述べている。「輝かしいトランペットとともにふれまわったことでもなく、かといって古い学派たちから強固な反論を受けてきたわけでもない。誰もその原著者だと主張できないのだ。電子はいわば、電気に関する事実と推測が過飽和状態に溶けている溶液中に落ちてきた」[43]。それでも数十年後には、物理と化学の教科書は「一八九七年にJ・J・トムソンが電子を発見」と単純に主張するものがよく見られるようになった。こんなにも強くアピールし、一般的である上に、簡単に繰り返されるように、どうしてなったのか？　本当にわからないが、いくつか理由を考えてみることはできよう。たぶんトムソンのイメージが教科書には合っていたのだ。自分の実験装置の前にかがみこむ、メガネをかけ、きれいに刈り込んだひげのある端正なイギリス紳士、秀でた額には黒髪がパサリと落ちかかる。もっとも小さい細かいものに注意を向ける、この真面目そうで好奇心に満ちた目をした紳士のイメージが、ひょっとして若い学生たちにいつの間にやら入り込んでいたのであろうか？　若い学生たちもまた、自分自身を訓練していけば重要なことをいつか発見できると思わせてくれたのだろうか。それに名前がJ・J・とあって、音が繰り返されるので覚えやすいからか？　さして重要でもない一口話がだんだんに生徒たちから物理学者へと形成されたのか？　おそらくトムソンは紳士として認められていたせいで、発見者と見なされるのにふさわしく思われたのだろう（トムソンとは対照的に、ウイリアム・クルックスはもっとエキセントリックだったらしい。クルックスは霊を見たことがあると主張した。ラップ現象の音を聞いたり、ひとりでに動く物体を見たり、さらには立ったまま浮き上がったり、椅子に座った状態から空中浮揚する人を、ときには昼日中から見たりしたと言い張った。見えない存在が、空中に浮いている鉛筆で字を書いて意思を伝えて来るとも言った。降霊会では霊媒の手足をつかんでいたのに、小さな光る手が空中に浮かんでいるのが見えたし、彼に触って、上着を引っ張る手すらあったと主張した。ケティー・キングという名の美しき幽霊である。彼女は白いローブをまとい、クルックスは彼女の両手、首に触り、耳を彼女の胸に当ててその心拍と肺の音を聞き、彼女を追いかけて私室の中にまで入った(44)。

なぜトムソンがよく知られているかといえば、起源について、単純ではっきりした物語になるからという理由の方が大きいのではないかと私は思うのだ。電子は物理の教科書ではそれだけ重要な事柄であり、どうやら堅い、作用を及ぼす、力のあるものだから、一人の発見者とそれが発見されたわかりやすい日付がどうしても必要なのだ。目に見えない電子をまっすぐ証明するように見えるものを与えることで、教師たちはそんな実体が実際にはどのように同定されたか、どのように物理学者たちが徐々にそして絶え間なくその存在を確信するようになったか、という迂遠で複雑なことは避けることができる。

神話とは我々の無知が変装したものである。単純な電子発見の物語は好都合なことに物理と歴史の絡み合いを隠し、学生にこのような目に見えないものをすぐ想像できるようにしてくれて、説明と計算に使えるのである。学生たちに一八七〇年代から一九一三年まで物理学者たちが物質と電気の構成成分の同定に格闘してきた実際のプロセスを話そうとするなら、かなりの大仕事になってしまう。だから教科書はそうはせず、極度に単純化され、輪郭をぼかした絵を描いてしまう。だが歴史家たちが物事をほじくり返せば返すほど、電子の発見の帰属を誰か一人の個人のものとすることはますます否定されてくるのだ。

それでもトムソンが電子を発見したと言っても、少なくとも「発見」という言葉を広くとれば、やはり正当といえそうな、新たな微妙な方法を考えついて書く人々もいる。たとえば哲学者のピーター・アチンシュタインが発見という概念を三つの基準に基づいて明確化して論じている。我々はトムソンが電子を発見したと言ってもよいのである。なぜなら、トムソンは本当に存在する何かを発見した、自分がそうしたことを自覚していた、その実現において先取権を彼はもっていた、という理由による。[45] ただアチンシュタインは問題は複雑なままであり、異論はあるであろうことは認めている。この問題を見て、物理と電気に関する史学者（それにテキサス大学での私の同僚）ブルース・ハントはアチンシュタインの基準を応用したとしても、トムソンが電子を発見したとはほとんど結論できないと考えている。むしろゼーマンが発見した、あるいはもしかするとレーナルトかヴィーヒェルトかというふうに見える。[46]

私はといえば、J・J・トムソンを電子の発見者と見なす理由は何もないと思う。そして私が思うに、教育的には、陰極線が原子より小さい、負に帯電したものからなるということを物理学者たちがどのように知るようになったかを語ることのできる、もっといい話がある。特に、陰極線が影を作り、運動量を与える実験（クルックス）の結果のおかげで、物理学者がどういう経緯で陰極線が負に帯電した物質粒子であると考えるようになったかが、学生はもっと理解しやすくなる。そして物理学者は、磁場による偏向から見ても、こうした物質が負に帯電していると考えるようになった（クルックス、シュースター、ペラン）。さらに、いろいろな物理学者（クルックス、レーナルト、ゼーマン、ヴィーヒェルト、トムソン、カウフマンなど）の実験のおかげで、原子より小さい電子の大きさを正しく理解するようになる。そして後に、そのような存在を単離した（ミリカン）というわけである。

読者の中にはJ・J・トムソンの伝説誕生のいきさつをやはり知りたい人もいるだろう。トムソン自身がことの一部分を担っていた。というのは、晩年に彼は自らが達成した業績を記しているが、その書き方は、他の人々の功績を正当に認めるようなものではなかったからだ。しかしたとえばイソベル・ファルコナーとE・A・デーヴィスのような物理学史家たちは、狭くて単純化されすぎた発見物語を公表し始めたのは、どうやらトムソンのかつての教え子たちだったと指摘している。[47] グレーム・グッデイはトムソンの同僚の一人が一九三一年に出版された電子工学の便覧に影響を残した記事を書いており、その中でJ・J・トムソンを「私利私欲なく真実を追いかけた人物」とし、一八九七年に電子を発見したこと、その鍵となる発見から多くの実践的な装置が編み出されたことを論じている。だがこの後者の主張ですらも間違いであった(48)。電子の発見にしばしば帰せられる技術（たとえばテレビ）も、実際は陰極線をどうコントロールするかの試行錯誤から生まれたものであり、陰極線が何であるかを知ることには由来しない。

電子の発見の話もまた、何とか説明したいという強い希望を満たすように発展したと私は思うのだ。歴史を読んだり学んだりする身として、我々は誰が何をいつ発見したかを知りたい。何世代にもわたって電気の目には見えない性質について何も知らずにきたことは我々はよく知っているし、技術の進歩で誰かが最終的に長いこと隠されて見えなかったもの、見えないほど小さい物がようやく見えるようになったということを期待する。同様のことをトーマス・クーンが何年も前に論じている。彼は一七七〇年代の酸素の発見の時期を正確に示そうとする歴史上の問題について正確に分析し、こうコメントしている。「『酸素が発見された』という一文は疑いもなく正しい。とはいえ、何かを発見するということが我々が見るという通常の（そしてまた怪しい）概念に収まってしまう、単一の単純な行為だと提示してしまうと、間違った方向にいく。そうであればこそ、発見は見たり触ったりのように、特定の個人のもの、特定の時にあったことと紛れもなく特定できるはずだと簡単に思い込んでしまうのだ(49)」。

J・J・トムソンが一八九七年に電子を発見したというのは一つの神話である。だが「神話」だからといって、私はそれを明らかな間違いとしてけなすつもりはない。それが神話なのは、それが我々の歴史的な想像力を区切り、方向づける標識、あるいは道しるべとして機能しているからである。電子は目に見えないほど小さなビリヤードのボールのように、硬い、ばらばらの、電気の元になる粒子だと多くの学生は思っている。そのようなもの、いや、大昔からその恐るべき作用——稲妻や静電気——で知られていた、そのような堅固な自然の事物には、少なくともそれがどういう経緯で見つかることになったのかという程度にでも、由来の物語がほしくなる。こんなはっきりしたものならば、空間、時間、歴史上の一つの位置を要求するように見える。原子や他の原子より小さい粒子と同じように、あたりまえに意識されるようになる時点を特定する歴史的な合流地点を必要とするらしい。神話は、誰かが大きな困難を巧みに乗り越えたことについて、すっきりした説明を与えてくれるのだ。教師たちは、波動説か粒子説かで最初曖昧なところがあったという事情を示した上で、見るからに整った答えを伝えるためにJ・J・トムソンの物語を用いて、目標に向かっている感じを与え、先へと進む。しかし本当は、この特定の発見についてただ一人功績を認められるような一人の人間などいないのだ。

さらに、その発見が実際には時期がはっきりしなかったのとまさしく同じように、電子それ自体もまた空間の中でにじんでいるように見えるのである。一九二八年、トムソンの息子が、やっかいな実験上の発見をしてしまった。ジョージ・パジェット・トムソンは、極度に薄い金属膜を通過する電子は、別々の粒子のようにはふるまわず、空間に広がる波のようにふるまうことを明らかにした。それより数か月前、C・J・デヴィソンがこのことを独立に発見し、彼らは一九三七年のノーベル物理学賞を分かち合った。彼らの発見に照らしてみると、かつて電子が粒子だと断言するに至らなかった物理学者たちは、今ではトムソンより分別があったように見える。たとえば一八九七年にヴァルター・カウフマンは「陰極線を陰極から発射される帯電した粒子と解釈する仮説は不十分である」とすでに論じていた。[50]だから一八九七年、J・J・トムソンが電子を発見したなどと言うよりは、我々は一八七〇年代以来、何人もの物理学者たちが電気は粒子だという説得力のある証拠を見つけたが、またそれとは反対の証拠に出くわした物理学者もいたのだ、と言う方がよい。

つまるところ、教科書の書き手たちは、古くからあるおいしい神話はとにかく改訂すべきなのだ。誰それがこれこれのことを「したとされる」などと曖昧なことを言って、古い言い伝えを長続きさせているだけではいけない。あの古い詩句を忘れないように。

J・J・トムソンにPはない。
彼の原子にプラムプディングはない
電子については四番か五番。

第九章　アインシュタインは神を信じたか？

　アルバート・アインシュタインはその物理学で有名になっただけでなく、多くの人に感銘を与えたさまざまな賢明な言葉でも有名になった。ときには神と宗教について語り、さまざまな信仰からも幅広く共感を得られる、控えめな言葉で語った。多くのユダヤ人とキリスト教徒は、彼を自分たちと同類の魂の持ち主だと見なし、その一方、多くの無神論者や不可知論者は懐疑主義者のお仲間が増えたと喜ばしく思っていた。彼は何か言えとせかされて、ぼかした言い方をすることもあった。ではこの物理学者は本当のところ、宗教についてどんなことを信じていたのだろうか？

　彼は両親のことを「全く宗教色のない」ユダヤ人だったと書いている。(1) 妹のマヤも、両親は宗教的な事柄や規則を論じたことはない人たちだったと回想している。それでも両親は息子に宗教教育を与えることを選んでいる。六歳のときにはミュンヘンのカトリックの公立学校に送り、そのかたわらユダヤ教の教理を息子に教える人を手配しているのだ。その結果、少年は二つの宗教のあいだで大きな矛盾も感じることなく、たいていは両者のあいだで折り合いをつけていた。彼は深い宗教的な感情を育くみ、宗教上のすべての掟に細かく従い始めた。(2) 豚肉を食べるのをやめ、聖書を読んで受け入れた。神をたたえる短い讃歌を作り、しばしば自分だけで口ずさんだ。

　幼いアルバートはまた、数学にもどんどん魅了され、科学の名著をむさぼり読んだ。一二歳の年には、科学について考え、聖書の中の話には単純に起こりえないものもあると確信した。まさにそのとき、彼は突然宗教を捨てた。その年齢ではリベラルなユダヤの家庭の少年たちでも、ほぼ全員がユダヤ教の成人の儀式バルミツヴァを受ける。だが少年アインシュタインはこれを拒絶したのだ。(3)

その代わり同じ頃、彼は数学にのめり込んだ。彼にとって幾何に関する「聖書」に思えた本のおかげであった。宗教では彼が見失った明晰さと確実さを数学が与えてくれたのだ。幾何学の証明が、証明されることはないが明らかに正しいという前提にどれほど依存していても彼は悩まなかった。(4) 彼には、数学のどの部分を批判的に注目すべきかという感覚は欠けていたのだ。ゆえに彼は、純粋数学を追究せずに物理学者となった。物理なら彼は、あらずもがなの、問題があるように見える前提を正確に特定することができたからだ。

アインシュタインにとっては、科学の定説ではなく、科学的に調べていくということが、ある種の宗教的な活動になったのだ。彼は「神聖な好奇心」によって動かされていた。その好奇心が向く先は、「偉大で永遠の謎のように」、信頼するに足る「楽園」へ手招きする広大な世界だった。その楽園が自分を、人生の苦難から解放してくれることだろう。(5) 彼は無宗教で自由に考える人間であったが、それでもそんな彼にとって科学と数学は宗教の代わりとして機能するようになったのだ。

まもなくアインシュタインの理論が神話的な地位を獲得し、彼は間違った神話で覆われるようになった。学生時代は学校では落ちこぼれの出来の悪い生徒だったが、ついに教授となった、だが書いた理論こそ完璧だったが、いつもうわのそらの教授だったというような神話もあれば、古いタイプの聖人で、すべての人類のために苦しみ、弱者に対して大げさに同情を示すので、誰からも愛される人物であるというようなものもあった。こういった神話は修正されてきているので、ここで振り返る必要はないだろう。(6) ただ、彼が神を信じるかどうかの問題はまだ注意を要することである。一二歳という年齢で彼が宗教と完全に決別したことは実に明らかなことだが、その一方、年を重ねたアインシュタインが人に感動を与える宗教的な言葉を語り、それがよく引用されて記憶されていることも有名である。一九一九年、天文学上の観察により、アインシュタインの重力の理論が確認されたと述べた電報を受け取った。ある生徒がアインシュタインに、正しさが確認されなかったらどうなったか、と聞いた。アインシュタインの答えは、「もしそうなら私は神様のために残念に思うね。この理論はとにかく正しいんだから」だった。(7) 一九二一年、彼の特殊相対性理論が間違っている可能性のある実験的証拠を耳にすると、こうコメントした。「神様は巧妙だね、意地悪ではないんだが」(8)。後に彼は自然または神は原因なしには作用しないと述べて量子理論を批判した。ある友人にこう書いている。「量子理論が明らかにしたことも多い。でもそれではあの爺さん〔神のこと〕の秘密には我々はほとんど近づけない。ともあれ私は、神はさいころを振らないことを確信している」(9)。一九四〇年にアインシュタインは公言した。「宗教のない科学は不十分なものであり、科学のない宗教は盲目である」(10)。それに加え、彼は時として自分自身を「深く宗教的な人間」だと述べている。(11)

だがアインシュタインが（大人になってから）もっとも崇拝した哲学者は、バルフ・スピノザだった。自由意志を信じず、また宇宙にどんな目的も人格神の存在も信じなかったユダヤ人である。スピノザは、壮大な自然とその原因となる構造への一種の宗教的な崇敬を表明した。アインシュタインはスピノザが人間の体と魂を一体のものとして扱う様子を尊敬した。スピノザは無神論者と書かれることも時々あるが、自然が神であると信じる、汎神論者と言われるようにもなった。一九二九年、アインシュタインは最高の科学研究に含まれる世界の合理性は宗教的な感情に近いものだと述べた。「この確たる信念、経験の世界に姿を現している、より優れた精神の中にあるという深い感情と切っても切れない関係にある信念が、私の神についての考え方を表している。俗に言う、「汎神論的」(スピノザ)といえようか」[12]。一九二九年にはまた、アインシュタインは、「私は無神論者ではない。自分を汎神論者と定義できるかどうかわからないが」と言っている。しかしさらに「スピノザの汎神論には心惹かれる」とも言っている[13]。「より優れた精神」という語は、彼はただ自然という意味で言っただけなのだろうか？　アインシュタインは繰り返し、人の行動や運命を懸念する神は信じてはいないと述べ、罰を下したり褒美を与えたりする神は、自分には感じ取れないし、因果律と両立しないとも何度も書いている。また、道義心に関しても宗教上のものは何もないと論じている。アインシュタインはいかなる種類の死後の生命も信じておらず、「個人が不死であるということは信じない」と書いている[14]。祈りを捧げる人に答えてくれる神がいるという考えも繰り返し否定している。擬人化された神の概念も否定し、人間の外側にあるどんな意志も目標も想像できないと述べた[15]。

それで彼は神を信じていたのだろうか？　神の概念から、伝統的に想定されていた面をいくつか引き算すれば、残ったものが、誰であろうと「神」という言葉で意図するものだとはとうてい言えなくなるだろう。一九二九年には、ラビであるハーバート・ゴールドスタインがアインシュタインに電報を送った。「あなたは神を信じますか?」。その返事は「存在するすべてのものの秩序だった調和にその姿を現す、スピノザの言う神を信じているのであって、人の行動や運命を心配する神は信じてはいない」であった[16]。

一九三〇年代になって、有名な女優エリザベス・バーグナーも、アインシュタインに神を信じているかどうかと尋ねた。はい、とかいいえ、だけで答える代わりに、「宇宙の信頼すべき秩序を探索し、理解しようとしてますます驚きを深めている人間に、そんな質問をすべきではないでしょう」と彼は述べた。バーグナーは「どうして質問すべきではないのですか」と聞き返し、その答えは「そんな人間はそ

ういう質問に直面したらたぶん崩壊するだろうから」というものだった。(17)

五七歳になった一九三六年、アインシュタインは、あなたはお祈りをしましたかという少女からの手紙に返事を書いた。自分はお祈りはしなかったが、「科学に真剣に取り組む誰もが、自然法則の中に、人間よりもはるかに優れた一つの精神が姿を現していると信じるようになります。そしてその精神の前では我々は、我々のもつ些細な力では、恐れ入って頭を下げるしかないほどなのです(18)」。彼が精神という言葉で言った意味は何であろう？　この宗教心は、より信じやすい人々のそれとは本質的に違うのだ、と付け加えている。

一九五四年には、ウィリアム・ヘルマンスからインタビューを受けている。ヘルマンスは、アインシュタインのいわゆる「宇宙的宗教」に共感している教授にして元軍人で、以前にもアインシュタインにインタビューをしたことがあった。ヘルマンスは、特に神についてのアインシュタインの見方を正確に述べてほしいと頼んだ。何年か後、アインシュタインの答えをこう報告している。

神についていえば、教会の権威に基づくどんな概念も私は受け入れない。私は思い出せる限り長いこと、ミサの教えには憤慨してきた。生命の畏怖も、死への恐れも盲目的な信じ方で信じてはいない。人格神などいないということを私はあなたに証明することはできないが、もし私が神について語ったら、嘘つきになってしまうだろう。善きものに報い、悪きを罰するという、神学でいわれる神も私は信じてはいない。私の神はそういうことを扱う法則を作り出した存在である。神の宇宙は願望に基づいた思考によって支配されているのではなく、不変の法則によって支配されているのだ。(19)

これはまた奇妙で、見るからに飛躍した矛盾のようだ。最初の五行の文は、明らかに無神論者か無信仰者、ひいては異端者にすら見える人間の書く文章に思われる。だが続く二行の文で突如として、信仰者の声が聞こえてくる。他の多くの例とは対照的なことだが、ここではアインシュタインは、自然より前にある神について語っているように見えるのだ。その神が物理の法則を創り出したのである。同様にあるとき、物理学の女学生が、アインシュタインが自分に対してこう言ったということを書いている。「神がどんなふうにこの世界を造ったかを私は知りたいと思う。あれやこれやの現象がどうとか、この元素のスペクトルがどうだということに興味があるわけではない。神の考えを知りたいのだ。それ以外は些末なことだ[20]」。

後で述べた方の言葉を根拠として、マックス・ヤンマーが言うには、アインシュタインは彼なりの宇宙宗教を捨てたことは一度もなかった。ヤンマーは『アインシュタインと宗教』という優れた本を書いており、その中で論じているのは、アインシュタインが神を暗に語っていても、人格神の概念に立ち返ったわけではなく、単なる話し方の流儀にすぎないという。一九四〇年代にアインシュタインの助手の一人がアインシュタインがかつて言った言葉を伝えている。「私が本当に興味をもっているのは、神が世界を異なるやり方で作った可能性があるかどうかなのだ。言い替えれば、論理的な単純さという必要条件に、自由の余地があるかどうかである[21]」。この文の後半が前半を説明する意味だとしたら、表面的には宗教に関する主張であっても抽象的な物理的な意味しか与えないものである。同様に、アインシュタインは一度、神は巧妙だが、意地悪ではないと述べたときも、後になって次のような解説を付け加えた。彼が言いたかったのは本当のところ、こういうことだ。「自然はその秘密を隠しているが、それは本質があまりに高いところにあることによるのであって、策略によるのではない[22]」。

アインシュタインは神を信じてはいなかったが、宗教的な言葉で自然に言及するのを好んでいただけだったのかと考えてもいいだろう。彼が自然に対してある種の宗教的な畏敬を感じていたのは確かである。神の名をただ自然をさすのに便利なものとして彼は使ったのだろうか？　いや、そうではないと、もっともよく売れたアインシュタイン伝を書いたウォルター・アイザックソンは言い、その伝記の中でこう論じている。「自分が世間に合わせているという見せかけのために内心を偽って話すのはアインシュタインの流儀ではない。実際は正反対である。本人が何度も、こうした自分がよく使う言いまわし〔「神様」やそれに相当する言葉〕は、単に自分が本当は無神論者であることを隠す言葉のあやというわけではないと言い張っているときは、本人の意図を尊重して、言葉どおりに取るべきだろう」[23]。アイザックソンはそれよりもこう説く。輝かしい天地創造の中に映し出されはするが、日々の個々別々のことにいちいちかかずりあうことはない、人格をもたない神を、アインシュタインは信じていたのだと[24]。しかし、アインシュタインが隠していたのは無神論ではなく、不可知論の方だとしたらどうだろう。

アインシュタインは自分は無神論者ではないと否定した。マックス・ヤンマーは、その包括的なアインシュタイン論で、アインシュタインが無神論者ではなかったことに同意している。ヤンマーはまた、アインシュタインの「宇宙宗教」について、あるラビが、神学者の中には、それは「無神論とほぼ同じ汎神論の類になるかもしれない」と不満を述べる者もいると述べた発言も引用している[25]。同様に、ヴァティカンの新聞のある社説がアインシュタインの見方を「宇宙的汎神論にカムフラージュされているとはいえ、これは正真正銘の無神論である」と主張した[26]。それでもヤンマーはアインシュタインに汎神論者のレッテルを貼ってはいない。ヤンマーはまたアインシュタインは不可知論者ではないとも論じた[27]。ただしヤンマーはアインシュタイン自身が不可知論者のレッテルを受け入れている発言は引用していない。

あるとき、詮索好きな船乗りが書いてきた手紙に対し、アインシュタインはこう書いた。「私は繰り返し言ってきましたが、人格をもった神という考え方は私の意見では、子供っぽいと思うのです。あなたは私を無神論者的な人間だと言うかもしれないが、若者への宗教の教え込みという足かせからの解放行為に骨を折り、情熱をほとんどそれに捧げている専門の無神論者の強力な改革意識は私は共有してはいません。私は、我々の自然と自分の存在に対する知的理解がいかに弱いかということに相応の、謙虚な姿勢の方を好みます(28)」。一九五〇年に彼は、さらにはっきりと表明している。「神に関する私の立場は、不可知論のものである。人生をよりよく、より高貴にするための道徳的原理が最重要であることをはっきり意識していれば、立法者、特に報いと罰に基づいて作用する法典制定者という考えなど必要ないと私は確信している(29)」。

「何とか論（イズム）」という信条が実は非連続的な区分に分かれず、ある幅で信条が連続的に広がっているような分野での見方を特定しようとする場合には、非連続的なレッテルは不適切であることが多い。それはともかく、ヤンマーの本が出版されてからほぼ一〇年の後、アインシュタインの驚くべき手紙が明るみに出た。二〇〇八年、ロンドンのブルームスベリ・オークションが、一九五四年初め、七五歳になろうという年のアインシュタインが書いた手紙を競りにかけた。その手紙は五〇年も個人のコレクションとして蔵されていた。一ページ半の長さで、インクによる手書き、わずかに茶色がかった、折りたたまれた紙で、アインシュタインの署名があった。それに封筒もあった。一九五二年、哲学者のエリック・グートキンドが『人生を選べ――反抗せよという聖書からの呼び声』と題する本を出版し、アインシュタインに一冊送った。アインシュタインとは一九四六年に二、三度手紙をやり取りしていた。一九五四年一月、アインシュタインはグートキンドに本を送ってくれたお礼を述べ、大部分を読んだという手紙を出していた。しかし彼は、ユダヤ人という特権化された位置を誇らしげに主張しながら、グートキンドをこんなふうに批判した。

神という言葉は私には人間の弱さの表現であり、その産物にすぎないのです。聖書は尊敬すべきものを集めた集成ですが、それでも原始的な伝説がどっさりある。いかに解釈しようが、それがどんなに絶妙なものであれ、(私にとっては)そのことを変えるものではないのです。洗練された解釈は当然ながら非常にばらつきがあり、もとのテクストとはほとんど関係がありません。私にとっては、何も修正されていないユダヤの宗教は、他のすべての宗教と同様、原始的な迷信の化身なのです。私は自分がユダヤ人に属していることを喜んでいるし、その考え方に深い親しみも抱いていますが、私は他の人々と異質なものは何もない。私の経験の限りでは、ユダヤ人は他の人々と変わるところがないけれど、少なくとも権力がなかったせいで、最悪の行きすぎには至らなかった。だから私はユダヤ人には何も「選ばれた」ものなどないと思います。(30)

アインシュタインはそして、人間はその他の自然と同様に、因果律から少しも免れられない存在だとして、あらためてスピノザをたたえている。その上で、アインシュタイン自身の知的な意見の違いは抜きにすると、「本質的には」自分はグートキンドに近いのだと記している。つまりアインシュタインとグートキンドは、ユダヤ人コミュニティーに対する姿勢は総体的に共有しており、人間の行動に対する評価も似ているというのである。この一年後の一九五五年、アインシュタインは没する。

ブルームスベリ・オークションの代表者は、この手紙は一〇〇パーセント本物だと請け合った。アインシュタインの手書きの短い手紙は六〇〇〇ポンドから八〇〇〇ポンドで売れると見込まれた。当時のドルに換算するとおよそ一万一六七六から一万五五六八ドルである。だが二〇〇八年五月一五日、あっと言わせるような入札があった。手紙の落札に成功したのは驚異の総額二〇万七六〇〇ポンド（ドルにして四〇万四〇〇〇ドル）であった。競売前の予想のほぼ三〇倍である。買ったのは匿名の海外のコレクターで、「理論物理学とそれに必然的に伴うすべてのものへの情熱」の持ち主という以外はわからない人物であった。

そんなわけでアインシュタインは、自分にとって神という言葉は人間の弱さの表現にすぎないと個人としては認めていた。ニューヨーク・タイムズは「アインシュタインは今週、草葉の陰から科学と宗教のあいだの文化戦争の火に油を注いだ」と書いた[31]。何十年ものあいだ、アインシュタインを自分と同じ見解の持ち主だとして、彼の表現を引用して大喜びで論じる人が多くいた。だが我々が何を信じようと、また信じたいと思うかは別として、アインシュタインが必ずしもそんな信条を共有していたと見なすべきではないのだ。彼が言ったことの大部分は公の場で細かく詮索されてきた。だからアインシュタインは多くの人が同意できると思えるようなやり方で自分を表現することを学んだのだ。その人たちが互いに意見が合わない場合ですらも。

要するにアインシュタインはユダヤ教もキリスト教も信じてはいなかった。無神論者であることも否定した。スピノザの汎神論をたたえ、少なくとも一度は自分自身を汎神論者だと呼んだ。そしてときには不可知論者のレッテルも受け入れた。不可知論者が神を信じるだろうか？　もちろん信じはしない。しかし彼らは、宇宙の根底的な秩序を知っているふりをすることも控える。若かりし頃から、アインシュタインの科学に対する思いが、少年時代のユダヤ教やキリスト教の神学への信仰を消し去った。だが宗教を「捨てる」代わりに、彼はそれを再定義する方を選んだのである。そうすれば彼にとって宗教は、調和への畏怖と尊敬の感覚となり、彼にとって望ましいことに、宇宙の因果の秩序となるからである。

第一〇章　光の速度についての一神話

アインシュタインには、いくつか明かそうとしない秘密があった。彼はしばしば、自分の人生の詳細など取るに足らないものであるかのようにふるまって、はぐらかそうとした。こんなことを書いている。「私のようなタイプの人間で肝心なことは、何をどう考えるかであって、何をしてどんな病気にかかっていたかではない(1)」。彼は比較的人と交わらない人間ではあったものの、人々は彼に群がり、レポーターやカメラマンは彼の周りを何十年も追いかけ、偶像に仕立てていた。我々はポスター、雑誌、おもちゃ、切手、シリアルの箱で彼を見かける。一九四九年に彼が苦情を漏らした言葉を借りれば、「私の業績は理解しがたい理由で度はずれて過大に評価されている。人類は地上で生きるという退屈な畑仕事に当てるスポットライトとして、ロマンのあるアイドルを少しばかり必要とする。私がそのようなスポットライトが当たるところにされているのだ。なぜこの特定の人物が選ばれたかは説明もできないし、重要でもない(2)」。

しかし彼が最初に注目を浴びたことにはいくつか正当な理由がある。その一つは、彼が見るからに信じられないアイディアを多くの人に確信させることに成功したことだ。あなたが宇宙船に座って、たとえば秒速一六万マイルで一直線に旅しているとしよう。アインシュタインの物理によれば、あなたは地球の長さはもとの長さの約半分だと判断するだろう。そして、それは目の錯覚なんかではないという。あなたが動いているときは、地球全体が収縮するというのは本当なのだろうか？

さて、これもまた仮定の話であるが、あなたが地球からビューンと秒速一六万マイル（ｍｐｓ）で離れながら、前方に懐中電灯を向けてスイッチを入れるとしよう。光は約一八万六二八二ｍｐｓの速度で突っ走ってあなたから遠ざかる。同じ光線がどれだけの速さで地球から離れていくだろうか？　光は一八万六二八二ｍｐｓで宇宙船から離れていき、宇宙船は一六万ｍｐｓで地球から離れていくのだから、光は秒速約三四万六二八二マイルで地球から離れるだろうと、我々は予想する。だがアインシュタインの物理によれば、その光線は地球から一八万六二八二ｍｐｓの速さで離れていくのである。我々はこの光線は地球に対してもっと大きな速さで遠ざからざるを得ないと思うだろうし、ロケット上でただ飛行して離れていくだけで、一つの惑星全体の収縮を引き起こすことなどありえないとも思うだろう。そんな可能性があったら、世界はへんてこになってしまう。物理学が信じ難く難解になる一方で、常識など窓から飛んでなくなりそうだ。

ところがアインシュタインの相対性理論の枠といえばそういう考えで、それが多くの物理学者たちに受け入れられるようになった。彼の理論は時間の相対性、同時性の相対性という考えにすべて基づいている。それでも何世紀かのあいだ、哲学者たちは時間について、一般の強い関心を何も生み出さないまま、さまざまな考えを理論化してきていた。たとえば、一つの出典によると、卓越した宗教的指導者で哲学者の「ピタゴラスは、時間とは取り囲む球であると信じていた」。(3)　一八世紀の後半、イマヌエル・カントは時間が絶対的または客観的実在性を有するということを否定した。(4)　一九〇二年、優れた数学者、アンリ・ポアンカレは「絶対的な時間というものはない」という確信が大きくなりつつあることを述べていた。(5)　そんなさまざまな議論が広範囲の関心までは生み出さなかったのに対して、なぜか平凡な特許審査官による一九〇五年の想像力に満ちた推測がついに強烈な一般の喝采を生み出したのだ。

アインシュタインは長く複雑な道筋によって自らの理論に到達した。だがそれをおおまかになぞってみるのではなく、独創的な面の一つだけをよく見ることにしよう。速度、時間、長さのあいだの関係である。私は物理学の授業では見られないような種類の説明をすることにする。そして、次の二つの章で私は、アインシュタインの理論の起源に関する、論争が多い歴史的な憶測つまり神話について論じよう。アインシュタインはどのように相対性について考えるに至ったのか。

一八九五年から一九〇五年までの一〇年間、アインシュタインは光の運動を理解しようとしていた。[6] 物理学者たちは光を、目に見えない媒体の中の電磁波と考えていた。その媒体は空気のようだが、もっとわかりにくくとらえがたい、「エーテル」と呼ばれるものだった。アインシュタインはわずか一六歳で、頭をひねっていた。光の波はもし誰かが追いつけたならどう見えるだろうかと思ったからだ。[7] 光の波は海にできる波になぞらえられる。それはいつも動いている。海で水の静止した山が見えないのはなぜか。そのような水の盛り上がった塊が見えたらとまどうだろう。それでも、波に並んで同じ速さで飛んでいて、それで波を見たら、波はその人に対してはそこ以外は平らな海にできた山のように見えるだろう。それと同じで、アインシュタインが悩んでいたのは、光に追いつけたらその光はどんなふうに見えるかという考えだった。[8] 静止した閃光を見たと報告した人はいなかった。

図 10.1.　静止した湖上の水の隆起

大学にいたとき、アインシュタインはエーテル、電子、原子、光に関する諸問題に魅入られた。彼は光についてのいくつかの実験が首をかしげるような結果を出していることを学んだ。[9] 科学者たちはエーテルの存在には確信をもっていたが（光は波のようにふるまい、干渉と回折の効果を生じるからだ）、エーテルに対する地球の速さを測定するのは失敗してきた。我々は水に対するボートの速さを測ることはできる。それでなぜ、エーテルに対する地球の速さは測れないのだろう？

アルバートは疲労困憊してほとんどトラウマになりそうな最終試験を経て、大学を一九〇〇年に卒業した。[10] ヨーロッパじゅうの大学の求人に応募したと本人は言っているが、就職できなかった。彼の母は裕福な家の出だったが、父親はアルバートの伯父と一緒に電気会社を経営してそれが破綻し、資本のすべてを失った。それでアルバートはかなり貧しい状態で暮らしていた。

一九〇二年、アインシュタインはスイスの首都ベルンに移り、連邦知的財産局で特許出願を審査するという下級の職に就いた。一九〇三年には大学時代につきあっていた女性と結婚した。アインシュタインは大いに煙草を吸い、コーヒーは大量に飲んだが、アルコールはほとんど飲まず、「ビールを飲むと馬鹿で怠惰になる」と言って、ビールは全く飲まなかった。[11] 光と電磁気を理解しようと悪戦苦闘し続けていた。光と運動についてさらに二年取り組み、こんなふうに回想している。「私はあらゆる神経の不調に悩まされた。何週間も頭が混乱して歩き回った」。[12] アインシュタインは「健康を害するのではないかと思う」までに、その問題にずっと取り憑かれていて、「狂気へ至る途上なのではないかと思った」。[13] 何年も奮闘したのに、成果も出なかった。一九〇五年の春、二六歳のとき、行き詰まって落ち込んでいた。

その時、友人で同僚のミケーレ・ベッソを訪ねた。ベッソはぼんやりした機械技師だったが、物理も含め、話題は豊富に知っており、どうでもいいような細かいことを気にすることも多かった。アインシュタインとこの背の低い、ひげをたくわえた友は光の問題をあらゆる側面から議論した。[14] そしてちょうどそのとき、彼らは時間の測定に関して曖昧なところがあることに気付いた。自分があまり進歩がないのは時間の概念をあたりまえに思っていたせいだ、ということがアインシュタインに閃いたのである。(15)

電磁気の方程式の中に、光の速さと見なされる項が出てくる。速さは一定の時間のあいだに進む距離のこととなると、その時間をどう計るかというのが問題になる。アインシュタインは物理のどんな概念も、明確に経験と結びつけられるときだけ使う権利が与えられると信じてきた。(16)彼は物理学から形而上学のあらゆる痕跡を取り除こうと腐心した著述家、エルンスト・マッハの影響を受けた。マッハが特定した概念のうちの一つが、ニュートンの概念の「絶対時間」だった。ニュートンは、私たちが時計や観察で得ている時間の見た目上の測定に加えて、常に均一に、何ものからも独立に流れる正確で正しい時間が存在すると論じていた。(17)物理学者のほとんどがそれには同意していた。だがマッハは一八八三年の自著『力学史』の中で文句をつけていた。「また、やはり正当性もないのに『絶対時間』――変化とは別に存在する時間――などと言うことがある。この絶対時間は、どんな運動とも照合して測定することはできない。したがって、実用的にも学問的にも価値はない。それについて何か知っていると言う根拠は誰にもない。それは無為な形而上学の考え方である」。(18)ベッソがマッハの本をアインシュタインに贈ったのが一八九七年、アインシュタインは大学時代にそれを読み、一九〇五年になる前にまた読んだ。(19)今アインシュタインは突然、時間の測定に関して、我々が「特に」運動する物体を考えるときに、おぼろけで曖昧なところがあると悟った。(20)ベッソとの有用な会話の後で、彼はまだ自分が解決していない問題があることにがっかりしてはいたが、ことの最重要点を正確に探り当てたことを感じていた。つまり時間の概念である――それこそが解決への鍵だった。(21)我々は彼が考えたことそのものはわからないが、彼の鍵となる洞察を説明するために関連するいくつかの概念を集めてまとめることはできる。

時々、いや実際にはしばしばといっていいが、時計が合わないことを我々は知っている。通常は、一番いい、もっとも正確な時計を参照してどれが正しいのかを決める。イギリス南東のグリニッジの王立天文台の時計か、メリーランドの国立標準技術研究所の時計を考えてみよう。そこには精密な時計があるが、それはどれほどよく合っているのだろう。

二つの時計をもってきて、両方が同じ時間を示すように調整しよう。それで十分やれそうに見える。だが遠く離れている時計はどうやって同期させるか？　たとえば近くで同期させて、それから一つの時計を遠くへ移動させてもいいだろう。だが静止状態の時計と、動かした時計が同期したままかどうかどうやってわかるだろう？　移動させることで、その部品の進み方をわずかでも邪魔するとすればどうなるか？　その距離を小さくすることによってその効果を小さくしたり、動きをスムーズにしたりはできるだろう。でもいかに小さくてもその効果はやはりまだ生じるのだ。

時計が同期していることを裏付ける一つの方法は、それらをまた一緒にしてみることである。そのとき、同じ時刻をさすか、ささないかのどちらかである。もし同じ時刻をさしていたら、両者はずっと本当に同期していたか、または元通りに近づけたときだけ同期したかのどちらかである。一つまたは両方の時計を動かすことの問題は、加速された動きは時計の速度に影響を与える可能性があることで、実際に影響することを我々は知っている（本体を加速させると、ハンマーでそれを叩いたのと同じことになる。極端に小さいハンマーにしたとしても）。これは何十年も知られてきたことで、時計メーカーは旅行用に次々と性能が上がる精密な時計を工夫しようとしてきた。

だから離れた時計を同期させるためには、我々はそれらを動かすのを避けようとすべきなのである。そうする代わりに我々は、そのような離れた時計を長く堅い棒でつなぎ、棒をぐいとやると時計が動き

図 10.2.　二つの時計を合わせてから一つを一定距離離れた位置へ移動させる。

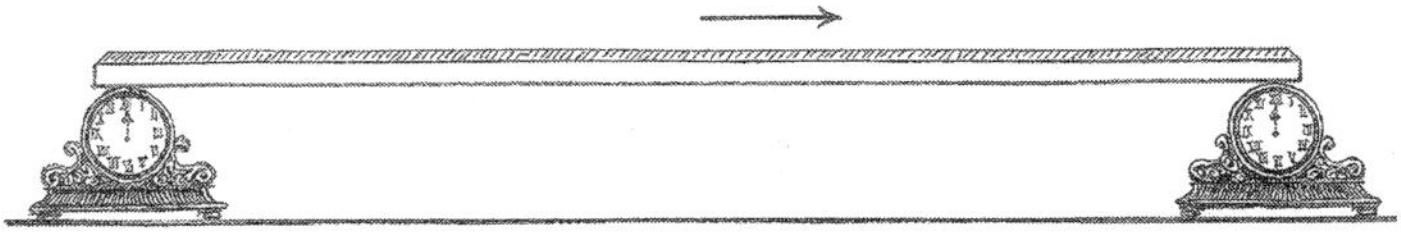

図 10.3.　二つの時計のあいだの棒を引っ張ることによる、時計を同期させる試み。

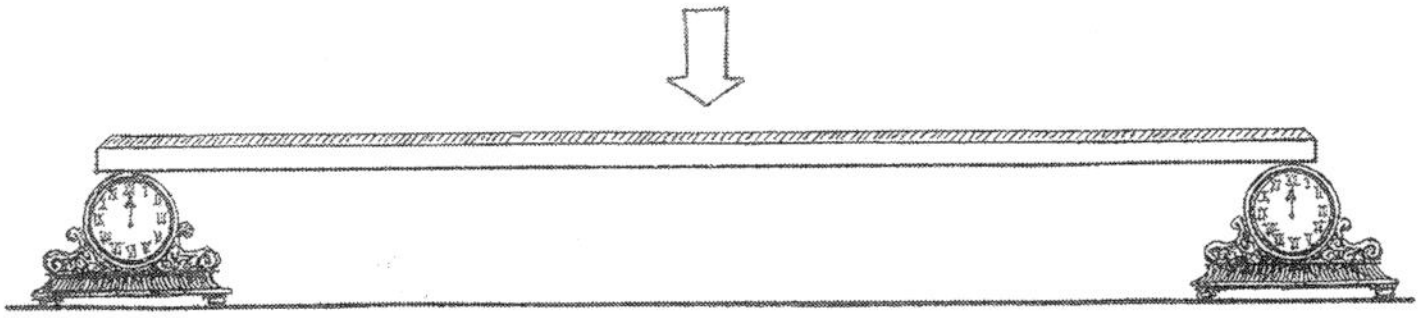

図 10.4.　真ん中で梁を押すことによって時計を合わせる試み。

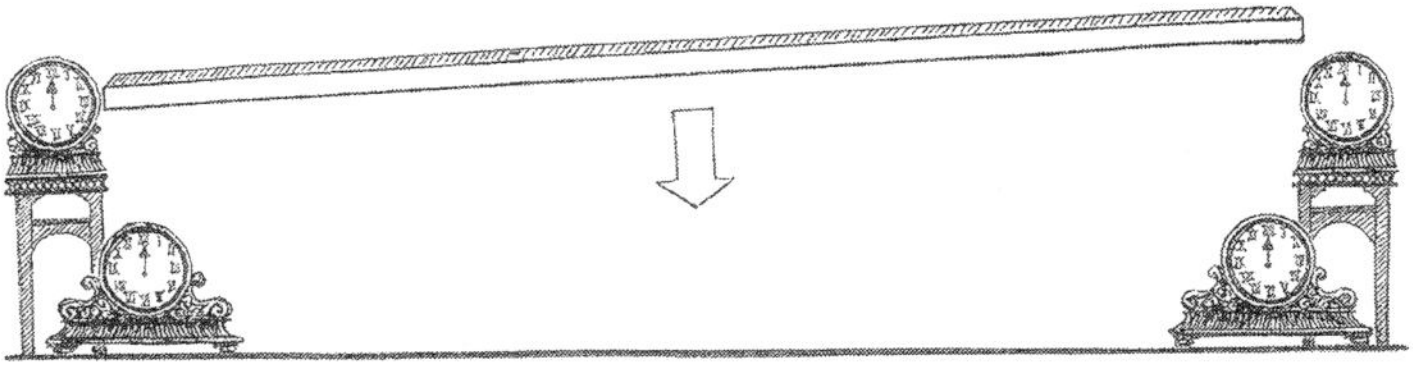

図 10.5.　梁が二つの時計の方向に下がるとき、両者を同期させるには、梁が傾いているかどうか、つまり両末端が同時に同じ高さの位置にあるかどうかをチェックするために、さらに二つの時計が必要である。

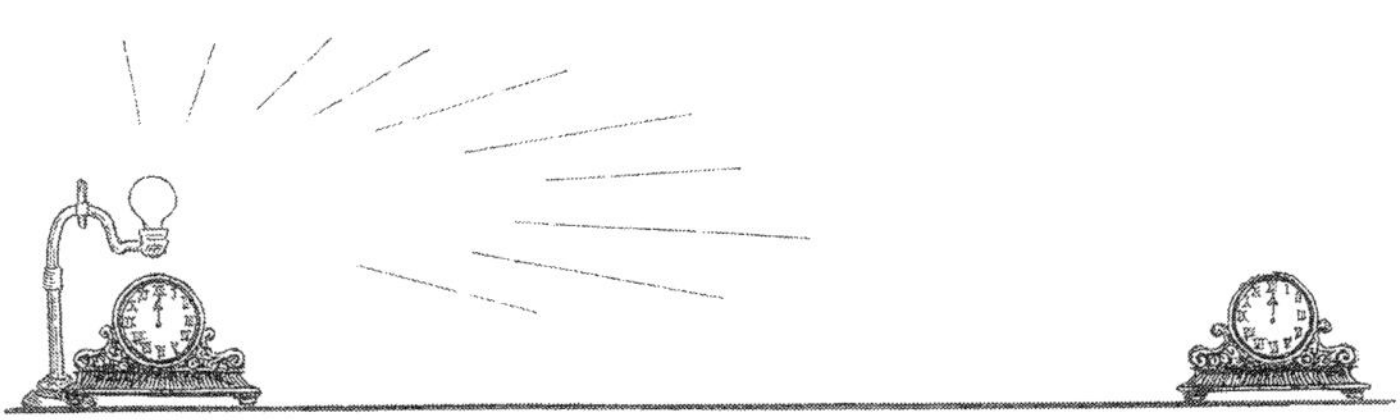

図 10.6.　時計を合わせるために、一方の時計から光を発する。

始めるようにしてもいいのではないか。たとえば、棒で二つの時計がつながっていれば、棒を一方の側へぐいっと引っぱれば、どちらも動き始めるだろう。問題は、棒を引っぱった作用が、棒の両側に同じように伝わるかどうかわからないということだ。一方では棒の部分（分子やら原子やら）が押し込まれるが、反対側では引っぱられ、両方の歪みが棒を同じ速さで伝わるかどうか、我々にはわからない。

では、真ん中で梁を押し下げたらどうなるか？　同じ問題が起こる。力が両方向に全く同じように伝わらなかったら、一方が先にそちら側の時計を動かしてしまい、両者は本当には同期しなくなるだろう。私たちはこの棒の両側に伝わる「押し」が同時に両端に達するかどうか、どうすれば確かめられるだろう。

そして、また別の問題がある。あなたが梁を押し下げたとき、梁が傾いたらどうなるだろう？　それが非常にわずかなものであっても、二つの時計は完全には同期しなくなるだろう。梁が傾かないのを確実にする唯一の方法は、梁が下がるとき、両端が同時に同じ高さになるようにすることだ。だがそのためには我々は少なくともさらに二つ時計が必要だし、それらの時計が同期している必要がある。だが我々はそもそも距離が離れた時計を同期するのにやっきになっていたのではないか！

もう一つの妥当と思われる手続きは、光線などの同じ種類の信号を片方からもう片方へ送って時計を同期させることである。光は極端に速く進むので、光線を送って時計を同期させることを期待する。だが待てよ、時計は正確には同期しないのだ。なぜなら光は一つの時計からもう一つへと伝わるのに少々時間がかかる。光は無限の速さではないので、非常にわずかな遅れがあるのだ。

光線を最初の時計から送って少ししてから最初の時計を起動するようにして、その長さはちょうどもう一方の時計に光が届くのに十分な長さにすることで、ちょうどこの遅れを引き起こすこともできよう。

そうすれば二つの時計が同時にスタートすることが期待できる。だがそうするためには、一つの時計からもう一つへ光が伝わるのにどれだけ時間がかかるかを事実として知らなければならない。では、我々は光の速度をどうやって測るのか？

一六七六年に遡ろう。デンマークの天文学者、オレ・レーマー（オラフ・レーマーとも）が光の速度を測り、その結果をパリのフランス科学アカデミーに提出した。[22] レーマーは、木星の月のうちの一つを使って光の速度を測定した。もっとも内側の月、イオが木星の影の部分を動くとき（その軌道を進むには約四二・五時間かかる）、この衛星からの光が遮られる。地球からもしばし見えなくなるのだ。時間 t の後で、木星の月はまた見えるようになる。

だがその年も後になって、地球が太陽の反対側に移った頃に、レーマーはまた木星の月の蝕を見たが、それが同じ時間 t を経過してもふたたび現れなかったことに気付いた。代わりにもっと長い時間がかかったのである。彼は木星の月の光は地球の軌道を横切って地球に来るためにはより大きな距離を進む必要があったので、地球から見えるようになるまでもっと時間がかかったと推論した。この二つの時間の遅れを比較して、レーマーは光の速さの値を求めた。ニュートンをはじめ、科学者たちは感銘を受けた。

だが我々はだからといって本当に光の速度を知ることになるのか？　我々が直接測定している唯一のものは、月蝕の時間的な遅れであることに注意しよう。しかし木星の月の速度にもし何か変化があったらどうなるか？　レーマーの手順を働かせるためには、木星の月の速度は一定だと仮定しなければならない。だがそうではない。また、木星そのものも動いているのだ。だから木星の速度が変わったらどうなる？　我々が木星やその月の速さを観測によって知れるとすれば、そこからの光を測定するしかない。

そうするためには、その光線すべての速さを知っている必要がある。さらに、日光が木星やその衛星に当たって跳ね返るのだが、物理学者は、木星やその衛星が太陽に近づいていたり遠ざかっているときに、その運動が反射する光の速さに影響するかどうか知らなかった。

光線がすべて同じ一定の速度だなんてどうやって我々は知ることができるのか？　レーマーは自分の観察では知ることはなく、ただそう推定したのである。たとえば、フランスの数学者で物理学者のアンリ・ポアンカレが一八九八年に書いた批判的な言葉を考えてみよう。「天文学者が私に、しかじかの星の現象が……［ある時刻に］起きたと言うとき、私はその意味を考え、そのために、まず彼がどうやってそれを知ったかを尋ねることになる。つまり光の速さをどうやって測ったかということだ。彼は最初から、光の速さは一定で、特にその速さはあらゆる方向について同じと想定していた。それは公準であって、そうしておかないとこの速度の測定は試みることもできない。この公準は、実験によって直接に証明することはできないだろう[23]」。従って、レーマーの観測は、この問題を説明していない多くの教科書の説くところとは違い、光の速さを確かめたと言うには不十分なのだ。

光線の速さの他の測定のしかたとして、地上で何らかの測定を行うことがあった。一八四九年、フランスの物理学者アルマン・フィゾーが七二〇の歯をもつ回転する大歯車を使って、ある実験を成功させた。フィゾーは第一の鏡をパリの西側の郊外にあるシュレーヌの高い見晴台に、もう一つの鏡をパリ中心部の北、モンマルトルの丘の見晴台に設置した。二つの鏡のあいだの距離は八・六三キロメートル（五・四マイル）であった。第一の鏡を使って、彼は細く絞った光のビームを、ある位置（Aとする）にある回転する歯車へ向けて送った。光のビームは時刻t_1の時点での回転歯車の歯と歯のあいだをよぎり、八・六三キロメートルを進んでそこでB地点の鏡にはね返り、反対方向に進んで時間t_2の時点でAの回

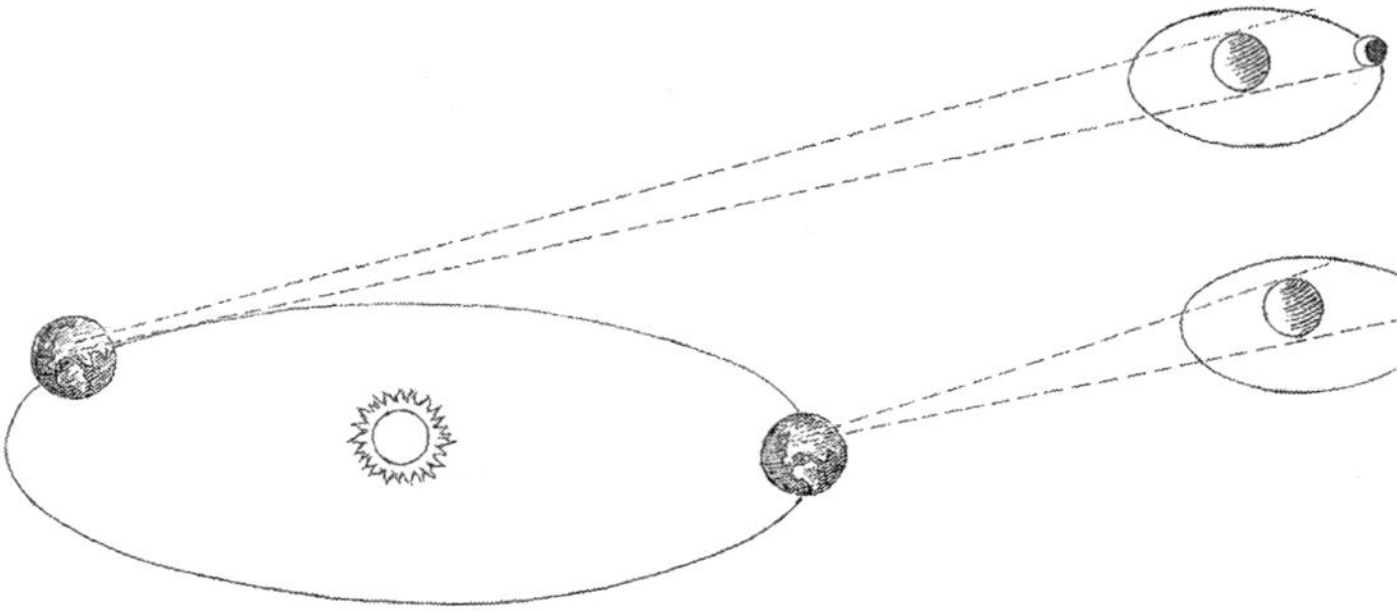

図 10.7.　１年に２回の別の時間に地球から見える木星の月イオの蝕。

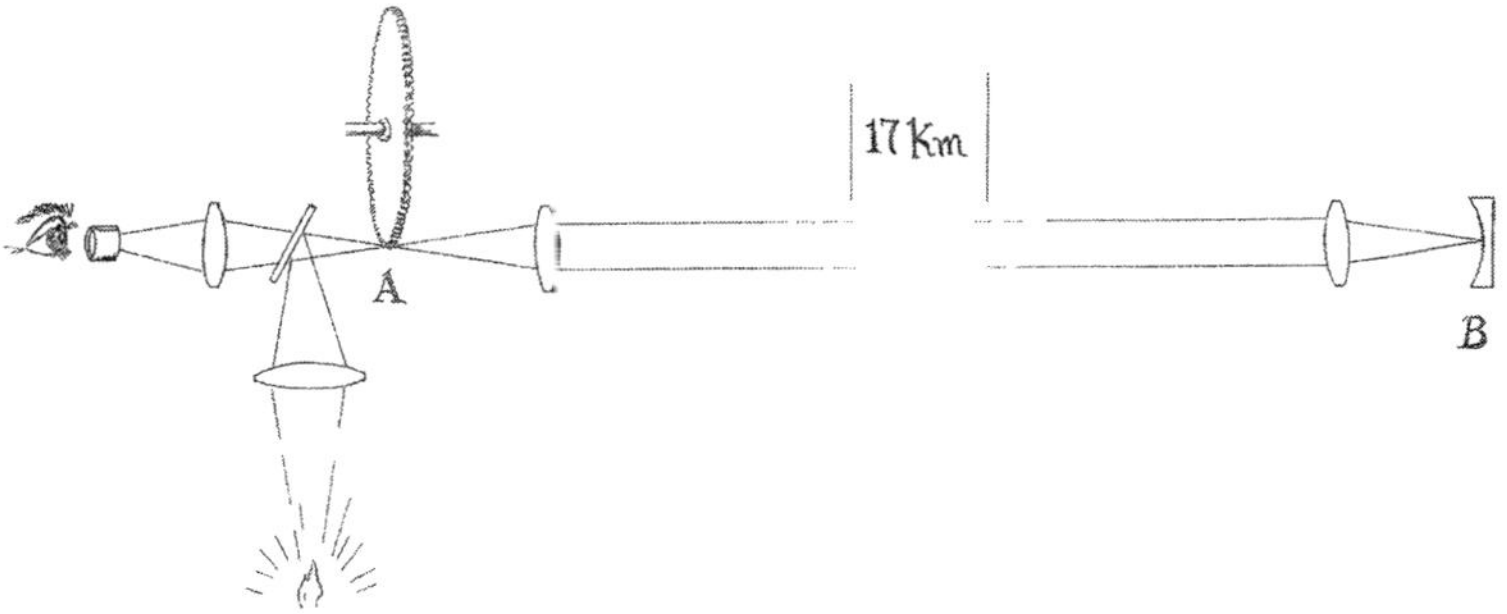

図 10.8.　1849 年のフィゾーの実験。光は下にあるランプから放出され、レンズと鏡が光の向きを変えて、回転する歯車を通過させる。それから光はさらに進んで別のレンズと鏡に達し、そこで反射して回転する歯車に戻ってくる。

転歯車に戻る。

歯車の回転速度をさまざまに変えて、フィゾーは光のビームが歯車に一度よぎった後、戻ってくるかどうかを調節した。最初はさまざまな速度で、光は動いている歯車のあいだをよぎり、同じ間隙をまさに通って戻ってきた。だが毎秒一二・六回転で、光はそこを通って戻ってこなかった。つまり、戻る光線は動く歯車の歯によって阻止されていた。光が進む全距離 $2AB = 17.26$ キロメートル（一〇・七マイル）と全進行時間によって、フィゾーは光の速度を計算した。[24] それはこんなふうに書くことができる。

$$光の速さ = \frac{2AB}{t}$$

こうして我々は地上で実験をして、光の速さを表す一つの値をもつことになる。光の速度を知ったので、我々はやっと例の時計を同期させる準備が整ったように思われる！

だが、光の速度を本当は測っていなかったことに注意すること。我々は往復の平均速度を測っただけである。つまり我々は今や時間 t が光線が A から B にいってまた A に戻るのにかかる時間だということはよくわかっている。だが A から B までだけいくのにかかる時間はわからないのだ。

たぶん A から B だけ進む光の速度は往復速度と同じだと我々は仮定することができる。それは理にかなっているように聞こえる。だがそれはただの仮定にすぎない。我々は逆方向へ向かう速度が本当に等しいと「実験で」証明したわけではない。

こう考える人もいるだろう。「そいつは変だ！　いったい何だって光が同じ距離を逆方向に進むのに違う時間がかかるんだ？」主なる理由は距離が本当は等しくはないということだ。地球がある方向に動くと、フィゾーの実験で使う鏡が、たとえば近づいてくる光線から離れるように動くのだ。光がいった

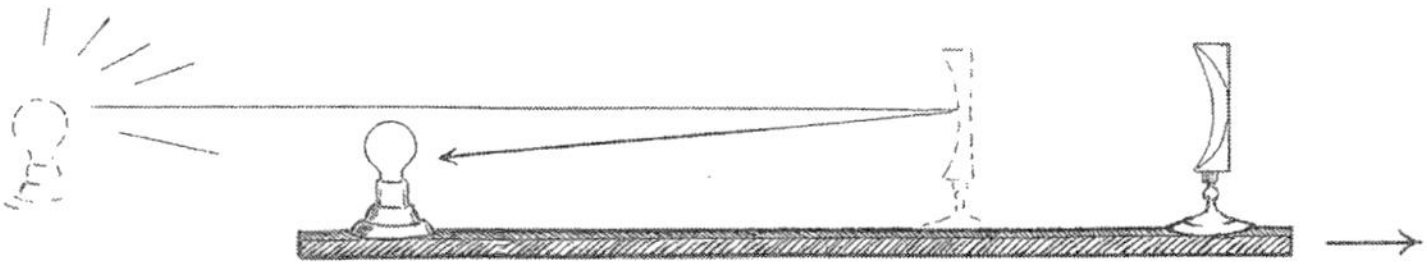

図 10.9.　地球のような動いているプラットホーム上で光は放出され、その後反射される。

図 10.10.　光の閃光によって時計を合わせる試み。

ん反射されると、それは光源の方に進んでいくが、光源もまた、地球によって運ばれ、光に近づくのだ。だから光が横切って鏡に出会うまでの距離は、光源から戻って来る距離よりも長いのである。その場合、光が*A*から*B*まで進むのは、*B*から*A*まで進むよりも長い時間がかかる。光源も地球と一緒に動いていると言っても無駄である。なぜなら、遠ざかる鏡に向かう光を速くすることにはならないからだ（物理学者は光の速さは光源の動きとは独立していると予想していた[25]）。だから多くの教科書に反してフィゾーの実験は光の片道速度について何も述べてはいないのである。

時計を起動するために、ランプから逆方向に光を送り、同時に時計が動き始めるようにして時計を合わせることしてみよう。この手続きは光線が逆方向に同じ速度で進むならばうまくいくだろう。だが光は逆方向に同じ進み方をするだろうか？　それを知るためには、光線の速度を測って、その後比較をしなければならない。そんな速度を測るためには、さらに二つの時計が要る。

だが、速度を測るためには、この新たな時計は同期している必要がある。どうやって？　これらの間の中央に電球を置いて、点灯しよう。だがそれがうまくいくのは、光が逆方向へも同じ速度をとるときだけだ。ではどうやってそれをテストするのか。我々は二つの別の時計が必要だ。そしてそれらの時計をいかにして同期させるか？

これでは堂々巡りだ！　離れた時計を同期させるのには、速度を知る必要がある。速度を知るためには同期した時計が要る。そんなわけで、一九〇五年の春、アインシュタインは悟った。「時間と信号速度のあいだには分離できない関係がある」[26]。この堂々巡りに気付いたのは彼が最初ではなかった。たとえばポアンカレはもっと早く気付いており、一八九八年の論文にこのことを書いている。それはアインシュタインが一九〇五年よりも前に読んだ本に引用されていた[27]。

ポアンカレと同様、アインシュタインは、そこからの出口は「約束事」とするしかないと見きった[28]。アインシュタインは光の速度が異なる方向でも等しいというのは、「私が同時性の定義に到達するために自分の自由意志で作ることのできる規定である」と論じた[29]。彼はまた光の速度は逆方向でも本質的には同じというのは、「定義」の問題だという結論を出している[30]。

一九〇五年三月、アインシュタインはスコットランドの哲学者、デヴィッド・ヒュームの『人間本性論』を読んでいた[31]。ヒュームは、原因と結果という概念のような物理の基礎概念でさえ、ある程度の仮定を含むと述べている[32]。ある事象が他の何かの原因かどうかが我々に本当にわかるという場合はないのである。我々にわかるのはその二つのことが決まった順序で起こるということだけである。つまり x が y の原因だと我々が思うのは、主として習慣の問題なのである。これらの考えを学びながら、アインシュタインはこう結論した。「すべての概念は、どんなに経験に近い概念であっても、論理の観点からすれば自由に選ばれたしきたりなのである」[33]。

図 10.11.　どちらの方向に行く光の速度も測るためには、合わせた時計の使用が必要となる。

こうしてアインシュタインはすべての光線の速度が等しく、一定であり、A から B に光が進むときにかかる時間と、B から A へ進む時間は同じであるということを根本的な前提であると仮定した。反対に、光の速度の一定性は「実験的事実」だと単純に主張する本もある[34]。だがそんな本は逆方向に進む光線の速度をどうやって測定して比較できるかについて何も証拠を挙げていない。特殊相対性が実験的事実であるという神話に反して、光線の速度と光の往復平均速度の本質的な違いについて記している良書はほんのわずかである[35]。

アインシュタインはまた、同時性の問題も考察した。時計合わせを理解するには、どんな事象でもいいが二つの事象が同時に起こるかどうかを証明する方法を何かもつ必要がある。ベッソとの会話をした翌朝、ベッドから出ようとしたそのとき、それがアインシュタインの頭に閃いた。ある観察者にとって同時に起こった事象は、その観察者に対して運動している別の観察者にとっては同時ではない場合もあるのではないか[36]。この考えを説明するためにアインシュタインは、列車を使った想像上の実験を構想した[37]。鉄道の線路上の二つの離れた場所で稲妻が光るとしよう。この二つの事象は同時かどうか、どうやったら私たちは決められるだろうか？　アインシュタインはあなたに、二つの出来事の中間点に、鏡をもって、どちらの方向からの光も自分に向かって反射するようにしておくようにと言う。そうして、両方の稲光が同時に閃くのを見たとしよう。するとあなたは、二つの稲光は同時の出来事だったと言う。

だが今度は、そのときに線路を進んでいる列車を考えてみよう。さて、雷が落ちるとき、列車に焦げた跡をつける。だから列車上のどこに雷が落ちたかについては疑う余地がない。そしてどの列車の車両中にも全部座っている人がいて、たまたま二つの雷の焼け跡のちょうどあいだに座っていた乗客を探せば見つかるだろう。そこで聞いてみる。雷が落ちるのを見ましたか？

「はい」

「それは同時に起こりましたか？」

すると乗客は答える。「いいえ、前の雷がまず落ちたのは確かです」。

そこでこう反論してもいいだろう。「雷は同時に起こりました。列車上のあなたが一方を先に見たとおっしゃるのは、あなたが列車とともに前に進んでいたからでしょう」。

だが、乗客は反論する。「私は全然動いてなんかいませんよ。ただここに座っていただけです」

我々は応じる。「いいえ、あなたは動いていましたよ。汽車ごと動いていたのです」。

乗客は言い返すだろう。「いえ動いていません。動いているなんて全然感じなかった。手にはホットコーヒーをもっていたし。それに実際、私が見たのは、外の全部の木やその男が動いているところだった」。

我々はおそらくにっこり笑い、それはただの錯覚だと答えるだろう。本当は、木はまったく動いていないのだ。

だが乗客はこう言い続けたりするのだ。「どうしてそんなことわかるんですか？　私は、地球全体が動いているから木が動いていたと言ったでしょう。それはあなたが、汽車が動いているからあなたも動いていいたんだと言うのと同じでしょ」。

図 10.12．汽車が動いているときに、雷は鉄道の道に落ちる。

アインシュタインにしてみれば、汽車が地球より小さいことは全然問題ではなかった。どちらも観察者が同時性を決定する同じ方法を適用したのだ。それでも両者の結果は異なっている。アインシュタインはどちらも正しいと言う。同時性は相対的なのだ。

アインシュタインは通常の同時性の概念は先入観だと論じた。我々は通常、もし事象が同時的なものなら、それは誰にとっても同時的なものだと思う。アインシュタインは、そうだという証拠はないので、ただの仮定にすぎないと推理している。ある観察者には、AはBより前に起こるが、また別の観察者にはAはBの後に起こるし、またさらに別の観察者には両者が同時に起こる。アインシュタインは、それぞれが同じ手順を用いて同時かどうかを決定しているかぎり、どれも正しいのだと述べる。

この相対性の問題は完全に恣意的なものではない。符合する実際の視覚的な証拠がなくてはならないのだ。汽車のある車両の両端の各ドアが、光が当たった瞬間に自動的に開き、また車両には電球がその真ん中にあって点灯すると、その車両がただちに動くように仕組んでおくとしよう。

我々は外にいて、後ろのドアが最初に開くのを見るとしよう。後ろのドアが先に開いたのは、そちらは光に向かって進んでいたのに対して、前のドアは光から逃げるように進んでいたからだと我々は推理する。重要なのは、これは経験的なデータになるだろうという点だ。つまり後ろのドアがまず開いたのを我々は見た。それは見解の問題ではない。

だが列車の車両の中にいる人はどうだろう？　光の速度が逆方向でも等しいという仮定に従えば、乗客は光が両方のドアに同時に到達し、それぞれの仕組みがそれぞれのドアを開けると予想する。我々は、車両の中、二つのドアの中間に立っている一人の人間が、両方のドアがすぐに開くのを実際に見るはずだと予想する。

だがどうしてそれは起こり得るのか？　我々が外に立っていて、実際に後ろのドアが先に開いたのを、見たというのに。そこで、列車の車両が右へと移動し、光は一方のドアに到達するのにもう一方のドアよりもかかる時間が少なくなるようにする。外に立っている我々にはそう見える。後ろのドアが最初に開いたと我々は言う。だが車両の中にいる乗客にとっては、ドアが開いたかどうかを知る唯一の方法はそれを見ることだ。光がそのドアから乗客まで進むことが必要だ。だからもし後ろのドアが先に開いたら、光は真ん中にいる観察者のところに戻らなければならない。だが、観察者は列車とともに動いているのである。どちらの光線も中央にいる観察者まで同時に戻るだろう。一方のドアが先に開いたかどうかは問題ではない。彼は文字通り、両方のドアが同時に開いたのを見るだろう。彼は、外にいる観察者である私たちが後ろのドアが最初に開いたのを見たというのは、我々が後ろへと動いていく状態だったからにすぎないと判断するだろう。[38]

だからどちらが正しいのだろうか、中にいる人間か、それとも外にいる人間か？　両方だ、とアイン

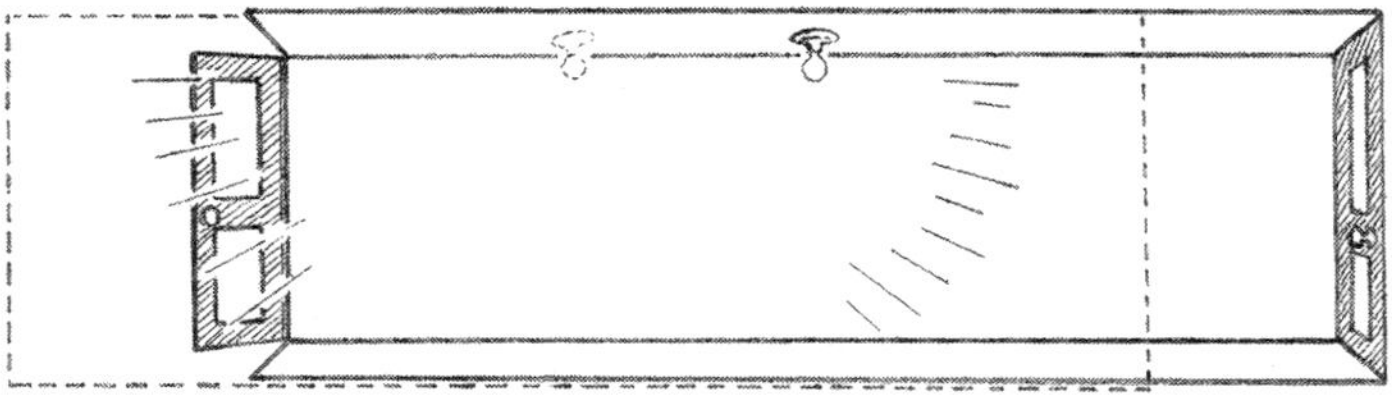

図 10.13.　光が動いている列車の車両の内側で放出される。外に立っている我々の目には後ろのドアが先に開くのが見える。

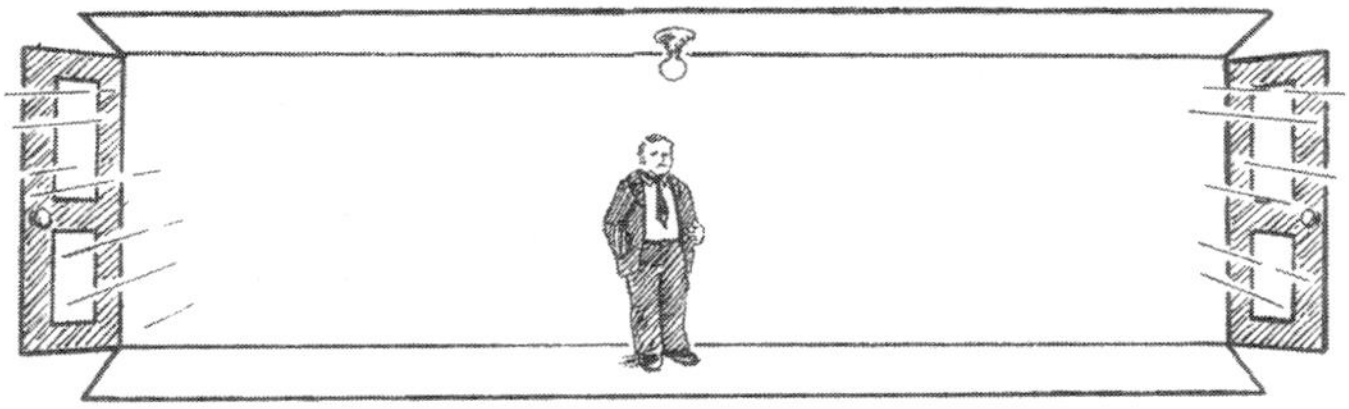

図 10.14.　列車の車両内にいる観察者の目には両方のドアが同時に開くのが見える。

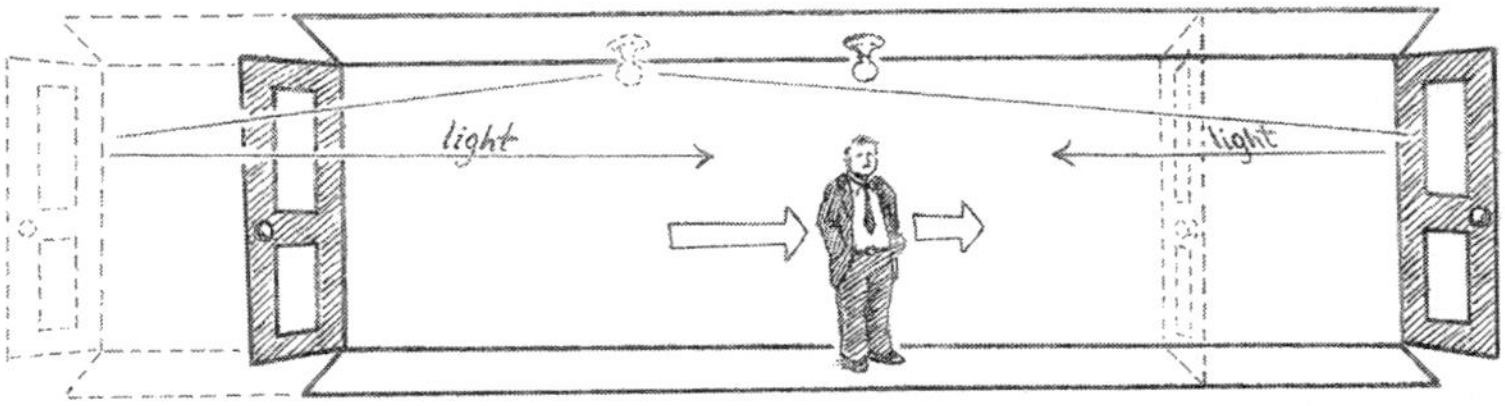

図 10.15.　光は各々のドアへと進み、戻ってくる。

シュタインは言う。それが同時性の相対性だ、と。ある観察者にとって同時である事象は、この観察者に対して動いている別の観察者には、必ずしも同時ではないのである。

同時性の相対的はへんてこな結果をもたらす。一つの例を考えてみよう。一二インチの長さの定規がある。だがその定規が動いている時の長さは？　その長さは同じだと我々は言うこともできよう。でも実際にその長さを測定する何らかの手続きを確立して踏まない限り、一二インチのままだと主張するのはただの仮定である。ではどうやって動く物体を測定するか？　一つの方法は光をぱっと投射してその陰を感光フィルム上に落とすことだ。また別の方法としては、一連のインクジェットを定規に向かって発射して、背面板にその形の輪郭を描くようにすることだ。

このプロセスの結果は、定規と同じ長さの輪郭や影になるだろうと我々は予想する。そして影の長さを測り、それを「定規の長さ」と呼ぶ。

だが右端のインクジェットがまず発射され、残りが連続して発射されるとしよう。すると結果として生じる影は短くなるだろう。

ゆえに、影の長さはすべてのインクジェットが同時に発射されるかどうかにかかっている。だが同時だということはどうやってわかるだろうか？　一つの手順が我々を満足させても、その手順は、我々に対して相対的に動いている観察者を満足させないだろう。距離がある事象の同時性については意見が一致しないので、動いている観察者はインクジェットは同時には発射されなかったと言い、我々の測定を間違っていたと結論するだろう。

ものの長さは同時性に依存する。つまりもし同時性に関して同意していなければ、我々は動いている物体の長さに関して同意しないことになる。さらに、長さについて同意しなければ、体積についても同

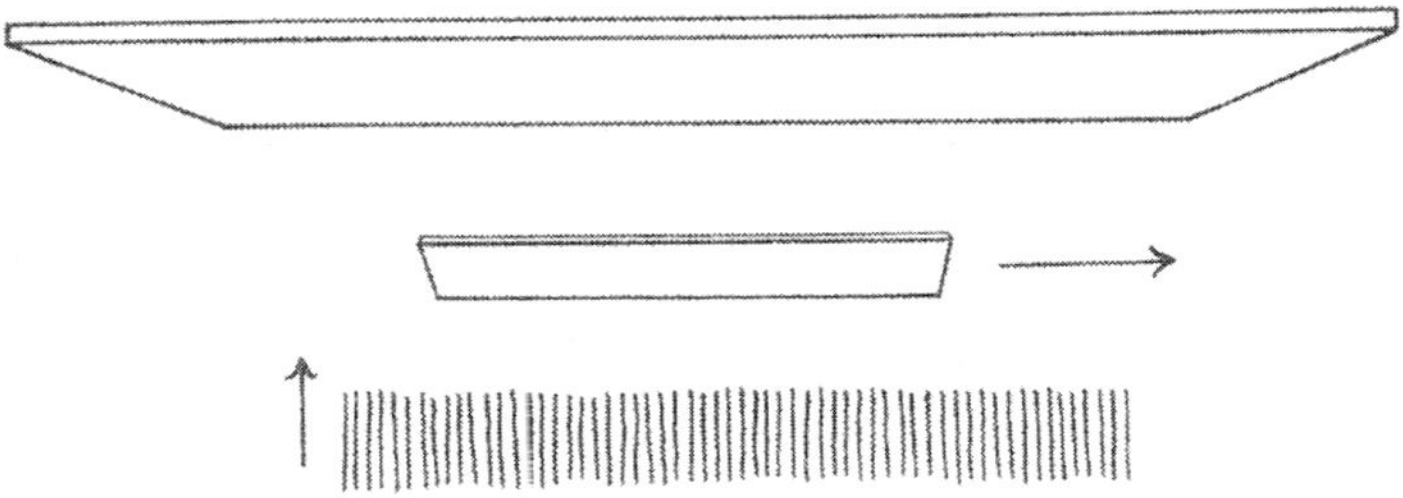

図 10.16.　インクジェットが動いている定規に近づく

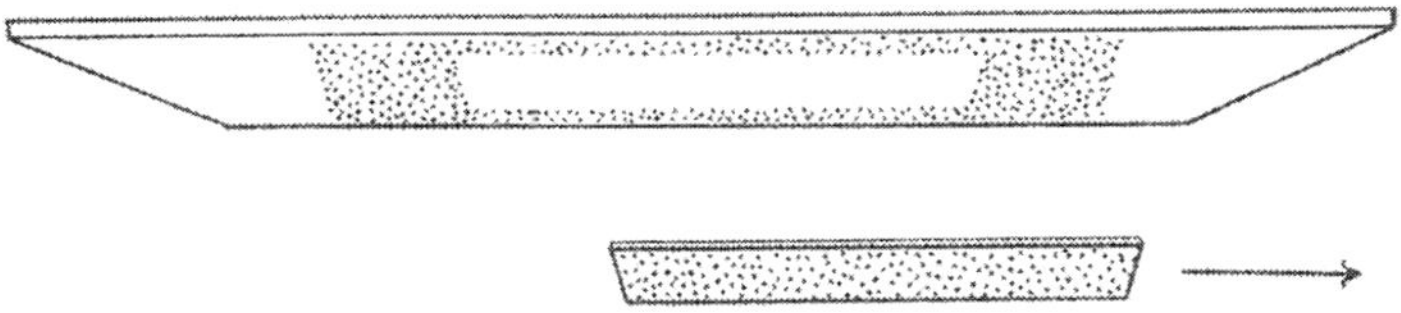

図 10.17.　インクが当たったところが動いている定規の影をマークする。

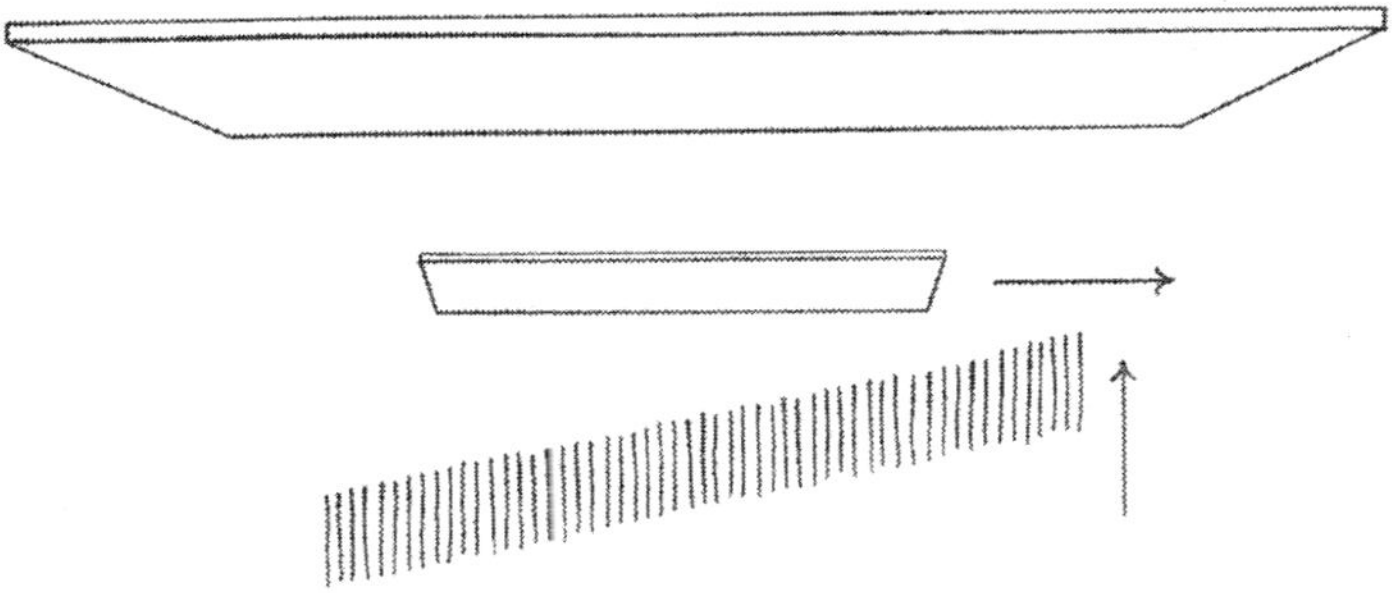

図 10.18.　インクジェットは同時には発射されない。

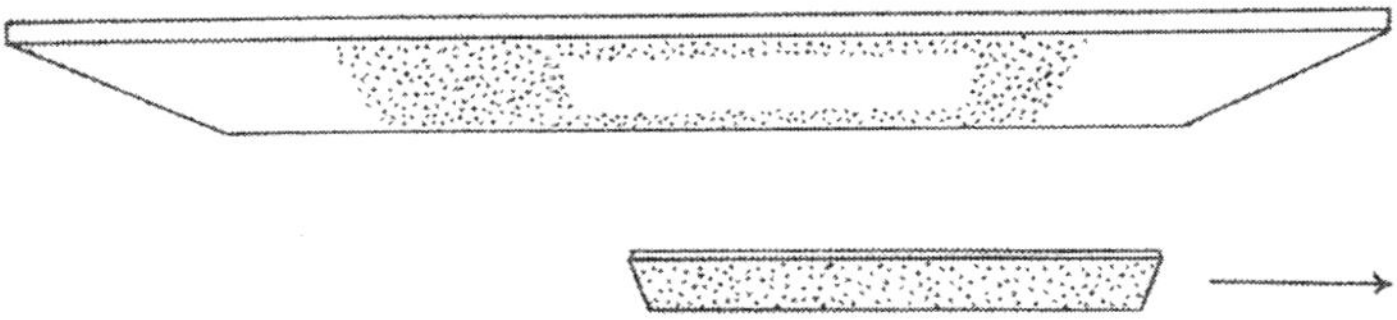

図 10.19.　インクが当たったところが縮んだ定規の影をマークする

意しないことになるだろう。体積に同意しないなら密度も同意しない。加えて、同時性に同意しなければ時間間隔についても同意しない。時間間隔について同意しないときには、加速度についても同意しないだろう。動いている観察者は、力、エネルギー、質量などについて同意しないのである。だからアインシュタインは、多様な物理的な量が準拠系のあいだでいかに照合され、変化するかを体系的に相互に関連づけるために、いわゆる相対性理論をたてたのである。

アインシュタインは、測定は相対性と光速の一定性の要請に依るべきことを明確にした。彼の理論の方程式を導出するために、いわゆるピタゴラスの定理が使える。一つの例だけ考えてみよう。持続、すなわち時間間隔の相対性である。光線が列車の車両の天井から床へまっすぐ放出されているとしよう。それを速度c'と呼ぶことにしよう（それをcプライムと呼ぶのは、我々はまだ列車の外での光の速度が等しいとは仮定していないからだ）。t'を光が天井から床まで進むのにかかる時間間隔を車両内の時計で測ったものとすると、光が進む垂直の距離は$c't'$となる。しかしその間、外の土手から見ると、列車は地上の時計で測った速さvで進んでいる。そして光線が下に向かって発射された瞬間から、列車は地上の時計によって測定されたvtの距離を進んでいる。すると、土手に立っている観測者に対しては、光線はただ下に向かって進むだけではなく、斜めになって前方かつ下へと進んで、ctの距離を進むことになる。cは地上の時計で測定した光速である。以上の距離をいわゆるピタゴラスの定理に入れて関係をつけると、次が得られる。

$$(c't')^2 + (vt)^2 = (ct)^2$$

それは以下のように書き直すことができる。

$$\frac{ct}{c't'} = \frac{1}{\sqrt{1 - v^2/c^2}}$$

もし今アインシュタインとともに、光速は列車上でも土手の上でも同じ、$c' = c$ と仮定するなら、次が得られる。

$$t = \frac{t'}{\sqrt{1 - v^2/c^2}}$$

この等式は、汽車の中にある時計によって示される時間間隔が、堤防上にある時計によって示される時間間隔と異なることを述べている。

たいていの物体の動きは光よりはるかに遅いので、アインシュタインの方程式があるからといって、列車や時計のような日常の状況で運動する物体のふるまいに、測定できるずれが生じるということにはまずならない。しかしこの等式は電子の運動を記述するのには適切に使えた。そこから言えることは、もっと大きな物体にあてはめられると、実に興味深いことになるように見えた。

出発点に戻れば、とてつもない高速で進む宇宙船に対しては、惑星地球はある程度の量は収縮しているわけだ。それは間違っているのか？　アインシュタインの理論によれば間違ってはいないし、また地球も収縮しているようには見えない。そうではなく、地球は、いや何物も単一の長さの直径をもつわけではないのだ。物体はすべて、多様な準拠系に関連して様々な長さをもつのである。もし本当の長さは、静止しているある観察者に対する長さだと考えたくても、アインシュタインは同意しないだろう。我々はゼロであってほしいと思うが、それは一つの速度にすぎず、一つの視点にすぎない。運動が相対的であるのと同じことだ。床の速度は何だろう？　時速ゼロマイルだが、それは椅子に座ったあなたに対していうことにすぎない。月に対して、あなたの足の下の床に対して、太陽に対しては、それぞれ別の速度で動くのである。そして他の星に対してもまた別の速度になる。速度は相対的であるというのとまさしく同じように、アインシュタインは、離れた事象の同時性もまた相対的で、その長さもまたそうだ、などと論じている。

そして、宇宙船にいる男はどうだろう? 彼は自分の懐中電灯を点灯して、それが光線を前方に送る。彼は地球に対して秒速一六万マイルで動く。光は彼に対して秒速一八万六二八二マイルで動く。この光線が地球に対して相対的には秒速三四万六二八二マイルの速度で動くと考えることもできるだろう。しかしアインシュタインは、我々はただきまざまな速度を次のような単純な足し算規則に従って組み合わせているだけだと言うだろう。

$$c' = v + c$$

彼はこれはただの仮定であり、この規則がまさしく正しいという証拠は何もないと論じた。代わりに彼が示したのは、同時性の相対性があれば、我々はさまざまな速度を合わせるための異なる規則を引き出すことができる。それは、

$$w' = \frac{v + w}{1 + vw/c^2}$$

もしも宇宙船の速度が v で、それに加える速さが c なら、光線の地球に対する速度は、

$$w' = \frac{v + w}{1 + vw/c^2}$$

そしてこれはこうなる。

$$c' = \frac{v + c}{c/c + v/c}$$

$$c' = (v + c)\left(\frac{c}{v + c}\right)$$

$$c' = c$$

従って、地球に対する光線の速度は、宇宙船に対する速度と同じで、秒速一八万六二八二マイルである。魔法のように見えるが、そうではない。我々はこの見たところ不可能に見える結果を、速さは要するに、距離割る時間にすぎないことを思い出せば、把握することができる。そして地球上の人と、宇宙船にいるその男は、時間と距離について同意することはないからこそ、両者はそのために光の速度については同意することができるのだ。

ポイントはこうだ。時間を通して、科学者たちは物体に属する性質と、物体のあいだの関係としてのみ属する性質とを識別しなければならなかった。人々が考えてきたのは（今も多くの人はまだ考えているが）、物体はある色を本質的にもっている、たとえば、あるりんごは本当に赤いということだ。だがニュートンのおかげで我々に今わかっているのは、色は物体の中にあるのではない。それらは光の中にあるのだ。ランプを消せば、りんごは赤ではなくなる。色はまた、我々がそれぞれの物体に対して相対的に動く速度によっても変わるのである。同様に、重さは一つの物体の本来備わっている属性だと我々は今まで考えてきた。だがこれもまた、ニュートンのおかげで、重さは関係によって決まる性質なのを我々は知っている。あなたのお気に入りの本は、木星の表面に座っているときにはもっと重くなるはずだ。そして向こうでの重さは、ここでの重さが現実的であるのと同様に、現実的なのだ。アインシュタインは、長さや時間のような概念もまた、関係によって決まる性質であると論じた。もし我々が一つの物体の長さを述べようとするなら、その準拠枠を特定しないとまずい。そしてあなたに対して同時である事象は、厳密に言うと、他の観察者に対して同時である必要はないのである。

アインシュタインは、そのような不一致があっても、一定の関係が一般に成り立つ物理学をたてることはできることを示した。差し引きして得られる正味の結果は、物理学全体が書きなおされ、今まで法則として知っていた命題はただの近似になるということだった。空間と時間は長いあいだ、人間のすることとは無関係で影響を受けない神話の神々のように絶対的なものだと想像されてきたが、逆に、変化し得る相対的な概念であると解されるようになった。アインシュタインは都合のよい約束事による仮定の上に自分の理論を置いたが、物理学を普遍的な事実に基づくものと見る古い習慣は続いていた。今日に至るまで、多くの科学者たちは、特に光の速度の一定性を、厳然たる実験的事実として解釈する傾向がある。アインシュタインは彼の特殊相対性理論を、間に合わせの予備的な構成物と解釈していたが、彼に続いた多くの人々はそうではなかった。アインシュタインは科学的探究精神に対して宗教的と言えるほど帰依したが、多くの科学者たちは相変わらず科学の学説に帰依していた。その学説そのものが変化していても。

第一一章　内助の功への称賛

　こんな面白そうな話がある。アルバート・アインシュタインは並はずれた名声を何十年も享受した。だが拍手喝采で迎えられた自らの相対性理論について、その一部はその目立たない妻のおかげだということを認めることは決してなかった。二人はアインシュタインがもっとも創造的だった時期にともに暮らしていたし、以前はともに物理学を学んでいた。それにアインシュタインがノーベル賞をとったときには賞金をこの妻に与えた。妻はひそかな共同研究者だったのだろうか？　いい話ではあるが、本当なのだろうか？

　アインシュタインの妻を支持する人たちは、何年もこれについて論じてきた。歴史家たちと物理学者たちは性差別者の偏見に基づいて、功績を否定しようとして組織的に嘘をついてきたのか。もしそれで長いこと本来の評価がされずにきたのなら恐ろしいことだろう。権威のある歴史家たちを信用するあなたは、こんな話はただ信じず、現代の一つの神話として捨ててしまうだろう。個人的には私は、ミレヴァ・マリチがひそかな協力者だったことがわかったら嬉しいと思う。私は彼女に隠れた共著者であってほしい。だが憶測による好みはいったん脇に置いて、証拠を見てみなければなるまい。

　さらにいいことに、物語がどう発展するかを我々はたどることができる。人々は歴史上のとっておきの話を取り上げては、引き延ばしたり掘り下げたりして刺激的な形に作り上げ、大量の印刷物を売る。二〇〇三年、アメリカをはじめとする国々のテレビ局が「アインシュタインの妻」なるドキュメンタリーを放送し始めた。(1) ミレヴァ・マリチの生涯をドラマ化したもので、彼女がアインシュタインの科学上のいくつかの研究に貢献したという考えを強調していた。PBSウェブサイト（歴史的な正確さへの懸念を受けてその後更新されている）によって、ある質問へのオンライン投票が特集されていた。「アルバートだけで一九〇五年の間に生み出された素晴らしい物理のすべてを生産することは本当に可能だったか？」 続いて「ミレヴァ・マリチはアインシュタインと共同研究したのか？ さあ、決めるのは君だ、オンライン投票しよう！」そんな具合で、視聴者は投票によって「過去を決める」ように誘われる。二、三年もすると投票した人の七五パーセントを超える人がマリチがアインシュタインに協力したと答えている。(2) こんなにも多くの人たちがどうしてそう信じるようになったのだろう？

この大騒ぎは一九八七年に始まった。ジョン・スタチェルを先頭に、物理学史家たちがアインシュタインの論文、手稿、手紙を幅広くまとめた著作集の出版を始めたときである。資料の中から、アインシュタインとマリチの古い手紙を彼らは出版した。一九〇〇年頃に書かれたこれらの手紙のいくつかの中で、アインシュタインは「僕たちの研究」「僕たちの論文」のような短い表現を用いていた。一度は「相対運動についての僕らの研究」とも言っている。(3) 物理学史家たちはそんな手紙をわくわくして分析したが、結論としては曖昧すぎて、マリチがアインシュタインの公刊論文に貢献したかどうかはっきりさせるには不十分だった。

それでも多くの非専門家までもが、マリチが果たすことがありえた役割について考えた。憶測したくなるのも無理はない。たとえばアインシュタインのもっとも興味をそそる言葉の一つに、翻訳するとこう読めるのがある。「僕らがこの相対運動についての研究を勝利で終えたら、どれだけうれしく、どれだけ誇りに思うことだろうね！」(4) 非専門家たちはただちに結論した。この手紙は相対性理論のことだな。アインシュタイン自身の手で書かれているなら、これ以上明白なことはないだろう？

しかし待っていただきたい。この手紙は一九〇一年に書かれている。後に相対論と呼ばれる、アインシュタインがたてた理論についてまだ彼に何の考えもなかった時期である。当時彼は目に見えないエーテルを信じており、その相対運動を実験的に検出する方法を探していた。「相対運動」という問題は、広範囲で関心がもたれていた問題で、多くの物理学者たちが解決を目指していた。アインシュタインは一八九九年、大学生時代にエーテルの相対的な動きを示す実験の設計を試み始めた。マリチに話をしながら、「アーヘンにいるヴィーン教授にも、重量のある物体に対する、発光性エーテルの相対的な動きについて僕が書いた論文のことを書いたところだよ」[5]。一九〇一年当時、アインシュタインは自らの思弁と抱負をマリチと分かち合っていた。だが一九〇二年までにはエーテルの動きを検出するというアイディアを捨てている。エーテルという概念を捨て、その代わり光が弾丸のようにふるまい、その速さは光源の速さに影響を受けるという仮説をたてた[6]。後に一九〇四年には、これらの推測もまた捨て去り、代わりに、光の速さはその光源とは独立だという仮説をたてた[7]。彼は、ヘンドリック・ローレンツの著名な理論を修正して、改良しようと苦闘していた[8]。だがそれもまたうまくいかず、一九〇五年の春になってやっと、彼は突如、特殊相対性と呼ばれるようになった根本的に新しい理論をたてた。七年を超える集中的な奮闘も含む、一〇年の考察を経てのことだった[9]。おびただしい数の文献的証拠によると、アインシュタインが一九〇五年以前とその後の数十年、取り憑かれたように物理の研究をしたことがわかる。ではマリチはどうであったか？

彼女はアインシュタインと同じく一八九六年に大学に入り、教員資格を取ろうとして物理学と数学も学んだ。彼らは時々一緒に勉強し、特にアインシュタインが以前に読んだことのある物理学の論文を一緒に読んだ。[10] 彼女は三歳以上年上であったが、アインシュタインは彼女を「僕の生徒」と見なしていた。[11] それぞれが卒業論文を書かなければならなくなったとき、アインシュタインは自分のテーマを選び（ふつうの慣行に反して）、マリチのためにも選んでやった。[12] 彼女の友達の一人は彼らのことを「自分たちのテーマを一緒に考案し、アインシュタイン氏はいい方をマリチ嬢に譲った」と書いている。[13] だがそれでも最終試験は難しく、マリチは落第した。彼女は再試を受けたが、それも失敗した。最大の障害は一九〇一年にはマリチがアインシュタインの子を身ごもっていたことだ。もう一つの問題としては、彼女は指導教授と何度か意見が衝突していた点も挙げられる。[14] それで教職の資格を取る努力を捨てた。手紙からは彼女が博士論文を書く努力も放棄することを選んだのがわかる。[15]

まだ結婚していない身でマリチは娘を一九〇二年に産んだ。彼らはそれを秘密にし、娘はその後歴史の記録からは姿を消す。これらの出来事が重なって、マリチの焦点は学問の世界での野心から家庭内の心配と仕事に移っていったように見えるのだ。当時の彼女は親しい友達に書いている。「人間としての幸せは、他のどんな成功よりも満足させてくれるものだと思う」と。[16]

にもかかわらず、ドルド・クルスティチという人物は、後にこんなことを書いた。「一八九八年の春から一九一一年の秋まで、ミレヴァは毎日アルバートと同じテーブルで研究した。静かに、目立つことなく、公けの場には決して現れずに」。[17] だがこれは思いやりに満ちた憶測というものである。クルスティチはアインシュタインにもミレヴァにも会ったことはなく、彼は実際に起こったときから九〇年近くも後になって書いているのである。一九〇〇年の半ばから一九〇二年の終わりは、二人はほとんど違う町、違う国で暮らしていた。つまり「日常的に同じテーブルで」研究などできなかった。同じ場所にいつもいたわけではなかったからだ。その上、ベルンで合流してからも、物理学を二人が定期的に一緒に研究していた証拠はない。クルスティチはそれでも主張する。「ほぼ同じときに、マリー・キュリーが放射物理学と放射化学の世界のドアを開き、ミレヴァ・アインシュタインが果敢にも量子と相対性の秘密を探り始めた。我々が今日でも現代物理学と呼ぶ領域である」[18]。ピタゴラスの話にもあったように、ここにも事実と憶測が入り混じっているのだ。

もう一つ、思いやりにあふれた憶測を検討しよう。アインシュタインとマリチの人生について調べた名高い歴史家の一人に、ロバート・シュルマンがいる。彼は「アインシュタインの妻」という番組でインタビューを受け、こんなコメントをした。「毛管現象に関する論文にミレヴァが意見した可能性はかなりあるだろう。それはもちろん、特殊相対性とは関係がない。しかしミレヴァが彼の一番最初の論文に対しては貢献した可能性、それもかなりの貢献をした可能性があるというのが公平だと私は思う」。毛管現象の論文はアインシュタインの最初の科学論文であり、一九〇〇年の一二月に完成した。シュルマンのコメントは、マリチが研究に協力した印象を与えかねない。だが言葉に注意してみよう。シュルマンは非常に適切なことに、「可能性があると考えられる」という単語を使っているのだ。そう、マリチがその論文に貢献した可能性は十分あると想像することはできる。だが本当に貢献したのか？　実際のところ、マリチ自身のこの問題に対する言葉が知られている。親しい友人のヘレネ・サヴィチに彼女が宛てた手紙はこうである。「これはただのそこらで見る論文じゃなくてすごく重要なもので、液体の理論を扱っている。私たちはボルツマンにも個人的に写しを送ったの。彼がどう考えるか知りたいから。彼が私たちに返事をくれるといいんだけど」[19]。最後の言葉は示唆的である。まるで彼女が本当に共著者であったかのようだ。しかし私は実は冒頭の文章を除いてこの段落を引用したのだ。冒頭の数行で当の論文を実際に誰が書いたかを特定している。「アルバートは物理学の論文を一本書いていて、それは物理学雑誌の『アナーレン・デア・フィジーク』にたぶんすぐに載るでしょう。私がどれほど彼を誇りに思うかわかるでしょ？　どこでも見れるような論文じゃないのよ……」。では当時なぜマリチはボルツマンが「私たちに」返事をくれるように望んだのか？　ひょっとして彼女はアインシュタインの秘密の共同研究者だったのか、あるいは彼女は論文の写しを書いただけなのか、それともただそれを投函しただけなのか。我々のあずかり知らぬことだ。だが彼女がアインシュタインが著者だと誇らしく認めていることだけは我々にもわかるのである。

一九〇一年、マリチはふたたび友達に得意げに書いている。「アルバートはすごい研究をしていて、論文として書いて出したところよ。彼はたぶん二、三か月のうちに博士号を取るでしょう。私は大喜びで、あんなにすごい頭脳をもった恋人を崇拝しながら読むでしょう。印刷されたら写しをあなたに送るわね。いろんな現象を使って気体の分子間力を調べたものよ。本当にすごい人なの[20]」。

それでもマリチはかつてアインシュタインと一緒に住んでいたからといって何か科学上の役割を果たしたのだろうか？　よく知られていることだが、一九〇二年にアインシュタインと二人の友人、モーリッツ・ソロヴィーヌとコンラート・ハビヒトが「オリンピア・アカデミー」とふざけて名付けた仲間内の討論を始めた。彼らの読んだものやそこでの議論はアインシュタインの物理学に影響を与えた。マリチもまた積極的に参加していたことを説く書き方もある。たとえば「アインシュタインの妻」の中で、ナレーターはこう述べている。「モーリッツ・ソロヴィーヌは書いている。ミレヴァは我々の会合のあいだ、角に座って注意深く耳をそばだてていた。時折は議論に加わってきた。彼女は控えめだが聡明で、家事よりは明らかに物理学に興味をもっていた」。この情報をプロデューサーはどこで手に入れたのだろうか？　小説化された本『アインシュタインの恋』に同じことが書かれている。アインシュタインにもミレヴァにも会ったことはないデニス・オーヴァーバイがその中でこう書いている。「結婚によってミレヴァはオリンピア・アカデミーの事実上の一員になった。ソロヴィーヌは後になって彼女を、会合のあいだは静かにアパートの一角に座り、議論を聞いていたが、まず意見を言うことはなかったと回想している。内気だが聡明で、家事より物理に興味があるのは明らかだったという[21]」。アインシュタインとマリチは同居していたので、ミレヴァが議論仲間に加わっていたのは想像にかたくない。ソロヴィーヌはマリチを暖かく評価しているが、実際に書いているのはアインシュタインが彼女と結婚した後、「それは我々の会合に何の変化も及ぼさなかった。ミレヴァは聡明で無口な人で注意深く耳を傾けていたが、我々の議論に口を挟んでくることは一度もなかった[22]」。この原文と尾ひれのついた説明とを比べてみるがいい。ソロヴィーヌはマリチが「時折」または「たまに」貢献したなどとは書いていないし、彼女は「明らかに家事より物理学に興味があった」とすら書いていない。彼女が積極的な参加者だったという文献上の証拠はないのだ。マリチがアカデミーの「一員」として現れているものは彼らの手紙の中にないし、彼女自身が親しい友人に宛てた手紙にさえない。

アインシュタインは、近所から苦情がくるほど活発に、ソロヴィーヌとハビヒトと議論していた。彼はまた自分の研究を友人のミケーレ・ベッソとも広く論じ合い、ベッソの助けに対しては最初の相対論の論文で謝辞を記している。ではマリチとの議論はどうだったのか？　いま残っている手紙の中では、アインシュタインが科学の議論を持ち出してマリチがそれに答えたところはなく、彼女は毎日の個人的な話題のみ出している。アインシュタインにインタビューした友人のフィリップ・フランクは、マリチについて「無口で寡黙だった」と記した上で「しかしアインシュタインは自分の研究に熱中しすぎてほとんどそれに気付いていなかった」と書いている。さらに「彼（アインシュタイン）が同じ専門家としてマリチにアイデアを話したいと思っても、それはアインシュタインから溢れでるばかりで、彼女の反応があまりにかすかでぼんやりしたものなので、彼女が興味をもっているのかどうかすら彼にわからないこともしばしばだった」とある。[23]

マリチの支持者は、証人だったと思われている人からの伝聞証拠に賭けてきた。マリチの非公認の伝記作家、デサンカ・トルブホヴィク゠ジュリチは、マリチに会ったことも手紙のやり取りをしたこともないが、ともにセルビア人であるため大きな親しみをマリチに感じていた。一九六九年、トルブホヴィク゠ジュリチは、自分が直接に会ったことのないロシア人物理学者、アブラム・ヨッフェがかつて「(「アルバート・アインシュタインの思い出」という題の一九五五年の記事の中で)一九〇五年の論文は元々は「アインシュタイン゠マリチ」と署名されていた」と指摘していると主張した。[24] 一九九一年に、作家エヴァン・ハリス・ウオーカーが同様の結論に達し、アインシュタインの一九〇五年の論文について書かれたヨッフェの記事をこんなふうに翻訳した。「その著者はアインシュタイン゠マリティ(Marity)であった」。[25] さらに一九九九年、ミケーレ・ザックハイムは、「ヨッフェというロシアの科学者は『物理学者との出会い――外国の物理学者の思い出』の中で、特殊相対性理論について述べたものを含む三本の元原稿は、「アインシュタイン゠マリティ(Marity)」と署名されていた」と主張した。[26] その後二〇〇三年になって、ドキュメンタリー番組「アインシュタインの妻」の中では、一九〇五年の手稿に記されたマリチの名をヨッフェが引用したという主張が放映された。同番組のウェブサイトは「ヨッフェが一九〇五年の論文に、アインシュタインとマリティという二人の著者名があるのを自分で見たという、活字になった報告が少なくとも一つある」と豪語していた。[27] これと同じことを言う人が次から次へと出てきた。

ヨッフェは信頼に足る物理学者で、後にアインシュタインと知り合い、マリチにも少なくとも一度は会っている。[28] 著書の『物理学者との出会い』ではヨッフェは、一九〇五年の手稿にどんなふうに署名されていたかについては何も書いていない。それを見たという主張すらしていない。だからザックハイムその他の主張は単なる間違いである。ヨッフェの短い記事「アルバート・アインシュタインの思い出」の方は、ロシアの物理関係の一流雑誌に掲載されたアインシュタインの死亡記事である。語順を変えずに文字通りに翻訳すれば、相当するくだりはこうなる。「一九〇五年という年の『アナーレン・デア・フィジーク』には論文が三つ掲載された。それに基づいて二〇世紀物理学の重要で当を得た方向性が始まった。それは、ブラウン運動理論、光のフォトン理論、そして相対性理論だった。それらの著者は、その時までは知られてはいなかったが、ベルン特許局官吏のアインシュタイン＝マリティ（マリティは彼の妻のラストネームで、スイスの習慣では、夫のラストネームに加えることになっている）」[29]。つまりウオーカーの解釈した、「その著者はアインシュタイン＝マリティ（Marity）」はひどい間違いだった。同様に、他の作家たちも刺激的な主張をするために、ヨッフェの言葉を拡大したり歪めたりしている。行間を読みすぎたのである。ヨッフェの簡潔な言葉では、著者は一人だけで、スイス特許局に雇われている男性であり、その名前にヨッフェは配偶者の名を加えたのだった。

それでもマリチの支持者はヨッフェがたまたま「マリティ（Marity）」と書いた事実から何かを導き出そうとした。たとえばウオーカーはヨッフェがマリティという名を冠した手稿を見たことがあるに違いない、そうでなければ彼は別の綴りを知っていたはずはない。なぜならマリティは「明らかにアインシュタインの伝記のどこにも見られないから」という。[30] だがウオーカーは間違っていた。この名前は現れている。たとえば、一九五四年に出版された人気の高いアインシュタインの伝記に出てくる。[31] また、ヨッフェが最初にスイスにあるアインシュタイン宅を訪問しようとしたとき、マリチにたまたま会ったが、彼女は当時アインシュタイン＝マリティという名を使っていた（スイスでは一九〇〇年代初期には、既婚者には男でも女でも、夫婦の複合名を使う人がいた）[32]。数十年も後にヨッフェがたまたまアインシュタインに言及したときに複合名で呼んだのは奇異なことではあるけれども、こんな些細なことのせいで、ヨッフェがマリチを著者だと見なしたわけではない。

ヨッフェはマリチがどんな科学論文を書いたとも共同研究したとも主張していない。彼女の名前が一九〇五年の手稿にあったと主張してもいないし、そんな手稿を見たとも言っていない。ヨッフェは彼の人生のさまざまな場所で、アインシュタインが一九〇五年の名高い研究の著者であることを認めている。それでも「アインシュタインの妻」の製作者たちと、番組に伴うウェブサイトは、ヨッフェによるとされる論文には「アインシュタイン＝マリティと署名されている」と書かれた頁の断片を映している。これは誤りだった。示されたそのページは実際には一九六二年にあるロシア人が書いた人気の科学書のものだった。その人物は元の手稿を見たことがあるとも言っていないし、見た誰かを知っているとも言っていない[33]。ヨッフェに関する主張は無と化してしまった。

もう一人のはっきりした証人は、マリチとアインシュタインの長男である。ハンス・アルバート・アインシュタインは複数の作家や歴史家からインタビューを受けて母親について聞かれたが、母親が隠れた研究協力者だとは主張していなかった。だが一九六二年になって二日間にわたり、ピーター・ミッチェルモアがハンスにインタビューした。ミッチェルモアはアインシュタインにもマリチにも会ったことはなかったが、ハンスに会って得た情報をアインシュタインの短い伝記にまとめた。その小冊子の中でミッチェルモアは、マリチがカレッジの最終学年までのあいだにアインシュタインと恋に落ち、「彼女の個人的な野心は薄れてしまった」と書いている。それなのにミッチェルモアは後になってこんなふうに短く記している。アインシュタインが電気力学での相対運動というパズルを解くのに奮闘しているあいだ、「ミレヴァは彼が数学の問題を解くのを手伝ったが、アイディアが溢れでる創造的な研究は誰も手伝えないことである」。アインシュタインの息子がそう言ったのだろうか？　それはわからない。ミッチェルモアが公表したどこの部分が、ハンス・アルバートから聞きとったものかわからないのだ。ミッチェルモアはハンス・アルバートが本の手稿を見ず、校正も行わなかったと述べている。「彼は私の質問にすべて答えてくれて、私が答えを書きとめるあいだ、待ってくれた。彼は私のノートをチェックしたいとも言わなかったし、本の校正も求めなかった。私を信用してくれたのだ。それは彼の父がもっていたような類の素朴さだった。神様が素朴な人を与えてくれたことに感謝。私はこの言葉をもっとも高貴な意味で使っている」(34)。ということはつまり、残念ながらインタビュアーの説明はチェックも受けぬままで、不正確さが増してしまったことになる。

ミッチェルモアの本には、検証できる記述と並んで、不正確な情報も含まれている。たとえば、アインシュタインはチューリッヒで学んでいるあいだに、「物理学の授業をとっていたフランス人、モーリス・ソロヴィーヌ」と親しくなった、と書いている(35)。実際にはモーリッツ・ソロヴィーヌはルーマニア人でルーマニア生まれ、ルーマニアで教育を受け、その後チューリッヒではなくベルンへ行き、そこで一九〇二年にアインシュタインと親しくなった。それはアインシュタインがチューリッヒで大学を卒業してからほぼ二年後のことである。このような間違いが著者の言葉の信憑性を低めてしまう。そんなこともあってか、『アルバート・アインシュタイン著作集』の編集者、ジョン・スタチェルは、ミッチェルモアの家族がひょっとしてミッチェルモアのハンスとのインタビュー・ノートをもっていないかを問い合わせた。残念ながらそんなノートはなかったので、我々はハンスがミッチェルモアに何を話したか正確にはわからない。このような曖昧さと直面しつつ、歴史家たちは誰もが、歴史を再構築するにあたって、伝聞したことをどう扱うか決めなければならない。相対論の歴史について私が書いた本では、私はミッチェルモアのマリチに関する言葉を組み入れることを選んだ。だがその一文が実際にあった出来事を写し取ったものではないことを、読者のみなさんにはご理解いただきたい。当人たちの息子にインタビューしただけの著者によって書かれた人気のある伝記で、当人たちはおろか、インタビューを受けた人すらも校正をしていない伝記。そこに現れたふとした主張にすぎない。しかも出来事があってから、書かれて出版されたのはほぼ六〇年も後である。ハンス・アルバートは一九〇五年の春には一歳の赤ちゃんだから、何があったかを目撃するなどできようはずもない。だから一九六二年にそんな言葉を彼が実際に口にしたとしても、彼はただ推測を述べたか、誰か他の人が言った言葉を繰り返したのだろう。重要なのは、直接的ではない、遅い時期の主張と、時期的には初期の情報源からの証拠を区別するということである。

我々は、情報源が違えば、それが保証する信憑性のレベルも異なるのに、その程度について、体系的にはっきり分けようとはめったにしない。だからこのような差異を明確に示すことは有用なことだろう。歴史家たちは、ある一つの文書にどのくらいの重さで依拠するかに関して、往々にして意見が分かれる。少なくともここにつけた表で、私の見方の概略を示すことはでき、そこで科学的成果が生まれることに関して存在することがあるいろいろな種類の情報をいくらか記述する。それらを識別するため、私は歴史上の出来事、つまり何かの科学が創造された瞬間からの近さの順でランクづけしてみた。項目の数字が大きいほど、私がおよそその時点の正確な情報らしい情報源としてふまえようと思う信憑性は低くなる。このリストはすべてをつくしたものではない。私の目的は異なる種類の情報を識別するだけだから

表 11.1.　さまざまな情報源の信憑性の度合、最高から最低まで。

1.	科学者の研究と思索のオリジナルのノートおよび草稿
2.	科学者、同僚、友人の同時代の個人的な日記
3.	友人に宛てた手紙などの同時代の文書
4.	科学者と同僚たちが交わした言説に対して行われた同時代の話
5.	手稿、科学的著作のオリジナルのもの
6.	科学者が時期的にはまだ初期の頃にふりかえった話
7.	科学者の初期におけるインタビュー、科学者本人が校正したもの
8.	科学者が、時期的には後になってふりかえった話
9.	科学者の後になってからのインタビュー、科学者本人が校正したもの
10.	歴史家、心理学者その他の専門家による形式の整ったインタビュー
11.	科学者の形式ばらないインタビュー
12.	講演が筆記されたものなどのように間接的な形でのみ存在する回想
13.	二重に間接的な形でのみ存在する回想による話
14.	親しい知人による後の時期の回想
15.	インタビューに基づく伝記、科学者本人およびインタビューを受けた人々の同意つきのもの
16.	複数のインタビューに基づく話、インタビューを受けた人の校正はないもの
17.	近い親戚または同僚のインタビューから得た話で、受けた人の校正つきのもの
18.	親戚、同僚、知人からのインタビューに部分的に基づく資料
19.	伝記や情報源のおおざっぱな翻訳
20.	伝聞、誰かが別の誰かに言ったと伝えられている、後になってからの間接的な話

だ。項目5のところで線を引いたのは科学研究が生み出されるあいだに出てくる証拠と、種種雑多な後からわかることや推測とを分ける境界を示す。

この序列では、ミッチェルモアによって書かれた伝記はレベル18である。対照的に、アインシュタインから友人のコンラート・ハビヒト宛てに、アインシュタインが相対論の原稿を書いていた一九〇五年五月に書かれた手紙は、レベル4の証拠に数えられる。研究していることについて言われているが、詳細な説明はないからである（書かれていればレベル3に上がったであろう）。その手紙は歴史家たちがしばしば引用するが、創造的な瞬間に対する、狭いながらも貴重な窓を開いてくれている。こんな具合に、我々が割り当てる信憑性が異なる、いろいろな種類の多くの情報があるわけである。

もう一つの例を挙げよう。一九二二年、アインシュタインが日本の京都で行った講演がある。タイトルは「いかにして私は相対性理論を創造したか」。彼は書き下ろし原稿なしにドイツ語で講演し、話すそばから日本語に訳された。通訳者がノートをとり、それが日本語でまもなく出版された。表にリストアップした階層では、この日本語の翻訳はレベル13に位置づけられるだろう。アインシュタインが書いたわけではないこと、日本語版しかないという意味で「明らかに間接的」だからだ。アインシュタインの生涯では非常に晩年のものではないため、忘れやすくなって事実を歪めていることはないと想像してよい。それでも、この講演の筆記録はアインシュタインによる校正は行われていない。

さまざまな信憑性のレベルを区別するという努力は、ある一つの資料に透視図法的な見通しを加えるのに役立つ。特に科学と数学の歴史上、古代の情報源の信憑性を評価するという実践を行おうとすれば、人を酔いから醒ましてくれるのである。たとえばピタゴラスについてプルタルコスが述べたことに我々が頼れる信頼性はどんなものだろうか。ピタゴラスが死んでからほぼ一〇〇〇年たってから書かれたものである。今ある証拠が遠く離れた過去を忠実に述べている証拠だというふりをするよりも、不確実さを認めるやり方で書くことを我々に強いるだろう。だが少なくとももっと最近の歴史的事象に対しては、我々は非常にはっきりしたことが言えるのだ。

幸いなことに、一九〇五年頃のミレヴァ・マリチにはいくつかの文章がまさにスポットを当てている。たとえばクルスティチは、マリチが友人のヘレネ・サヴィチに宛てた手紙の翻訳を提供している。それは一九〇五年の論文が出版された直後に書かれたものだ。「夫は自由な時間はすべて家で過ごしていて、息子ともよく遊んでくれる。でも……私は言っておきたいのだけれど、このことと役所での仕事だけが彼の仕事ではなくて、彼はすごい数の科学論文を書いているの」(36)。彼女が親しい友人宛ての手紙を書くときはいつものことだが、彼女自身の科学の研究についての主張は全く見られない。そしてそれは大学をやめた後でそうなったわけではない。さて、上の引用文における省略、……にお気づきだろう。クルスティチは何を省略したのか？　ヘレネ・サヴィチの孫によって手紙原文の省略なしの本来の翻訳が公開されている。「夫はよく余暇を家で息子と遊ぶのに費やしています。でも彼に公平に言うならば、それが彼の役所の仕事から離れた唯一の仕事というわけではないと言っておかなければなりません。彼が書いてきた論文がもう山のように積み上がっています」とある(37)。つまり、マリチがアインシュタインのもう一つの仕事を認めているところで、クルスティチが慎重に省略したフレーズが「彼に公平に言うならば」なのがわかる。一九〇九年、アインシュタインが物理学者たちから大いに認められた際、マリチは同様に友達に宛てて、「彼の成功はとてもうれしい。だって彼は本当にそれに値する人だから」と書いている(38)。

それでもそんな幸せは消えていったのだ。アインシュタインの妻のドキュメンタリーの終わりでは、胸を打つような音楽が柔らかく流れていた。ヘレネ・サヴィチの孫、ミラン・ポポヴィチがその音楽を背景に、マリチからサヴィッチへの手紙の悲しい内容をわかりやすく言い替えていた。

彼女は言った、自分は貝殻のようなもの。
そしてアインシュタインは貝殻の中の真珠。
そして真珠が出来上がったとき。
真珠はもう貝殻を必要とはしない。

私は最初にポポヴィチがこの数行を言うのを聞いたときは釘づけになり、感動した。そして後になって元の手紙を調べてみた。マリチは実際にはこの手紙を一九〇九年から一九一〇年の冬に書いていた。文字通りに訳すとこうなる。「こんな名声に包まれると、妻に割いてくれる時間なんてなくなるの。私が科学に嫉妬しているに違いないとあなたが書いてきたときは、クスっと笑いながら読んだけれど、でもどうしようもないでしょ？　真珠を手に入れた人間と、箱の方を手に入れた人間なのだから」(39)。彼女の言葉と、ポポヴィチのその解釈を比較すると、少なくとも私には、実際の引用をねじまげて、アインシュタインが真珠でマリチがそれを生み出した貝だというポポヴィチの説明におさめるのは無理があると思える。これはただ、アインシュタインは真珠と貝殻の両方だが、不公平なことに彼の最良の部分は科学に捧げられてしまい、マリチは彼の殻の部分しか受け取っていないことをこぼしたように見えるのだ。

アインシュタインとマリチは結局離婚している。一九二一年にノーベル賞を受賞したときにその賞金を彼女に与えたというのはまったく事実に反する。彼はそのお金で投資し、そこからマリチと息子が利益を得られるようにしたのである。(40) 彼らの交流は困難だったり、ときには財政的支援を超えて友好的だったりしたが、それらを通して、この問題に関する多くの手紙から見て、知的な面で借りがあったという証拠は何一つない。(41)

どんな文書にも間違いや省略、不正確さ、または嘘すら含まれることがある。同様に、どんな種類の情報にも真実の主張が含まれている可能性がある。重要なのは、その時代から離れた文献は噂を記したり、翻訳や書き直しや付け加えなどによって起こりうる不正確さの可能性が上積みされることがある点だ。出来事の当事者によって書かれた手紙は、数十年後であっても、情報として非常に有用なことがある。だがその内容には我々はまだ気をつけなくてはならない。もっと後になってからの、現場にいたわけではない人による話となれば、不確実さはさらに大きい。不確かさを消すことができない場合は、少なくとも不確実さがある点を認めるべきである。特に、我々が個人的には信じたいと思うことと共鳴する、人目をひく話に対しては正当な懐疑主義を養うべきである。センセーショナルな推測で魅了する作家たちというのは、証拠を読み誤っていることがあまりに多い。彼らは推測を吟味しようとせず、確信してしまうのだ。だがいい話を作る材料は必ずしも正しい歴史を作るものではない。

それでもなお、マリチの重要な役割を示す証拠は十分ある。歴史家、ジェラルド・ホルトンの言葉では、「皮肉なことだが、ミレヴァの科学上の役割が彼女自身が主張したり、または証拠が示されたりしたことを超えてはるかに誇張されたことで、彼女の歴史上の実際の重要な位置と、彼女の当初の希望と見込みとが悲劇的な形で実現できなかったこと、そのいずれも忘れられるだけの結果になった。彼女は女性が科学に参入する動きのパイオニアの一人であったわけで、たとえその恩恵を受けられなかったとしても、後から見ると、彼女はアルバートのもっとも創造的な初期の時代の困難な時期に、彼に不可欠な存在であったように見える。単に彼の感情面の生活をしっかりつなぎとめてくれる存在であっただけでなく、彼が高度に独創的なアイディアを聞いてもらい、共感してもらえる伴侶として、である(42)」。

歴史家たちよりも、じかに接した証人の声をお望みであれば、ソロヴィーヌが述べた胸あたたまる回想を考えてみてほしい。彼はアインシュタインの生産性はミレヴァという伴侶のいる家でよい人生を送っていたことから恩恵を受けていたと書いていた。「愛情のある環境で彼が落ち着いて研究できたのだから、彼女の影響がプラスに働いていたと私は確信している。彼が名声を確立した、「運動する物体の電気力学について」という論文が一九〇五年に発表されたことは忘れることができない。そのときは、二人の間を完全な調和が支配していたのだ(43)」。

第一二章　アインシュタインとベルンの時計塔

ベルン旧市街の中心部近くに、がっしりした中世風の塔が建っている。一三〇〇年代には、聖職者と違法な関係をもった女性のための獄舎として用いられた。一四〇五年には大火災でひどく焼けた。それが再建されて、大きな天文時計を擁した鐘楼に作り変えられた。二つの面があって、それぞれに先端に太陽がついた黄金の針が時間を指し示し、もう一つの文字盤は月齢を示している。古代の神が五体、つまりマーキュリー、サターン、ジュピター、マース、ヴィーナスが、プトレマイオスの天の五惑星とともに一週間の五日の絵となっている。そしてその一角の近く、にやっと笑う道化の下にあごひげをたくわえた時間の神、クロノスが砂時計を抱えて座っている。

この中世の時計塔は、アインシュタインが時間の相対性について最初に考えた一九〇五年五月の初めに暮らしていたまさしくその街路をまたいで立っている。毎日アインシュタインは徒歩で仕事に向かうとき、塔を通り過ぎ、そのアーチの下を通ることもあった。この事実はガリレオとピサの斜塔の神話にもなぞらえられる一つの神話を生み出した。アインシュタインとベルンの時計塔に関する神話である。ガリレオについての話の成長の様子は確かめるのが少々難しい。何世紀も前に始まっているからだ。だがアインシュタインと塔の物語は近年になって考えられたものなので、かなり徹底してその成長のしかたを追跡できるのである。

一九〇五年、相対性に関する最初の論文において、アインシュタインは列車の到着と時計の針との話に触れて、時間の概念を簡潔に説明した。彼は当時スイス特許局に雇われていたため、その仕事のせいで、彼が時計と列車を物理の関係において考えるようになったのではないか、それで彼は他の物理学者たちが解決できなかった問題を解決するに至ったのではないかと想像する向きもあったのだろう。だが実際にはアインシュタインが触れた一般的でありふれた時計と列車の技術は、彼だけのユニークなものではなかった。特許局勤務ではなかった他の物理学者たちも動きと時間の概念を、列車と時計を含む例を使って分析していた。[1] だがそれは広くは知られておらず、アインシュタインの抽象的な相対性理論が彼の実際的な仕事から端を発したように見えているのではないだろうか。

一九九三年、アラン・ライトマンがベストセラー本を出した。ライトマンはその中で、時計塔を背にしてアインシュタインとその友人のミケーレ・ベッソが交わした議論がアインシュタインの夢にぼんやり現れるのを想像している。[2] ライトマンの短い物語はうまく考えてはあっても虚構の説明として意図されていた。それでもやはり、歴史的な説も生まれた。

一九九五年までに一つの物語が生まれた。「アインシュタインは、ベルンのスイス特許局に通勤する市電に乗っているあいだ、遠のきつつある時計塔を見ていて相対性理論を思いついた」[3]。一九九九年、ハーヴァード大学心理学教授のスティーブン・ピンカーが、ニューヨークタイムスに論文を書いた。そこでは彼はアインシュタインがどのように相対性理論をたてたかを簡潔に述べている。「光のビーム上に自分自身が乗って、凍りついたように見える時計塔を振り返るのを想像することから、彼は特殊相対性理論を発展させた」[4]。ここには、光線に追いつくのを創造したという、アインシュタインが語っている妥当な歴史上の話が、時計塔のイメージに勝手に混ぜ合わされているらしい（興味深いことに、「凍った」時間という概念はライトマンの短い架空の物語に出てくる）。

同時にやはりハーヴァードに籍を置く、歴史家のピーター・ギャリソンが、どうやら見落とされていたらしい時間測定の面に焦点を当てて、アインシュタインの相対性理論は技術、物理学、哲学の交差から由来すると論じる研究を行った。二〇〇〇年にギャリソンはこう書いている。「この夏、私は北ヨーロッパのとある汽車の駅に立っていた。プラットフォームに並んだ、世紀の変り目を刻む時計たちをぼんやりと眺めていた。全部の時計が分のレベルまで同じ時間を示していた。ほお、これはこれは。優秀な時計ではないか。だがそのとき気づいた。私に見えた限りでは、秒針のチクタクと進む、途切れ途切れの動きすらも同期していた。時計それぞれが単にきちんと進んでいるというわけではなかった。一体になって動くように作られているのだと思った。アインシュタインはこんなふうに合わされた時計群を見たに違いない……。毎日、彼は調整された時計を備えたベルンの町を統轄する大きな時計塔を目にしたことだろう[4]」。ギャリソンはさらにこう主張した。「ベルンの時計塔という有名な調整された時計群の一つを見上げてから、近くのムーリの時計台へと目を転じ（ベルンの親時計とはまだつながってはいない）、アインシュタインはその時計合わせのアイデアを繰り広げたのだ[5]」。これを言うためにギャリソンはヨーゼフ・ザウターに

図 12.1　スイス・ベルンのクラムガッセ通りにある古めかしいツィットグロッゲ、すなわち時計塔。アインシュタインは 1905 年の初めベルンに住んでいた。

よる証拠一件しか挙げていない。それについては後で解説する。

時をほぼ同じくして、アインシュタインの伝記を書いた、デニス・オーバーバイはこうコメントしている。アインシュタインの突破口は、もしかすると、ある日彼が友人のミケーレ・ベッソとあの大きな時計塔の下を歩いているときに起こったと「考えるのは面白いことだろう」[6]。

二〇〇一年の本の中で、歴史家のアーサー・I・ミラーはアインシュタインは時計についての議論に影響を受けていたと論じている。「我々は忘れてはならない。特許局でアインシュタインが……しばしば連邦郵便電信庁の友達と無線電信と時計合わせの問題を話していたことを」。ミラーはこのことを忘れてはならない重要な事実と規定したが、しかしこれはありそうな憶測にすぎない。アインシュタインが特許局で時計をしばしば論じていたという証拠はないのである。にもかかわらず、ミラーはさらに主張した。「無線電信という実用的な問題」が「アインシュタインが一九〇五年の相対性理論を考えるときに入れる鍵となる入力」を提供したのだという[7]。そんな主張には証拠はないと再度述べておきたい。

二年後の二〇〇三年に出版された本で、ピーター・ギャリソンが繰り返し主張したのは、一九〇五年にベッソとアインシュタインがベルン中心街の北東の丘の上に立っていて、アインシュタインは、信号交換によって時間は定義されるべきだと気付いたことを説明しながら、興奮してベルンとムリの時計塔の方を身振りで示したことだ[8]。この逸話は二つの出典に由来する。一つはアルブレヒト・フェルシングの伝記であり、もう一つはヨーゼフ・ザウターの回想録である。一九九三年にフェルシングが書いているのは（フェルシングはアインシュタインにもベッソにも会ったことはないが）、アインシュタインが、時計を同期させる自分の手順をベルンにある時計塔とムーリにある別の時計塔とを示しながらベッソに、その後ザウターにも説明したということだ[9]。これらの塔はベルンの下町からは見えないので、ギャリソンは

「ベッソとアインシュタインは、ベルン下町の北東方向に見えている丘の上に立っていたに違いない」と主張した。[10] しかしそれは不可能だっただろう。ギャリソンの本にあるその地図はさかさまなのである。その丘は本当はベルン下町の南にある。ギャリソンとフェルシングの唯一の出典は、特許局での同僚、ザウターによる説明であった。ザウターは一九五五年に回想録を世に出した。その年、ザウターは八四歳。アインシュタインがかつて同時性についての彼の新しい定義をザウターに対しどのように説明したかをこう述べた。「アイディアを明確に定義するために、彼は私に言ったのだ。ベルンの塔のてっぺんに時計の一つがあるとして、もう一つがムーリの塔にあると想像してみよう」。[11] ザウターはアインシュタインが二つの塔の上に実在する時計のどれかを指したとは書いていないし、アインシュタインの突然の創造的な洞察は時計塔について考えることで得られたとも、アインシュタインがベッソに時計塔に関して何か話したとすらも言っていない。ゆえにこのアインシュタインとベッソが丘の上に立って時計塔の調整について論じたというストーリーは、空中分解してしまう。というより空中分解させるべきであるが、そうはならずに神話になってしまったのである。

二〇〇三年には、何万という読者がニューヨーク・タイムズの書評欄を見る機会があったはずだ。そこにはこう書かれていた。「一九〇五年五月、アインシュタインとその友、ミケーレ・ベッソが電気的に同期させられたベルンの時計と、郊外のムーリの時計塔にあるまだ未調整の時計と両方を見ることができる、ある丘の上にいて、アインシュタインにぴんと閃いて悟ったのは……」。[12] 書評者はギャリソンの本を要約しようとしていたが、実際にはギャリソンは、アインシュタインがベッソとともに時計塔を見ている時に偉大なアイディアを抱いたとは主張していない。主張したのは、アインシュタインがベッソにしばらく後でそんなふうに説明したということだけである（これもまたフィクションなのだが）。このストーリーのいくつかの側面が他の本に広がり、新たにディテールを獲得してしまった。

私は何年も前のある日、マサチューセッツ州ケンブリッジの教会通りにある、スイスの置時計と腕時計を修理する店にいた。壁にはすてきな額縁入りで、ギャリソンの本の書評記事があった。ちょうどそのとき、一人の男が連れに向かって言った。「ねえ。これ読んだ？　すべてはスイスの時計から得られたって話」。連れの女性は微笑んだ。「読んだわ。……いい記事だったわね」。もしかしたら、専門家と素人のあいだには線を引く方がいいのだろう。だが私が強調したいのは、伝記作家、歴史家、フィクション作家、評論家、物理学者、それに店にいた門外漢の人たちが一体になっているということだ。我々はみんな、少々読み間違え、憶測で印象を飾ってしまった共通の考えによってつながっているのだ。それはよく見られる、どこでも幅をきかせている習慣である。他の歴史的な神話の進化においても我々が目にしてきた同じパターンである。ありそうな推測（「もしかすると彼はこうした」とか「彼はこうしたに違いない」）が権威のある出典（歴史学の有名教授やら、名だたる物理学者）で言われ、実際に起こったこととして誤解されるのだ。

読者たちが推測に走りたがるのに加えて、この話はいかにもありそうなことなので目立つ。全体の状況が目を引くではないか。アインシュタインは時計作りの世界の中心地、スイスに住んでいたときに時間の相対性をたてたというわけだから。ギャリソンが論じるように、アインシュタインはスイス特許局という、時間測定技術が集まるところで働いていた。もしかしたら時間装置に関する特許が実際にアインシュタインに影響を与えたのだろうか？　いや残念ながらアインシュタインが事実としてそんな技術に影響を受けたという証拠も、時間測定装置の特許出願を評価したという事実もない(13)。

それでもアインシュタインは特許局から影響を受けたりしただろうか？　この問題を研究してみると、

表 12.1.　アインシュタインと時計塔に関する神話の進化

	アルバート・アインシュタインはスイス特許局で働いていた。1904 ～ 1905 年、勤務先に向かう途中でツィットグロッゲを歩いて通り過ぎていた。	
1955	ヨゼフ・ザウター　同僚　1905 年の言葉を回想して	「アイディアを明確に定義するために、彼は私に言った。ベルンの塔のてっぺんに時計のうち一つがあるとして、もう一つがムーリの塔にあると想像してみよう」。
1974	マックス・フリュッキガー　歴史家	ザウターが鐘楼に言及したのは面白い。アインシュタインは時々ベルンやムーリの友達や同僚を訪ねていた。
1993	アルブレヒト・フェルシング　伝記作家	「彼は､友人や同僚に､ベルンの時計塔を指し､それから隣町のムーリの時計塔を指して､身振り手振りしているところを目撃されていた｡空間的に離れたところにある時計を同期させる方法を彼が説明した相手は､ミケーレ・ベッソが最初で､ヨーゼフ・ザウターが二人目だった……」｡
1993	アラン・ライトマン　サイエンス・ライターはフィクションとして書いた	友人のベッソと時間の本質について理論化している頃、アインシュタインは時計塔の夢を見た。
1999	スティーヴン・ピンカー　心理学者	「光のビームに自分が乗っていて、凍りついたように見える時計塔を振り返って見るのをイメージすることから、彼は特殊相対性理論を発展させた」。
2000	デニス・オーヴァーバイ　サイエンス・ライター	アインシュタインの突破口が、彼がミケーレ・ベッソとあの大きな時計塔の下を歩いている時に起こったかもしれないと「考えるのはすてきかもしれない」。
2001	アーサー・I・ミラー　歴史家	アインシュタインはしばしば同僚たちに時計合わせについて話していた。
2003	ピーター・ガリソン　歴史家	ベルン下町の北東の丘の上に立って、アインシュタインはベルンとムーリの時計塔を熱く身振りで指しながら、ベッソに時間は信号の交換によって定義されるべきだということを説明した。
2003	ウィリアム・エヴァーデル　歴史教師、作家	「1905 年 5 月、友人のミケーレ・ベッソとともに、電気的に同期させたベルンの時計と、まだ調整されていない郊外のムーリの時計塔がともに見渡せる丘の上で、アインシュタインは閃くように気付いた……」。
2005	ミチオ・カク　物理学者	アインシュタインは「自分の乗った路面電車が時計塔から光の速度で離れて行ったらどうなるか」を想像した。
2007	ウォルター・アイザックソン　伝記作家	ベルンの同期された時計は、隣り村のムーリで見える尖り屋根の時計とは同期されていなかった。
2008	ハンス・オハニアン　物理学者	アインシュタインは「町全体の時計を同期させるネットワーク操作に使用される電磁装置の特許出願を審査した」。同期する時計に関する彼の決定的なアイディアをベッソに例示するために、彼はベルンの時計塔を指し、ムーリのもう一つの時計塔も指さした。

私が見つけた、明らかな関係を示している最高のものは、アインシュタインに関する初期の本の中にある一つの文であった。それを書いたのは一九一〇年代半ば頃にアインシュタインを追いかけた人物である。アレクサンダー・モスコフスキーは一九二一年に出版された本の中で、簡潔にアインシュタインについて記している。「彼は特許局で得た知識と、同時に自分の明敏な思考から生じた諸例の理論上の結果とのあいだに明確なつながりがあることを認識している」[14]。さらにもう一つ、証拠の一端がある。何十年も後になって、アインシュタイン自身が述べたことだ。「技術特許を最終的に明確な形にする仕事は実に恵まれていたし、物理の概念への重要なインスピレーションも与えてくれた」[15]。だがこれらの言葉はどちらも曖昧である。このつながりとは何だったのだろうか？　それはアインシュタインの相対性理論のことだったのか？　それとも七年を超えて書かれた彼の他の論文のことであろうか？　時間測定技術と関係はあるのか？　それが彼の相対性理論への決めてとなる重要な創造的なステップを助けたのだろうか？　そんな証拠は何もないのである。

我々はおそらくこう尋ねるべきだろう。アインシュタインの仕事が、どんな形であれ物理学者としての彼の役に立ったという証拠は何か？　アインシュタインが、特許局局長のフリードリッヒ・ハラーの厳格で批判的な教えのおかげでより明晰に書くことを学んだことはわかっている。アインシュタインの友達の一人が述べているように、ハレーはアインシュタインに警告した。「明晰に書かなければクビにするぞ」[16]。ヨーゼフ・ザウターはこの問題でアインシュタインの言葉を引用している。「あの人（ハラー）は自分の言わんとすることをいかに正確に表現するかを私に教えてくれた。父よりも厳しかった」。またアインシュタインの義理の息子であるルドルフ・カイザーはこう述べている。「彼（ハラー）は彼ら（審査官たち）に、鋭く論理的に考えることを教え、一つ一つの言葉をそのもっとも厳密な意味で選ぶことを教えた」[17]。アインシュタインの特許の仕事と、彼の物理とのつながりとしてはさしてドラマティックなものではないが、この点については証拠で裏付けられている。

とはいえ、今度は時計塔に関する神話が広がった様子を考えよう。アインシュタインの伝記でいちばん売れた二〇〇七年の本がある。ウォルター・アイザックソンがその中で「ベルンのあちこちにある同期された時計と、隣りのムーリの村で見える、同期されていない尖り屋根の時計」に当然のように触れている[18]。だがこれもまた間違いなのだ。時計塔は実際には共通の時刻を示していた。この頃には、ギャリソンの推測を歴史的事実だと誤解してしまった物書きや、歴史家すらもいて、今度は彼らが、アインシュタインは実際にはしばしばベルンの時計を同期させるための特許出願を評価したのだと主張するのだ[19]。

ギャリソンの説明は似たような話に想像上の細部を付け加えて、危うい話にしてしまった。フランス語の本ではたとえば、理論物理学者のティボー・ダムールがこんなふうに書いている。

まもなく友人二人はグルテンの丘を陽気な足取りで登っていた。そこからはベルンの壮大な景色が一望できた。彼らの生き生きした会話を想像してみよう……。

A・E「待てよ……。そうだ！　わかった……あの時計の塔を見ろよ。下はベルン中心街だ。どっちかが双眼鏡をもってきてたら、あそこの時刻が読めたのになあ。でもあれは我々の時刻じゃない。あの時計から光が我々のところまでくるのにかかる時間を引き算する必要があるだろう。それが動いている観察者にとっての「時間」の概念を修正することになると思う。ありがとう、ミケーレ。それでうまくいくっていま確信したよ。僕は今夜、その続きを詳しく計算するよ」[20]。

ギャリソンの説明は文学の本にも登場する。[21]さらには、物理学者の中にもそのストーリーを信じる人がいる。たとえばハンス・オハニアンの主張では、アインシュタインは同期させた街の時計の操作についての特許出願を審査した（フィクションである）、時計塔を指してこの創造的な突破口をベッソに説明したという（これもまたフィクション）[22]。また別の物理学者、マックス・ヤンマーがまたこのストーリーの変種を語っている。推測の形をとってはいるが、可能性のあることとして書いているのだ。「確かに、アインシュタインは特許局へ毎日歩いていく途上でクラムガッセ（彼が住んでいた所）にあるかの有名な時計塔の近くを通り、少し離れたベルン近郊のムーリにある教会にかかった時計を見るとき、時間の同期の問題にすでに出会っていたのかもしれない」[23]。このいかにもありそうなシナリオは実際には不可能である。なぜならムーリの教会の鐘楼は、アインシュタインのクラムガッセのアパートから特許局の古いビルまで歩いても全く見えないからだ。それにもかかわらず、ヤンマーは一種の逆転を行って、この話にもっともらしさを加えている。ザウターの説明という乏しい証拠から始めるのではなく、ヤンマーはまずアインシュタインはベルンとムーリの時計塔に影響を受けた「ことがあるのかもしれない」と仮定しておいて、後になってザウターの言葉を引用しているのである。こんなふうに我々は、神話でよく見られる一つの工夫に遭遇する。それはあるストーリーが本物の出典を読み違えてしまったことから生じ、後になってその出典が、そのストーリーとして提示された神話の証拠として使われるのである。

私は主として英語でのこの物語の発展に焦点を当ててきた。だが、ギャリソンの本はドイツ語、スペイン語、フランス語、ポルトガル語、イタリア語、ギリシャ語そしておそらく私が気づいていないその他の言語にまで訳されているのである。

アインシュタインの相対性の研究は時計によって閃きを得たという神話の別の変種を提示して書いた人々もいる。二〇〇〇年には、ワルター・ミイがそんな一つを「伝説」として示した。「いつものように路面電車が天文時計の下のアーチ道を通っていく。伝説によれば、アインシュタインが特殊相対性理論を発展させたのは路面電車に乗って時計を見ていたときだという(24)」。そしてこの短い主張が、心理学者スティーブン・ピンカーによって一九九九年に繰り返され、その神話に独自のこじつけまで生み出したのである。アインシュタインの光波の思考実験と時計塔を単純に混ぜてしまったのだ。再度述べておくが、ピンカーが最初にそれを述べた人物ではないのだが、私が彼を連想してしまうのは、何人かの作家が出典として彼を引用しているからだ。ピンカーの主張はすぐに広がって、法律、環境、教育の本に受け継がれた。そんな本の一つは、アインシュタインの「相対性理論に至る最初の洞察は、たとえば彼が光のビームに乗って凍った時計塔を振り返って見たと想像した時に起こった」と主張している(25)。

物理学者たちすら、奇抜な細部を付け加えている。ミチオ・カクはニューヨーク市立大学の理論物理の教授であるが、科学を大衆向けに措いたよく売れる本を何冊も書き、テレビやラジオでも案内人を務めている。アインシュタインと時計塔についてのカクの説明はこうだ。

アインシュタインは沈み込んでいた。彼の思考はその夜家に帰ったとき、まだ頭の中をぐるぐる廻っていた。特に彼はベルンの路面電車に乗って、街にそびえたつ有名な時計塔を振り返って見たことを思い出していた。それから彼は、もし自分の路面電車が時計塔から光の速さで離れたらどうなるかを想像した。即座に彼は、時計は停止したように見えるだろう、なぜなら光は路面電車に追いつけないから、しかし路面電車の中にいる彼自身の時計は通常通り打っているだろうと理解した。……彼はついに「神の思考」の扉をコツコツと叩いていたのだった。[26]

このストーリーはアインシュタイン自身の回想として描かれている。しかし一文一文が完全にフィクションである。例外は、彼の思考はその夜家に帰ったとき、まだ頭の中をぐるぐる廻っていたという単純な一節であろう。

カクの洗練されたストーリーはさまざまな作家たちによって取り上げられてきた。政治評論家のジョージ・ウイルも真似をしたし、[27] さまざまな物理、経済、科学書、創造性思考の本で繰り返されてきた。[28] そしてこの市電と塔についての物語は、スイスの旅行者向けの本にも即座に入り込んだ。たとえば二〇〇六年から出ているある本はこう述べている。「この時計塔はアルバート・アインシュタインを助けたと言われている。……この偉大なる科学者は推測したのだ。塔から離れていく市電に乗っているあいだに、もし市電が光の速度で走っていたら、時計塔は同じ時のままで、一方自分自身の腕時計は時間を刻み続けるだろう、それが時間が相対的であることを証明しているのだ」と。[29] このストーリーは教育の本にも登場してきた。[30] 私は近いうちに、アインシュタインの相対性理論には時間測定法のルーツがあると思われることに当然のように触れる物理の教科書を見つけるだろう。人の関心をひく短い囲み記事になるのではないだろうか。そこにはおそらく古い時計塔のすてきな絵が入っているだろう。ピサの斜塔からガリレオが行ったという伝説実験の絵のようなものが。そしてその教科書は生徒たちが物理の歴史とその社会との関わりにもっと興味をもつのに一役買うのだ。それはいいことである。すでに私は、アインシュタインが市電と時計にどのように影響を受けたかの話を載せた量子化学の上級レベルの教科書を見つけている。どの塔とも言及せずにとどめてはいるけれど。「アインシュタインが回想するには、ベルンの市電の停留所には時計があった。市電が停留所を出発するときはいつでも、この下級特許局員は自分自身に問いかけた。この時計は何を示すのだろう、もし市電が光の速さをもっていたならば。他の乗客たちはその間おそらく新聞を読んでいただろうが、アインシュタインは人類を新しい道に乗せて導いた問題を抱えていたのである」[31]。

私は、ますます繰り返されていく塔と市電についての神話を、面白さと不愉快さが入り混じった気持ちで読んでいる。これはいかに多くの物書きが、自分が模倣してしまう前に話の真実性をチェックする手間をとらないかを露呈している。彼らは単純に自分の出典を信用しているのだろう。そして彼らが、考え抜いてはいるとはいえ、不必要である推測の層の下に事実をいかに埋もらせてしまうかを見るのは愉快な話だ。これらのほら話が、教科書や標準的なテキストや子供の物語本に出たら、どんな形をとるか見るのも面白いことだろう。しかし私はまた物書きたちが、フィクションがたちこめる雲を通り抜けて、過去に本当に起こったことを見つける仕事に戻ってくれるときを待ち望んでもいるのである。

第一三章　アインシュタインの創造性の秘密？

アルバート・アインシュタインの創造性を説明するため、多くの説が出されてきた。たとえば、ピーター・ギャリソンはアインシュタインの相対性は三つの分野の実り豊かな交差から生じたと論じている。科学、哲学、技術の三つである。ギャリソンは技術の側について多くを書いているが、科学と哲学もまた重要だったと認めている。物理学、技術、哲学において、時間の観念に関心がもたれていたのだ。これらの三分野の交差がアインシュタインの概念上の突破口を生み出したと考えると、爽快なものがある。だがギャリソンの本の評者の一人は苦言を呈しており、それは正当な苦言である。「これらの異なる要素において何に重点があったのか、という問題は避けて通れないのに、ギャリソンはその問題に答えようとしない[1]」。

では芸術はどうだろう？　二〇〇一年にアーサー・I・ミラーが、特殊相対性は四つの分野の交差から生じたことを長々と論じた。科学、哲学、美学、技術である[2]。アインシュタインの創造性においてそれぞれの分野の影響が同じ大きさ、約二五パーセントで作用したとでもいうのか？　問題は、創造性というものを特定の学術分野の間で同等に切り分けていることだ。それで正当なのだろうか？　では経済学はどうだろう？　経済学も含めて、各々に二〇パーセントの影響を割り当てればいいではないか。しかしもしかすると、それぞれの影響は同等ではなかった可能性もある。歴史的な問題としては、誰かの創造性のルーツ、それも単に可能性がありそうだと想像できるルーツなどではなく、現実のルーツをどうやって確かめるか、という問題になるだろう。

アインシュタインは一九〇五年以後、五五年も生き、馬鹿馬鹿しいほど有名になってしまった。友人、赤の他人、共同研究者、親戚、レポーターたち、作家、伝記作家、心理学者、歴史家がこぞって彼にその創造性のルーツを聞いてきた。「どうやってあなたはそれを成し遂げたのでしょうか?」と。どうやって彼は時間の相対性を思いつくようになったのか? 多くの問い合わせ、インタビュー、手紙、率直な質問があったにもかかわらず、アインシュタインは芸術からの影響も、特許局で接したいかなる時間調節技術からの影響も挙げていない。それは彼の共同研究者たちも同じである。代わりにアインシュタイン、友人、同僚はいくつか他の要因と影響を指し示している。

たとえば、ミケーレ・ベッソは一八九七年以来、アインシュタインの近しい友人で一九〇四年以降は同じ特許局の同僚だった。ベッソは機械エンジニアとして教育を受け、電気技術の経験があった。アインシュタインは自分の思考を明確化する上でベッソが重要な議論や価値のある示唆をもって手助けしてくれて、それが特殊相対性へと実を結んだ、と謝辞を述べている。従ってベッソが、特許か時間測定の技術革新がアインシュタインが相対性理論へと至った道に影響を与えたかどうかを判断できる、まさに格好の立場にある。だが数十年を超えてやりとりされた大量の手紙で、二人のどちらかがそんなことに触れているものはないのだ。一九四七年というベッソ七四歳の年の手紙では、アインシュタインに向かってどうやって相対論での時計とものさしを思いつくに至ったのか、実際に尋ねている。時間測定技術からの影響があったかについて、はっきりまたはそれとなく述べる一つのチャンスだった。しかしベッソはそうは聞いていない。代わりにこう尋ねた。アインシュタインの若い頃の読書にエルンスト・マッハの本があったはずだが、それはベッソが提案してそれでアインシュタインが読むことになったもので、それがアインシュタインの時計と測定棒の考えのルーツになっただろうか、というものだった。(3)マッハ？ いや違うね、とアインシュタインは答えている。さあ、今こそ時計と時計塔を指摘する完全なチャンス。だがまたしても彼は技術的な問題はおろか、芸術についてすらほのめかしもしていない。彼は自分の全般的な知的発達の上で、マッハの影響は大きいことは認めたが、ソロヴィーヌとハビヒトとともに議論した哲学者デヴィッド・ヒュームの本を読んだことの方が、相対性理論へ向かう思考上でより重要だったと記している。(4)

ゆえに『アルバート・アインシュタイン著作集』初代編集者のジョン・スタチェルは、ヒュームの時間の概念が特にアインシュタインに影響を与えたと述べている。(5)だがスタチェルはこれが本質的には推測にとどまるものだとも認めている。アインシュタインはヒュームの時間に関するどの見解かを特定しておらず、ただ一般的にヒューム的な物の見方に影響を受けたと述べているのである。

何年かすると、著述家たちはアインシュタインの相対性理論に至る道筋を説明するために多くの他の仮説を提唱し始めた。ヒューム以外には、マッハ、特許、ミレヴァ・マリチ、美学。書き手たちはアインシュタインが重要な影響を受けたのは、H・A・ローレンツの物理、光の実験、ポアンカレの著作、果ては神に関して熟考したことによる、というものまでさまざまに推測を重ねた。(6)そしてスタチェルは特殊相対論の歴史に関してはまだコンセンサスが得られていないと記した。哲学者たちはもっと広く相対性の概念を、さらに古い多くの権威によるものとさまざまに考えた。中にはピタゴラスを暗にさした説もあった。(7)相対性のルーツは歴史の問題ではなく、個人の好みの問題であるようだ。

何年も前に、アインシュタインの一〇〇周年記念の会議で歴史家たちが集った。ある発表者がアインシュタインがいかにして特殊相対性理論に至ったか、要はアインシュタインが踏んだいくつかの段階らしきものについて、新たな自説を述べていた。話しているあいだ、二、三度声を大きくしてはっきり「ジョン・スタチェル」と言って区切りを入れた。まるで自分の特異の論点にスタチェル教授が同意していることを強調しているかのようだった。だがそうではなかった。当のスタチェルは無言のまま、私のすぐ後ろに座っていて、走り書きした紙を私に寄こした。「セイレーンは何の歌を歌ったか」(8)。つまりコンセンサスなどないのだった。一九〇五年のある春の日における一人の男の考えを正確に理解しようにも、到底不可能であり、それは伝説の人魚が歌った歌を特定するのにも似ていよう。だが、アインシュタインが特殊相対性理論に至った可能性がある道筋は実際はこう起こったのだ、と確信をもってお気に入りの自説を述べる著述家たちは後を絶たない。

歴史家たちのあいだで共通の説明にまでまとまらない理由の一つは、説の中には、当の対象よりも、歴史家自身が映しだされている説があるからである。それに多くの書き手は、当事者の証言を無視する傾向がある。たとえばアインシュタインがどのように自分の概念上の飛躍を遂げたかに関して彼自身が述べたことである。誰もが反射的に、当事者の答えは、どんなものであれ、的を外しているものだという。物書きの中には嘘を書く人もいれば、根本の思想を忘れる者もいるし、本質的な動機を全く無視する者もいる。そのように否定的に見ておくことは、一つの歴史的戦術としては役に立つだろう。そう思っていれば、書き手が自身のことを説明している分には正しいと考えてしまうのを押しのけ、歴史家や評論家が、そのことを、それに伴う恩恵とともに、正しく把握できるからである。

とにかく、我々が今日亡き人の言葉にそれなりに耳を傾けたいとしよう。今日アインシュタインに、相対性理論をたてたのはなぜあなただったのでしょう?と聞いてみてはどうだろう? 彼は何と答えただろう? なんとその質問に直接答えた文書が実在するのである。アインシュタインはかつて、物理学者のジェームズ・フランクにこう説明している。

私が、特に相対性理論の発見にはどのように至ったかを自分に聞いてみたら、こんな答えが浮かんできた。正常な大人の人間は空間＝時間の問題について考えたりはしない。幼い子供時代に考えるべきことは全部もうとっくに済ませている。反対に私は、成長が遅すぎたので空間と時間について最初に不思議に思い始めたのが大人になってからだった。それで当然のことだが私は子供よりは深く問題に入り込んだのだ[9]。

ここにはアインシュタインの創造性の実際のルーツにはっきりと関係する文献上の痕跡が認められる。これは発達心理学の領分に置くのがいいのではないか。

しかしアインシュタインの引用には疑わしいところもある。彼はこれを本気で言っていたのだろうか？　彼は本当にそう言ったのか？　それはアインシュタイン自身で書かれた言葉ではなくて、アインシュタインの伝記を書いたカール・ゼーリヒにフランクが一九五二年に送った手紙の中で、フランクが文字にした言葉なのである。もしアインシュタインが言ったのならいつ言ったのか？　その日付はわからないが、もし彼の言葉だとしても、たとえば一九四〇年代だったのなら、一九〇五年という彼が自ら

図 13.1.　セイレーンたちは何の歌を歌ったのか？

の相対性理論をたてた年の状況を実際に記述したことにはならない。内容にも問題がある。アインシュタインは本当に知的発達が遅かったのか？　彼は本当に一九〇五年に時間の概念について、子供じみた考え方をしたのか？

この引用を歴史的に分析するために、年表を遡って追跡し、離れた過去にある明らかなルーツを見つけてみよう。歴史に関して心躍ることの一つは、その研究の過程で、証拠の一断片からもっと古い別の断片に行き当たることである。文献的事実のもっと前のを少しずつ明らかにするプロセスを私もお伝えしたいと思う。

この引用の正統性については、アインシュタインも認めている。ゼーリヒによるアインシュタインの伝記が出版された後、アインシュタインは詳細な修正リストを作ったが、この引用についてはそのままにしたことが知られているのだ。

アインシュタインがその生涯のこんな遅い時期に言った言葉だったとなると、本当に起こったことだと信頼していいのだろうか？　彼は「発達が非常に遅い」タイプだったのか？　幸いなことにそれに関する資料も実在する。たとえばアインシュタインは子供の頃話し始めるのが非常に遅かったので、両親は発達に問題があるのではないかと心配した。アインシュタインの妹によれば、幼いアルバートは「通常の子供時代の発達が遅く、(10)彼は言葉の面での難点は、周りは彼が話せるようにならないのではないか、と心配するほどだった」。ついに彼は話すようにはなったが、彼の両親によると五歳の時点では彼はまだはきはきと話せず、ぼんやりしていたという。(11)それに言葉を話すとき奇妙な癖があった。「ありきたりな文でも彼は口に出した後、そっと独り言で唇を動かして繰り返していた。七歳になる年までこの風変わりな癖は続いた」。(12)八～九歳頃、彼ははにかみ屋で内気だったということも知られている。(13)彼がうちとけてよくしゃべるようになったのはもっとずっと後で、一〇年後とか一二年後のことである。学校ではアインシュタインは「教師たちからは発達の遅い子と見なされていた。……教師たちはこの子は知的に遅れており、人づきあいができないと父親に報告した」[14]。ゆえに、いくつかの証拠の断片がアインシュタインは子供としては発達が遅かったという主張を裏付けている。

では、時間の概念を子供のように分析したというアインシュタインの主張の方はどうか？　この話から思い当たるのがジャン・ピアジェの研究である。一九四六年、スイスの心理学者、ピアジェは『子供における時間の概念の発達』という本を出版した。アインシュタインの言葉が一九四〇年代のものなら当たりだろう。その当時ピアジェのいわゆる「発生的認識論」が非常に人気の高かった時代なので、そのアイディアを模倣しただけなのだろう。だが影響は実は逆だったことが判明している。

一九二八年に遡ろう。アインシュタインはスイスのダヴォスで開かれた物理学と心理学の国際会議で議長に招聘されていた。当時ピアジェは、ヌーシャテル大学の心理学社会学科学史学科の学科長を務めていた。会議ではアインシュタインはピアジェの研究グループに次のような質問を投げかけた。「時間の主観的な直観というのは元からあるものか、後から派生するものか、速度の直観と混じりあっているのか、いないのか？　このような問題は、一人の子供の中の概念の発生の分析において、あるいは時間概念の構築において、具体的な意味をなすか。つまりその段階は言語や意識的反省の次元に移し替えられる前に完了しているのか」[15]。ピアジェによれば、ピアジェの研究グループが子供の時間の概念の発達を研究し始めたのはこの示唆を受けてからのことだという。その研究が一九四六年のピアジェの本に結実したわけである。

では、アインシュタインの創造性についての本人の説明に戻ろう。アインシュタインは自分には一種の発達遅滞があって、根源的な問題を子供っぽく考え、それが相対性理論へと至らしめたのだと主張した。二六歳になっていた一九〇五年に、子供のように問題を考えていたというのは本当だろうか？モーリッツ・ソロヴィーヌはアインシュタインの親しい友で、一九〇二年から一九〇五年までの内輪の議論仲間三人のうちの一人でもあった。この人物が、当時を回想してこう述べている。「根本的な概念を吟味する際にアインシュタインは、発生的方法を特に好んで用いていた。概念を明らかにするために、子供たちの中に観察できたことを使ったのだ」[16]。ソロヴィーヌは一九五六年にこう述べた。ちょっと聞くと、時代錯誤に聞こえる。もっと後に生じたタイプの研究をソロヴィーヌが一九〇五年に投影しているように見えてしまう。ピアジェ率いる発生的認識論、子供に対する心理学的研究は一九三〇年代なのである。

しかしそれはソロヴィーヌが「発生的方法」という言葉で意味していたこととは違う。ピアジェがまだ五歳にもなっていない一九〇〇年当時の段階では、「発生的方法」は元々、概念や習性の形成を調べるもので、静止的な形而上学的前提ではなく科学的に展開される命題を用いるものと解されていた。

この方向での研究はアメリカの心理学者、ジェームズ・マーク・ボールドウィンが一八九〇年代に先鞭をつけたものである。彼は自分の娘も含めて子供たちに対して体系的な実験を行い、いわゆる「発生的方法」を提唱した。ボールドウィンはドイツのヴィルヘルム・ヴントの下で学んでおり、ブントの研究室から生まれた実験心理学の主唱者となった。プリンストン大学の心理学教授で、アメリカ心理学会の設立メンバーの一人となり、一八九七年にはその第六代会長も務めた。ボールドウィンにとって発生的心理学は、心を固定的な構造や属性をもった静止的な魂あるいは実体としてではなく、成長し、進化する統一体として研究する新しい分野であった。ボールドウィンは複雑な概念を理解する手始めとして、子供たちの比較的単純な活動、行動、動き、つまり彼らがその環境にどう対応しているかを分析することから始めるべきだと主張した。ボールドウィンはこう述べている。「子供を研究することは、往々にして我々の精神面の分析の真理性をテストする唯一の手段である」[17]。

アインシュタインはボールドウィンの著作を何か読んだのだろうか？　我々にはわからない。彼が読んだという証拠は私は見つけられなかった。ただ少なくとも、アインシュタインが自らの相対性理論をたてていた一九〇五年に、「発生的方法」なるものは実在していたのである。

さて次に、アインシュタインが一九〇五年、または一九〇五年よりも前に、子供の考えがどのように発達するか観察することに関心があったという証拠はあるだろうか？　ごくわずかだが、あるのである。一九〇二年の初め、アインシュタインのフィアンセ、ミレヴァ・マリチはアインシュタインとのあいだに娘を産んだ。その赤児、リーゼルは一九〇二年二月にはまだ一か月だったが、アインシュタインはミレヴァに書いている。「リーゼルは何かにじっと目を向けることはもうできるかい？　君ならいま観察できるよね。僕もいつか自分でリーゼルのような子を観察してみたいな。きっと面白いだろう！　彼女はもう泣くことは確実にできる。でもずっと後にならないと笑うことはできないだろう。そこに深い真実があるわけだ」[18]。また、子供が物理学的な概念をどう発達させるかに言及したミレヴァ・マリチからの手紙もある。一八九七年の彼女の聡明で思慮深い手紙はアインシュタインにこう伝えている。「人間は無限を把握できないというけど、それは人間の脳の構造のせいだとは私は思わない。人は子供の頃にいさえすればきっと把握できる。その頃は人は地球にも四つの壁に囲まれた巣にさえも残酷に縛り付けられてはいなくて、逆に少しは宇宙にだって歩いて行けるんだと思う。人は無限の幸せを想像する能力がたっぷりあるし、空間の無限性を把握することもできるに違いない」[19]。

たとえアインシュタインとマリチがボールドウィンの幼児と子供に関する著作と観察をよく知らなかったとしても、他の人が書いた研究に何か似たようなものがあったのだろうか? そう、いくつか重要な先導はあったのだ。その一つは、一九〇五年より前にアインシュタインがエルンスト・マッハの著作を熱心に読んでいたことだ。マッハはオーストリアの高名な物理学者だが、実際のところ心理学に強い関心を抱いていた。マッハの関心は人間の心における一般概念の発達にあり、それはアインシュタインが尊敬した点の一つであった。そしてアインシュタインは後にはマッハを「子供の好奇心にあふれた目で世界を研究した」科学者であったと賞賛した(友人と物理学者たちはアインシュタインについて同じようなコメントを残している)[20]。

一八八六年にマッハは『感覚の分析』を出版した。この本をアインシュタインは一九〇五年より前に読んでいた。物理学、生理学、歴史学における体系的な研究を通してマッハは、物理的世界と心理的世界とのあいだに昔からあるように見える対立を解決しようとして、物理学の根本的要素は感覚であると論じた。マッハが主張したのは、「すべての科学研究の目的」は「事実に対して考えを適合させること」であり、そのプロセスは子供たちの中に本質的に観察できるということだった[21]。これは、「根本的な概念を吟味する際にアインシュタインは、発生的方法を特に好んで用いていた。彼が子供たちの中に観察できたことを明らかにするのに使ったのだ」というソロヴィーヌの主張と響き合うところがある。

マッハは物理学の理論の歴史的発展をたどり、さらに抽象的な概念と直観が徐々に発達することも理解しようとした。そのために彼は、人は特に若い年齢の時にどのようにそのような概念を発達させるかを考察した。マッハは自分の息子で観察したことからも例を挙げている。たとえばこう書いている。「ほとんど新しい事実ごとに新しい順応を必要とする。それがまさに見られるのが判断と呼ばれる働きである。このプロセスは子供たちの中にたやすくたどれる。子供は町中から田舎へ初めて訪ねたとき、たとえば広々とした牧場の中に迷い込み、あたりを見回して不思議そうに言うのだ。『僕たちはボールの中にいるんだね。世界は青いボールなんだ！』〔これは想像上の話ではなく、私の三歳の子どもにおいて観察された〕。ここには二つの判断があるが、これらの判断の形成にはどんなプロセスが伴っているのか？(22)」マッハは一人の子供の心の中で概念がどのように徐々に形成されるか、そのような概念がいかに知覚やイメージから隔たっているか、それらがどのように言葉とは独立のものであるかを論じた。アインシュタインが後に行った同じ種類の区別にもそれは現れている。

アインシュタインはまたドイツの内科医で物理学者のヘルマン・フォン・ヘルムホルツの著作も読んでいた。ヘルムホルツは子供たちにおける概念の成長に対する興味を培っていた。重要なことであるが、個人の幾何学や力学の原理の知識は何らかの先験的な源から派生するのではなく、日常的なありふれた体験から派生するのだとヘルムホルツは論じた。(23)彼は何度も「我々の精神生活の発達の諸段階」と、基本概念また直観の形成に対して、興味があると述べている。その目的のためにたとえば彼は生理学的な光学実験を研究している。一八七八年、ベルリン大学でヘルムホルツは、「知覚の事実に関して」と題する、後に広く伝えられた講演を行い、こんなふうに論じている。

生まれたばかりの人間の子供は見るのがきわめて下手である。母親のおっぱいに達するために顔を向けなければならない視覚的イメージの方向を判断できるようになるのには、何日もかかる。もちろん、生まれたばかりの動物は個々の経験とはもっと無関係に動ける。それにしても、赤ん坊を導くこの本能はいったい何なのだろう。両親がもつ表象の体系が直接遺伝することは可能なのだろうか。

快・不快だけに関係するのか、それとも運動しようという動因に関係するのか。それらは特定の感覚の集合に付着しているのか。そのすべてについて、我々はほとんど何も知らない。そうした現象のはっきりと認識できる名残は、今も人間に生じているのだが。この領域では、明晰で批判的に行われる観察が大いに望まれる。(24)

この引用の最初の行と最後の行はアインシュタインの一九〇二年の手紙の言葉によく似ている。「リーゼルは何かに向かってじっと目を向けることがもうできるかい？　君ならいま観察できるよね」。ヘルムホルツがアインシュタインに影響を与えたかどうかはわからないが、この類似性は特筆に値する。というわけでボールドウィン、マッハ、ヘルムホルツには、子供時代の学習に対する共通の関心が見いだせるのである。どのようにして彼らはそんな興味をもったのか？　何か先導するものがあってそれに従ったのだ。今はその一つだけを考察してみよう。ボールドウィンは、自分が子供の学習のしかたを調べることによって精神の形成に関心を抱くようになったのは、ダーウィンの進化論のおかげもあると記している。ダーウィンの著作の成功のおかげで、進化の概念が社会科学にどんどん応用されるようになったのだ。

一八七二年の著作『人及び動物の表情について』の中で、ダーウィンは子供における概念の進化を分析している。彼は、感情が進化の歴史をいかに反復しているかを理解する目的で、感情がどのように動物、ヒト、子供において現れるかを分析した。ダーウィンは幼児がどう行動し、反応するかのデータを集め、自分の子供たちに対して体系的な観察を行い、報告した。いつ子どもの声が表現豊かになるか、いつ幼児は顔を赤らめるようになるか、驚いたときにどう反応するか、どんな音や視覚的刺激が子供に瞬きさせるか、などを観察した。さらに特記に値する点がある。ダーウィンは、赤ちゃんはこの世に生を受けたときに泣き、徐々に微笑むことを覚えるが、声をたてて笑うことを学ぶのはもっとずっと遅くて三、四か月後であることを自らの子供たちのケースで強調している。(25) これはまさに、アインシュタインが一九〇二年の手紙で取り上げた点である。これも、成長途上の発達心理学の文献に実際に現れていたことを見れば驚きではないか。

加えて一九〇五年よりも前に、アインシュタインは哲学者、アルトゥール・ショーペンハウアーの著作にもとても親しんでいた。特に人生論に関する一八五一年の著作である〔『哲学小品集』、『随感録』などとして訳されている〕。その中でショーペンハウアーは子供たちは個々の対象がその心を占めているだけでなく、自分の感覚を分析することも強く心を占めていると論じている。「そして自分が何をしているのかというはっきりした自覚がないままに子供はいつも静かに生の本質そのものをつかむことに夢中なのだ。生の根本的な性質と一般的な概観に、一つ一つの面と体験によって達することで。あるいはスピノザの言葉を借りるなら、子供は自分の周りの物と人を永遠の姿の下に、普遍的な法則の個々の現れとして見ることをおぼえている最中なのだ(26)」。

ということはショーペンハウアーも、子供がどう学ぶかに興味があったわけだ。ではアインシュタインは、一人の子供のように宇宙法則に関心をもったのだろうか？　彼の言葉を信じるなら、イエスである。アインシュタインは自分の義理の娘婿に「本当に小さい頃から自分はいつも普遍的なものに惹きつけられてきた」と述べていたからだ。(27) ショーペンハウアーは続けてこう書いている。

我々は若ければ若いほど、あらゆる個々の対象が、それが属する階層全体普遍的なものを表すが、年齢を重ねれば重ねるほど、だんだんそうとは言えなくなっていく。それこそが、青年の頃に受ける印象と老年になってから受ける印象が非常に異なる理由である。そして子供の頃や若い頃に得たわずかな知識と経験が、後の人生で獲得したすべての知識に対する永続的な標題や、小見出しとなる。いわば後の経験の結果が分類されるときのカテゴリーに入れられる、あの幼いときの知識の形式である。必ずしも何が行われているかの明晰な意識がそのプロセスに伴うわけではないのだが。[28]

アインシュタインはショーペンハウアー（およびマッハとヘルムホルツ）と同じ意見をもっており、直観こそ特に早い年齢の時に発達する知識の種類であり、それは教育から発達するのではなく、直接的な個人的経験と省察からだと考えていた。科学的創造性のプロセスにおいて、「本当に価値がある因子は直観なのだ！」とアインシュタインはモスコフスキーに力説している。[29] アインシュタインの息子にインタビューしたピーター・ミッチェルモアによると、「アインシュタインの想像力がさまざまな進路を思い描き、その進路が正しければ直観がそう教えてくれた。相対性理論についてはそうだった[30]」。

別の証拠もある。アインシュタインはその全生涯を通して、物理理論の根源的な要素には本質的に人工的な特徴があると強調していた。創造性は概念の「自由な遊び」からなるのだと彼は論じている。アインシュタインが一六歳のとき、光を追いかけていると想像した、有名な思考実験について考えてみよう。その実験は相対性理論へと結実する一〇年の知的彷徨の始まりを画するものであった。アインシュタインはそれを「子供っぽい思考実験」と記している。[31] このように自由に諸概念に対して遊びのような操作を加え、修正し、再編成することを促進したのは、彼の子供らしい物理学へのアプローチによる。

それに証拠はもっとある。アインシュタインは彼の「すべてが明晰で筋道が通った、子供のような喜びで照らされた」オリンピア・アカデミーを振り返って回想している。[32]その数年のあいだ、彼は子供の学び方について遊び心のある興味をずっともっていたのだ。[33]ともあれここらで要約しておこう。

・アインシュタインは、相対性理論へと彼を導いた目立った因子は子供っぽい思考だったと述べた。
・一九〇二年頃から一九〇五年まで、根本概念を分析する彼のお気に入りの方法は、子供の中ではどのように概念が発達するかをじっくり考えることだった。
・ある程度、アインシュタインは子供たちを観察することに興味をもっていた。
・アインシュタインが好んで読んだ本の中には、日常体験、特に子供時代の体験を通しての概念の形成に重点を置いたものがあった。
・科学の創造性のプロセスにおいては、アインシュタインは特に子供時代に発達する直観の重要性をしばしば強調した。

それで私は何を言っているのだろうか？　相対性理論へ至るアインシュタインの突破口は本質的には児童心理学に由来するということか？　いや、違う。私が示してきたのは、アインシュタインがジェームズ・フランクに宛てた言葉が歴史的に筋が通るということである。根本的な概念の形成を理解するために子供の行動の分析に本気で目を向ける研究者の、ひいては物理学者の系譜が実際に相当に育っていたのだ。私が言いたいことは、アインシュタインの創造性のもっとも重要な因子が発達心理学だったということではない。ただそれが、新しい計時技術や、芸術、宗教、彼の妻などよりも大きな役割を果たした証拠があるということだ。

文献の証拠に基づくと、子供っぽい思考がアインシュタインの創造性に重要な役割を果たしている。その一方で、他の要因もさらにあり、その証拠はもっと多く存在する。私はここではそれについては論じないが、少なくとも触れておくべきである。特にアインシュタインは、H・A・ローレンツの物理学での業績からもっとも重要な影響を受けたとしばしば謝辞を述べている。彼はまたさまざまな実験について熟考し、批判的なものの見方はヒューム、マッハ、ポアンカレの著作に影響を受けている。

誰かの創造性における一つ二つの「鍵となる」成分の重要性について、説得力のある言説を構築できるのは、引用したり強調したりできる諸断片を自由に得られる証拠が豊富にあればこそである。究極の目標は、さまざまな種類の証拠をすべて突き合わせ、多様な要因の相対的な影響の重さも量ることである。我々が見つけるものは、我々が探すものによって決まってくるが、証拠そのものが我々が予想していなかった所に連れていってくれることもある。誰かの創造的な道筋を本当に理解することの価値は、そんな道筋がものを考えるための生産的な方法をいくばくか我々に教えてくれそうな点にあるだろう。たとえばダーウィンの絶えることのない生産性は、アルフレッド・ラッセル・ウォレスに大きな感銘を与えている。ウォレスは自然選択による進化の概念を、ダーウィンとは独立に思いついたが、『表情について』を読んでダーウィンのことを「休むことを知らない子供の好奇心」をもち続けていると称賛した(34)。

同じように、子供っぽい思考のおかげを受けたアインシュタインは、教育は本や一般化したことで始めるべきではなく、個々に特異な体験から始まるべきだという信念をもっていた。彼は子供たちの教育を、抽象的な概念まで導く可能性のある具体的な体験に基づいたものにすることを望んだ。モスコフスキーに述べているところでは、初めの一歩は教室の中で教えるべきではなく、開かれた自然の中で教えるべきだ。少年は草地の測り方や他の草地との比較のしかたを示してもらうべきである。彼の注意は塔の高さに向けられ、さまざまな時間帯で自分の影の長さがどうなるかに対して向けられ、それに対応する太陽の高度へと向けられるようにしなければならない。こうした手段による方が、言葉や黒板のチョークによる文字を使って大きさ、角度、場合によっては三角関数の考え方を教えこむよりも、ずっと速く、確実に、熱心に、数学的関係を把握することになるだろう。科学のそのような部門の実際の起源は何であろうか？　実践から生まれるのである。たとえばタレスがピラミッドの影の頂点に棒を置き、その棒によってピラミッドの高さを測定したときのように〔ピラミッドの高さと影の頂点でできる三角形と、棒の高さと棒の影でできる三角形との相似を用いた〕。

少年の手に棒を一本渡して、ゲームを通して実験をするように導くといい。センスがまったくない子でなければ、自分で物事を見つけていくだろうし、それは本人にとっても楽しいだろう[35]。

第一四章　優生学と平等の神話

スーパーへ行ったら、丸くてでこぼこがなくすごく赤い色をして、想像とは違って全然苦くないトマトを目にすることがある。もっといいものは作れるだろうか？　答えはイエスだ。作れるし、すでに我々は作っている。トマトはより赤く、より甘く、長持ちするように一定の規則に従って手を加えられてきた。さまざまな細菌、昆虫、病気に耐えられるように改良されてきた。同じように、犬のブリーダーは体や毛や歯などに修正を加え、おあつらえ向きの特徴をもつ犬を生み出してきた。オオカミの子孫であるとは聞くが、犬はオオカミより付き合いやすい動物である。犬なら家に飼っていて、殺される危険性を常に心配したりしなくていい。ほとんどの犬がオオカミより小型で、したがって危険が少ないだけでなく、行動も違う。人を信頼していて、茶目っ気があって、気配りもある。こんな行動を彼らはどうやって獲得したのだろう？　人間に対して元々友好的だったオオカミの祖先種から飼育されてきた犬ではないか、と想像してもいいだろう。その種族の身体的な特徴だけをブリーダーたちが改良したが、行動的な特徴は全く変えずに残したのでは？と。だが、そうではない。ブリーダーたちは行動的な特徴も改造した可能性がある。だから犬は品種によって違う行動をとるのではないか。オオカミが改良でき、それにトマトでももっとよいものが作れるとなれば、人はどうなのか？　人間の行動を選択的交配で改良できないものだろうか？

歴史全体を見ると、人間の本性、我々の生来の傾向を変えようにも、たいしたことはできないと考える人々がいた。多くの教師が子供たちはさまざまに異なる才能をもって生まれ、それを認めて伸ばしてやることはできても、根本的に変えることはできないと考えてきた。たとえばピタゴラスは、自分の弟子になろうとする者を徹底的に吟味して、その生まれもった親譲りの才能を見つけようとしたと言われている。一人一人が学ぶべきものを決めるためである。「ピタゴラスは弟子と両親や親戚との関係について調べた。……彼は弟子の骨格が自然に示すものを人相学的に検討し、目には見えない魂のあり方を示す、目に見える要素として評価した(1)」。言い伝えではピタゴラスはこう宣言したという。「すべての木材を水銀にすることはできない」。つまり、「すべての精神が一人の学者を育てる訓練に同じようには応えられない(2)」。こんな古代の考え方がいかに今でも広がっているかは面白いことである。たとえば私の母は私に面白いスペインのことわざを語ってくれた。ラテン語にすると「Lo que natura non da, Salamanca non presta」。自然が与えないものはサラマンカ大学も与えることはできないという。

しかし進化の考え方は、人間の本性は変えられないという考えにますます異を唱えるようになった。ダーウィンによれば、人間は常に今の姿のままというわけではない。これはヴィクトリア朝のイギリスの多くの人々には醜悪なほど馬鹿げた考えだった。ダーウィンの仲間たちの中に、進化論を正しいと思うようになった者もいるが、進化論に深く心を乱された者もいた。フィッツロイ艦長が後者であった。ダーウィンの著作がビーグル号航海の副産物であったことを残念に思った。彼は聖書を文字通りに読むと、それとは両立しないことではないかと、公然と非難した。他にも不運が重なり、フィッツロイは鬱がひどくなって悩み、一八六五年に喉を切って自殺した(3)。元々フィッツロイがダーウィンにビーグル号航海に一緒に行ってくれと頼んだのは、フィッツロイには自殺した叔父がおり、自分にも狂気が遺伝している可能性があるのではないかと恐れていたからでもあった。狂気は遺伝するものなのであろうか？

もし人間が動物から進化したなら、我々と同じようには行動しない動物から進化したことになる。おそらく環境と選択的な交配が徐々に、今の我々には自然に見える人間の行動をとる存在を生み出したのだろう。だがもしそうなら、人間は自分自身の進化をコントロールすべきだろうか？　この問題がダーウィンのいとこ、フランシス・ゴルトンによって調べられた。

一八四〇年代、ゴルトンはケンブリッジ大学で数学を学んでいた。彼は好成績で学位をとりたいと望んだが、勉強のしすぎで消耗し、神経を病んでしまったため、単に合格しただけという結果に終わった。その後、父親からの遺産を相続したおかげで、自分の興味のあることを自由に追究できるようになった。物事を定量化するのが好きだった彼は、人類のために数学を応用したいと考えた。

人類学者は人間の体とその行動に相関があることを立証しようとしてきた。体、姿勢、頭部の凹凸を測定してみたが、行動の生物学的根拠は見つけられないでいた。ゴルトンも人間の特徴の定量化にますます惹きつけられるようになった。アフリカを旅行して、彼は用心しながら女性の体の形を測定した。後には指紋を数値的に分析しようと試みて、犯罪者を同定するのに指紋を使うことを早くから提唱するようになった。

ダーウィンの進化論に関心があったこともその理由の一つであるが、ゴルトンは精神の能力が遺伝するかどうかに興味を抱いた。立派な人は愚息をもつことになりやすいという見方もあった。それとも、天才どうしには血縁関係があるだろうか？　それでゴルトンは伝記の百科事典を調べ、卓越した政治家、法律家、軍事指導者、科学者、芸術家のあいだの血縁関係にある人々の数を数えた。そのうち驚くほど多くの人々が血縁関係にあることがわかった。ゴルトンは特に、血縁がある親族間で科学と芸術の優れた業績が繰り返し出現することに印象づけられた。なぜならこのような分野では、政治や社会制度におけるほど、身内びいきや社会的な力が強くははたらかないからである。彼は結論として、遺伝は身体的な特徴だけでなく、才能にも影響するとした。

ゴルトンは社会的な有利さも当然、個人がチャンスや評価を得る上で役に立つことを認めたが、そのような利点は血族のあいだでの成功の度合を説明するには不十分だと主張した。彼は出した結論をまとめ、『遺伝的天才』という本を一八六九年に出版した。[4] ダーウィンは、主に生来の精神面の才能だけでなく、熱心さや努力においてもまた人は異なるものだと考えていたが、ゴルトンの研究を読んで、天賦の才は遺伝する傾向があると確信するようになった。[5]

ゴルトンによれば、教育は知性をもたらすわけではなかった。当時において、大英帝国の中流下流階級のための教育は、アメリカの教育ほど良質ではなかった。それでもアメリカ人は、文学、哲学、芸術ではイギリスより優れた傑作を生み出していない、と彼は論じた。ゆえに彼は才能には遺伝するものもあると結論づけた。しかし歴史家、ダニエル・ケブルスは、当時のアメリカ人は自分たちの国を建国するのに忙しかったから、高水準の芸術どころではなかったのだ、と記している。さらにゴルトンがデータとして用いた伝記の百科全書は、集団の才能の公平な尺度ではなかった。ケブルスは、ゴルトンが個々の評判をその生来の能力の指標と取り違えていると述べた。[6]

それでもゴルトンは、英国におけるより低い階層が、もっと恵まれている階層よりも子供を産む率が高いことを知っていた。彼と妻は子をもうけることができなかったのに、どこの町でも移民と貧しい人々が溢れているように見えた。だからゴルトンは時間がたてば、無能と意志薄弱と貧困が増幅し、イギリスの才能ある人々は消え去ってしまうのではないかと恐れた。彼はトーマス・マルサスの産児制限要請には賛成ではなかった。なぜならそんな制限を実践するのは道徳的で有能な人々だけで、彼らの数だけが消えてしまうことになるからだ。文明ははっきりした効果をもつらしい。人間の間の自然な闘争が起こるのを阻止したのだ。ゆえに自然選択は人間の場合には当てはまらないように見えた。「非適応」なものが増殖していたのだ。

ブリーダーが犬、馬、鳩の特徴をコントロールするのに実に長けていることは周知のことであった。だからゴルトンは人間の資質も、さらに精神的な才能ですらも、選択的なブリーディングで改良できるだろうと期待した。彼は人類を救う自然の法則を見つけたい、つまり遺伝の数学的な法則を見つけたいと考えた。

ゴルトンは苦心して遺伝を分析するための統計的方法を発展させた。世代を超えて受け継がれる特徴が個体群でどう分布するかを研究することにより、数学的方法を明らかにした（いわゆる相関係数と回帰係数）。これは数十年後には広く使われるようになった。遺伝学だけでなく医学、経済、社会学、人類学その他においても。(7)

一八八三年、ゴルトンは「よい生まれである」ことを意味する「優生学」という名称を人間の遺伝を改良させる計画的育種の研究に適用した。(8) 優生学は生物学の教師が一般に触れたがらない生物学史の一面である。科学の先生たちのほとんどは科学の歴史全体について議論する場合、科学の英雄的で肯定的な面を主として扱う。彼らは間違いだらけの古い科学、後になって非科学だと公然と非難された材料について「時間を浪費する」のを避けるのだ。厄介な失敗の中でも、優生学はことのほか目立っている。占星術と錬金術の最悪の側面よりもさらに大きな恥だからである。

そうはいっても優生学は、社会をその病気から治すのだという高邁なる希望を原動力にしていた。

我々がトマトをもっといいものに作れるなら、なぜもっとよい人間が作れないのか？　ゴルトンは英国政府が人々の能力を測定してそれに従ってランク付けすべきだと訴えた。より高いランクの夫婦なら子供をたくさんもつことを奨励され、より低いランクなら子供を多くもつことは推奨されない。さらにゴルトンは最低ランクの個人は社会から隔離し、子供をもつことを防止するのが望ましいと考えた。ゴルトンは人々は生来平等であるとは考えていなかった。

それに加え、犯罪や飢餓、病気にかかわる指標が高くなることが英国の人々が衰微していくのを示しているように見えたのだった。ゴルトン支持者の一人で統計学者のカール・ピアソンはこう論じた。「イギリス人の次世代はどの程度精神面と身体面で前世代と同等であろうか？　前世代は偉大なヴィクトリア朝の政治家、作家、科学者を我々にもたらしてくれたのだが」(9)。優生学推進派の狙いは遺伝の科学を政治や社会の習慣を動かす一つの力にすることだった。彼らは人間の特徴を測定して定量化することに熱心だったが、たとえば身長、皮膚の色、筆記試験の成績など、どんな特徴においても人間は同等ではないことを証明する、困った証拠を集めることになってしまった。人種が違えば、身体、精神面のスキルにおいて点数が異なるようなのだ。非同等性を定量化して公然と宣言する熱意とは逆に、大西洋の向こうでは平等のイデオロギーが存在した。アメリカ合衆国の独立宣言はこう主張している。「我々は以下のことを自明の真理とする。すなわち、すべての人が平等に創造されていること」(10)。ただ同じ時期、この移民の国は平等性を完全に信じていたわけではなかった。さまざまな権利が女性や、奴隷の子孫に対しては与えられていなかったからだ。

生物学者たちが「メンデルの法則」を受け入れるようになるにつれ、優生学への関心は高まった。私が引用符を付した理由は、優生学に関する多くの本において述べられているのとは裏腹なことに、オーストリアの修道士、グレゴール・メンデルは実際にはそんな法則は発見したとは主張していないのだ。つまり彼はすべての種に有効な遺伝の法則を見つけたなどと主張していなかった。そうではなくメンデルは植物の交雑育種に一般法則があるかどうかを探して奮闘していた。[11] 一九〇〇年代初めに、メンデルの交雑に関する研究成果は、一定の身体的な特徴が対になった単位で伝達される見事な証拠として解釈された。生物学者たちはそれを「遺伝の法則」と呼んだのである。

これに従い、アメリカの生物学者、チャールズ・ダヴェンポートが目の色のような人間の特徴がそのような法則に従って伝達されることを示した。その結果ダヴェンポートは、時には表に現れないこともあるにせよ、重要な人間の形質もまたそっくりそのまま伝わると信じるようになった。たとえばアルコール依存や愚鈍などの形質も、人はそれを子供に伝えてしまうので、かかった本人を処置すればいいというものではない、と彼は考えた。たとえば馬には健全な育種のための効果的な技術が用いられたのに、人間に使わないなんてお粗末な状況ではなかろうか。そう考えてダヴェンポートは優生学の擁護者になり始めた。

一九〇四年、カーネギー協会からの資金のおかげで、ダヴェンポートはニューヨーク州のコールド・スプリング・ハーバーに人間の遺伝と進化の研究センターを設立した。センターは、身体、精神の両面の個人とその家族の形式についてアンケートに回答するよう幅広く求め始めた。ダヴェンポートはそのような家族史を分析して、短指症、多指症（手に五本より多い指が生じる）、白皮症、血友病、狂気、アルコール依存、犯罪、そして特に「精神薄弱」の発生率に数値的なパターンを見つけようとした。これらの形質のうち多くを、遺伝法則の単純な数学的なパターンに適合させようと彼は試みた。

ダヴェンポートは、ある人間がどのように発達するかを決める重要な因子は社会環境だと認識していた。それでも彼は、どんなに環境がよくても、ちょうど「悪い種子」がよい土壌にあってもよいものに成長してはいかないのと同じで、生来の形質の中には抑制できないものもあると論じた[12]。ダヴェンポートは社会的な逸脱は自制心の欠如によるものだと考えた。おそらく悪い遺伝子があって、それによって引き起こされる欠陥のある神経系の結果だろうというのである。しかし彼の証拠は体系的な測定を欠いており、裏付けに乏しかった[13]。

というわけで、アメリカの優生学者たちはわずか一〜二対の遺伝子が、知的障害、暴力的な気質、癲癇、犯罪、躁鬱さらには貧困にまで至る悪い形質を決めてしまうのだと主張した。優生学は疫病と戦い、社会変革を実践する有望な技術のように見えた。優生学者たちは、人間を以前の状態になんとか回復させることにより、退化と人種の混血を減少させようとした。歴史を研究する手間をかけないまま、ただ自由に過ぎ去りし輝かしい時代を想像した者もいた。「原初の日々、種族の血筋は、山の渓流のように高く純粋に保たれていた。チュートン人〔ドイツ人の先祖とされる古代ゲルマン民族〕の森に我々ゲルマンの父祖たちが未開の生活を送っていた時は、洗練さを欠いた状況にあり、敬意を払いたいとは思わないであろう。だがその血は純粋さを高く保っていたこと、彼らは平均して高水準の正気さ、健全さ、力強さにあったことは認めなければならない。彼らはよい生まれで、よく雑草を取り除かれた種族だったのだ[14]」。さらにアメリカの優生学者たちは特定の「人種」が生来多くの問題を抱える傾向があると推定した。イタリア人は暴力的、ユダヤ人は盗みをしがち、などなど。ダヴェンポートは「劣った血」が北方白色人種へ流入することを防ぐ法律を求めた。「そのような法律の生物学的根拠は、間違いなく、黒人その他の人種が我々の社会組織とはそりが合わない特徴を持っているという事実が認められる点にある」と論じたのである[15]。

政治家たちは、セオドア・ルーズベルト大統領が支持した断種法とともに、制限つきの移民政策を進めた。出生率が下がったことに警戒感をもったルーズベルトは「人種の自殺」に対抗する改革もまた先導した。一九〇七年までには、インディアナ州で四〇〇人を超える囚人が断種され、その後インディアナ州は「退化」予防の断種法を制定した。一九一六年になると、アメリカ優生学会が問題の多い一家「ジューク家」だけが起こす犯罪とその施設の世話でニューヨーク州にかかる費用が二〇〇万ドルを超えたが、もとのジューク夫婦を社会から隔離しておけばその費用は二万五〇〇〇ドルで済んだだろうし、彼らが断種していればわずか一五〇ドルになったはずであるという見解を明らかにした。[16] 一九一七年までには一六の州が断種法を有するようになっていた。

優勢主義への関心は知能テストの実施をも駆り立てた。さまざまな心理学者たちの研究に基づき、ルイス・ターマンは『知能の測定』を出版し、その中で、どんなに教育しても社会で選挙民や指導者としての資格が認められない人々が存在すると論じた。ターマンは、「インディアン、メキシコ人、黒人」の労働者と使用人が、自分の目に映るような明らかな精神的特徴つまり限界を有しているかどうかを決定する知能テストを要求した。[17] 知能テストは生来のものとされる能力に従って生徒をクラス分けするための手段になった。ターマンはＩＱテストを擁護し、一つの数字が一人の人格の知性を示すものだととらえた。[18] 彼およびその他の人々も移民をテストすることを提唱した。

熱烈な優生学者たちは、アメリカの平等宣言を一つの神話にすぎないとどんどん否定するようになった。アルフレッド・シュルツが書いた『人種か混血か』はこんなふうに不平を述べている。「『すべての人が平等に創られている』などという原則がいまだに合衆国の力を支える主な柱と見なされている。……それに対しては、微塵も真実ではないという異議を唱えるしかない」[19]。同様に、アメリカ自然史博物館の館長はこんなふうに非難した。「すべての人は等しい権利と義務をもって生まれるというアメリカの民主主義の真の精神は、『すべての人は自分自身を管理できる等しい性格と能力とをもって生まれる』という政治的詭弁と混同されてきたのだ[20]」。

一九二一年にはカルヴィン・クーリッジ副大統領が、合衆国は望まれない外国人のための「掃きだめ」と見られている、と不満を表明した。彼は生物学的な法則が明らかにしたのは、「北方人種」が成功裏に増殖している一方、特定の「他の人種」と混ざると劣化に至ることであり、それゆえ「そのような精神や身体の質からは、人種法を守ることは、一つの国家にとって、移民法を守るのと同じ程の必要性があることが示唆される」と記した[21]。

一九二四年にはヴァージニア州が、異なる人種の結婚を非合法とする「人種純化法」を承認した。他にもいくつかの州がその法を模倣した。その間、ハリー・ラフリンが移民に対してＩＱテストを実施した。イタリア人とアフリカ人が北方人種よりも点数が低いことを発見して、同等の知的能力がないと彼は推定した。ラフリンの結論に関するその後の証言が連邦政府の前で行われ、それが一役買うこととなって一九二四年の移民制限法が通過、そのときには大統領になっていたクーリッジはこれに署名した。この法律は特定の国と民族からの人々の流入を制限するために、移民受け入れ割当数を定めたものであった[22]。

さらに世の中は、優生学の理念をますます取り入れた。いくつかの州の物産展で、優生学に基づく展示と「より適応した家族」コンテストを目玉にするようになった。たとえばカンサス州知事は、もっとも健康的なお手本となる一家にトロフィーとメダルを授与した。メダルは得意げにこう書かれていた。「そう、私は優れたものを受け継いでいる」。フィラデルフィアでは優生学協会が、「高いレベル」の人々が出生率が緩やかなのに対して、「欠点が多く」「アブノーマルな」人々の出生率が警鐘を鳴らすべきほど高いことを示す展示を行った。そしてこう問いかけているのだ。「我々アメリカ人はいつまで豚や鶏や牛の血統に注意し――そうして自分の子孫たちの先祖は偶然に、「盲目的な」情に委ねるのか」。[23]

一九二六年、コロンビア大学の教育学教授、リータ・ホリングワースが「天賦の才ある子供たち」の研究を著した。彼女は生徒の能力はその生まれもった素質によると主張した。さらに合衆国では、アフリカ人とイタリア人の子供は知能が平均よりも低いとも主張した。そして「現代の生物学は、教育、慈善、外科手術、法制化によっては人類は種の質を改善できないし、永続的にその悲惨さを減らすこともできないことを示してきた。そんな試みはただの緩和剤にすぎず、次世代はもっと悪い状況に直面することになるのだ。慈善によって、今の世代で慢性的に貧困状態にある一〇〇〇人を貧困から解放できたとしても、すぐ次の世代で少なくとも二〇〇〇人の貧困者を後世に送り出すことになるだろう。なぜなら一〇〇〇人の貧困者の素質を生かして培うことになるからだ」。愚鈍さと同様に、貧困も不幸な遺伝による特徴という扱いである。社会問題の解決のため、ホリングワースもまた優生学を提唱した。「愚鈍な人々、犯罪者、その他の精神的身体的道徳的欠失者の再生産を防ぐなら、悲惨さを究極的に削減できるであろう」[24]。他の優生学者の中には、出産を好き勝手にさせるのではなく、法規制の対象にすべきだと論じる人々もいた。

優生学の法律は誰もが喜ぶものではなかった。多数の生物学者と法律家が特に懲罰的断種法に批判的だった。そのため、一九二六年のある断種の例は最高裁まで争われた。ヴァージニア州はキャリー・バックに断種を命じた。彼女自身、母親、彼女の子供も知的障害だといわれていたからだ。キャリー・バックに会ったわけでもないハリー・ラフリンが、彼女の知的障害は確かに遺伝であり、彼女が「怠惰で無知で価値のない、南部の反社会的な階層の白人」に属すると鑑定人としての宣誓証言で断定した。[25] 裁判所は、もっとも優れた市民も時として公的福祉のために自分を犠牲にするのとまったく同じように、社会に依存する人間も国を無能者だらけにしないように犠牲になるのが妥当と決定した。オリヴァー・ウェンデル・ホームズ最高裁判事はこう断言した。「犯罪のせいで子が退化したり、愚行のために飢餓へと向かうのを手をこまねいて見ているのではなく、社会がこういう明らかに不適合な人々の系統の存続を防ぐことができれば、世界全体のためにはよいのである。……中度の知的障害が三世代続いたら十分だ[26]」。

これは優生学者たちの大勝利であったので、彼らはこの社会プログラムを推進し続けた。一九二八年には、合衆国の四〇〇近くの大学が優生学のコースを設けていた[27]。一九二九年には二四の州が断種法を制定しており、一九三五年一月には二万一五〇〇人を超える人が自らの意志ではなく法律によって断種を受けた[28]。

しかし優生学をナンセンスだと否定する科学者と批判派の一群は増えていき、これは科学に変装した偏見が浸みこんだものだと非難した。改革を掲げる活動家たちは種の退化の明白な問題は本当はただ社会の混乱の問題にすぎないと論じた。本当に遺伝する病気に対しても、優生学の政策ではほとんど対策にならないないことが明白となったのだ。

たとえばチャールズ・ダヴェンポートは、ハンチントン舞踏病は遺伝であるのを明らかにしていた。それならこの病気を示す人すべてを断種すれば病気は根絶できるように見える。だがそれではこの病気の二つの遺伝子をもつすべての子、一世代のみ除去することにしかならないのだ。この遺伝子を一つだけ有する他の子は、自分自身は発症しないが、この病気を伝え続けるであろう。社会は次の世代、その次の世代でもまた断種する必要が生じる。遺伝学者レジナルド・パネットは、たとえば「知的障害」のような単純と考えられていた形質の頻度を下げるには何世代かかるかを計算した。一〇〇人に一人の発病率をたとえば一万人に一人に減らすには、実際のところ九〇世代の断種を要することをパネットは見出した[29]。つまり優生学が二〇〇年より長く実践されたとしても、知的障害の根絶はまだできないのである。さらにもっと大きな問題があった。いわゆる「白痴」や、暴力、犯罪傾向などの形質は実際のところただ一対の遺伝子によって起こることを示す信頼できる証拠はない。そのような行動的な形質は遺伝的にはほとんど明らかにできず、数えきれないほど多くの遺伝子に依存している可能性の方が高いと見られるようになっていく。

それでも、他の国々で優生学は人気を獲得した。特にドイツでは、それを受け入れたある人物がいた。アルバート・アインシュタインは、他の多くの人と同様に遺伝的継承にひきつけられた。初めは対等の存在として妻ミレヴァ・マリチを愛したが、「身体的にも道徳的にも劣った人間」として彼女を蔑視するようになった[30]。彼女は先天性の股関節脱臼があり、鬱と神経症にも苦しんでいたが、それを彼は彼女の遺伝子のせいだと考えた。彼女の妹は精神的に問題があり、緊張性疾患をわずらっていた。同様にアインシュタインとマリチの二人目の息子、エドゥアルトは情緒不安定で、アインシュタインはそれをマリチの家系の「重い遺伝的欠陥」のせいだと考えた[31]。アインシュタインは内心、古代スパルタ人が社会を強くするために、自分の子の中でいちばん弱い子を遺棄して死なせるという習慣を認めていた。一九一七年、彼は親しい友人に宛ててこう書いている。「生殖能力のある年月を越えて生きられないものを生かし続ければ文明化された人類社会をむしばむ。……だから未来を衛生的にするために、医者が手加減せず」断種するという「取り締まりを行うのが急務になるだろう[32]」。

これらは一個人の私的な醜悪な偏見であった。だがより恐ろしい意見がさらに公然と叫ばれていたのである。アドルフ・ヒトラーはドイツ人には天来の優越性があると唱えていた。彼にとって人種間の不平等は永続不変の自然秩序の一側面であった。ヒトラーは「この時代、病気と腐敗が潜んでいる者を直そうと思うものは誰もが、その病気の原因をさらす勇気をまず呼び起こす必要がある」と論じた。彼は人種の混合はもっとも価値がある天与のドイツ人の資質、つまり純粋なアーリア人の血に対して毒となるものだと信じ、健康なドイツ人のみが美しく精神的にも優越しており、最高の文化作品と創造性を生み出すことができると主張した。なかでもユダヤ人を生来邪悪で堕落しているとして軽蔑し、ドイツに災いをもたらす責めを負わせていた。ヒトラーはユダヤ人を非難し、マルクス主義者たちは「人間の平等という理論」によって生来のドイツの血の優越性を害しているとして弾劾した[33]。

ヒトラーは、社会から病気を一掃する一助として、身体的に劣り、精神的に病気な人が子供を産むのは少なくとも六百年の間は防止すべきだと提唱した。彼によると、「人種上の第一の要素をもつもっとも価値のある株」を守り、それを支配的な位置に引き上げるということはドイツ人の神聖な人種的使命であるという。ヒトラーの暴言によれば、国家は「健康な人だけが子をもうけるよう配慮しなければならず、「千年王国の未来の守護者」としてふるまわなければならない。「その未来を前にしては、個人の望みや利己心は無に等しく見えるし、放棄しなければならない。現代医学の諸手段の最たるものをこの知識に奉仕するようにすべきであり、明らかに病気であったり、遺伝性の病気がある人はみな繁殖は不適であると宣言し、このことを実際に遂行しなければならない[34]」。

ドイツの理論家の中には人間社会を生きた生物に見立てて、障害や慢性的な病気がある個々人を危険な感染症に見立てる者もいた。社会を全体として健全に保つという目的で、「人種科学者」アドルフ・

ヨーストは、一八九五年の著作で死への権利を提唱していた。ヒトラーも同様に「もし自分自身の健康と戦う力がもはや存在しなければ、この闘争の世界で生きる権利は終わるのだ」と主張した(35)。

ヒトラーにとっては、ドイツの国民性は人種つまり「血の純潔さ」の上に打ち立てられたものであった。彼の国家社会党、ナチスは、アメリカの断種法および移民と人種間結婚を阻止する法律に影響を受けていた。ナチスは人種純化プログラムを発展させ、それを通して高額で「生産性のない生命」から成る国家を治療するためのある種の人種衛生措置を探し求めた。ヒトラーにとって国家の目的は、「身体的、精神的に同等に生きている人間たちの一つの共同体」を促進することであった(36)。

一九三三年、ナチ政府は未来世代のための遺伝病予防法を裁可した。四〇万人のドイツ人がただちに断種することになり、その開始は一九三四年一月一日と告知された(37)。知的遅滞、統合失調症、癲癇、盲目、奇形、アルコール依存、その他を病むことが本質的には犯罪になったのである。医師たちはそのような個人を遺伝裁判所に報告することが要求され、そこで今度はそのような個人が子供をつくらないように隔離するか断種するか判断を下した。その目標に「生きるに値しない生命」を断種することであった。ナチの副総裁、ルドルフ・ヘスは「国家社会党は応用生物学にすぎない」と宣言した(38)。

ナチスはわずか数カ月で何千人もドイツ人を断種した。一九三四年、ヴァージニア州在住のアメリカの優生学者は文句を言った。「ドイツ人は我々が元々やっていたゲームで我々を負かしている(39)」。一九三七年までに、ドイツではおよそ二二万五〇〇〇人、合衆国の約一〇倍を超える断種が行われていた。さらにナチスは障害のある個人を死なせる医療プログラムを実施した。ヒトラーは「社会という有機体の健康を治癒するための強制的な矯正手続きを執行する、ドイツの人々の医師」と見なされていた。ヒトラー支持者の一人がこんなふうに叫んでいる。「我々の特徴は我々の人種に深く根ざしている。だから我々はそれらを神々の聖地のように大事にすべきであり、今後は純粋に保つであろうし、保たなければならない。われらの医師に最大の信頼を寄せ、彼の指示には盲目的な信頼で従うのだ。彼が我々を偉大な未来へと導いてくれることを我々は知っているのだから。われらドイツ人とその指導者、万歳！」(40)

ナチの優生学とともに、「ドイツ物理学」を掲げる一つの運動が台頭した。フィリップ・レーナルト、ヨハネス・シュタルクその他数人のドイツ人医師がアーリア人によって発展した科学が他の科学よりも優れていると主張したのだ。彼らはガリレオ、ケプラー、ニュートンという今は亡き偉人たちがアーリア人だったことを主張し、ラザフォードの「プラグマティック」なアプローチを称賛して、アインシュタインの「ドグマ的」アプローチに反対した。(41) 彼らはアインシュタインの相対性理論は「ユダヤ人の物理学」として、理論上の推論であり、嘘だと馬鹿にした。著作を焼き、大学でユダヤ人が教鞭を取れないようにした。アインシュタインは殺すという脅しを受け取った。アインシュタインを含む多くのユダヤ人教授、ジェームズ・フランクやリーゼ・マイトナーなどがドイツを脱出した。

ナチの法制下で優生学はあまりに強力な運動となったため、その起源はゴルトンの数学的枠組みよりも何百年も古い時点までたどれるという評論家たちがいた。たとえば優生学をピタゴラスにまで結びつけた書き手もいた。(42) イアンブリコスによれば、ピタゴラスは自分の弟子達にその生まれつきの才能を確認するための試験を行ったという。そして言い伝えによると、ピタゴラス派は人は堕落してしまわないように、自由気ままにふるまうことは許されるべきでなく、子どもをつくるかどうかに関しても規制されるべきなのだと言ったという。「これは大部分の人間の悪徳と堕落のもっとも強力で明白な原因である。というのは大多数の人間は生殖を動物のように衝動で行うからだ」(43)。優生学をプラトンにまで遡らせる書き手もいた。神がいろいろな形に創った市民を、プラトンは差別したからだという。「あなた方の中には支配する力をもつ者がいる。彼らは金でできていて、最高の名誉をもつ。またそれを補佐する者がいて、銀でできている。さらに農夫となり職工となる者がいて、彼は真鍮と鉄である。そしてこれらの種は一般的に子供において保たれていくのである[44]」。

何百年も後、植民地時代の合衆国で、人種主義はもっとも優れた指導者たちの心にすら浸透していた。たとえばベンジャミン・フランクリンは人口増大に関するエッセイ（初めは匿名で出版した）を書いたとき、最後にこんな一節を入れたが、後に出たいくつかの版では削除した。

世界における純粋に肌が白い人の数は、割合としては非常に少ない。アフリカ人は全部黒か黄褐色の肌であり、アジアは主に黄褐色である。アメリカは（新来者を除けば）すべて黄褐色である。そしてヨーロッパでは、スペイン人、イタリア人、フランス人、ロシア人、スウェーデン人は概して我々の言う、浅黒い顔色だ。ゲルマン人がそうであるように、サクソン人は例外であり、それがイングランド人とともに、地球上の白人の主要部分をなしている。その数が増えればよいのにと願ってもいいだろう。そして我々がいわば、アメリカの木材を伐採することによって地球を洗浄していて、火星や近世の居住者から見れば、地球のこちら側の方が明るい光を反射しているのが見えるようにしていると いうのに、なぜより優れた存在の判断をもつ我々が、人々の色を暗くすべきなのか？ なぜアフリカの息子たちをアメリカに植え付けて増やすのだろうか？ アメリカで我々は、すべての黒人と黄褐色人を排除することにより、すばらしい白と赤を増やすチャンスを得るのがこんなに正当であるのに？

しかしたぶん、私は私の国の肌の色をひいきしているのだろう。この手のえこひいきは人間には自然なことだからだ[45]。

一九四〇年代になると、優生学の実施にはっきり署名して実行に与した今は亡き偉大な人物にはことかかなかった。

ヒトラーは彼が名づけた支配者民族のための「生きる空間」をもっと獲得するための野心的な軍事行動を始めた。だが破壊的な戦いを経て、彼の敵であるスラブ人たちが英米軍と一緒になってナチを打ち負かした。しかし第二次世界大戦が終わる前に、ナチ医療プログラムは強制的におびただしい数の人々を断種した。さらにユダヤ人、ロマ、さまざまな少数民族を殺害した。

一方、優生学はアメリカの教育改革の重要な一部になっていた。一九四〇年代に合衆国の高校で使われる生物学の教科書のうち、九〇パーセント近くが優生学を提唱する章を含んでいた[46]。だがナチの人種差別プログラムの恐怖を知ったとき、優生学に対する幅広い支持は崩壊した。

総じて、優生学は科学よりも憶測によってあおられていた。そこには若きカルトの熱にうかされたような希求があった。一九〇四年にゴルトンはこう認めていた。「優生学が、人類における宗教的なドグマとなることがありえないとは見ていない」。だが彼は、科学的な定量化に基づいた細心の注意を払ったものになるだろうという希望ももっていた。ゴルトンが恐れたのは、「黄金時代が近くなるなどと期待して、過度に熱心に早急な行動を招けば、害になってしまうだろう。確実に誤った方向へ行き、この科学の信用を失墜させるだろう」ということだった[47]。これこそ現実に起こったことだった。

一九六〇年代には人々はみな生まれつき平等だという考えが、個々人または人種間の生来の能力の違いを定量化することを主張していた科学者たちの努力を、恥しいものにした。ある優生学者は真剣に研究してきたことが、「この『平等』というナンセンスがほぼすべての人々に影響していたために、邪魔された」と苦々しくもらした[48]。

人間の遺伝を改良することを科学にしようとする原動力は、数によって現象を理解しようとする古代の野望に依存していた。だがその結果は、平等の観念と衝突した。一九七六年、アメリカ遺伝学会の一〇〇〇人を超える会員が宣言を出した。「我々は人種主義と人種差別を遺憾に思う……なぜならそれは一人一人の人間個人に対する我々の敬意とは反するものだからである。大きな遺伝的な不均質があろうとなかろうと、政治的平等という我々の理想を何ら変えるものではないし、いかなる形の人種主義や人種差別も正当化するものではない」というものだった[49]。

優生主義はナチスとともに終わったわけではなかった。その言葉自体は流通しなくなり、特に学校の本の中に出回ることはなくなった。だが政策立案者たちはその原則を携えて奮闘し続け、遺伝学者たちは人々の慢性病、行動、知性の遺伝的原因を探し続けた。昨今では遺伝学者たちは「単一遺伝子の」異常によって引き起こされる病気を何百も発見している。それらの病気の大部分は優生学者たちが標的としたものではなかったけれども。今日の遺伝学者はなおも、アルコール依存、犯罪、統合失調症、鬱、暴力、活動過多や引っ込み思案までの多くの行動の遺伝的原因を探し続けている。

それでも、かつての理想は憶測とありふれたフィクションによって枠組みが作られたものだった。広く流布してはいたが、人種の古くからある概念は一つの神話だった。それは主として肌の色に基づいているが、ヒトのグループ間の遺伝的差異の程度は、人々と人類学者たちが表面的な印象と肌の色で作りだしてきた、見た目の「人種」に正確に応じるものではない。たとえば黒い肌のアフリカ人は、遺伝子的に言えば、黒い肌のオーストラリアのアボリジニよりも、淡い肌色のヨーロッパ人の方に近い[50]。

血統の制限や管理を行う大規模な社会プログラムは一般では好まれなくなったが、その一方、遺伝子スクリーニングのための新しい技術は個人に対してもっと大きな出産制限を与えるようになった。残念ながら大部分の人々はただ「正常な」赤ちゃん、まさしく優生学者たちが望んだ種類の子供が欲しいと考えている。たとえばアインシュタインの二番目の息子は鬱病と統合失調症となり、精神病院に収容された。アインシュタインはそんな慢性病は遺伝によるものだと考え、息子に宛ててこう書いている。「人種を退化させることは確かに悪いことだ。考えられる限りもっとも悪いことの一つだ」。そして無神経にもこんな言葉まで付け加えている。「お前のような存在を生み出した我を許したまえ」[51]。同様にアインシュタインは、彼が遺伝的に劣ると軽蔑していた女性と自分の最初の息子が結婚するのを激しく反対した。彼女は年上で背が低く、取り憑かれたような、複雑な性格で、マリチにとてもよく似ていた。それゆえアインシュタインは、息子のハンス・アルベルトが彼女とのあいだに子供をもつのは「危険」で「惨め」なことであり、「災難」に思えることであり、何とか防ごうと、不作法なまでに反対した。偏見に満ちた反対は失敗に終わった[52]。

今では我々は、遺伝子の異常が完全に不利になるわけではないことを知っている。例を一つ挙げよう。アメリカの優生学者には、ヨーロッパ南部や東部からの「劣った血」の流入に反対してきた者がいた。地中海東部の家系では血液に一つの異形があり、それがあると、たいていの人には影響を与えない化学物質が害を受けやすくなることが判明した。特に豆、それもソラマメを食べると害になりやすい。だから古代のピタゴラス学派の処方が豆の摂取を控えるとあったのは少なくとも、ピタゴラスが生きていたまさにその地域出身の人たちにとっては、意味があるのだ。その状態の血液をもつ人々は、ソラマメ以外の化学成分も害を受ける可能性がある。遺伝学者たちが発見してきたこのような遺伝的な血液疾患は、「遺伝子の欠陥」によって引き起こされるのであるが、しかしポジティブな結果も有している。マラリア、特にもっとも致命的な形のマラリアに対する耐性のある血液なのだ。[53] だから生物学者たちはマラリアの影響を受ける地域で何千年も前にこの遺伝子の突然変異が起こり、自然選択によって増殖したと推測した。「劣った」血液なのだろうか？　他にもまだ利点をもっているのではないかと思う。

そして行動についてはどうだろう？　優生学の目的は一つの神話にすぎなかったのだろうか？　選択的交配に基づくだけでは行動を予測もしくはあらかじめ決定するということは不可能なのだろうか？

その後、遺伝学者たちはかつては不可能に見えた発見をいくつも成し遂げているのだ。たとえば一九五八年、フランスの遺伝学者、ジェローム・ルジューヌがダウン症の人は染色体が四六でなく四七あることを発見した。そして彼はこの異常がダウン症の根元にある原因だと突き止めた。ついに、特定の子供の将来の行動と知性の特徴において、遺伝的に予測可能な例が得られたのである。この発見はめざましいものであったので、ある遺伝学者仲間はルジューヌの染色体写真を「月の裏側の写真にも匹敵する驚異」と述べたほどであった。[54] 当時、ロシアの宇宙探査機が実際に月の裏側（まだ人が見たことがない、古くからのミステリーであった）を撮影したのである。さらにまもなく研究者たちは、ダウン症の一種（すなわちロバートソニアン型転座）が実際に遺伝で伝わること、家系内で繰り返し出現するのがそれで説明できることを見い出した。ここについに、遺伝する一つの行動異常の例が現れたのだ。

さてこの章の最初で提示した問いはどうなったのだろうか？　たとえば攻撃性や犯罪を防止するために人間の行動を選択的育種によって改良する方法はあるか？　その証拠はまだないのだが、もう一度犬の例を考えてみよう。犬の行動は人間によって、選択的育種で設計されているかどうか、疑う人もいるであろう。だが進化理論は種の行動も、身体と同様に経時変化していくことを要求するのだ。それゆえ、科学者たちは特定の動物の行動が選択的育種によって本当に修正することができるのかわかる実験を行ってきた。

一九五九年の始め、ロシア、ノボシビルスクのドミトリ・ベリャーエフがシルバーフォックス〔ギンギツネ〕がおとなしくなるような選択的育種を始めた。別々のケージに入れられたフォックスは人間の手を出されると多少なりとも怖がった反応を示していた。恐怖も攻撃性も少なかった個体を隔離して育種した。トレーニングは一切せず、人間との接触を厳密に制限して、どんな行動の変化も確実に内因性の要因だけから生じる結果となるようにした。

驚くことにわずか一〇世代の後に、選択されたフォックスは家で飼われる子犬と同じように非常に人に馴れた行動を示したのだった。人間との接触を強く望み、人間のにおいをクンクン嗅いだりなめたり、尻尾を振ったりしたのである。

その一方でより暴力的なフォックスも育種し、特に攻撃的なフォックスの血統も得た。[55] 一九八五年にベリャーエフが没した後、リュドミラ・トルトがこの実験を継続した。一九九九年に彼女は、四〇年を超えて四万五〇〇〇匹のフォックスを育種し、犬のように人になつくフォックスの品種を作りだした。[56] これらのフォックスの人なつこい行動は、生後一カ月の段階ですら明白だった。また別のすばらしい結果も得られた。より受動的で、人になつきやすいフォックスは身体的にはっきりわかるようになった。毛皮は部分的に色素形成を欠いており、特にそれは顔の星型のパターンに見られた。耳はふわふわして、尻尾はカールするようになり、二〇世代もたたないうちに、尾が短く、脚も短く、門歯の咬合が逆となり、頭蓋骨がより小型化する傾向があるものが現れた。その鼻は短く幅が広くなってきた。概して、犬に似た特徴がどんどん現れてきたのである。ゆえに我々は経験的にそんなフォックスの遺伝的な血統は、その動物行動によってのみならず、その体形によっても同定できるのである。行動全般を、その身体的特徴から予測できるのだ。一つの種の中で、行動と身体的特徴とのつながりがあったことになる。

ベリャーエフとその同僚たちはカナダカワウソ、ミンク、野生のラットといった、他の哺乳類の家畜化も始めた。シベリアン・グレイ・ラットをフォックスと同様に、人に対する許容度によって分けて育種した。わずか六〇世代後に、二つのはっきり識別できる種が生まれていた。一方は自由に人が扱うのに任せたが、他方は凶暴なふるまいで、叫んだり、ケージの横木に突進したり、人の取り扱いに獰猛にはむかった。スコットランドのセントアンドリュース大学のある動物学者の言葉がある。「最高に邪悪な超悪玉と、漫画に出てくる優しくて可愛い動物とを想像してみればよい。この二つのラットの血統そのものだ(57)」。

優生学と劣生学はすでにいくつかの動物種では行動上の成果を得ている。遺伝学者たちはいまやラットのこの二つの系統の間のDNAの違いまで同定を試みている。そんな違いは他の哺乳類にもある可能性はある。そして歴史は、人間とその他の自然とは隔たったものであると主張しようとする我々の試みが、往々にして間違いであったことを示している。犬、フォックス、ラットにおいて示されたように、優生学がただの神話ではなかったのは明らかのようだ。

行動遺伝学は不安な新事実へと忍び足で近づいてはいるが、幸い、人間に対する強制的な優生政策への見通しはいまも悪評で否定されている。伝統的な数学的美の観念は、等しいこと(=平等)に対する神秘的なほどの評価を育み、それは永遠不変なものに見える。だが差異についてのあらたな評価があれば、我々は、すべての個人の流動的な不平等を快く認める倫理へと促されるはずだ。

エピローグ

生まれながらの天才の物語は今なお科学への興味をかきたててくれる。だがそれらも変装してしまうことがある。ピタゴラス、ニュートン、アインシュタインは時としてほとんど神のように描かれる。しかしそのせいで、本当は彼らは何をしたのか、どのように彼らはそれを成し遂げたのか、成し遂げた理由は彼らに天賦の才があったからか、いい家柄だったからかといった疑問に対する答えが隠蔽されてしまう。

本書の冒頭で私は、科学の描写がしばしば神話の形を取ることを述べた。そのとき念頭にあったのは、古いカルト教団のような問題のある面のことだった。それはたとえばカリスマ性のある指導者を神格化したり、自分たちの業績を奇跡としてほめたたえたり、知識を秘教的な言葉で隠したり、真実の理解を無視して、歴史的な発見よりむしろ今まで言い古されてきた物語を繰り返したりする傾向である。私はまずは天文学がピタゴラス学派の神話をいかに吹き込まれてきたかをたどり、最後は、数理科学を志した優生学がいかにして神話と千年王国の幻想に衝き動かされた殺人セクトへ堕落していったかを追跡した。一連の神話と歴史的なエピソードを分析してみると、そのような神話が発展していくのは、ある共通パターンが組み合わさって起こるらしい。そこで、そういうことについて一言、二言しておきたい。

過去を語りたいと思う物書きや研究者は、選択のプロセスを通過する。自分たちのニーズまたは好奇心に従い、限られた範囲の出典となる資料探しを行う。彼らは個人的または実務上の動機および将来の受け手が興味をもちそうなものに駆り立てられ、価値があり、妥当性があり、説得力があるように見える要素なら何でも選ぶ。物書きや研究者が十分な材料を持ち、合理的に信頼でき、言うに値するものを得たと納得した時に、限られた調査が終わる。自分なりの説明を作りだす一方、現在の関心の範囲を超える材料は省略する。省略はせざるを得ないことであるが、その際に省略するだけではなく、オリジナルの出典にはなかった語句や概念をしばしば付け加えるのである。自分たちの物語を編み出し、場面を想像し、結果として、それらの場面からの想像上の細部が歴史からの抜粋の中に織り込まれていく。この想像豊かなプロセスは勝手なものではなく、一定の考え方に応じたものである。

我々が考察してきた神話の中には、圧縮という共通パターンが見られる。一つのストーリーの鍵となる要素がどんどん一緒にされていくのだ。いくつか例を見てみよう。まずダーウィンがフィンチのばらつきは、ある種の進化から生じたと想像したと我々は読む。するとそれについて書く人たちはダーウィンが発見の旅の途上、ガラパゴス諸島で見慣れないフィンチを見たときにそんなことを考えて楽しんだと空想するのである。そしてまた、ダーウィンは博物学者なのだからフィンチの嘴を系統立てて測定し、その食習性を研究してその地理的分布も記録しただろうと推定する。そうして、ダーウィンはフィンチが進化を経ていたという結論を出したに違いなく、それが彼の進化理論へ導く種子となったのだと推断する。同じように、ニュートンがりんごが落ちるのを自分の庭で見て天啓を得たと我々はまず耳にする。次にそのりんごは彼の足に落ちた、または彼の頭、もしくは彼の鼻となり、あるいはそれが彼の頭を強く打ったというのまで出てくる。そして一連の思考に伴って起こった、少々面白い出来事にすぎなかったというより、引き金、原因として解釈されるようになる。

小さな出来事が偉大なる結果へと至るわけである。私は、りんごの話が「ニュートンが重力を発見した」という事実を伝えるものだと信じている多くの人に会ってきた。まるで重力（gravity）——重さをさすラテン語の表現——が何千年も知られてはいなかったかのようだ。この話のポイントはそこではない。我々は重力が地球上にあることは知っているが、ニュートンは重力が大気を越えた大気圏外空間まで広がっているかどうかを考えた。そこがポイントなのだ。しかしニュートン、りんご、重力という三つの要素が神話的な大発見に圧縮されていく。同じように、いま多くの人々はフランクリンが雷雨の中で凧を揚げたら、雷が凧に落ち、それによって「彼が電気を発見した」と思っている。また同様に、アインシュタインはスイスという時計で有名な国に住み、彼が居を構えていた通りに大型の時計塔があり、一九〇五年に彼は時間の相対性を明らかにした。その時計塔が彼のアイディアの引き金だったら面白いではないか？　ということでアインシュタインについて書いた人たちは結び付けてしまった。だが時計塔など、ヨーロッパの至るところにあったのだ。さらにジョルダーノ・ブルーノがコペルニクスの理論を信じており、異端審問で殺された人物である。ブルーノはコペルニクスを信じていたかどで殺されたならドラマティックではなかろうか？　というような具合である。これらの話は一種の圧縮によって発展した。つまり話の要素がひとまとめにされてしまったのである。

　物書きがひとたび一つの話を発表すると、それが市場にある他の同様の話と競争し始める。読者の気に入ったものが広まる。あるいはその話が人気のある本の中で書かれると、その話題に焦点を当ててはいない本であったとしても、話は広がっていく。一般の選択というこのプロセスは部分的には、大衆の先入観（何が話を耳触りのよいものにするか、価値のあるものにするか、ドラマティックにするか、想像を刺激するか、真実にするか）によって決まる。ある話が真実味を帯びて聞こえるのは、読者たちが前から抱いていた劇的な話とそっくり同じに聞こえるという理由による。たとえば小さなことが時には尋常ならざる効果をもたらすことがあると、我々は実際に知っている。それが繰り返されるのだ。どこにでもあるりんごが宇宙の体系というもっとも偉大な発見を導く。子供のおもちゃである凧が、ある男を自然のもっとも強力な力、雷への理解に至らせる。映画「ロード・オブ・ザ・リング／旅の仲間」にはこんな見どころのある瞬間がある。登場人物の一人、ボロミアが細い銀の鎖を拾い上げると、そこから金の指輪、「一つの指輪」、力の指輪がぶらさがっていた。彼はその指輪を見つけ、魅了されてつぶやく。「こんなに小さな物をめぐって私たちは恐怖と疑いにここまで苦しまなければならないとは不思議な運命だ。……こんなにちっぽけな物なのに」。

さて、ちっぽけな物と同様、心に訴えるストーリーを作る要素といえば、尋常ならざることを成し遂げる、普通の人々が登場するというのもそうだ。三流の特許局員が物理に革命を起こす理論を打ち立てる。物静かで目立たない妻が、隠れたすばらしい数学者であり、現代物理理論のひそかな産みの母だったと伝えられる、など。

話が真実味を帯びて聞こえる、さらなる要因は、明確な舞台と演技を含むことである。ある特定の場所において、だれだれが何々をしていたらこれが起こったのだ、という具合である。アインシュタインは時計合わせの特許を審査していたとか、ニュートンはりんごの木の下で読書していたとか、ガリレオはピサの斜塔から物を落としていた、などなどと言われる。

そんな物語をさらに人を動かすものにするのは、権威のある出典から出た場合である。有名な科学者、名声のある歴史家、等々。読者たちは権威のある専門家は過去を創作したりする傾向は少ないと思っている。だが私の印象では、権威にはある種の危険がつきまとう。たとえばガリレオについていったん誰かが徹底的に書くと、時として一種の感情移入が発展する傾向がある。その人物がいかに行動した「であろう」、何を考えた「に違いない」。まるで何千時間もの研究に身を投ずれば、その研究者には特別な力が備わるかのようだ。人間の行為は一貫性があるかのようにとらえ、そしてあたかも社会的知的文脈にはほとんど関係する因子はないかのように好都合に除外して、過去を正しく言い当てる能力である。権威の困ったところは、私が先に述べた資料の選択という最初の手順を止めてしまう場合が多いところだ。だが何かを書いたり教えたりする人がガリレオについて何か言う必要が生じると、その道の権威に相談し、その権威を信用して言葉にしてしまう。それゆえ権威なるものは、誰かが過去を確かめるために行う、元々限定されている調査まで止めてしまうのに一役買ってしまう。

これを解決するには、専門家ではなく証拠を信用することである。誰かが何かを主張していたら、たとえそれがアリストレテスについてガリレオが書いていること、またはガリレオについてニュートンが書いていること、あるいはまた最新の、最高の伝記作家がアインシュタインについて書いていることであっても、単純に彼らの言うことを信じるのは慎むのだ。彼らが参照する具体的な証拠を挙げていない限りは。

人気のある物書きがひとたび物語を書くと、それは広大な範囲に広まる。あっという間に科学の教科書や学校教材へと達し、そして青少年向け文学や子供の本にも広がる。後になって研究者が何とか批判を行って神話を訂正したときに、学校の本に載る土台はその後やっと崩れる。たとえばガリレオと斜塔の神話がはっきり暴かれたのは一九三〇年代だが、教科書から比較的まれにしか見られなくなるまでは、なお幾多の年月を要した。今なお何万という人がそう思い込んでいるのは、子供の本のあいだではまだまだ存在感が強いからである。

神話は主として情報の欠落の過程によって発展し、物語が完全な正確さなしに複製され、繰り返され、それゆえ細部がいくらか失われてしまうと推測される恐れがある。だがより大きな因子は情報の付加なのである。作家、教師、歴史家たちは時として物語を、自分の期待や興味や関心事と共鳴するキーワードと要素でもって潤色する。概して無意識の創意のプロセスである。

たとえばカール・マルクスがその有名な著作、『資本論』をチャールズ・ダーウィンに献呈したがっていたという、よく知られている話がある。この話は一九三一年に始まる。マルクスの著作を研究するロシアの学者たちが、一八八〇年の一通の手紙で、献呈したいというマルクスの要請をダーウィンが断っていたと主張した。(1) この主張は作家たちによって、一八七三年の手紙でダーウィンがマルクスの献呈の申し出には感謝したが、誠意を込めて丁重に断ったというふうに、間違って伝えられるに至った。(2) 実際には問題の手紙は一八八〇年以降であり、マルクスの名前は記されていない。ただ「拝啓」と書かれているだけなのだ。

それでも一九六〇年代と七〇年代には、学者たちはダーウィンがこの手紙をマルクスに宛てたのだと主張し続けた。(3) 『資本論』は一八六七年に出版されており、手紙が書かれた、または書かれたと想定される頃よりも数年も早い。この時間の食い違いを説明するため、ある作家はマルクスがダーウィンに読んでほしかったのは、マルクスによる数節のフランス語訳だったのだと推測した。(4) また、この手紙が『資本論』の英語の翻訳を指しているのだと推測する作家たちもいた。(5) さらには、マルクスは自著の第二巻をダーウィンに献呈することを望んだという憶測を述べる作家までいた。(6) 彼らはマルクスが第二巻と第三巻は自分の妻に捧げるつもりだったとフリードリッヒ・エンゲルスが述べた事実を無視した（これはマーガレット・フェイの指摘による）。

一九七四年、ルイス・S・フォイヤーがダーウィンの手紙が実際には，エドワード・エイヴェリング宛てだったことを立証した。この人物は、キリスト教と対立するダーウィンと自由思想に関する本を出版することを計画していた。(7) ダーウィンはそれにかかわりたくないと思い、自分は無神論者ではないと述べた。彼は自分自身を不可知論者と呼んでいたのである。イギリス、ケンブリッジのロビン・ダーウィン・アーカイヴにあるダーウィンの論文はエドワード・エイヴェリングからの手紙を含み、その日付は一八八〇年であった。(8) その手紙の中でエイヴェリングは自分の新しい本をダーウィンに献呈する許しを乞うている。つまりダーウィンの一八八〇年の返事がマルクスとの文通と混同されてしまったのだ。その主たる理由は、マルクスの娘、エレナがエイヴェリングの内縁の妻だったからだ。彼女は一八九八年に自殺し、しばらくはエイヴェリングが自分の手紙とマルクスの手紙の両方を所有していた。つまりマルクスがダーウィンに自分の本を献呈したがっていたという主張はただの誤解だったのだが、今なお時々繰り返されている。

ただダーウィンとマルクスは、短いやり取りは交わしたことがあった。一八七三年にマルクスは自著、『資本論』を一部、手書きの献詞をつけて郵送した。折り返しダーウィンはマルクスに返信し、「偉大な本」への感謝を述べた。肉筆のサインのある本はドイツ語で書かれたもので、ダーウィン所蔵本のコレクションに今も存在する。八二二ページのうち、最初の一〇五ページだけが頁を切られていた〔本は当時、販売時点では「袋とじ」で、読むときに「頁を切る」のが一般的だった〕。まるで誰かが読もうとしたかのようだが、ダーウィンはほとんどドイツ語を知らず、また本の欄外に注釈を書き込むのが常であったのに全くそれが見られない。(9) またマルクスの方も完全にダーウィンのファンだったというわけではない。年を経るにつれ、時折その表現をさげすみ、ダーウィンがトーマス・マルサスの仕事に信頼を置いている点は公然と嫌っていた。

ダーウィンとマルクスの話は一連の推測ですっかり膨らんでしまったわけだ。我々は空欄を埋めようとする憶測への抑えがたい欲望をもつ。それが、意思表示の中に意味を推論したり、星の中に星座を描こうとする衝動を我々に与える。夜空の離れたいくつもの光の点を見て、あれはオリオンのベルトだ、剣だと考えることなく見るのは、はるかに面白くないことだろう。ガリレオは自分の望遠鏡で、オリオンの中に自分が見ることのできたすべての星を描こうとした。だが星が多すぎて、単純なオリオンという神話的人物に代わる、通常は眼に見えない星をも含めた網羅的な描き方をたてることが彼にはできなかった。同じように我々は、自分が話したいと思うストーリーにぴったり合うピースのみ好んで選ぶことがあまりに多い。これこそが、私が本書をやむにやまれず書きたくなった点なのである。

証拠として使うことのできる、引用文の抜粋があると、神話を突き崩すのは難しい。たとえば私は科学史を大学院で学び、生物学史のコースもとったが、ダーウィンのフィンチの話が神話だとは教わらなかったと思う。何年か後に、それは神話だと簡潔に述べているものを読んだが、その後ですら数年はダーウィンのビーグル号航海記の第二版（一八四五）からの関連する節などの抜粋に部分的に依拠して、この神話の変形を引き続き繰り返してしまった。私のカレッジの学生たちにも誤ってこの神話を何度か教えたのである。最終的にフランク・J・サロウェイの歴史論文を読んで初めて、私は神話の程度を把握し始め、それから一次資料に目を向けることにより、さらに細部を確認した。しかし神話に関するそのような修正話が明確に語られ、繰り返し述べられていかない限り、まるで木の枝がさまざまな方向に伸びていくように神話はまた成長してしまうのだ。

本書を読む前にアインシュタインの最初の妻についてすでに知っている読者の方々もおられよう。こんな話は神話だと一蹴した他の本や記事を読まれたこともあるだろう。そしてただの古い話だし、何年も前に仮面は剥がされているのだから何も書く値打ちなどないのに、と思われるかもしれない。しかしこれらのストーリーは事実を凌駕してしまっている。その進化を調べてみると、私はこの手合いの物語が決して消えないのではないかと思う。細部というものはたった一つの言葉ですら人をひきつけ、変化して、肥沃な想像力の中に膨らんでいくものだ。私が言いたいのは、時として刈り込みが必要だということではない。刈り込みが必要なのは明らかだが、私の言いたいのは、こういう神話の進化を物語そのものの一部にすべきであるということだ。我々は痕跡をたどり、我々の間違いの歴史を知って楽しむべきなのだ。こういう歴史を学ぶと、我々はもっとはっきり考えるようになる。繰り返し現れるパターンに我々は気付く。そのパターンは、わずかな読み違えや表現のミスにもこの強力な衝動が働くということを明らかにしてくれる。

アインシュタインが言ったことの多くは、広く繰り返され、曲解されてきた。彼は自分の運命はミダス王に似ていたと苦々しく述べた。「自分が触ったものすべてを金に変えたおとぎ話の中の男のように、私に関してはすべてが新聞ネタに変わり果てる[10]」。没後も、彼に関する新たな物語が生み出され続け、根拠も何もないものすらあった。

二〇〇九年一月、私はテレビで、ヒストリー・チャンネルが「ノストラダムス——二〇一二年の預言」というタイトルの番組を放映しているのを見た。聞いて楽しいオカルト話なら何でも信じる視聴者は絶えず存在する。そういう視聴者向けに予言を論じて提供する番組で、起こりそうな未来を行間を読んで過去に投影して面白がらせようという意図に乗じたものだった。テレビの出演者のうちの一人が言った。「アインシュタインは錬金術にはまっていた。信じられないかもしれないが、彼の妻が言うには、毎晩彼が就寝前にやっていたのは錬金術に関する古代の本を読むことだった[11]」。言うは易し、人々の頭にもたやすく吹き込まれてしまう。世界じゅうの何千もの人々はその主張を否応なく聞かされたわけで、信じた人もいただろう。反対に、その主張を否定する可能性のある本を見つけるために本屋に行かせようとする番組はどれだけあるのだろうか？　この主張は真実ではないと即座に反応してもいいところだが、そうはせずに、まずその見事なところを堪能してみようではないか。「アインシュタインが錬金術にのめり込んでいた」とただ言い切っている。あたかもこの主張は権威のあるもので明白なものであるかのように。これは星座の中の二つの明るい点をつないだのである。つまりアインシュタインと錬金術である。信じたいと思う人たちにとってはぴったりの話だ。成功した科学者が内々にはオカルトの秘密にかかわっていたなんて、我々も就寝前の軽い読書で近づけそうではないか。しかもその出所が信用できるように聞こえる。彼の妻だというのだから。だがどの妻か？　最初の妻か二番目か？　そして彼女は誰にそう言ったのか？　いつ？　どこで？　信頼できる証言者を参照していると言われれば主張が補強されるように、修飾がつくとこれまた内容は補強される。アインシュタインが読んでいたのはただの錬金術の本ではない。「古代の」錬金術の本だったのだそうだ。

物を書く人たちは過去を正しい姿で生け捕りにしようと困難な道を進む。古物研究の細部の迷路に埋もれながら、這いずり回るようにして骨折って前進する者もいれば、推測だらけの霞んだ靄の中で迷宮の方向に突進してしまう者もいる。それはキューバの歌手、シルビオ・ロドリゲスの感動的な歌、ある兄弟たちの物語を私に思い出させてくれる。一人が遠くへ行きたくて旅を始めた。だが自分が進む一歩に注意しすぎて近くを見たため、用心のしすぎで首は曲がり、年老いて目も近視となり、遠くまで行けなくなった。弟もまた遠くへ行きたがった。それで水平線に目を据えて旅を始めたが、足元の石と穴につまずいてばかり、それで彼も年老いて遠くまで行けなかった。もう一人の弟はといえば、こちらは斜視になってしまった。

正しいとされている物語を調べてみると、多くの本が推測と証拠をいかに混在させているか、その程度の甚だしさを私はますます目にしてしまった。そこにはパターンがあって、たとえば書く方が彼は（これをした、または知っていた）に違いないとか、これは疑い得ないことだという。こういった表現は普通は、言葉とは裏腹に根拠のない推測なのだ。疑いもなく」、「おそらく」、「明らかに」、「確かに」、「確実に」、「必ず」、という言葉もしばしば、書く側が主張したいが確実かどうか本当は知らないところに限ってちりばめて使う。それで本書のためには私はこのような単語や、同様な過去についての推量である彼は……したかもしれないを使わないようにした。またたとえば「一九世紀の科学者」とか「近代」といった、よくある不正確になりそうな表現もしないことにした。そんな表現は誰も使うべきではないと言うつもりではない。ただ本書では引用部分を除けば、そんな表現は全く使わないという実験を行ってみたのである。

神話は、有名な個人を我々がまのあたりに思い浮かべられるようにし、心に訴えかけるアイディアを伝える状況を作ることによって、我々を彼らに結び付けてくれるものである。大部分の英雄神話は悪意によるものではない。フィクションの中には心を満足させてくれたり、機能を与えてくれたりするものがある。ただの風聞伝説で、歴史的には誤った解釈のものですら我々にインスピレーションを与えてくれる。ピタゴラス、ガリレオ、アインシュタインの妻のような好奇心をそそる歴史上の人物を登場人物に用いて、過去を編集して道徳劇に仕立て上げたいという衝動に駆られる。それは我々が学びたいと切望することを教える目的からである。我々は、自分が読む物に対しておのが関心を投影するのである。だが何が実際起こったのか？　我々は過去について公平に何を言えるのか？　という問いに答えようと苦闘する本当の語りの必要性は残る。その苦労に加わることで、我々は物語の進化に貢献する。科学と歴史にまつわる推測だらけの神話が少しずつ置き換わっていくのだ。まずは文献資料が豊富である近い過去で物語がどのように進化するか、注意深く研究することだ。そのうえであらためて、もっとずっと古い話や古代の根拠が正しい可能性を吟味してもいいかもしれない。ダーウィンがフィンチの嘴から閃きを得たという話や、J・J・トムソンが電子を発見したという話、はたまたアインシュタインが町の時計の特許を審査することで相対性の天啓を得たという話の出現を追跡した後で、ピタゴラスについての話の分析に戻るのがいい。より最近の話ほど、古代の形、英雄譚やありそうにもない偉業の物語を繰り返しているものだからである。

古代の天才の離れ業に関する話のいくつかは、信じられなくなるかもしれない。歴史がその魔法を幾分失うようにも見えるだろう。だが一方で、驚くべきすばらしい話で、真実であるものも決して少なくないのである。長いあいだ、錬金術師は神話が示す賢者の石を見つけるのに失敗したが、最終的に化学者たちが、光線を放射してがんを治す、金よりもはるかに価値のある物質を見つけた。元素が進化するとか、我々が黄金を造り出すなどは不可能に見えたし、種も進化するなどありえないように見えていたし、動物を交配によって生まれつき友好的な行動をもたせるのも不可能に思われていた。地球とは別の世界が存在するということも馬鹿げたことに思われていたのだ。それに加えて、明らかに不可能に見えたことがいかにして乗り越えられたかという話は、そういう話にはわりあい普通の人々がかかわっていることが多いので、我々を元気にしてくれる。ダーウィンはケンブリッジの卒業生としては平均的な存在だったし、クーロンは退職した技師であり、アインシュタインは三等の特許審査官だった。彼らが賢かろうと、ありふれた人間であろうと、時としては不愉快な存在であろうと、彼らの成功は我々にこんな格言を思い出させてくれるだろう。一人の馬鹿ができることなら、別の馬鹿にもできる。

訳者あとがき

訳者が以前読んだエッセイでは、ニュートンのおひざ元の土地で例のりんごの木から実をもいでもらって、食べてみたらおいしくはなかった、と書かれていた。だからニュートンのりんごの木は現存するように思っていた。そのエッセイを読み直したところ、私の記憶は正確ではなく、現地（ウールスソープ村）では「もとの木は倒れてしまったが、接ぎ木された木はこれです」という説明をはっきり受けるようだ。つまり今食べられるのは子孫の木の実であるらしい。しかしニュートンに万有引力を閃かせた逸話はあまりに魅力があるため、もとの木がそのまま残っているかのように主張する人がやはりいるようだ。

本書はそんな主張もまじえながら、まずニュートンが思索中にりんごが落ちたことがそもそも事実だったかどうかから掘り下げている（第三章）。「誰が」「いつの時点で」「どこから、すなわち科学者本人からの一次情報として、あるいは間接的な二次情報として」「述べたまたは記したか」について時系列で並べている。偉大な頭脳に天啓を与えたものがりんごから果物に変わったり、足元に落ちたとか、頭にごつんと当たったとか、物語にさまざまな変形が起こっていく。そしてりんごの木の顛末も何ともほほえましい。

著者マルティネスは、科学と科学者にまつわる神話をいくつも丹念に史実から洗い直し、その作業の工程を詳細に記している。中にはどんでん返しともいえる結末が書かれている章もある。章によって真実であったことと、真実ではなかったこと、あるいはどちらかわからなかったこと、のいずれかが用意されているので楽しんでいただきたい。

私たちは教科書で、「誰が、いつ、何を契機として、これを発見した」という決まり文句で科学を習っている。その方が手っ取り早く学べるのは確かだからだ。だが大学で専攻してみてはじめて、「そんなに単純な話じゃなかった」ことがわかる。「三つの法則を発見しました」と教わってきた輝かしい人物が、実際は別の人が発見した法則ばかりで、最後の一つだけがオリジナルだとわかったりもする。かなり変形した「神話」を学んできたらしいことをはじめて知るのである。マルティネスのように、事実と違うのは困る、もっと正確に伝えなければ、と積極的に考える人が出るのも当然であろう。

大学で科学史を教えているマルティネスは、史実を洗えば洗うほど、「神話」が多いことに気付かされる。「科学者の物語は神話の形を獲得しやすい。……なぜ誇張と当て推量の方が、正しく証拠を説明したものよりも出回ってしまうのか？　真実の方が面白くないのだろうか？」

残念ながら誤りである可能性があっても新たに調べもせず、古くからある話をそのまま模倣して書くような怠惰なライターたちや教科書が世にあふれている。それを改めたい著者は猛然と証拠探しに着手する。その手腕はいくつかの章で彼が作成した表によく現れている。ガリレオはピサの斜塔から本当に落体の実験をしたのか（第一章）から、アインシュタインの相対性理論はベルンの時計塔のそばに住んでいた時期だったからこそ思いついたのか（第一二章）まで、物語がどんなふうに「進化」を遂げていくかが一瞥できる。それぞれの証拠の証拠能力の強さをどこで線引きするかについては、アインシュタインの妻ミレヴァ・マリチを取り上げた第一一章の表などが参考になるだろう。

訳者はといえばダーウィン（第五章）にまず目が向いた。マルティネスが最初に批判する、ダーウィンに閃きを与えたのはフィンチだという神話は、真実ではないことは今はある程度、世の中で知られているように思う。マルティネスは「代わりにこちらを教科書に載せてはどうか」という物語を一つ用意してくれていた。彼は神話をただのしょうもない間違いで、取り除くべきものとはとらえていない。神話には読者を魅了してやまない要素があり、その力の方は評価しているのだ。真実の材料で神話を作り直せばいい。科学を味気ない形で伝えたくはないという思いも彼はもっているのだ。

この著者に対してはもう一つ、感銘を受けたところがある。マルティネスの著作には数学に関するものがあり（邦訳では『負の数学』青土社など）、本書でも、「いままで古い科学実験を再現する大きな経験も持ってはいない」と述べられている。しかし果敢に再現実験に挑んでいる章があるのだ（第七章）。法則どおりのきれいな実験値は得られないのではないかという素朴な疑問をもてば実験で答えを出そうと考える人なのである。

「誰を信じろというのか。クーロンとフランスのアカデミーの科学者たち、およびわけも分からずクーロンの報告を繰り返す古い教師たちや教科書か。それともハイテクの実験物理学の恩恵を有する、二世紀後の物理学者や歴史学者がクーロンの報告を疑わしいと論じている方を信ずるべきなのか？…だが、もう一つの選択肢がある。科学を信用するかどうかは、権威に訴えたり、人気投票で問うたりして決めるものではない。そんなことはせずに、実験を行ってどんな結果が出るかよく見ればいいのだ」。

そう言って二世紀も前の装置を再構成する。現在では手に入らない材料は別の材料で置き換えながら、再現を試みている。その結果はお読みいただいた通りであるが、再びこう述べている。「私は物理学者ではなく、実験家でもないが、手順の一つに参加して、そこで絶えざる好奇心が驚くべき結果を生んだことはすばらしいと思う」。

時系列の表を作る形にしろ、実験をしてみる形にしろ、権威の言うことを決して鵜呑みにはしないのが、著者の一貫した姿勢のようだ。アマチュアでも科学には平等に貢献できることを示唆する神話（第六章）には好感をもち、そしてその思いは人間の差異に対する深慮をもった眼差し（第一四章）にもつながっているようである。

訳者にとって新鮮だったのは、錬金術の「変成」（第四章）とダーウィンの「種の変移」（第五章）が、「あるものが別の何かに変わる」のを表すtransmutationだったことだ。生物学界隈ではこの語は「転成」とも訳されてきたが、もとは錬金術由来だとはじめて知ったという分子生物学研究者の友人もいた。ヨーロッパにおける諸科学の共進化はそんな言葉からも感じ取れる気がした。

訳にあたり、強力なサポートをいただいた方および篠原一平氏と贄川雪氏に心から御礼申し上げる。

二〇一五年一月

訳者

註

プロローグ

（1）アルバート・アインシュタインからマックス・ブロート宛て、一九四九年二月二二日、Einstein Papers Project, item 34-066, California Institute of Technology, Pasadena, Calif.

（2）Walter Isaacson, *Einstein: His Life and Universe*(New York: Simon and Schuster, 2007), 1-7.〔『アインシュタイン　その生涯と宇宙』上下、二間瀬敏史ほか訳、武田ランダムハウス（2011）〕

（3）Jürgen Neffe, *Einstein, A Biography*, Shelley Frisch trans. (New York: Farrar, Straus and Giroux, 2007), 95.

（4）私が書いたものより前に圧倒的な意図や議論の流れがあって、私の言いたいポイントが、私が諸科学を批判しようとしているという中身のない疑いに埋もれてしまう恐れがある。「二つの文化」と「サイエンス・ウォーズ」という浸透しつつある文脈から、また科学内部の誰かあるいは反対する立場の誰かが石を投げてくるのではないかと我々に疑わせるすべてのものから、我々はどうやったら免れられるであろうか。試してみることは我々はできよう。

（5）Bill Bryson, *A Short History of Nearly Everything*(New York: Random House/Broadway Books, 2003), acknowledgments.〔『人間が知っていることすべてについての短い歴史』上下、楡井浩一訳、新潮文庫（2014）〕

（6）Tony Rothman, *Everything's Relative: And Other Fables from Science and Technology*(Hoboken, N. J.: John Wiley and Sons, 2003). John Waller, *Einstein's Luck: The Truth Behind Some of the Greatest Scientific Discoveries*(Oxford: Oxford University Press, 2002).

（7）Rothman, *Everything's Relative*, xv.

（8）Ronald N. Numbers,ed., *Galileo Goes to Jail and Other Myths about Science and Religion*(Cambridge, Mass.: Harvard University Press, 2009), 7.

（9）"Amanda" (Becki Newton), in *Ugly Betty*, ABC television network, 2008.

（10）Rothman, *Everything's Relative*, x, xi.

（11）Karl Popper, "Science: Conjectures and Refutations," (lecture, Peterhouse, Cambridge, 1953); printed in Karl Popper, *Conjectures and Refutations: The Growth of Scientific Knowledge*(New York: Basic Books, 1962), 50.〔『推測と反駁』藤本隆志ほか訳、法政大学出版局（1980/2009）〕

第一章　ガリレオとピサの斜塔

（1）R. A. Gregory, *Discovery, or The Spirit and Service of Science* (London: Macmillan and Co., 1916), 2.〔『科學の精神』佐重田制訳、大日本文明

協會（1920）〕

（2） Ivor B. Hart, *Makers of Science; Mathematics, Physics, Astronomy*, Charles Singer 序 (London: Oxford University Press, 1923), 105.

（3） J. J. Fahie, "The Scientific Works of Galileo," in *Studies in the History and Method of Science*, ed. Charles Singer, vol.2(Oxford: Clarendon Press, 1921), 216.

（4） James Stewart, Lothar Redlin, Saleem Watson, *College Algebra*, 5th ed.(Belmont, California: Cengage Learning, 2008), 293; Richard Panchyk and Buzz Aldrin, *Galileo for Kids: His Life and Ideas*, 25 Activities, rev. ed.(Chicago: Chicago Review Press, 2005), 33; Leon Lederman, with Dick Teresi, *The God Particle*(1993; repr., New York: Houghton Mifflin, 2006), 73-74〔『神がつくった究極の粒子』上下、高橋健次訳、草思社（1997）〕; Wendy MacDonald and Paolo Rui, *Galileo's Leaning Tower Experiment: A Science Adventure*(Watertown, Mass.: Charlesbridge Publishing, 2009); Chris Oxlade, *Gravity*(Chicago: Heinemann-Raintree Library, 2006), 28; Rachel Hilliam, *Galileo Galilei: Father of Modern Science*(New York: The Rosen Publishing Group, 2005), 101; Ellen Kottler, Victoria Brookhart Costa, *Secrets to Success for Science Teachers*(Thousand Oaks, Calif., Corwin Press, 2009), 50-51; Gillian Clements, *The Picture History of Great Inventors*, rev. ed.(London: Frances Lincoln Ltd, 2005), 21; Stillman Drake, *Essays on Galileo and the History and Philosophy of Science*, ed. Noel M. Swerdlow and Trevor Harvey Levere, vol.1(Toronto: University of Toronto Press, 1999), 34-35; Gary F. Moring, *The Complete Idiot's Guide to Understanding Einstein*, 2nd ed.(New York: Alpha Books, 2004), 36; Kerri O'Donnell, *Galileo: Man of Science*(New York: Rosen Classroom, 2002), 7; Gerry Bailey, Karen Foster, Leighton Noyes, *Galileo's Telescope*(New York: Crabtree Publishing Company, 2009), 13; Stephen P. Maran, *Astronomy for Dummies*, 2nd ed.(Hoboken, N. J.: Wiley, 2005), 159; David Hawkins, *How to Get Your Husband's Attention*, rev. ed.(Eugene, Ore.: Harvest House Publishers, 2008), 187.

（5） Lane Cooper, *Aristotle, Galileo, and the Tower of Pisa*(Ithaca: Cornell University Press, 1935); Stillman Drake, *Galileo at Work: His Scientific Biography*(Chicago: University of Chicago Press, 1978; New York: Courier Dover Publications, 2003), 415〔『ガリレオの生涯』全3巻、田中一郎訳、共立出版（1984-1985）〕. 文献に関する公平な評と有意義な議論が見られるのは以下。Michael Segre, "Galileo, Viviani and the Tower of Pisa," *Studies in History and Philosophy of Science* 20, no.4(1989): 435-54.

（6） Vincenzio Viviani, *Racconto Istorico della Vita del Sig. Galileo Galilei Nobil Fiorentino*(1657), Biblioteca Nazionale di Firenze, Mss. Gal.; 初出は Salvino Salvini, ed., *Fasti Consolari dell'Accademia Fiorentina*(Firenze, 1717), 397-431, 再録は Galileo, *Le Opere di Galileo Galilei Nobile Fiorentino*, vol.1(Firenze: Gaetano Tartini e Santi Franchi, 1718), lxvi, マルティネス訳。

（7） Drake, Galileo at Work, 20-21.

（8） Benedetto Varchi, *Questione sull'Alchimia*(manuscript, 1544); 初出は Varchi, *Questione svll' Alchimia*, ed. Domenico Moreni(Firenze: Magheri, 1827), 34, マルティネス訳。私は la prova を「証拠」と書いたが、「試験」という語でも正しい。ヴァルキは、ピサ大学形而上学教授のフランチェスコ・ベアート師と、ボローニャの医師で植物学者のルカ・ギーニを、特にアリストテレスが落体の速さについて間違っていたことを明らかにした人物として挙げている。同様に、ジョヴァンニ・ベラッソは「鉄の球と木の球を高いところから落としたとき、鉄球と全く同じに木球が地に落下する」理由を問うている。
G. B. Bellaso, *Il Vero Modo di Scrivere in Cifra con Facilità, Prestezza e Sicurez*(Brescia: Giacomo Britannico, 1564), マルティネス訳。

（9） Giuseppe Moletti, *On Artillery*(1576), manuscript at the Pinelli collection of the Bilioteca Ambrosiana de Milano, Ms. S. 100 sup.; also transcribed in Biblioteca Nazionale Centrale de Firenzi, Ms. Gal. 329; Raffaelo Caverni, *Storia del Metodo Sperimentale in Italia*, vol.4 (Firenze, 1891-1900; Bologna: Forni, 1979), 271-74 に抜粋がある。

（10） 実験はドナルド・R・ミクリックとトマス・B・セトルによるもので、Thomas B. Settle, "Galileo and Early Experimentation," in Springs of Scientific Creativity: Essays on Founders of Modern Science, ed. Rutherford Aris, Howard Ted Davis, Roger H. Stuewer(Minneapolis: University of Minnesota Press, 1983), 12-17 に写真つきで描かれている。異なる大きさと重さの球を同時に放つため、物理学者ジョン・テイラーは、コロラド大学ボールダー校で蝶番でとめた台を使った。写真は、ガモフ塔から鋼鉄製の三個の球が実際同時に落下することを示している。約一〇〇フィート落下した地面付近で、大きさが最大の球（直径五インチ、一六ポンド）は、中位の球（直径四インチ、八ポンド）より一インチ、最小の球（直径一インチ、二オンス）より約一フィート先に進んでいた。空気抵抗の影響はその物体のサイズに依存する、つまり最大の球では小さくなる。以下を参照。Allan Franklin, *Can That Be Right? Essays on Experiment, Evidence, and Science*, Boston Studies in the Philosophy of Science, vol.199(Boston: Kluwer Academic Publishers, 1999), 7-8, 11.

（11） Galileo Galilei, *De Motu Antiquiora*［一五九〇年代?-］, manuscript at the Biblioteca Nazionale Centrale de Firenze, Ms. Gal. 71; in Galilei, Le Opere di Galileo Galilei, Edizione Nazionale, ed. Antonio Favaro, vol.1 (Firenze: Barbra, 1890), マルティネス訳

（12） 同前。

（13） Simon Stevin, "Res Motas Impedimentis suis non esse Proportionales," in *Liber Primus de Staticae Elementis. Statices Liber Secundus qui est de Inveniendo Gravitatis Centro. De Staticae Principiis Liber Tertius de Staticae Praxi. Liber Quartus Staticae de Hydrostatices Elementis*(Leyde, 1605), 151, マルティネス訳。

（14） Iacobi Mazonii, In Universam Platonis, et Aristotelis Philosophiam Præludia, sive De Comparatione Platonis, & Aristotelis(Venetiis: Ioannem Geuerilium, 1597).

（15） ガリレオ・ガリレイからパオラ・サルピ宛て、一六〇四年一〇月一六日付。Galilei, *Le Opere di Galileo Galilei, Edizione Nazionale*, ed. Antonio Favaro, vol.10(Firenze: Barbèra, 1900), 115-16 に所収。

（16） Giorgio Coresio, *Operetta intorno al Galleggiare de Corpi Solidi* (Firenze: Bartolommeo Sermartelli, 1612), Cooper, *Aristotle, Galileo*, 29 にある英訳

（17） ヴィンチェンツォ・レニエリからガリレオ・ガリレイ宛て、一六四一年三月一三日付。Cooper, Aristotle, Galileo 31 にある英訳。

レニエリは続けてこう書いている。「このような実験において私が記したのはこういうことです。私にとって印象深かったのは、木製の球がある目印のところまで加速されて落下する動きは、屋根から落ちる水滴に見られるのと同じように垂直ではなく斜めに落下し始め、地面に近づくと脇に逸れ、そこで速度が落ち始めることです。このことについて私は少しばかり考えてみて、あらためて私の考えを閣下にお伝えいたします」。

（18）ヴィヴィアーニは、抽象的なものより実演に興味をそそられる読者向けにする目的で歴史を飾りたてたという主張などのヴィヴィアーニの著述についての議論は以下を参照。Michael Segre, "Viviani's Life of Galileo," Isis 80, no.2 (1989): 206-31.

（19）アントニオ・ファヴァロはヴィヴィアーニがガリレオの出生日について意図的に嘘をついたと論じた。Favaro, "Sul giorno della nascita di Galileo," *Memorie del Reale Istituto Veneto di Scienze, Lettere ed Arti* 22 (1887), 703-11. 他方マイケル・セグレはヴィヴィアーニがただ間違えていたのであろうと論じている。in Segre, "Viviani's Life of Galileo."

（20）Antonio Favaro ed., Galileo Galilei, 3rd ed. (1922; repr., Milano: Soc. An. Editr. Bietti, 1939), 17, マルティネス訳。さらに以下も参照。Antonio Favaro, "Sulla Veridicita del 'Racconto Istorico della Vita di Galileo,' dettato da Vincenzio Viviani," *Archivo Storico Italiano*, tome 73, vol.1, disp.2(Firenze, 1916), 1-24.

（21）Cooper, *Aristotle, Galileo*, 21-31; Gregory, *Discovery*, 2; Francis Jameson Rowbotham, Story-Lives of Great Scientists(Wells, England: Gardner, Darton, and Company, 1918), 28-29; Fahie, "Scientific Works," 216.

（22）Rowbotham, Story-Lives; *Harold Moore, A Textbook of Intermediate Physics*(New York: E. P. Dutton, 1923), 52; Harry Austryn Wolfson, *Crescas' Critique of Aristotle: Problems of Aristotle's Physics in Jewish and Arabic Philosophy*(Cambridge, Mass.: Harvard University Press, 1929), 127.

（23）Cooper, *Aristotle, Galileo*, 22.

（24）Rowbotham, Story-Lives, 27-29.

（25）Lederman, *God Particle*, 73-74.

（26）Cooper, *Aristotle, Galileo*, 17.

第二章　ガリレオのピタゴラス派的異端

（1）Aristotle, De Caelo ［前三五〇年頃］, in Aristotle: On the Heavens I-II, trans. Stuart Leggatt(Warminster: Aris and Phillips, 1995), bk.2, pt.13. ［『天界について』（内山勝利ほか編『新版アリストテレス全集』第5巻所収）など］

（2）多くの人が、古代の天文学者たちが視差を検出していなかったことが問題だという説を書いている。視差とは、たとえば景観の中をドライブしているときに近くの木や山が遠くの木や山に対して動くように見えることである。しかしこの種の視差はアリストテレスらが述べたものではあり得ない。なぜならアリストテレスは恒星が全部一つの天球にあると考えていたので、背景の恒星が存在しないことになるからだ。むしろ一つの面上にあるすべての恒星間の見かけの隔たりだけによるもっと単純なものである。

（3）Archimedes, *Psammites(The Sand-Reckoner)*〔前二一〇年頃〕, Thomas Heath, *Aristarchus of Samos* (Oxford: Clarendon Press, 1913), 40-41 に引用されたもの〔『世界の名著9　ギリシアの科学』中央バックス（1980）に所収〕

（4）Pliny the Elder, *Historia Naturalis(Natural History)*〔七七年頃〕, trans. H. Rackham(Cambridge, Mass.: Harvard University Press, 1949-54), bk.2, sec. 19〔『プリニウスの博物誌』全6巻、中野定雄ほか訳、雄山閣出版（2012-2013、巻2は邦訳第1巻所収）。プリニウスの述べたピタゴラスによると、月は地球から一万五七五〇マイル離れているという。地球表面から月の表面までの実際の距離は二三万三〇〇〇マイル以上ある。

（5）Pliny the Elder, *Natural History*, bk.2, sec.20; ここでは、プリニウスは天体の順番によってピタゴラスが地球を中心にあると考えたものと想定したように見える。

（6）Pliny the Elder, *Natural History*, bk.28, sec.7.

（7）Ptolemy, *Syntaxis Mathematica*〔一五〇年頃〕, Ptolemy, *Ptolemy's Almagest*, G. Toomer trans.(New York: Springer-Verlag, 1984) として刊行されたもの、bk.I, secs.5-7, pp.41-45.

（8）Ptolemy, *Almagest*, pp.36, 141.

（9）Geminos, *Eisagōgē eis ta Phainomena*〔前一世紀頃〕, in James Evans and J. Lennart Berggren, *Geminos's Introduction to the Phenomena: A Translation and Study of a Hellenistic Survey of Astronomy*(Princeton: Princeton University Press, 2006), 117-19.

（10）Owen Gingerich, *The Book Nobody Read: Chasing the Revolutions of Nicolaus Copernicus*(London: William Heinemann, 2004), 56-58.〔『誰も読まなかったコペルニクス』柴田裕之訳、早川書房〕

（11）この神話の一例。「プトレマイオス王時代の天文学者たちは系を機能させるために周転円をますます系に加える必要があった。長いあいだ、彼らはわずか二七の周転円を必要としただけだったが、ケプラーの時代には七〇近く必要となりあまりに複雑になった。……善良なる愛深き神、合理的な神、全知にして全賢なる神がプトレマイオスの系がどんどん悪夢と化していった周転円など作られたりするものだろうか?」James A. Connor, *Kepler's Witch*(New York: HarperSanFrancisco, 2004), 65-66.

（12）分点（equinox）とは太陽が地球の赤道の真上に観察されるときである。太陽が地平線の上にいる時間と下にいる時間が等しい日である。これは年に二回起こる〔春分と秋分〕。equinox〔原義は「等しい夜」〕という言葉は夜が昼と同じ長さであることを示唆するように見えるかもしれないが、実際には春分の日と秋分の日の昼は夜より長い。

（13）Nicolai Copernici, *De Revolutionibus Orbium Cœlestium*, Libri VI(Norimbergae: Ioh. Petreium, 1543), f. iiij reverso. コペルニクスはフィロラオス、シラクサのヒセタス、ポンティクスのヘラクレイデス、エクファントゥス（エクファントゥスは実際にはピタゴラス学派ではなかった）を挙げていた。コペルニクスが調べた著作の中には、たとえば「プルタルコス」によるPlacitaや、リュシスの手紙など本物ではないものがあった。この議論については以下を参照。Bronislaw Bilinski, *Il Pitagorismo di Niccolò Copernico*(Wroclaw: Accademia Polaca delle Scienze, Biblioteca e Centro di Studi a Roma, Conferenze nr. 69, 1977), 111.

(14) Plato, *Timaeus*〔前三六〇年頃〕, in *The Dialogues of Plato*, trans. Benjamin Jowett, vol. 3 (Oxford: Clarendon Press, 1892), 453.〔『ティマイオス』種山恭子訳、『プラトン全集』第12巻、岩波書店（1975）所収〕

(15) 本章本節の図は一部は W. D. Stahlman の描いた幾何学的構造に基づく。W. D. Stahlman in Giorgio de Santillana, *The Crime of Galileo* (Chicago: University of Chicago, 1955), 30-31.〔『ガリレオ裁判』一瀬幸雄訳、岩波書店（1973）〕

(16) Blaise Pascal, *Pensées*〔一六五〇年頃〕, in Pascal, *Pascal's Pensées*, T. S. Eliot 序 (New York: E. Dutton 1958), sec.3: "Of the Necessity of the Wager," item 206, p.61.〔『パンセ』前田陽一ほか訳、中公クラシックス（2001）など〕

(17) Copernici, *De Revolutionibus*, f. ii verso. 以下も参照。Edward Rosen, "Was Copernicus a Pythagorean?" *Isis* 53 (1962), 504-8.

(18) Copernici, *De Revolutionibus*, f. cij verso.

(19) Martin Luther,*Sämtliche Schriften*, ed. Johann Georg Walch, vol.22: *Colloquia oder Tischveden*(Halle: J. J. Gebauer, 1743), 2260.

(20) Gingerich, *Book Nobody Read*, 136.

(21) Copernici, *De Revolutionibus*, f. iv verso, f. iij reverso.

(22) [Andreas Osiander], "Ad Lectorem de Hypothesibus huius Operis," in Copernici, *De Revolutionibus*, f. ij, verso. ニュルンベルグの印刷業者 Johannes Petreius が本の題名に *Orbium Cœlestium* という語を加えたが、もともとは単に *De Revolutionibus* という題であった。

(23) John Calvin, "Sermon on 1 Corinthians 10 and 11, verses 19 to 24" (preached in 1556, edited in 1558); in Ioannis Calvini, *Opera Quae Supersunt Omnia*, ed. G. Baum et al., vol.49(Brunsvigae: C. A. Schwetschke, 1863-1900), 677, マルティネス訳

(24) Gingerich, *Book Nobody Read*, 23.

(25) Leonard Digges, *A Prognostication Everlastinge of Righte Good Effecte*, Thomas Digges による改訂増補 (London: Tomas Marsh, 1576), addition. 以前（博物学の）大プリニウスが、天文学者ヒッパルコスが新星のように見えたものを観察した（前一三四年頃）と報告していたが、天文学者たちはそれを疑っていた。

(26) 一九〇一年、プラハ市の担当者らが遺骨が誰のものかを確認をするために、ティコ・ブラーエの大理石の墓を開けた。内科医らがブラーエの頭蓋骨が実際に鼻腔の上端まで欠けており、そこが明るい緑色をした銅の錆で縁取られているのを発見した。Dr. H. Matiegka, *Bericht über die Untersuchung der Gebeine Tycho Brahe's*(Prague: Bohemian Society of Science, 1901).

(27) Digges, *Prognostication*, addition.

(28) Victor E. Thoren, *The Lord of Uraniborg: A Biography of Tycho Brahe*(Cambridge: Cambridge University Press, 1990), 250-58.

(29) Diego de Zuñiga, *Didaci a Stunica Salamanticensis Eremitaie Augustiniani in Job Commentaria*(Toleti: Ioannes Rodericus, 1584), 205-6.

（30） Francisco Vallés, *De iis quae Physice in Libris Sacris Scripta Sunt*(Turin: Nicolai Bevilaquae, 1587), chap.51.

（31） Edward Rosen, "The Dissolution of the Solid Celestial Spheres," *Journal of the History of Ideas* 46(1985): 25.

（32） Johannes Kepler, "Observationes" [1601], in Willebrordus Snellii, *Coeli et siderum in eo errantium Observationes Itassiacae*(Lugduni Batavorum [Leiden]: Justum Colsterum, 1618), 83-84, マルティネス訳。

（33） Bent Kaempe, Claus Thykier, and N. A. Petersen, "The Cause of Death of Tycho Brahe in 1601," Proceedings of the 31st International Meeting of The International Association of Forensic Toxicologists, TIAFT, Leipzig, August 1993, ed. R. Klaus Mueller(Leipzig: Molina Press, 1994), 309-15. ある最近のベストセラー本はブラーエがケプラーに殺されたと論じている。ケプラーはブラーエの天文学のデータを盗みたかったというものだ。以下を参照。Joshua Gilder and Anne-Lee Gilder, *Heavenly Intrigue: Johannes Kepler, Tycho Brahe, and the Murder behind One of History's Greatest Scientific Discoveries*(New York: Doubleday, 1994)〔『ケプラー疑惑』山越幸江訳、地人書館（2006）〕. 彼らの主張では、ケプラーは手段も動機もチャンスもあったという。だが私は納得できない。その理由の一つは、ブラーエは二度目に水銀の致死量を摂取する前に自分の親戚に余裕をもってお別れをしている。つまり彼は死を予期していたのである。著者たちは消去法によって証拠がケプラーを犯人としていると主張するが、私は誰かを示す証拠はないと思うし、ケプラーは人品賤しからず心優しかったことで有名である。

（34） Proclus, *A Commentary on the First Book of Euclid's Elements*〔前四六〇年頃〕, Glenn R. Morrow trans.(Princeton: Princeton University Press, 1970), 53. この主張は疑わしい。プロクロスはピタゴラス死後一〇〇〇年以上も後で書いており、それより早い説はないからである。

（35） ヨハネス・ケプラーからミハエル・マエストリン宛て、一五九八年六月。Max Caspar, *Kepler*, C. Doris Hellman trans.(London: Abelard-Schuman, 1959), 69 に引用されたもの。

（36） Iamblichus, *On the Pythagorean Life*〔三〇〇年頃〕, trans. And ed. Gillian Clark(Liverpool: Liverpool University Press, 1989), secs.64-66, pp.27-28; Johannes Kepler, *Harmonices Mundi*, Libri V(Linci, Austria: Godofredi Tompachii, 1619), 英訳は *The Harmony of the World*, trans. E. J. Aiton, A. M. Duncan, J. V. Field(Philadelphia: American Philosophical Society, 1997), bk.2, p.130.〔邦訳は『宇宙の調和』岸本良彦訳、工作舎（2009）〕

（37） Max Caspar, *Johannes Kepler*, 4th ed.(Stuttgart: Verlag für Geschichte der Naturwissenschaften und der Technik, 1995), 109.

（38） Paul Henri Michel, *The Cosmology of Giordano Bruno*, trans. R. E. W. Madison (1962; repr., Paris: Hermann, 1973), 214-15.

（39）「自然の物体で完全に丸くて一つしか中心点がないものはないのとちょうど同じように、自然の物体中に我々が観察する、知覚できる物理的な動きの中で、一つの中心のまわりを本当に円形に規則的に回る動きと大きく異ならないものも一つもないのである」。Bruno, La Cena de le Ceneri(The Ash Wednesday Supper), [1584], in Giovanni Gentile, ed., *Opere Italiane*, vol.1 (Firenze: Gius. Laterza, 1907), pt.3, p.73, マルティネス訳。

（40） Plutarch, *Placita Philosophorum*, Lib.2［二世紀頃］, chap.13; これはプルタルコスによって書かれたものではない。歴史家たちは「偽プルタルコス」によるものとしている。アエティウス（前五〇年頃）の著作に基づいている。

（41） たとえば、Dava Sobel, *Galileo's Daughter*(New York: Penguin Books, 2000), 4, 171〔『ガリレオの娘』田中勝彦訳、ＤＨＣ（2002)〕. ブルーノはこの神話を論破して科学の最初の殉教者になったという主張が繰り返し現れるが、その例については以下を参照。Jole Shackelford, "That Giordano Bruno was the First Martyr of Modern Science," in *Galileo Goes to Jail and Other Myths about Science and Religion*, ed. Ronald N. Numbers(Cambridge, Mass.: Harvard University Press, 2009), 58-67.

（42） Noel Swerdlow, "Galileo's Discoveries with the Telescope and Their Evidence for the Copernican Theory," in *The Cambridge Companion to Galileo*, ed. Peter Machamer(Cambridge: Cambridge University Press, 1998), 245.

（43） ガリレオからジュリアーノ・メディチ宛て、一六一一年一月、引用元：Mario D' Addio, The Galileo Case: Trial/Science/Truth, Brian Williams trans.(Rome: Nova Millennium Romae, 2004), 29.

（44） "Plutarch" [Aetius], *Placita*, Lib.2, chap.30.

（45） Ioh. Keppleri, *Somnium, seu Opus Posthumum De Astronomia Lunari, divulgatum à Ludovico Kepplero filio*［一六〇九年頃］(Sagani[Silesia]: Authoris, 1634). ケプラーは、月を探索するアイデアを論じたルキアノスと「プルタルコス」による古代の著作を読んでいた。

（46） Johannes Kepler, *Dissertatio cum Nuncio Sidereo*［一六一〇年], in Kepler, *Kepler's Conversation with Galileo's Sidereal Messenger*, E. Rosen trans. (New York: Johnson Reprint Corp., 1965), 27-28.

（47） Pliny the Elder, *Natural History*, bk.2, sec.6. プリニウスはピタゴラスが第四二オリュンピア紀の頃にこの発見を成し遂げたと主張したが、オリュンピア紀は前六一二年に始まり、ピタゴラスは二〇年ほど後でなければ生まれてもいないため不可能である。

（48） ガリレオからヨハネス・ケプラー宛て、一六一〇年八月一九日, in Galilei, *Le Opere di Galileo Galilei*, ed. Antonio Favaro, vol.10 (Florence: G. Barbèra, 1900), 421-23, アルニ、イスス訳。

（49） Galileo Galilei, *Istoria e Dimostrazioni intorno alle Macchie Solari e Loro Accidenti*(Rome, 1613), in Galilei, *Opere*, 5: 190; さらに Pietro Redondi, *Galileo Heretic*, trans. Raymond Rosenthal(1983; repr. Princeton: Princeton University Press, 1989), 37 にも収められている

（50） Paolo Antonio Foscarini, *A Letter to Fr. Sebastiano Fantone, General of the Order, Concerning the Opinion of the Pythagoreans and Copernicus About the Mobility of the Earth and the New Stability of the Sun and the New Pythagorean System of the World*[6 January 1615] (Naples: Lazaro Scoriggio, 1615); in Richard J. Blackwell, *Galileo, Bellarmine, and the Bible*(Notre Dame: University of Notre Dame Press, 1991), 218-21.

（51） Blackwell, Galileo, *Bellarmine*, 226, 223, 234-35.

（52） この神話に関する広範な議論については以下を参照。Dennis R. Danielson, "That Copernicanism Demoted Humans from the Center of the Cosmos," in Numbers, *Galileo Goes to Jail*, 50-58.

（53） Ernan McMullin, "The Church's Ban on Copernicanism, 1616," in McMullin, ed., *The Church and Galileo*(Notre Dame: University of Notre Dame Press, 2005), 165-66.

(54) ベラルミーノからフォスカリーニ宛、一六一五年四月一二日、in Blackwell, *Galileo, Bellarmine*, 265-67.

(55) Paolo Sfondarti, Bishop of Albano, "Decree of the Index"[5 March 1616] (Rome: Press of the Apostolic Palace, 1616), in Maurice A. Finocchiaro, *The Galileo Affair: A Documentary History*(Berkeley: University of California Press, 1989), 148-50.

(56) Petrus Lombardus et al., "Consultants' Report on Copernianism"[24 February 1616], in Finocchiaro, *Galileo Affair*, 146.

(57) Sfondarti, "Decree of the Index," in Finocchiaro, *Galileo Affair*, 149.

(58) Kepler, quoted in James R. Voelkel, *Johannes Kepler and the New Astronomy*(Oxford: Oxford University Press, 1999), 77.〔『ヨハネス・ケプラー』林大訳、大月書店(2010)〕

(59) Connor, *Kepler's Witch*, 242, 287, 320-21.

(60) Kepler, *Harmony*, bk. 3, p.127.

(61) Kepler, *Harmony*, bk. 1, p.12「それゆえ、これに基づくピタゴラス派の秘密では、五つの図形はアリストテレスが信じていたような四元素のあいだに配置されていたわけではなく、惑星自体のあいだに配置されていた。そのことは、プロクロスが我々に幾何学の目的とは、天がそれ自身の明瞭な部分部分にふさわしい図形をどう収容しているかを理解することだと語っているという事実によって非常に強く確かめられる」。

(62) Kepler, *Harmony*, bk.4, p.284.

(63) Connor, *Kepler's Witch*, 266.

(64) Galileo Galilei, *The Assayer*[1623], in *Discoveries and Opinions of Galileo*, trans. Stillman Drake(New York: Anchor Books/Random House, 1957), 237-38.〔『贋金鑑識官』山田慶兒ほか訳、中公クラシックス(2009)〕

(65) Pope Urban VIII, Francesco Niccolini to Lord Balì Cioli, 11 September 1632, in Finocchiaro, *Galileo Affair*, 229 に引用されたもの。

(66) ガリレオからエリア・ディオダーティ宛て、一六三三年一月一五日に引用されたもの。Finocchiaro, *Galileo Affair*, 225. D'Addio, Galileo Case, 115 に所収。

(67) 一つだけ例を挙げるなら、フィノッキアーロはピタゴラスを、単に地球が太陽の周りを回るという考えを進めたもっとも早い思想家の一人だとしている。以下を参照。Finocchiaro, *Galileo Affair*, 7, 15.

(68) Diogenes Laertius, *The Lives and Opinions of Eminent Philosophers*〔二二五年頃〕, trans. C. D. Yonge, bk.8, *Life of Pythagoras*(London: Henry G. Bohn, 1853), sec.12.

(69) Iamblichus, *Pythagorean Way*, chap.2, p.35. に引用される古代の詩。

(70) Iamblichus, *Pythagorean Way*, chap.2, p.35.

(71) Hippolytus〔今までは誤ってオリゲネスの作とされてきた〕, Philosophumena(The Refutation of All Heresies)〔二二五年頃〕, trans. J.

Macmahon, ed. Alexander Roberts and James Donaldson(Edinburgh: T&T Clark, 1867), bk.6, chaps.23, 24, 47. ヒッポリュトス（第四巻、第一三章）は「異端とピタゴラス派の哲学との結託」を糾弾した。彼は測定と数によって宗教を説明しようとし、あまり教養のない人々を中身のない予言と計算で騙したコラルバススなど、「枚挙にいとまがない無数の異端者」たちをヒッポリュトスは批判した。ヴァレンティヌス（第六巻、第二四章）については算術哲学を剽窃したと断罪し、「それゆえ正当に、キリスト教徒ではなく、ピタゴラス派でプラトン主義者であると見なしてよい」とした。マルクスとその信奉者たち（第六巻、第四一七章）もまた、「天文学的発見とピタゴラス学派の算術を相当に」実践したゆえにキリストの弟子とはいえないと彼は文句をつけている。彼はさらにモノイムス（第八巻、第八章）はピタゴラスを模倣したとして斥けた。そしてヒッポリュトスはエルカサイの異端の体系を（第九巻、第九章）ピタゴラスに由来するものとして弾劾し、特にキリストが何度も生まれ変わっており、今後もその魂は体から体へと転生し続けるはずだという主張を拒否した。

（72） [Ambrosius Aurelius Theodosius] Macrobius, *Commentarii in Somnium Scipionis*［四三〇年頃?］, in *Commentary on the Dream of Scipio*, trans. William Harris Stahl(New York: Columbia University Press, 1952), 134:「ピタゴラスもまた、ディース［ギリシャ神話のプルートーン］の黄泉の国の場所［つまり死の帝国］が天の川〔ミルキーウェイ＝乳の道〕から始まり、下へ向かって延びている、なぜならそこから離れて落ちて行く魂は天を退出しているように見えるから、と考えていたのである。ピタゴラスは新生児が最初に与えられる栄養がなぜミルクであるのか、その理由は魂が最初に地上の体の中に滑りこむのはミルキーウェイからであるからだと述べている」。以下も参照。Porphyry, "De Antro Nympharum," *Select Works of Porphyry, trans. Thomas Taylor*(London: T. Rodd and J. Moyes, 1823), 193:「またピタゴラスによるのだが、『夢の人々』とは銀河〔ギャラクシー、これも「乳」を語根とする言葉〕の中に集められたと言われている魂であり、この仲間は魂が生まれるときにそのミルクから魂が栄養を得るためにそう呼ばれている」。またヒッポリュトスは、ピタゴラスが世界は永遠であり、まだ生まれてはいないモナドに由来すること、星々は太陽の断片であること、星々から動物の魂が生じ、それが今度は体に埋め込まれ、後に死によって体から離されるまでその状態であること、ゆえにそれらの魂は不滅であることを主張した点を批判した。ピタゴラスの考えからすれば、人間の魂は動物と植物の間を行き来することができ、哲学的に思索する魂は結局、同類の星へと昇っていくが、情念から逃れられない魂は生死を繰り返す運命となるだろうという。以下を参照。Hippolytus, Refutation, bk.4.

（73） Claudius Ælianus, *Varia Historia*［前二二〇年頃］, in *Claudius Ælianus, His Various History*, trans. Thomas Stanley(London: Thomas Dring, 1665), bk.4, chap.17; Iamblichus, *Pythagorean Way*, chap.28.

（74）『変身譚』が「危険な異教徒のもの」だったかどうかという議論については以下を参照。Ursula D. Hunt, Le Sommaire en Prose des Métamorphoses d'Ovide dans le manuscrit Burney 511 au Musée Britannique de Londres(Paris: Presses Universitaires de France, 1925), xiii; Alan Cameron, *Greek Mythography in the Roman World*(Oxford: Oxford University Press, 2004), 24.

（75） Diogenes Laertius, *Life of Pythagoras*, sections 4, 15, 19, 20 を参照〔『ギリシア哲学者列伝』下、加来彰俊訳、岩波文庫（1994）に所収〕。太陽は神であるという古代信仰は、コペルニクスによって簡潔に記述されていた。たとえば "Trimegistus uisibilem Deum" すなわちヘルメスにとって太陽は目に見える神であった。以下を参照。Copernici, *De Revolutionibus*, f. cij verso.

（76） Porphyry, *Life of Pythagoras*〔三〇〇年頃?-〕, trans. Kenneth Sylvan Guthrie(Alpine, N.J.: Platonist Press, 1919), sec.28. ポルフュリオスは、ピタゴラスが黄金の太ももを有し、アポロンにも関係のある神であることの証拠であると主張した。ピタゴラスは地震を予知し、河と海に降りかかる暴風、雨、雹を止めたと、ポルフュリオスは主張した。ポルフュリオスが描いたピタゴラスの異端的な性質はワディントン師がよく伝えている。ワディントン師はポリュフリオスの著書『反キリスト教論』を引き合いにして、「それはもっと狡猾であるが、『ピタゴラスの生涯』の方がより悪質かもしれないと論じている。三世紀初頭、フィロストラトスというローマの修辞学者が、有名な哲学者で呪術師であるティアナのアポロニウスについての途方もない文章を書いた。アポロニウスの人生の尋常ならざる出来事を手の込んだ形に作り上げた結果、キリストの奇跡とよく似たものとなった。ポルフュリオスはこの例を真似たのである。穏やかなピタゴラスを、自分自身の力によってすばらしい驚異の出来事を行い、その上同じ力を自分の主要な弟子達のエンペドクレス、エピメニデスその他に分け与えたように描いた。このようなものは、想像力から出てきて、想像力に働きかけるうちに、理性の支配をたくみにかわしてしまう、ある種の武器であり、どの時代でもキリスト教にとって何より危険であった」。George Waddington, *A History of the Church from the Earliest Ages to the Reformation*, 2nd ed.(London: Baldwin and Cradock, 1835), 103.

（77） Porphyry, "On the Philosophy Derived from Oracles"〔二七〇年頃?-〕, Eusebius, *Praeparatio Evangelica*〔三一四年頃〕, Amos Berry Hulen, *Porphyry's Work Against the Christians: An Interpretation*, Yale Studies in Religion, no. 1 (Scottsdale, Penn.: Mennonite Press, 1933), 16 に英訳された中に引用されたもの。

（78） Porphyry, *Adversus Christianos*〔二九〇年頃〕; ポルフュリオスは史実に基づくイエスは評価したが、キリスト教信者や、福音書にある矛盾点は攻撃した。イエスの言行といわれていることのいくつかを彼は批判し、イエスが人の姿をした神であるという主張を嘲笑し、イエスの復活と最後の審判日に人間が選抜されるということを否定した。彼は世界に始まりと終わりがあるという教義を否定し、キリスト教は信仰という不条理を強調し、教育のある層や哲学者たちよりも、貧しくて教育のないだまされやすい人たちに強く訴える点を批判した。イエスが唯一の救済への道であるという点も否定した。ポルフュリオスは逆に、多くの神と魔物が存在することを信じ、宇宙は不滅であると断言した。彼はまた人間の魂は九〇〇〇年のあいだ旅を続け、その間さまざまな体に入って、月から始まりそれぞれの惑星で時間を過ごし、最後に太陽に向かうと述べた。以下を参照。Hulen, *Porphyry's Work; R. Joseph Hoffman, Porphyry's Against the Christians: The Literary Remains*(Amherst, N. Y.: Prometheus Books, 1994); Jeffrey W. Hargis, Against the Christians: The Rise of Early Anti-Christian Polemic(New York: Peter Lang, 1999).

（79） Pope Leo X, Papal Bull: *Exsurge Domine* [15 June 1520], in Hans. J. Hiller, *The Reformation in Its Own Words*(London: SCM Press, 1964), 80.

（80） Augustine of Hippo, *De Civitate Dei Contra Paganos*［四一二—四二七年頃］, ed. R. W. Dyson (Cambridge: Cambridge University Press, 1998); *City of God Against the Pagans*, bk.7［四一七年頃］, chap.35, p.310〔『神の国』、服部英次郎訳、岩波文庫（全五巻、1982-1991）など〕. アウグスティヌスはピタゴラスに関するこの主張をヴァロ（古代ローマ学者 Marcus Terentius Varro、前四〇年頃）、別名 Varro Reatinus のものとした。同様に、キケロは予言に関してコメントし、ピタゴラスが「占いに大きな権威の重みを付与したこと、自分自身が実際に占いの技を身につけることを望んでいたことを述べた。Marcus Tullius Cicero, "On Divination"［前四四年頃］, in *Treatises of M. T. Cicero*, trans. C. D. Yonge(London: Henry G. Bohn, 1853), bk.1, sec.3. プルタルコスはまた、ピタゴラスが偽りの占いに従事していたとも主張した。Plutarch, "A Discourse Concerning Socrates's Daemon," in Plutarch's Miscellanies and Essays. Comprising All His Works Under the Title of "Morals," ed. William W. Goodwin, vol.2, 6th ed.(Boston: Little, Brown, and Company, 1898), sec.9 に所収。またヒッポリュトスもまた（『反キリスト教論』、第九巻第九章）、エルカサイの追随者を、加持祈祷を行い、「測定と数という前述のピタゴラスの技を明らかに出発点として使って、未来を予言する才能が与えられていると唱えた点で糾弾した。またこの人々は、数学者、占星術師、魔術師の教義が真実であるかのようにそれに帰依している。そして彼らは愚かな人々を混乱させ、その結果、異端者たちが力のある教義に参加していると思わせるようにするために、これらのことに耽ったのだ」。

（81） Iamblichus, *Pythagorean Way*, chap. 19.

（82） Hermias the Philosopher, *Irrisio Gentilium Philosophorum*［二五〇—五五〇年頃］, in Demetrii Cydonii, Oratio de Contemnenda Morte(Basle: Ralph Seiler, 1533); また以下にも見える。*The Writings of the Early Christians of the Second Century*, trans. J. Giles(London: John Russell Smith, 1857), 193. さらに以下も参照。R. P. C. Hanson, Hermias. *Satire des Philosophes Païens*; Sources Chrétiennes 388(Paris: Cerf, 1993).

（83） Niceforo Callistos, *Ecclesiasticae Historiae III*［一三〇〇年頃?　一三三〇年頃?］, in J.-P. Migne, ed., *Patrologiae Graecae*(Paris: Migne, 1857-1866), 145; Gianfrancesco Pico della Mirandola, De Rerum Praenotione [On the Foreknowledge of Things](1507), in Joannis Francisci Pici Mirandulae, *Opera Omnia* (Basel: 1519), 664-74. また以下も参照されたい。Maria Dzielska, *Apollonius of Tyana in Legend and History*, trans. Piotr Pienkowski (Rome: L'Erma di Bretschneider, 1986).

（84） Caesar Longinus, *Trinvm Magicvm, sive Secretorum Magicorvm Opvs* (Frankfurt: Conradi Eifridi, 1630), 45, 373, 385-91; Henning Grosse, ed., Magica de Spectris et Apparitionibus Spiritu: de Vaticiniis, Divinationibus, &c(N.p.: Franciscum Hackium, 1656), 186-87. 大プリニウスは、ピタゴラスが呪術を学んだと主張していた。in *Natural History*, bks. 24, 25, 30, secs. の、それぞれ IC, V, II,.

（85） 著者不詳の写本［一六世紀後期］: Ms. Marshall 15(5266), University of Oxford, Bodleian Library, f. f66v; Christofo de Cattan, La Géomance dv Seigneur Christofe de Cattan, gentilhomme Geneuoys. Liure non moins plaisant & recreatif. Auec la roüe de Pythagoras, rev. and trans. Gabriel du Preau (Paris: G. Gilles, 1558); *The Geomancie of Maister Christopher Cattan, Gentleman. A booke no lesse pleasant and recreatiue, then of a wittie inuention, to knowe all thinges, past, present, and to come. Whereunto is annexed the Wheele of Pythagoras*, trans.(from French) Francis Sparry (London: John Wolfe,

1591); Robert Fludd [Roberto Flud], *Utriusque Cosmi Maioris scilicet et Minoris Metaphysica, Physica atque Technica Historia: in Duo Volumina secundum Cosmi differentiam divisa*(Oppenheim: Johan-Theodori de Bry, 1619); Thomas Taylor, *The Theoretic Arithmetic of the Pythagoreans*[1816], with an introductory essay by Manly Hall (Los Angeles: Phoenix Press, 1934), ix-xii.

(86) Fludd, "De Numero et Numeratione," in *Utriusque*.

(87) この陳述の文脈からみて、アウグスティヌスが天文学者たちに触れていることが明らかである。Augustine, *De Genesi ad Litteram* ［四〇八年頃］, in Iosephi Zycha, *Corpus Scriptorum Ecclesisticorum Latinorum*, vol.28 (Prague: F. Tempsky, 1894), bk.2, p.62, マルティネス訳。

(88) Bartholomaeus Agricola, *Symbolum Pythagoricum; sive De Justitia in Forum Reducenda*, 2 lib.(Neapoli: Nemetum, 1619).

(89) ガリレオは誤って太陽中心説をピタゴラスのものとすることによって、それを多くの古い異端者に結び付けたことに気付いていないらしい。ブルーノとガリレオに対する法的措置を執行するに当たり、聖職者たちがどの程度そのような言外の意味に関心があったのだろうか これはまだ今後の研究の一つの方向性にとどまる。

(90) ガリレオ、証言録、一六三三年四月一二日および三〇日、Galilei, depositions of 12 and 30 April 1633, in Finocchiaro, *Galileo Affair*, 260, 262, 277.

(91) Galilei, "Abjuration," 22 June 1633, in Finocchiaro, *Galileo Affair*, 292.

(92) Giuseppe Baretti, *The Italian Library*(London: Millar, 1757), 52.

(93) この絵はスペイン人バルトロメ・ムリリョにより、一六四三年または一六四五年に描かれたらしい。以下を参照。Antonio Favaro, "Eppur si muove," *Il Giornale d'Italia*, 12 July 1911, 3; J. Fahie, Memorials of Galileo Galilei, 1564-1642(London: Courier Press, 1929), 72-75, plate 16; Stillman Drake, *Galileo at Work: His Scientific Biography*(Chicago: University of Chicago Press, 1978; reprint: New York: Courier Dover Publications, 2003), 356-57.

(94) この古い神話の歴史については、以下を参照。Maurice Finocchiaro, "That Galileo Was Imprisoned and Tortured for Advocating Copernicansim," in *Galileo Goes to Jail*, 68-78.

(95) Melchior Inchofer, Tractatus Syllepticus (A Summary Treatise Concerning the Motion or Rest of the Earth and the Sun, according to the Teachings of the Sacred Scriptures and the Holy Fathers)[1633], in Richard J. Blackwell, ed., *Behind the Scenes at Galileo's Trial: Including the First English Translation of Melchior Inchofer's Tractatus Syllepticus*(Notre Dame: University of Notre Dame Press, 2006), 108, 123, 167, 106. インコフェールは、ピタゴラスとピタゴラス派が、地球に魂があり、その中心にある地獄の火が地球を動かしていると信じたと言って馬鹿にしている（ピタゴラス派を否定する批判的な資料としてヘルミアスを引いた）。Blackwell, *Behind the Scenes*, 189-91を参照。

(96) 一九九二年のカトリック研究委員会（Catholic Study Commission）の報告書に従って、ローマ法皇、ヨハネ・パウロ二世はガリレオ裁判において神学者たちが聖書とその解釈との区別を理解していなかったと述べた。「地球中心主義を維持していた当時の神学者たちの誤りは、物理的世界の構造に対する自分たちの理解はいくつかの点で、聖書の文字通りの意味によって課せられたものだと考えたことであった」。John Paul II, "Allocution," 31 October 1992, in Bernard Pullman, ed., *The Emergence of Complexity in Mathematics, Physics, Chemistry and Biology: Proceedings of the Plenary Session of the Pontifical Academy of Sciences, 27-31 October 1992*(Vatican City: Pontificia Academia Scientiarum/Princeton University Press, 1996), 471.

（97） ベッセル教授から准男爵サー・J・ハーシェルへの手紙。ケーニヒスベルク、一八三八年一〇月二三日。*Monthly Notices of the Royal Astronomical Society* 4, no.17(1838), 152-61 and no.18(1838), 163. 一年以上をかけた数千回の観察に基づき、ベッセルははくちょう座六一番星の、背景の二つの恒星に対する位置を何百回も測定して確かめた。一八三七年にヴィルヘルム・ストルーフェがわずか一七回の測定によって出したヴェガ星の視差の推測値を報告していたが、その結果は非常に粗く結論がはっきり出ないものであったため、一八四八年に彼はベッセルの先取権を認めた。

第三章　ニュートンのりんごと知恵の木

（1） Richard G. Olson, Science & Religion, 1450-1900; From Copernicus to Darwin(Baltimore: Johns Hopkins University Press, 2006), 18. 多くの他の本がいまなおこの古い誤りを繰り返している。たとえば以下がある。Leon Lederman, with Dick Teresi, *The God Particle*(1993; repr., New York: Houghton Mifflin, 2006), 86; James Shipman, Jerry D. Wilson, Aaron Todd, *An Introduction to Physical Science*, 12th ed. (Boston: Houghton Mifflin, 2007), 47〔『物理学：自然科学入門』改訂版、勝守寛ほか訳、学術図書出版（1984）〕; Keith Johnson, *Physics for You*, Revised National Curriculum Edition for GCS, 4th ed. (Cheltenham: Nelson Thornes, 2001), 376; B. R. Hergenhahn, *An Introduction to the History of Psychology*, 6th ed. (Belmont: Wadsworth/ Cengage Learning, 2009), 112; Paul A. Tipler and Gene Mosca, *Physics for Scientists and Engineers*, 6th ed. (New York: W. H. Freeman, 2008), 93.

（2） Joseph Warton, ed., *The Works of Alexander Pope, Esq.*, vol.2(London: B. Law et al., 1797), 以下の編集者の注を参照。"Epitaphs. XII. Intended for Sir Isaac Newton, in Westminster-Abbey,"403. 以下も参照されたい。"Newton", *Walker's Hibernian Magazine, or, Compendium of Entertaining Knowledge* (Dublin: R. Gibson, 1798), 119; and "Newton," *Scots Magazine* 60 (Edinburgh, 1798): 228.

（3） Stephen W. Hawking, *God Created the Integers: The Mathematical Breakthroughs that Changed History* (Philadelphia: Running Press, 2005), 365. ホーキングは二〇〇九年にルーカス教授を退職した。

（4） Michael A. Seeds and Dana E. Backman, *Horizons: Exploring the Universe*, 11th rev. ed. (Belmont: Books/Cole, Cengage Learning, 2010), 58〔『最新天文百科』中村理ほか訳、丸善（2010）〕. イギリスの日付に関する現行の慣例では、一七五二年九月に暦が改定されるまでは旧ユリウス暦を使うことになっている。

（5） 初期の説（影響力はあり、非常に有用ではあるが、かなり不完全な説）に以下がある。Bolton Corney, "Art. XXI.—The Path of the

Woolsthorpe Apple—Calculated on Data Not Known to Sir Isaac Newton!" in Corney, *Curiosities of Literature by I. D'Israeli, Illustrated*, 2nd rev. ed. (London: Richard Bentley, 1838), 152-58; Augustus De Morgan, "Newton's Apple," in De Morgan, *A Budget of Paradoxes*(London: Longmans, Green, and Co., 1872), 81-82; Douglas McKie and G. R. de Beer, "Newton's Apple," *Notes and Records of the Royal Society of London* 9, no.1(1951): 46-54; D. McKie and G. R. de Beer, "Newton's Apple: An Addendum," *Notes and Records of the Royal Society of London* 9, no.2(1952): 333-35. もっと最近の説もあるが、それらも引用を省いており、書写における修正と誤りを含んでいて、変遷を提示しておらず、全体として本章よりも一次資料の使用が少ない。

（6） Isaac Newton, "Before Whitsunday 1662," manuscript, Fitzwilliam Notebook, Fitzwilliam Museum, Cambridge. トマス・シェルトン式速記体で書かれたこの手稿はリチャード・S・ウェストフォールによって解読されている。Thomas Shelton in "Short Writing and the State of Newton's Conscience," *Notes and Records of the Royal Society* 18, no. 1 (June 1963): 10-16.

（7） Wm. Stukeley, manuscript: "Memoirs of Sr. Isaac Newtons Life" [1752Royal Society archives, GB 117, MS 142, p. 42 (hand numbered 15)]. 以下も参照。McKie and de Beer, "Newton's Apple."

（8） Robert Greene, "Miscellanea Qaedam Philosophica," in Greene, *The Principles of the Philosophy of the Expansive and Contractive Forces, An Inquiry into the Principles of the Modern Philosophy*(Cambridge: C. Crownfield, 1727), 972. 原文は以下："Quæ Sententia Celeberrima, Originem ducit, uti omnis, ut fertur, Cognitio nostra, a Pomo; id quod Accepi ab Ingeniosissimo & Doctissimo Viro, pariter ac Optimo, mihi autem Amicissimo, *Martino Folkes* Armigero, Regiæ vero Societatis Socio Meritissimo ..." マルティネス訳。ぎこちない冒頭のフレーズがわかりにくく、文法的に正しくないようである点に留意のこと。"Pomo" という語は "fruit"（果実）とも訳せる。本文の私訳とは別に、ごく逐語的に書けば次のようになるのではないか。「その有名な命題は由来する、皆が使った、見られるような、我々の知識、一個のりんご……」。

（9） John Conduitt, "Memoir of Newton" [1727-1728], Keynes Ms.29(A), Newton Project Archive, Kings College Library, Cambridge. コンデュイットはベルナール・ル・ボヴィエ・ド・フォントネルにそちらで書かれる頌辞用にと自身の記憶を送った。Fontenelle, "Elóge de M. Neuton," Histoire de l'Academie Royale des Sciences (Paris, 1728), 151-72.（なお、ニュートン・プロジェクト・アーカイブはサセックス大学にあり、そこにはニュートンの著作の複写物はあるが、原写本の多くはケンブリッジのキングス・カレッジの所有であり、そこで所蔵されている）

（10） John Conduitt, draft of "Memoir of Newton" [1727-1728], Keynes Ms. 129 (B), Newton Project Archive, King's College Library, Cambridge.

（11） John Conduitt, Keynes Ms.130.4, Newton Project Archive, King's College Library, Cambridge.

（12） Mr. de Voltaire, *An Essay upon the Civil Wars of France, extracted from Curious Manuscripts. And also upon the Epick Poetry of the European Nations, from Homer to Milton* [1727], 2nd ed., corrected by Voltaire (London: N. Prevost, 1728), 103.

（13） 同前。まもなくこのエッセイはフランス語で出版された。M. de Voltaire, *Essay sur la Poësie Epique. Traduit de l'Anglois*(Paris: Chaubert,

1728), see p.123: "C'est ainsi que Pythagore dût l'invention de la Musique au bruit des marteaux d'une forge, & que de nos jours M. Isaac Newton, en se promenant dans son jardin, conçut la premiere idée de son systê m e de la gravitation, en voyant tomber une pomme du haut d'un arbre." フランス語訳序文においてヴォルテールは、無謀にも英語で書こうとしてみたが、英国にわずか一八カ月滞在しただけで発音もひどく悪く、会話がやっと理解できる程度であると白状している。

（14）M. D. V.[Voltaire], *Lettres Ecrites de Londres sur les Anglois et Autres Sujets*("Basle" [actually London: William Bowyer], 1734), 15th letter: "Sur l'Attraction," 121-22, マルティネス訳。序文は、このような手紙が一七二八年から一七三〇年までに書かれ、元々出版は予定されていなかったと言われていることを記している。編集者たちは英語の翻訳が一七三二年に出回ったと記している。英語の序文（一七三三年版）は、手紙は「一七二八年末から一七三一年頃までに」書かれたと主張している。

（15）ヴォルテールは同じような説明の中で「コンデュイット夫人」の存在を示している。「一六六六年のある日。ニュートンは田舎に引きこもり、一本の木から果実が落ちるのを見て、彼の姪が（コンデュイット夫人）が私に言った言葉によると、あらゆる物体を一方向に引っ張る原因について深い思索に陥った。この引っ張る力は延長すればほとんど地球の中心を通過することになる。彼は自分に問いかけた。この間違いであることが明らかになったあらゆる想像上の渦巻き運動からは生じ得ないこの力は何なのか。それはすべての物体に対し、その表面積ではなくその質量に比例して働きかけ、あの木から果実を落とさせる作用をしたはずだ」。Mr. De Voltaire, *Elemens de Philosophie tirez de Neuton et de Quelques Autres*, revue, corrigée et considerablement augmentée par l'auteur in *Œuvres de Monsieur de V. Nouvelle Édition*(Dresde: George Conrad Walther, 1749), pt.3, chap.3, p.189, マルティネス訳。

（16）Henry Pemberton, *A View of Sir Isaac Newton's Philosophy*(London: S. Palmer, 1728), preface.

（17）David Brewster, *The Life of Sir Isaac Newton*(London: John Murray, 1831), 344.

（18）Joanne Keplero, *Astronomia nova, Aitiologētos: seu Physica Coelestis, tradita Commentariis de Motibus Stellae Martis, ex Observationibus G. V. Tychonis Brahe*...(Pragæ: Gothard Vögelin, 1609), introduction, trans. Martínez.

（19）ケプラーの一節を見て、ある評論家が述べた。「天文学の学生なら誰もが読める著者の著作中にあるそんな一節を読んでしまうと、ニュートンがその名を不朽のものとした理論を始めて思いつくのに、一個のりんごが落ちてくるまで待っていたとは誰が信じよう。りんごは落ちたかもしれないし、ニュートンがそれを見た可能性もあるが、彼に源を発すると主張されてきたそのような推測は、自然哲学者を名乗るヨーロッパの人間にとっては、前々からお馴染みだったのだ」。John Eliot Drinkwater, "Life of Kepler," in *Lives of Eminent Persons* (London: Baldwin and Cradock, 1833), 24.

（20）フックは一六七〇年代末の時点では逆二乗則があるのではないかとにらんでいた。表3・1における彼の引用は、以下の出典を参照。Robert Hooke, *Lectiones Cutlerianæ*(London: John Martyn, 1674), reprinted in R. T. Gunther, *Early Science in Oxford*, vol.8, *The Cutler Lectures of Robert Hooke*(Oxford: Oxford University Press, 1931), 27-28; ロバート・フックからアイザック・ニュートン宛て、一六八〇年一月六日、

in *Newton, The Correspondence of Isaac Newton*, ed. H. W. Turnbull, vol.2, 1676-1687(Cambridge: University Press for the Royal Society, 1959), 309. 表3・1については、さらに以下の出典をも参照のこと。Kepler, *Astronomia Nova*, chap.33; and Kepler, *Epitome Astronomiae Copernicanae*(Lentijs ad Danubium: J. Plancus, 1618), bk.4, pt.3, question 5. Ismaelis Bvllialdi, Astronomia Philolaïca. Opvs novvm, in quo Motus Planetarum per Nouam ac Veram Hypothesim Demon-strantur(Paris: Simeonis Piget, 1645), bk.1, chap.12 ("Whether the Sun Moves the Planets"), reprinted in Alexandre Koyré, *The Astronomical Revolution, Copernicus, Kepler, Borelli*, trans. R. Maddison(Ithaca: Cornell University Press, 1973), app.3; Isaac Newton, Add MS 3958.5(ca. 1666-1671), f.87, in A. Rupert Hall, "Newton on the Calculation of Central Forces," *Annals of Science* 13, no.1(1957): 62-71.

(21) 議論は以下を参照。Richard Westfall, *Never at Rest: A Biography of Isaac Newton*(Cambridge: Cambridge University Press, 1980), 387, 402, 449-52, 511.〔『アイザック・ニュートン』田中一郎ほか訳、平凡社（全二巻、1993）〕

(22) Newton manuscript, early 1690s, quoted in J. McGuire and P. Rattansi, "Newton and the 'Pipes of Pan,'" *Notes and Records of the Royal Society of London* 21 (1966): 118-19.

(23) 命題IXの注の草案でニュートンは書いている。「ピタゴラスは太陽の強烈な引力について語るとき、太陽はゼウスの牢であると言った」。以下を参照。Newton, manuscript (no date, early 1690s?), Library of the Royal Society of London (Gregory MS 247); translation from McGuire and Rattansi, "Newton and the ' Pipes,'" 119; original Latin in Paolo Casini, "Newton: the Classical Scholia," History of Science 22 (1984): 33. 私はニュートンの出典はプロクロスではないかと思う。プロクロスは書いている。「ピタゴラス派は…中心をユピテルの牢屋と呼んだ。なぜならユピテルがデミウルゴスの保護を世界の奥に置いて以来、それを真ん中に確保している。実のところ、永続する中心のために、宇宙は不動の外見と、止まることのない回転を有している」。以下を参照。Proclus, *The Philosophical and Mathematical Commentaries of Proclus, on the First Book of Euclid's Elements*, trans. Thomas Taylor, vol. 1 (London, 1792), 118.

(24) Newton manuscript, early 1690s, in McGuire and Rattansi, "Newton and the 'Pipes,'" 116-17.

(25) Macrobius, *Commentary on the Dream of Scipio*［四三〇年頃？］, trans. William Harris Stahl(New York: Columbia University Press, 1952), 186-87.

(26) 「ニュートン氏は、自身が世界の真実の体系について行なった、増加する距離の逆二乗に比例して減少する重力に基づく証明のすべてを、ピタゴラスやプラトンなどの古代人が持っていたことを自分が非常に明白に発見したと考えていた」。Fatio de Duiller to Christiaan Huygens, February 1692, in A. Rupert Hall, *Isaac Newton: Adventurer in Thought*(Oxford: Blackwell Publishers, 1992), 346.

(27) John Conduitt, Keynes Ms.130.5 (no date): 'Miscellanea,' no.2, Newton Project Archive, King's College, Cambridge.

(28) David Gregory, *The Elements of Astronomy, Physical and Geometrical*, vol.1(London: J. Nicholson, 1715), xi. 初出は *Astronomiae Physicae et Geometricae Elementa*[1703].

(29) 聖書は、知恵の木の果実を特定していないが、ガリアのヴィエンヌ司教、アルキムス・アウィテュスによる詩にりんごと思われる早い時期の例がある。この人物は異端者、特にイエスが神より格下であるという考え（ニュートンは後にひそかにこの考えを抱いた）を排斥する正教会を積極的に擁護した。Avitus, *De Spiritalis Historia Gestis*［五一〇年頃?-], in Patrologiæ Cursus Completus sive Bibliotheca Universalis, Integra, Uniformis, Commoda, Oeconomica... Series Prima, J.-P. Migne, ed., vol.59(Paris: Venit Apud Editoem, 1847), 323-81; Alcimi Ecdicii Aviti, *Poematum Mosaica Historiæ Gestis*, Liber Secundus: "De Originali Peccato," 334. ミルトンはアウィテュスの文章を言い換えているが、それがアウィテュスのものであることを示していない。以下を参照。Philip Gengembre Hubert, "A Precursor of Milton," *Atlantic Monthly* 65, no.387(January 1890): 33-52.

（30） John Milton, *Paradise Lost: A Poem Written in Ten Books*(London: P. Parker, R. Boulter, M. Walker, 1667). 記載した行数は、標準版となっているミルトンの改訂版のもの。Milton, *Paradise Lost: A Poem in Twelve Books*(London: S. Simmons, 1674), bk.1, lines 286-91; bk.3, line 583; bk.8, lines 124, 130; bk.9, lines 598-605, 679-93, 776-85.

（31） ジョゼフ・スペンス師はこの引用を記し、アンドリュー・マイクル・ラムゼイがそれを「亡くなる直前の」ニュートンのものとしたと注記している。ラムゼイはファティオ・デ・デュイリエやサミュエル・クラークのようなニュートンの友人を知っていた。スペンスは一七六八年に没した。彼が集めた逸話は手稿の形で残っていて、それを元に書かれたものもあるが、一八二〇年にやっと編集され出版された。Joseph Spence, *Observations, Anecdotes, and Characters, of Books and Men*, ed. Edmund Malone (London: John Murray, 1820), 158-59. この本の案内（iv-v ページ）には「本選集のすぐれた価値は常にその真正さにあるとしなければならない。どこの特定部分をとってもその話し手の名によって内容が担保されており、この著者の性格の特徴である簡素好みと細かい正確さから、彼が決して潤色しないので、話し手の言葉をそのまま良心的に伝えていると、我々は自信をもって推測してよい」と書かれている。ビオーによるニュートンの伝記はかつてこう書いていた。「居匿にいた友人たちが、ニュートンの発見が広く巻き起こした正当な賞賛の念を表明したとき、本人はこう言った。「私は自分が世の中からどう見えるものかわからない。だが私自身は、自分は海岸で遊び、ときどき他よりなめらかな小石やきれいな貝殻を見つけて喜んでいる少年のようなものにすぎなかったように思う。私の前には、真理の大海が、すべて発見されないまま横たわっているというのに」。J. B. Biot, "Life of Sir Isaac Newton," in [various authors], *Lives of Eminent Persons*(London: Baldwin and Cradock, 1833), 37. ビオーの説明にはこのように述べる脚注もある。「この逸話は Conduitt. Vid. Turner の写本で言及されている」。私はコンデュイットによるそんな写本を見つけることも確認することもできていない。ビオットの書いたものは最初はフランス語で出版されている。Biot, "Notice Historique sur Newton," *Biographie Universelle*, vol.31(1822).

（32） John Milton, *Paradise Regained*(1671; reissued, London: Henry Colburn, 1827), bk.4. In the original and second edition, "pebbles" is spelled "pibles."

（33） Anonymous, "Conversations of Maturin.—No.II," *The New Monthly Magazine and Literary Journal*, Part I: Original Papers, vol.19(London: Henry Colburn, 1827), 570-77. 引用部分は p.573 にある。

（34） Leonhard Euler, 3 September 1760; in Euler, Lettres a une Princesse d'Allemagne sur Divers Sujets de Physique & de Philosophie, vol.1(St. Petersburg:

Academie Impériale des Sciences, 1768), 208, 212, マルティネス訳。手紙は数年後にはドイツ語訳されている。Euler, *Briefe an eine Deutsche Prinzessinn*, pt.1(Leipzig: Johann Friedrich Junius, 1769), 179, 182.

(35) "Poets, Philosophers, and Artists, Made by Accident," in *Curiosities of Literature*(London: J. Murray, 1791); 以下のものなど、いろいろな形で再録されている。*New England Quarterly Magazine* 1, no.1(Boston: Hosea Sprague, 1802): 246-48.

(36) "Poets, Philosophers," in *New England Quarterly Magazine* 1, no.1(1802): 247-48.

(37) Baron George Gordon Byron, *Don Juan, Cantos IX. X. XI.*(London: John Hunt, 1823), canto 10, st.1 and 2, p.25.

(38) David Drummond, *Objections to Phrenology, Being the Substance of a Series of Papers Communicated to the Calcutta Phrenological Society*(Calcutta: Drummond, 1829), 165.

(39) Bolton Corney, *Curiosities of Literature by I. D'Israeli, Illustrated*, 2nd rev. ed.(London: Richard Bentley, 1838), v,64; writing about Isaac D'Israeli, *Curiosities of Literature*, 9th ed.(London: Edward Moxon, 1834).

(40) Isaac D'Israeli, *The Illustrator Illustrated*(London: Edward Moxon, 1838).

(41) Bolton Corney, "Mr. Corney on D'Israeli's Illustrator Illustrated［一八三八年三月］," in Sylvanus Urban, *Gentleman's Magazine*, vol.9, New Series (London: William Pickering; John Bowyer Nichols and Son, 1838), 371.

(42) 一方、ほかの著作でちょっと細部が加わったり変化したりするうちに物語は進化し続けた。たとえば天文学者トーマス・チャルマー師は、りんごがニュートンの足元に落ちたと書いた。この形のものも同じように流布したが、細かいことだったため文句は出なかった。Thomas Chalmers, "Popular Astronomy. Part I," *Saturday Magazine* 12, no.369(Supplement for March 1838), 125.

(43) Augustus De Morgan, *A Budget of Paradoxes*, first published in *Assurance Magazine and Journal of the Institute of Actuaries*, vol.11(London: Charles & Edwin Layton, 1864), 194.

(44) "Art. IX.—*Travels through the Alps of Savoy, and other parts of the Pennine Chain; with Observations of the Phenomena of Glaciers*. By James D. Forbes, 1843," *North British Review*, vol.3, no.2(Edinburgh: W. P. Kennedy, 1844), 527-45; see p.545.

(45) Frederick Bridges, *Phrenology Made Practical and Popularly Explained*, 2nd ed.(Liverpool: George Philip and Son, 1861), 49. 同様の主張が以下にも見られる。James Stanley Grimes, *A New System of Phrenology* (Buffalo, N. Y.: Oliver Steele/Wiley & Putnam, 1839), 86.

(46) S. R. Wells, Editorial reply to: "Beating Round the Bush. Phrenology Criticised," *Phrenological Journal and Life Illustrated*, vol.50 old series(April 1870), vol.1 new series(New York: S. R. Wells, 1870), 261.

(47) *Phrenological Journal and Science of Health*, vol.103 old series(no.1, June 1897), vol.55 new series (New York/London: Fowler & Wells/L. Fowler & Co., 1897), 25.

(48) George McC. Robson, "A Great Discovery," *Science and Industry*, vol.4, no.9(October 1899)(Scranton: Colliery Engineer Company, 1899), 409.

ロブソンの言葉は実際には、Augustus De Morgan, *Budget of Paradoxes*, 81. を言い換えたものである。

（49）Carl Gauss, W. Sartorius v. Waltershausen, *Gauss, Zum Gedächtniss*(Leipzig: S. Hirzel, 1856), 84 に引用されたもの、マルティネス訳。

（50）それぞれ、Michael White, *Isaac Newton: The Last Sorcerer*(New York: Basic Books, 1997), 214 and 87.

（51）A. Rupert Hall, *Isaac Newton: Eighteenth Century Perspectives*(Oxford: Oxford University Press, 1999), 18.

（52）David Brewster, *The Life of Sir Isaac Newton*(London: John Murray, 1831), 344.

（53）David Brewster, *Memoirs of the Life, Writings, and Discoveries of Sir Isaac Newton*, vol.1(Edinburgh: Thomas Constable and Co., 1855), 27. この著作の第二巻でブリュースターはその木はずいぶん前に風で破壊されたという当初の主張を繰り返していた。以下を参照。Brewster, *Memoirs of the Life*, vol.2 (Edinburgh: Thomas Constable and Co., 1855), 416.

（54）DeMorgan, *A Budget of Paradoxes*, first published in *Assurance Magazine and Journal of the Institute of Actuaries*, vol.11(January 1864), 194.

（55）R. G. Keesing, "The History of Newton's Apple Tree," *Contemporary Physics* 39, no.5(1998): 377-91.

（56）Edmund Turnor, *Collections for the History of the Town and Soke of Grantham, Containing Authentic Memoirs of Sir Isaac Newton*(London: W. Bulmer and W. Miller, 1806), 160.

（57）Mr. Walker to the Royal Astronomical Society, 12 January 1912, McKie and de Beer, "Newton's Apple: An Addendum," 334-35 に引用されたもの。

（58）George Forbes, *History of Astronomy*(New York: G. P. Putnam's Sons, 1909), 65.

（59）Keesing, "History," 378.

（60）Richard Keesing, "A Brief History of Isaac Newton's Apple Tree," University of York, Department of Physics, last updated on 26 January 2010, http://www.york.ac.uk/ physics/about/newtonsappletree/.

（61）"Newton's Famous Apple Tree to Experience Zero Gravity," Royal Society, *Science News*, 10 May 2010, http://royalsociety.org/Newtons-famous-apple-tree-to-experience-zero-gravity.

（62）Astronaut Ken Ham, quoted in "NASA's Atlantis Space Shuttle Ready for Final Voyage," BBC News, 14 May 2010, http://historynewsnetwork.org/roundup/entries/126698.html.

第四章　古代人の石

（1）Oswald Crollie, Philosophy Reformed & Improved in Four Profound Tractates. The I. Discovering the Great and Deep Mysteries of Nature, trans. Henry Pinnell(London: Lodowick Lloyd, 1657), 31.

（2）"Philosopher's Stone,"〔賢者の石〕が一般的になったが、初期の表現で直訳すれば、"Philosophers' Stone,"〔賢者たちの石〕がより正確である。

（3） Newton, *Commentarium* [1680s], in Betty Jo Teeter Dobbs, *The Janus Faces of Genius: The Role of Alchemy in Newton's Thought*(Cambridge: Cambridge University Press, 1991), 276.〔『錬金術師ニュートン』、大谷隆昶訳、みすず書房（2000）〕

（4） Ovid, Metamorphoses［八世紀頃］, ed. Brookes More (Boston: Cornhill Publishing Co., 1922), bk.11, lines 85-145.〔『変身物語』中村善也訳、岩波文庫（上下、1981）など〕

（5） Ovid, *Metamorphoses*, bk.15.

（6） Ovid, *Metamorphoses*, bk.15. 以下も参照のこと。Giambattista della Porta, *Natural Magick, in Twenty Books... wherein Are Set Forth All the Riches and Delights of the Natural Sciences*(London: T. Young and S. Speed, 1658), bk.2, chap.2.

（7） *Lucian's Science Fiction Novel True Histories: Interpretation and Commentary*, ed. Aristoula Georgiadou and David H. Laramour(Leiden: Brill, 1998), 203.

（8） Pliny the Elder, *Historia Naturalis*(*Natural History*)［七七年頃］, trans. H. Rackham(Cambridge, Mass.: Harvard University Press, 1949-54), bk.19, sec.30, also bk.24, secs.99 and 101, and bk.25, sec.5. プリニウスは、植物に関する本は医師のクレエンポロス作とする者がいることを認めたが、「古代からずっとピタゴラスの作だと言われている」こと、作者は本の権威を高めるためには自分の仕事でも偉大なピタゴラスに喜んで差し出すはずであることを主張してきた。

（9） Ibid., bk.20, それぞれ secs. 33, 73, 87.

（10） *Placita Philosophorum*［誤ってプルタルコスの作とされているが、実際は別人の作で、こちらはアエティウスによる、テオドレトスによれば紀元前五〇年頃の著作に基づいている］, *Peri tōn areskontōn philosophois physikōn dogmatōn*［これも誤って Ibn al-Nadīm により、Qustāibn Lūqā の作とされている］, in Hans Daiber, ed., *Aetius Arabus: Die Vorsokratiker in Arabischer Überlieferung*(Wiesbaden: Franz Steiner Verlag, 1980), 133, マルティネス訳。

（11） Heraclides Ponticus（前三八七—三一二年頃）ディオゲネス・ラエルティオスが敷衍したもの。*The Lives and Opinions of Eminent Philosophers*［二二五年頃］, trans. C. D. Yonge, bk. 8, *Life of Pythagoras*(London: Henry G. Bohn, 1853), sec.4.

（12） *Auriferae Artis, quam Chemiam Vocant, Antiquissimi Authores, sive Turba Philosophorum*(Convention of Philosophers) (Basel, 1572), dictums 13, 49, 32, マルティネス訳。マーチン・プレスナーが示したように、アラビア語の原稿は九〇〇年頃のものとみられ、一部はギリシャ語の資料に由来する。以下を参照。E. J. Holmyard, *Alchemy*(Baltimore: Penguin Books, 1957), 82-83.〔『錬金術の歴史』、大沼正則監訳、朝倉書店（1996）〕

（13） さらに、ピタゴラスが変成の秘密を知っていると書いている錬金術のテクストには以下のものがある。ヨハン・ジープマッハーは、ヘルメス・トリスメギストスの次にその秘術を知る二番目の賢人は「聖書にある人々を除けば」ピタゴラスであったと記している。以下を参照。Johann Ambrosius Siebmacher, *Wasserstein der Weysen das ist, ein chymisch Tractätlein, darin der Weg gezeiget, die Materia genennet, und der Process beschrieben wird, zu dem hohen geheymnuss der Universal T.inctur zukommen*(Waterstone of the Wise) (Frankfurt: Lucas Jennis, 1619), pt.1. *Wasserstein der Weysen* was reprinted for decades. ラテン語訳は以下を参照。 *Musaeum Hermeticum* (Frankfurt: L. Jennisii, 1625). 以下も参照のこと。Jean Jacques Manget, *Bibliotheca Chemica Curiosa*(Geneva: Sumpt. Choet, G. De Tournes, Cramer, Perachon, Ritter, & S. De Tournes, 1702); *Hermetisches A. B. C. derer ächten Weisen alter und neuer Zeiten vom Stein der Weisen*(Berlin: Christian Ulrich Ringmacher, 1778). ジープマッハーと同様に、ヨハン・グラスホフ（Johann Grasshof）は妬む人々に反論して、ピタゴラスはその1物質を「1つにして真実なる物質」と言い表したと主張した。Hermannus Condeesyanus [Grashhof], *Dyas Chymica Tripartita, Das ist: Sechs Herrliche Teutsche*(Frankfurt am Main: Luca Jennis, 1625). また中世の1つのソネットがこんなふうに詠んでいる。「これは祝福された偉大な石、それについて語ったのはヘルメス、グラティアーノ、エリット、ロシル、パンドルフォ、アルトラーノ、ピタゴラスと彼のすべての学派」。*Codex Riccardiano* N. 946(Biblioteca Medicea Laurenziana, Florence), in Mario Mazzoni, ed., Sonetti Alchemici-Ermetici di Frate Elia e Cecco d'Ascoli(San Gimignano, Tuscany: Casa Editrice Toscana, 1930).

（14） Johannes Kepler, *Harmonices Mundi, Libri V*(Lincii Austriae: Godofredi Tambachii, 1619), bk.3, in Joannis Kepler, *Astonomi Opera Omnia*, vol.5, ed. C. Frisch(Frankfurt: Heyder & Zimmer, 1864), 132: "quin aut Pythagoras hermetiset, aut Hermes pythagoriset."〔『宇宙の調和』、岸本良彦訳、工作舎（2009）〕

（15） たとえば歴史家デヴィッド・リンドバーグが次のように記している。「ヘロトドス（前五世紀）はピタゴラスがエジプトに旅し、そこで神官たちからエジプト数学の神秘に引き合わせられたと伝えた」。以下を参照。David C. Lindberg, *The Beginnings of Western Science*, 2nd ed.(Chicago: University of Chicago Press, 2007), 12.

（16） Isocrates, *Busiris*〔前三七五年頃〕, secs. 28-29; George Norlin, Isocrates, 3 vols. (Cambridge, Mass.: Harvard University Press, 1980).

（17） Herodotus, *The Histories*〔前四三〇年頃〕, trans. A. D. Godley(Cambridge, Mass.: Harvard University Press, 1920), e.g., bk.2, chaps.49, 50.

（18） Ibid., bk.2, chap.81.

（19） Niall Livingstone, *A Commentary on Isocrates' Busiris* (Leiden: Brill, 2001), 159.

（20） Thomas Taylor, "Dissertation on the Platonic Doctrine of Ideas," in Proclus, *The Philosophical and Mathematical Commentaries of Proclus, on the First Book of Euclid's Elements*, trans. Thomas Taylor, vol.1(London, 1792), cvi.

（21） *Gloria Mundi sonsten Paradeiss Taffel*(Frankfurt, 1620), reprinted in *Musaeum Hermeticum*(Francofurti: Sumptibus Lucae Jennissii, 1625); 次の英訳がある。*The Glory Of The World; or, Table Of Paradise; A True Account of The Ancient science which Adam Learned From God Himself; Which Noah, Abraham, And Solomon Held as One of the Greatest Gifts of God; which also All Sages, at All Times, Preferred to the Wealth of the Whole World, Regarded as the Chief Treasure of the Whole World, and Bequeathed Only to God Men; namely, The Science of the Philosopher's Stone*〔世界の栄光、または天国のテーブ

ル、アダムが神自らから学んだ古代科学の真相、ノア、アブラハム、ソロモンが神からの最高の贈り物の一つとして持っていたもの、また、あらゆる時代のすべての賢人たちが、全世界の富より望んだもの、全世界で最高位の宝物とみなされ、そして善き人のみに伝えられる、すなわち賢者の石の科学」pt.2, in Arthur White, ed., The Hermetic Museum, vol.1(London: James Elliot, 1893).

(22) Will H. L. Ogrinc, "Western Society and Alchemy from 1200 to 1500," *Journal of Medieval History* 6(1980): 119.

(23) Bernardi Trevisanvs, *De Chymico Miracvlo, qvod Lapidem Philosophiæ appellant*, ed. Gerardvum Dornevm(first published in 1567; Basileæ: Hæredum Petri Pernæ, 1583), 3-15.

(24) William R. Newman and Lawrence M. Principe, *Alchemy Tried in the Fire: Starkey, Boyle, and the Fate of Helmontian Chymistry*(Chicago: University of Chicago Press, 2002), 229.

(25) Basile Valentin, *Les Douze Clefs de la Philosophie*[1599](Paris: Editions de Minuit, 1956), 118, マルティネス訳。

(26) On weaponry, the eagle, and sal ammoniac, 以下を参照。 Lyndy Abraham, *A Dictionary of Alchemical Imagery*(Cambridge: Cambridge University Press, 1998), それぞれ、214, 64, 176, 181.

(27) Lawrence Principe, "The Gold Process and Boyle's Alchemy," in *Alchemy Revisited*, ed. Z. R. W. M. von Martels(Leiden: E. J. Brill, 1990), 200-205を参照。

(28) 一六六一年、気象学者のリチャード・タウンリーと医師のヘンリー・パワーが気圧計を用いて、ランカシャー州のペンデルヒルのさまざまな高度で大気圧を計測した結果、大気圧が増すと体積が減少することがわかった。パワーがロンドンのウィリアム・クルーンに知らせ、彼を中継してボイルに論文が渡った。一六六二年、ボイルは彼らの結論を、パワーの名を省いて「タウンリーの仮説」と呼び、その後、ロバート・フックの助けを用いてそれを体系的に確認した。パワーの研究（一六六一年八月一日付）は後になって以下として出版された。Experimental Philosophy, in Three-Books: containing New Experiments, Microscopical, Mercurial, Magnetical. with Some Deductions, and Probable Hypotheses, Raised from Them, in Avouchment and Illustration of the Now Famous Atomical Hypothesis(London: T. Roycroft, 1664[実際の刊行年は1663]).

(29) Daniel Lysons, *History of the Origin and Progress of the Meeting of the Three Choirs of Gloucester, Worcester, and Hereford, and of the Charity Connected with It*(London: D. Walker, 1812), 55; J. Rutherford Russell, *The History and Heroes of the Art of Medicine*(London: John Murray, 1861), 217; Richard Lodge, The History of England from the Restoration to the Death of William III. 1660-1702(London: Longman, Green, and Co., 1910), 476.

(30) Robert Boyle, *The Origine of Formes and Qualities*, 2nd ed.(Oxford: H. Hall/Oxford University, 1667)〔『ボイル：形相と質の起源』、赤平清蔵訳、朝日出版社（1989、「科学の名著」第18巻）〕; Principe, "The Gold Process," 204; Basilius Valentinus, *Chymische Schriften*, vol.1(1677; repr., Hildesheim: H. A. Gerstenberg, 1976), 31. バレンティヌスの時代、他の錬金術師たちもまた王水の作り方を知っていた。バレンティヌスの鍵についてのプリンチペの解釈は、ボイルのような他の錬金術師たちもそのような言葉で解釈したことが確認されており、そ

れによって支持されている。

（31） Lawrence M. Principe, The Aspiring Adept: Robert Boyle and His Alchemical Quest. Including Boyle's "Lost" Dialogue on the Transmutation of Metals(Princeton: Princeton University Press, 1998), 98-100.

（32） Boyle, *Origine*, experiment 7, pp.14, 233, 244.

（33） 薔薇十字団の中には、ピタゴラスが、目に見えるもの、見えないもの、いずれの神々とも交信する方法を知っていたと主張するものがいる。以下を参照。Anonymous[attributed to Johann Valentin Andreä], *The Fame and Confession of the Fraternity of R: C: commonly, of the Rosie Cross*, with a Præface by Eugenius Philalethes [pseudonym for Thomas Vaughan](London: J.M. for Giles Calvert, 1652), preface. Claims that Pythagoras could speak with the gods were ancient, for example: Philostratus, *The Life of Apollonius of Tyana*(ca. 225 CE) trans. Frederick Cornwallis Conybare, vol.1(London: W. Heinemann, 1912), 3, 91.

（34） Principe, *Aspiring Adept*, 11.

（35） 同前 , 100.

（36） H. Carrington Bolton, "Chemical Literature" (Part 2)(address, American Association for the Advancement of Science, Montreal, 23 August 1882), reprinted in *Chemical News* 46, no.1190 (29 September 1882): 146.

（37） Edward Gibbon, *The History of the Decline and Fall of the Roman Empire*, 1st. ed., vol.1(London: W. Strahan, 1776), 418.〔『ローマ帝国衰亡史』、中野好夫訳、ちくま学芸文庫（全10巻、1995-1996）など〕

（38） Theophrastus Paracelsus, *The Aurora of the Philosophers* [1575], in *Paracelsus His Aurora, & Treasure of the Philosophers. As also The Water-Stone of the Wise Men; Describing the Matter of, and Manner How to Attain the Universal Tincture*, J. H. Oxon, ed.(London: Giles Calvert, 1659), chap.5.

（39） Ovid, *Metamorphoses*, bk.15.

（40） 薔薇十字団の入会儀礼の中には、変成に向けて赤い薬を増やすための手続きもある。「倍増はピタゴラスの目録に従ってとり行われる。正三角形の一辺の図形全体に対する比率、つまり金属水の一〇に対して薬は四」。以下を参照。Sigismund Bacstrom, "Copy of the Admission of Sigismund Bacstrom into the Fraternity of Rosicrucians by the Comte de Chazal" [1794], transcribed by Frederick Hockley[1839], First Multiplication, 17; Andover Harvard Theological Library, Cambridge, Mass., item bMS 677.

（41） Marie Curie, *Pierre Curie*, with an introduction by Mrs. W. Brown Meloney and with autobiographical notes by Marie Curie(New York: Macmillan, 1923), 186.

（42） Barbara Goldsmith, *Obsessive Genius: The Inner World of Marie Curie*(New York: W. W. Norton, 2005), 96.

（43） Frederick Soddy, "Some Recent Advances in Radioactivity," *Contemporary Review* 83(May 1903): 720.

（44） Ernest Rutherford, quoted in William Cecil Dampier Whetham to Ernest Rutherford, 26 July 1903, Rutherford Papers, Cambridge University, England;

microfilm at the Niels Bohr Library, American Institute of Physics, Maryland.
（45） For discussion see Goldsmith, *Obsessive Genius*, 191-204.
（46） Goldsmith, *Obsessive Genius*, 85. 以下も参照のこと。 Marie Curie, *Revue Scientifique*(July 1900), Susan Quinn, *Marie Curie: A Life*(New York: Addison-Wesley, 1995), 171 に引用されたもの。
（47） Frederick Soddy, 一九五〇年代初頭のミュリエル・ハワースによるインタビュー。 Muriel Howorth, *Pioneer Research on the Atom; Rutherford and Soddy in a Glorious Chapter of Science: The Life Story of Frederick Soddy*(London: New World, 1958), 83-84 に所収。 ソディは勘違いしていた。その生成物質は実はラドンでありアルゴンではなかった。
（48） 同前。
（49） Soddy, 一九五〇年一一月一三日付の手紙。 Muriel Howorth, *Atomic Transmutation: The Greatest Discovery Ever Made; from Memoirs of Professor Frederick Soddy*(London: New World, 1953), 74 に収録。
（50） Marie Sklodowska Curie, "Radium and Radioactivity," *Century Magazine*(January 1904), 461-66.
（51） E. Rutherford and F. Soddy, "Radioactive Change," *Philosophical Magazine* 5(1903): 576-91.
（52） Pierre Curie, "Radioactive Substances, Especially Radium"（スウェーデンアカデミーでの講演、一九〇五年六月六日、一九〇三年ノーベル物理学賞の受賞に対して）, Nobel Lectures, Physics 1901-1921(Amsterdam: Elsevier, 1967), 77.
（53） Mrs. William Brown Meloney[Marie Mattingly Meloney, known as "Missy"], "The Greatest Woman in the World," *Delineator* 98, no.3(April 1921): 15-16.
（54） H. G. Wells, *The World Set Free*(New York: E. P. Dutton and Company, 1914), 50-51.
（55） Mark S. Morrison, *Modern Alchemy: Occultism and the Emergence of Atomic Theory*(Oxford: Oxford University Press, 2007), 143.
（56） Edwin McMillan, Martin Kamen, Samuel Rubin, "Neutron-Induced Radioactivity of the Noble Metals," *Physical Review* 52, no.4(August 1937): 375-77.
（57） J. Cork and J. Halpern, "The Radioactive Isotopes of Gold," *Physical Review* 58, no.3(August 1940): 201. J. Lawson and J. Cork, "Internally Converted Gamma-Rays from Radioactive Gold," Physical Review 58, no.6(September 1940): 580.
（58） R. Sherr, K. Bainbridge, H. Anderson, "Transmutation of Mercury by Fast Neutrons," *Physical Review* 60, no.7(October 1941): 473-79.
（59） K. Aleklett, D. Morrissey, W. Loveland, P. McGaughey, and G. Seaborg, "Energy Dependence of 209Bi Fragmentation in Relativistic Nuclear Collisions," *Physical Review* C 23, no.3(March 1981): 1044-46.
（60） Frederick Soddy, "The Evolution of Matter" [1917], in Soddy, *Science and Life: Aberdeen Addresses*(London: John Murray, 1920), 107.
（61） Marie Curie, quoted in Eve Curie, *Madame Curie, A Biography by Eve Curie*, trans. Vincent Sheean(Garden City, N.J.: Doubleday/Doran, 1937),

341.

（62） Joseph Campbell, *The Power of Myth*, with Bill Moyers, and Betty Sue Flowers, ed.(New York: Doubleday, 1988), 143.

第五章　ダーウィンの見当たらなかったカエル

（1） Frank J. Sulloway, "Darwin and His Finches: The Evolution of a Legend," *Journal of the History of Biology* 15, no.1(Spring 1982): 1-53.

（2） たとえば大学入試にむけて勉強中の多くの生徒が使ってきた参考書にこんな記述がある。「それはすべてガラパゴス諸島で、それらのフィンチとともに始まった。」さて「それ」とは何をさすというクイズがあり、「正解」は「(c)ダーウィンの進化理論」。Sharon Weiner Green, Ira K. Wolf, eds., Barron's How to Prepare for the SAT 2007, 23rd ed.(New York: Barron's Educational Series, 2006), 582-83. 別の例としては、次のような例もある。「ダーウィンが見たのは一三種のフィンチで、ほとんどの点で互いに非常に似ているが、それぞれの種が特定の（特殊化されたした）食糧源によく適していた、特徴的な嘴の構造をもっていた……。」ダーウィンに勝利を収めさせその念押しをしたのはそのフィンチたちだったのだ」とある。以下を参照。in Barry Boyce, *A Traveler's Guide to the Galapagos Islands*(Aptos, Calif., and Edison, N.J.: Galapagos Travel/Hunter Publishing, 2004), 15.「フィンチは大きさもほぼ同じで色はすべて非常に似た色をしていた。ダーウィンが見たフィンチの唯一の違いはその嘴と彼らが食べる餌だった。餌はそれぞれが、昆虫、種子、植物の体本体、卵の黄身、血液を餌にしていた」など。in Liz Thompson, Michelle Gunter, Emily Powell, Passing the Nevada 8th Grade CRT in Science (Woodstock, Ga.: American Book Company, 2008), 194; 以下にも見られる。Michelle Gunter, Passing the ILEAP Science Test in Grade 7 (American Book Company, 2006), 132. さらに、「後になって彼はこれらのフィンチの中に進化のプロセスを理解する鍵があることを知った」。以下を参照。Michael Roberts, Michael Reiss, Grace Monger, *Advanced Biology* (Nelson: Delta Place, U.K., 2000), 724. サロウェイの発見を見落としたままの生物学の教科書は、もう一つ、次のものもある。Another biology textbook that remained unaware of Sulloway's findings is Peter H. Raven and George B. Johnson, *Biology*, 5th ed.(Boston: WCB/McGraw-Hill, 1999).

（3） Charles Darwin, *Journal of Researches into the Natural History and Geology of the Countries Visited during the Voyage of H.M.S. Beagle*, 2nd ed.(London: John Murray, 1845), 380.

（4） Nora Barlow, ed., "Darwin's Ornithological Notes," Bulletin of the British Museum (Natural History), Historical Series, vol.2, no.7 (February 1863): 201-78; 表5・1のための一八三五年のダーウィンからの引用は 261-62 ページであり、さらに以下からも引用した。Darwin, "M.S. Notes Made on Board H.M.S. Beagle, 1832-36," no. 29: "Birds," pp. 72-74. University Library, Cambridge. See also Gavin de Beer, ed., "Darwin's Notebooks on Transmutation of Species, Part 1, Four Notebooks (B-D: July 1837 to July 1839)," Bulletin of the British Museum (Natural History) , Historical Series, vol. 2, nos. 2-5 (January—September 1960): 23-183; and Gavin de Beer, M. Rowlands, and B. Skramovsky, eds., "Darwin's Notebooks on Transmutation of Species, Part VI: Pages Excised by Darwin," Bulletin of the British Museum (Natural History) , Historical Series, vol. 3, no. 5 (March 1967): 129-76. 最終的にもう一つ、ダーウィンの「自然選択」に関する大手稿からの一八五七年の引用は、以下からのものとした。R. C. Stauffer, ed., Charles Darwin's Natural Selection; Being the Second Part of his Big Species Book Written from 1836 to 1858 (Cambridge: Cambridge University Press, 1975), 257、以下からも引用した。 Darwin, "Natural Selection" (manuscript), chap. 6, folio 43, Cambridge University Library.

（5） David Lack, *Darwin's Finches*(Cambridge: Cambridge University Press, 1947).〔『ダーウィンフィンチ』、浦本昌紀ほか訳、思索社（1974）〕

（6） Robert I. Bowman, *Morphological Differentiation and Adaptation in the Galapagos Finches*, University of California Publications in Zoology, vol.58 (Berkeley: University of California Press, 1961). その後、ピーターとローズマリーのグラント夫妻は実際にガラパゴスフィンチの嘴のサイズの変化を、長年吹きさらしの風の中で測定した。たとえば以下を参照。 Peter Grant, *Ecology and Evolution of Darwin's Finches*(Princeton: Princeton University Press, 1999).

（7） 表５・２の別の出典出典追加。 Charles Darwin, Oct. 1835, in *Narrative of the Surveying Voyages of His Majesty's Ships Adventure and Beagle between the years 1826 and 1836*, vol.3(London: Henry Colburn, 1839), 462; Darwin, Journal of Researches, 380; Darwin, *On the Origin of Species by means of Natural Selection, or the Preservation of Favoured Races in the Struggle for Life*(London: John Murray, 1859), 28.〔『種の起源』、八杉龍一訳、岩波文庫（上下、1990）など〕

（8） Stephen Jay Gould, "Darwin's Sea Change, or Five Years at the Captain's Table," in *Ever Since Darwin: Reflections in Natural History*(New York: W. W. Norton, 1977), 33.〔『ダーウィン以来』、浦本昌紀ほか訳、ハヤカワ文庫ＮＦ〕

（9） Georges Cuvier, *An Essay on the Theory of the Earth*[1813], trans. Robert Kerr, with notes by Robert Jameson, 3rd ed. (New York: Arno Press, 1977), 17.

（10） William Paley, *Natural Theology: or Evidences of the Existence and Attributes of the Deity, Collected from the Appearances of Nature*(London: R. Faulder, 1802), 451, 453, 464-65.

（11） Charles Darwin, The Autobiography of Charles Darwin, 1809-1882, with original omissions restored [manuscript 1876-1882], ed. Nora Barlow (London: Collins, 1958), 72.〔『ダーウィン自伝』、八杉龍一ほか訳、ちくま学芸文庫（2000）〕

（12） Ovid, *Metamorphoses*（八世紀頃）, bk. 15, ed. Brookes More (Boston: Cornhill Pub., 1922).〔第四章註４〕

（13） Charles Lyell, *Principles of Geology, Being an Attempt to Explain the Former Changes of the Earth's Surface, by Reference to Causes Now in Operation*, vol.1(London: John Murray, 1830), 12. ライエルは、「ピタゴラスは東方において、世界的な激しい天変地異と落ち着いた時期とがきりなく繰り返された地層の系だけでなく、通常の原因が継続的に作用した結果の周期的な造山運動の地層の系も見つけたかもしれない」と推測した憶測を巡らせている。

（14） John W. Judd, *The Coming of Evolution: The Story of a Great Revolution in Science*(Cambridge: Cambridge University Press, 1910), 16.

（15） Charles Darwin, *Charles Darwin's Beagle Diary*, ed. Richard Keynes (Cambridge: Cambridge University Press, 1988), 292.

(16) Claudius _Ælianus, Varia Historia [ca. 220 CE], in *Claudius Ælianus, His Various History*, trans. Thomas Stanley (London: Thomas Dring, 1665), bk.4, chap.17.〔『ギリシア奇談集』松平千秋ほか訳、岩波文庫〕

(17) Narrative of the Surveying Voyages of His Majesy's Ships Adventure and Beagle between the Years 1826 and 1836, vol. 2: Proceedings of the Second Expedition, 1831-1836, under the Command of Captain Robert Fitz-Roy(London: Henry Colburn, 1839), 486-87.

(18) Darwin, *Darwin's Beagle Diary*, 16 September 1835, 351-52.

(19) Darwin, *Darwin's Beagle Diary*, 354, 353, 359; Darwin, *Journal of Researches*, 388

(20) Darwin, *Narrative*, vol.3; Darwin, Journal and Remarks, 1832-1835, 468. 以下も参照。Stauffer, Charles Darwin's Natural Selection; being the Second Part of his Big Species Book Written from 1836 to 1858(Cambridge: Cambridge University Press, 1975), 496:「ヨーロッパのあらゆる両生類は、もっと危険な動物や、すなわち人間に行く手を阻まれた時に、本能的に即座に水辺へ逃げていくのに、それとは何と対照的なことだろう」。

(21) Darwin, *Origin*, 398.

(22) Frank J. Sulloway, "Darwin's Conversion: The *Beagle* Voyage and Its Aftermath," *Journal of the History of Biology* 15, no.3(1982): 338-45.

(23) Charles Darwin, "Ornithological Notes" [June/July 1836], quoted in Sulloway, "Darwin's Conversion," 327-28.

(24) チャールズ・ダーウィンからオットー・ツァハリアス宛て。一八七七年二月二四日付。「ビーグル号に乗船したとき、私は種の永続性を信じていましたが、思い出せる限りでは、漠たる疑問が時折私の脳裏をよぎっていました」。Reprinted in Francis Darwin, ed., *Charles Darwin: His Life Told in an Autobiographical Chapter, and in Selected Series of His Published Letters*(London: John Murray, 1892), 166.

(25) J・ハーシェルからチャールズ・ライエル宛て、一八三六年二月二〇日付。in Charles Babbage, *The Ninth Bridgewater Treatise. A Fragment*, 2nd ed. (London: John Murray, 1838), 226.

(26) John Gould, "Observations on the Raptorial Birds in Mr. Darwin's Collection, with Characters of the New Species," *Proceedings of the Zoological Society of London* 5 (1837): 9

(27) チャールズ・ダーウィンからオットー・ツァハリアス宛て、一八七七年。「一八三六年秋、帰国するとすぐに航海記の出版準備を始め、そうすると、いかに多くの事実が種の共通の由来を指し示しているかが見えてきました。それゆえ一八三七年七月、私はこの問題にかかわる可能性のあるどんな事実も記録するために一冊のノートをつけ始めました。しかし私は二、三年たつまでは、種が変化し得るものであるという確信はありませんでした」。しかしダーウィンの一八三七年のノートは、その年には進化をよく確信していたことを直接示す証拠を示しているようなのだが、彼の一八七七年の手紙ではまだしばらく時間がかかったとある。

(28) Darwin, *Origin*, 398.

(29) Darwin, *Journal and Remarks*, 472. J.B.G.M. [Jean Baptiste Geneviève Marcellin] Bory de St.-Vincent, Voyage dans les Quatre Principales îles des

Mers d'Afrique: fait par ordre du Gouvernement, pendant les années neuf et dix de la République(1801 et 1802), avec l'Histoire de la Traversée du Capitaine Baudin jusqu'au Port-Louis de l'île Maurice, vol. 3 (Paris: F. Buisson, 1804). Darwin, *Origin*, 393 も参照。

(30) Darwin, Journal and Remarks (1839), 472; see also Darwin, *Journal of Researches*(1845), 381.

(31) ダーウィンはサンチャゴ、ヴェルデ岬、聖ヘレナなどではカエルを見なかった。サンドウィッチ諸島での証拠については、ダーウィンは "Tyerman and Bennett's *Journal*, Vol.1, p.434." を参照している。Daniel Tyerman and George Bennet, Journal of Voyages and Travels, to Visit Their Various Stations in the South Sea Islands, China, India, &c. between the years 1821 and 1829, compiled by James Montgomery, vol.2(Boston: Crocker and Brewster, 1832), 57 も参照。この中では彼らはカエルとガマがいないことを簡潔に記している。モーリシャス島についてはダーウィンは Jacques-Henri Bernardin de Saint-Pierre, Voyage à l'Isle de France, à l'Isle de Bourbon, au Cap de Bonne-Espérance, &c, Avec des Observations nouvelles sur la nature & sur les Hommes, par un Officier du Roi(Amsterdam, 1773), pt. 1, p. 170 に言及している。この中では著者はカエルをモーリシャス(イル・ド・フランス)に輸出しようとしたがカエルは死んでしまったと記している。ダーウィンの時代には、モーリシャス、マデイラ、アゾレス諸島に入植者が持ち込んだカエルが大量に増えて厄介者になっていたとダーウィンは述べている (*Origin*, 393)。カナリー島についてはダーウィンは Philip Barker Webb and Sabin Berthollet, *Histoire Naturelle des iles Canaries*(Paris: Béthune et Plon, 1840) を引用している。

(32) Darwin, *Journal of Researches*(1845), 382. これらの言葉はダーウィンの *Journal and Remarks*(1839), 472. からはわずかに編集の手がかかっていた。

(33) Darwin, *Journal of Researches*, 378. ダーウィンは「謎の中の謎」という言葉の出典としてハーシェルを挙げている。Darwin, "Notebook E" (Transmutation of species [1838-1839]), 2 December 1832, p. 59, Cambridge University Library, 以下にも引用されている。DeBeer, "Darwin's Notebooks," 165.

(34) Darwin, *Origin*, 392.

(35) 同様に、植物でできたいかだで運ばれる小ささの哺乳類四肢動物のみがガラパゴスに到達して、その結果そこで進化することができたのかもしれない。実際、この地に固有のマウスとラットの種が少数発見されている。

(36) Anonymous [Benjamin Franklin], "Observations Concerning the Increase of Mankind"[1751], in Observations On the Late and Present Conduct of the French, with Regard to their Encroachments upon the British Colonies in North America . . . To Which is Added, Wrote by another Hand; Observations Concerning the Increase of Mankind, Peopling of Countries, &c. [ed. William Clarke](Boston: S. Kneeland, 1755). Reprinted in Franklin, *Experiments and Observations on Electricity*, 4th ed. (London: David Henry, 1769), 205. 当時、フランクリンは「北米の英国人一〇〇万人(海を渡って来たのはわずか八万人なのに)」と推定した。ヨーロッパでは一〇〇人につき毎年約一組が結婚しているが、アメリカは一年につき二組であり、アメリカではより若い年齢で結婚するので、大部分の夫婦が平均八人の子をもうけ、そのうち半数が成人して二

〇歳ごろに結婚していた。そのような計算からすると、アメリカ人は一八〇〇年までには四〇〇万人となり、一九〇〇年までには六千四〇〇万人となる。実際には人口はそれぞれ五二〇万人と七六六〇万人であった。その後は世界大戦その他の要因のせいで実際の人口は二五年ごとに二倍になることはなかった。

（37） Benjamin Franklin, The Interest of Great Britain Considered, with Regard to her Colonies, and the Acquisitions of Canada and Guadaloupe. To which are Added, Observations Concerning the Increase of Mankind, Peopling of Countries, &c. (London: T. Becket, 1760).

（38） Anonymous [Thomas Robert Malthus], *An Essay on the Principle of Population*(London: Johnson, 1798)〔『人口論』、斎藤悦則訳、光文社古典新訳文庫（2011）など〕. マルサスの本は版によって大きく異なる。たとえば第二版（一八〇三年）は非常に大部のものである。ダーウィンが一八三八年にどの版を読んだかを記すのは重要である。ダーウィンの『読むべき本』に関するノート（一八三八年六月一日付）は「マルサス一八二六年の最新版」を挙げており、「読んだ」という印をつけている。そしてその版はケンブリッジ大学図書館のダーウィン文庫に一部ある。しかしダーウィンは一八二六年の版（第六版）を一八三九年のさまざまな出版物が続くページの次に挙げており、彼が一八三八年の一〇月に読んだ版はもっと前のもののように見える。しかし彼の種の転成のノートE（Notebook E, Transmutation of Species）の三頁（そこには日付はないが、次の頁に一八三八年一〇月四日の日付がある）においてダーウィンは、マルサスの一節を引用しており、その文言はマルサスの本の第五版（一八一七年）と第六版（一八二六年）とだけ一致している。ダーウィンはその頁数も記している。頁数も版によって異なるので、頁数によるなら彼が一八三八年の後期、実際に読んだのは一八二六年の版である。

（39） マルサスは一七九八年の原著では「もっとも不快な」結論は、より低い階層の貧困と悲惨さが除去されないことだとしたが、一八〇三年に彼は、人口原理を知れば人口増大を招く自然の傾向を制止する一助となり得るため、悪と悲惨さをいくらか防げることを認識し、自分の見解を「和らげていた」ことを記している。たとえば以下を参照。Malthus, *An Essay on the Principle of Population* (London: John Murray, 1826), viii, 12-17. マルサスの一七九八年の著作は、フランクリンの著作とは独立に書かれていたが、一八〇三年の序文ではマルサスが「フランクリン博士」の貢献に謝辞を載せていることに留意されたい。

（40） Malthus, *Essay*(1826), 95.

（41） Darwin, 28 September 1938, in de Beer et al. eds, “Darwin’s Notebooks on Transmutation of Species, Part VI: Pages excised by Darwin,” *Bulletin of the British Museum*(1967): 162.

（42） Darwin, *Origin*, 64; 以下も参照。Stauffer, *Charles Darwin's Natural Selection*, 177.

（43） Darwin, *Origin*, 151.

（44） Anonymous [Robert Chambers], *Vestiges of the Natural History of Creation*(London: John Churchill, 1844).

（1）Abbott L. Rotch, "Did Franklin Fly His Kite before He Invented the Lightning Rod?" *American Antiquarian Society, Proceedings* 18(1907): 115-23; Alexander McAdie, "The Date of Franklin's Kite Experiment," *American Antiquarian Society, Proceedings* 34(1925): 374-76; Tom Tucker, *Bolt of Fate: Benjamin Franklin and His Electric Kite Hoax*(New York: Public Affairs, 2003). フランクリンが実際に凧を揚げたと論じた論文を一つ挙げると、I. Bernard Cohen, "The Two Hundredth Anniversary of Benjamin Franklin's Two Lightning Experiments and the Introduction of the Lightning Rod," *American Philosophical Society, Proceedings* 96, no.3(June 1952): 331-66.

（2）*Pennsylvania Gazette*, 17 June 1731; 10 July 1732.

（3）*Pennsylvania Gazette*, 12 August 1736.

（4）フランクリンが何度もその話をしたと真面目に伝える、あるフランス科学アカデミー会員による一七八六年の報告がある。[Jean-Baptiste] Leroy, "Extrait des Registres de l'Académie Royale des Sciences: Du 5 Août 1786," *Observations sur la Physique, sur l'Histoire Naturelle et sur les Arts* 29, pt.2(October 1786): 294.

（5）*Pennsylvania Gazette*, 29 April 1742.

（6）Ovid, *Metamorphoses*［八世紀頃］, ed. Brookes More (Boston: Cornhill Pub. Co., 1922), bk. 15.〔第四章註4〕

（7）Hesiod, *Theogony*［前八世紀］, ed. and trans. Glenn W. Hart (Cambridge, Mass.: Harvard University Press, 2006), p. 49, lines 558-65.〔『神統記』廣川洋一訳、岩波文庫（1984）など〕

（8）M. Dalibard, report to the Académie Royale des Sciences, 13 May 1752; see also, "Analogie de l'Electricité avec le Tonnerre. Découverte nouvelle," *Journal Œeconomique*(Paris: Boudet, June 1752): 71-87. 鉄の棒は底部が絶縁されていて電気が接地しないようになっていた。

（9）フランクリンからダリバール氏宛て書簡、一七六八年一月三一日付。*The Works of Benjamin Franklin*, vol.6(Boston: Hilliard, Gray, and Company, 1838), 277; ジャック・ド・ロマからボルドーアカデミー宛て書簡、一七五二年七月一三日付。Romas, *Mémoire sur les Moyens de se Garantir de la Foudre dans les Maisons*(Bordeaux: Bergeret, 1776), 105-6. この手紙は一七五二年七月一七日のアカデミー会合において読まれたのは明らかである。後にド・ロマは、自分が言っているのは凧のことだと明言した。一七五五年に出版されたある著作では、ド・ロマは一七五二年七月の手紙を出したときには、「シュヴァリエ・ド・ヴィヴァン氏［ボルドー科学アカデミー会員］など、ありがたくもうまくいくことを祈ってくれた人たちに、自分が計画した実験について説明しただけだ」と述べた。de Romas, "Mémoire, Où aprés avoir donné un moyen aisé pour élever fort haut, & à peu frais, un corps Électrisable isolé, on rapporte des observations frappantes, qui prouvent que plus le corps isolé est élevé au dessus de la terre, plus le feu de l'Électricité est abondant," Mémoires de Mathématique et de Physique, présentés à l'Académie Royale des Sciences, par divers Savans, & lûs dans ses Assemblûées, vol.2(Paris: Imprimerie Royale, 1755), 394.

（10）"Extract of a Letter from Paris," *Pennsylvania Gazette*, 27 August 1752; それより前に *Gentleman's Magazine*(May 1752) および *London Magazine*

(May 1752) で活字になった書簡より。

(11) 糸の長さは重要な因子である。糸が短すぎると何の効果も検出できなくなることが、たとえばディミトリ・プリンス・ド・ガリツィンからベンジャミン・フランクリン宛て書簡。一七七七年一月二八日付に記されている。Benjamin Franklin, *The Papers of Benjamin Franklin*, vol. 23, ed. William B. Willcox (New Haven: Yale University Press, 1983), 250.

(12) Benjamin Franklin, "The Kite Experiment," *Pennsylvania Gazette*, 19 October 1752; published also as "A Letter of Benjamin Franklin, Esq; to Mr. Peter Collinson, F. R. S., concerning an electrical Kite," *Philosophical Transactions*, Royal Society 47 (1752): 565-67.

(13) Franklin, "Request for Information on Lightning," *Pennsylvania Gazette*, 21 June 1753.

(14) Cadwallader Colden to Franklin, 24 October 1752, draft: New York Historical Society. フランクリンは、これ以上に詳しい説明を公表していない。

(15) M. R. P., "Lettre au P. R. J. sur une Expérience Electrique," 18 October 1753, in *Memoires pour l'Histoire des Sciences et des Beaux Arts*(Paris: Briasson, 1753), 2969-76; M. de Romas, "Mémoire," 393-407. ド・ロマは、凧は大きくなればなるほど、糸が長くなってもその重さを支えることができるので高く揚がると記した。高く揚がれば上がるほど、多くの電気を集められる。

(16) Abbé Nollet, *Lettres sur l'Electricité*, Second Part (Paris: H. Guerin, 1760), 17th letter: 228-32; Suite de la Clef, ou Journal Historique sur les Matieres du Tems 88(Paris: Ganeau, Dec. 1760), 417 に要約されている。ノレは自分が知っていることは、一七五二年八月にド・ロマがダチル氏とともに工夫して、適した凧を一つあつらえた。そして凧を使って空から電気を集めることを計画したと、ノレの知己であるシャヴァリエ・ド・ヴィヴァン氏に語っていたということだと述べている。それが公表された時、当初ノレはフランクリンの実験の説明をロマの説明に付け加えていたが、一七六〇年には、先取権の問題を公明正大にはっきりさせることを明言している。

(17) Pierre-Louis Moreau de Maupertuis, "Lettre sur le Progrés des Sciences," *Œuvres de Mr. de Maupertuis*, vol.2, new ed.(Lyon: Jean-Marie Bruyset, 1756), 392, trans. Martínez.

(18) ド・ロマはフランクリンに一七五三年一〇月一〇九日に丁重に手紙を書き、電気に関する覚書を二つ送った。フランクリンは数か月後に感謝を伝え、あとは「もっとはっきりした答えは次の機会まで私は待たなければなりません」と述べるだけの返事を出した。ド・ロマは後にフランクリンがもっとちゃんとした答えをよこさなかったことに不満を述べた。フランクリンからジャック・ド・ロマ宛て書簡。一七五四年七月二九日付。Abbot Lawrence Rorch, "Did Benjamin Franklin Fly his Electrical Kite before He Invented the Lightning Rod?" *Proceedings of the American Antiquarian Society*, New Series, vol. 18 (Oct. 1906), 118-23; pp.119-20 参照。

(19) Joseph Priestley, *The History and Present State of Electricity, with Original Experiments*(London: J. Dodsley, 1767), 180:「成功しなかった科学の試みが通常受ける嘲笑を恐れ、彼は計画した実験を自分の息子だけに伝え、息子は彼が凧を揚げるのを手伝った」。彼の息子ウィリアムがプリーストリの本の説を確かめた、または否定したという証拠はないようにみえる。

(20) Anonymous [Benjamin Franklin], "The Speech of Miss Polly Baker," *General Advertiser*, 15 April 1747(London); 以下にも掲載。*Gentleman's Magazine, the* Boston Weekly Post-Boy, *the* New York Gazette, *and* Maryland Gazette.

(21) 「しかし、偉大なるピタゴラス大先生こそ、ユークリッド『原論』第一巻命題47を本当に考えたことがわかる。この命題は、しかるべく観察すれば、聖職者、民衆、軍人のすべてのメーソンの出発点である」。James Anderson, The Constitutions of the Free-Masons. Containing the History, Charges, Regulations, &c. of that Most Ancient and Worshipful Fraternity. For the Use of the Lodges(London, 1723; reprinted: Philadelphia: Benjamin Franklin, 1734), 22.

(22) Tucker, *Bolt of Fate*, 253.

(23) I. Bernard Cohen, "The Two Hundredth Anniversary of Benjamin Franklin's Two Lightning Experiments and the Introduction of the Lightning Rod," *American Philosophical Society, Proceedings* 96, no.3 (June 1952): 366.

(24) "Franklin's Kite," *MythBusters*, episode 48, Beyond Television Productions for the Discovery Channel, aired 8 March 2006.

(25) "Kite flier electrocuted; used wire instead of string," News 5 (Belize), 20 March 2006, http://www.channel5belize.com/archive_news_cast.php?news_date=2006-03-20#a2.

第七章　クーロンの不思議な実験

(1) Jean-Noël Hallé and Jean-Baptiste Biot, "Rapport appouvé par la Classe des Sciences Physique et Mathémathématiques de l'Institut National," 21 vendémiaire, an 11 (グレゴリオ暦一八〇二年一〇月一三日); quoted in Jean Aldini, *Essai Théorique et Expérimental sur le Galvanisme, avec une série d'expériences faites en présence des Commissaires de l'Institut National de France, et en divers Amphithéatres Anatomiques de Londres*, vol.1(Paris: Fournier Fils, 1804), 115, マルティネス訳。

(2) Andrew Knapp and William Baldwin, "George Foster, Executed for the Murder of His Wife and Child," *The Newgate Calendar*[also known as *The Malefactor's Bloody Register*], vol.3(London: J. Robins and Co., 1825), 314-18. 後に以下などの短縮版が出された。"George Foster: Executed at Newgate, 18th of January, 1803, for the Murder of his Wife and Child, by drowning them in the Paddington Canal; with a Curious Account of Galvanic Experiments on his Body," *The Complete Newgate Calendar*, vol.4(London: Navarre Society, 1926), 257-59.

(3) Giovanni Aldini, General Views on the Application of Galvanism to Medical Purposes: principally in Cases of Suspended Animation (London, 1819), 80.

(4) Knapp and Baldwin, "George Foster" (1825), 318; ibid. (1926), 259.

(5) ディオゲネスは、アリストテレスとヒッピアスが、「ミレトスのタレスが魂をも、生命のないものによるとして、磁石の性質と琥珀の性質から自説を立てた」と伝えていると主張した。Diogenes Laertius, *Lives of Eminent Philosophers*, trans. C. D. Yonge(London: Henry G. Bohn, 1853), bk.1, sec.3.〔第二章註75〕

（6）クーロンより前に、ジョセフ・プリーストリなど他にも少数の物理学者が電気の逆自乗則を推測していた。*The History and Present State of Electricity, with Original Experiments*, vol.2[1676]; 3rd edition(London: C. Bathurst et. al, 1775), e.g., 374. プリーストリは、球状の殻の中の物体はいずれの方向にも引き寄せられないという主張に基づいて、逆自乗の関係があることを推測したが、彼の実際の実験は球ではなく金属のコップによるもので、距離の違いによる力の違いを試すための可動の粒子を含んではいなかった。

（7）Samuel Devons, "The Art of Experiment: Coulomb, Volta, Faraday," presentation, 29 June 1984, videotape, Bakken Library Museum for Electricity in Life, Minneapolis, Minnesota.

（8）発泡プラスチックのような軽量の合成素材がなかったため、過去の実験は脱水したピスを用いた。ピスとは、維管束植物の茎の内側にある軽量のスポンジ状の組織である。ニワトコ属のニワトコまたはスイカズラから抽出されることが多かった。

（9）Charles Augustin Coulomb, "Premier Mémoire sur l' Électricité et le Magnétisme. Construction & usage d'une Balance électrique, fondée sur la propriété qu'ont les Fils de métal, d'avoir une force de réaction de Torsion proportionnelle à l'angle de Torsion (1785)," *Mémoires de l'Académie Royale des Sciences*, Paris(1788), 572, マルティネス訳。

（10）Peter Heering, "On Coulomb's Inverse Square Law," *American Journal of Physics* 60(1992): 990.

（11）同前。

（12）同前、991。*American Journal of Physics*（アメリカ物理学ジャーナル）はヘリングの論文をもっとも忘れられない論文の一つに選んでいた。Robert H. Romer, "Editorial: Sixty Years of the American Journal of Physics—More Memorable Papers," *American Journal of Physics* 61, no.2(1993): 103-6.

（13）John L. Heilbron, "On Coulomb's Electrostatic Balance," in Christine Blondel and Matthias Dörries, eds., *Restaging Coulomb: Usages, Controverses et Réplications autour de la Balance de Torsion*; Biblioteca di Nuncius, vol. 15 (Firenze: Leo S. Olschki, 1994), 151-61, see p. 151.

（14）Christian Licoppe, "Coulomb et la 'Physique Expérimentale': Pratique Instrumentale et Organisation Narrative de la Preuve," in *Restaging Coulomb* (1994), 67-83.

（15）Heilbron, "On Coulomb's Electrostatic Balance," 156.

（16）Christine Blondel and Bertrand Wolff, *Coulomb invente une balance pour l'électricité*, film, narrated by Stéphane Pouyllau (experiments at the Lycée Emile-Zola, Rennes), with documentation by Marie-Héléne Wronecki, www.ampere.cnrs.fr, accessed 1 June 2008, マルティネス訳。

（17）完全な説明は以下を参照。Alberto A. Martínez, "Replication of Coulomb's Torsion Balance Experiment," *Archive for History of Exact Sciences* 60 (2006): 517-63.

（18）ヘリングがなぜクーロンと同じような結果を得なかったかは私にはわからない。私は彼のねじり秤は精査していない。ウルフによる実験のビデオは少なくともウルフの装置のいくつかのパーツに欠陥があったことを示している。たとえば電荷を保持するものの一つは球形でも滑らかでもなかった。以下を参照。Blondel and Wolff, "Coulomb invente."

第八章　トムソンとプラム・プディングと電子

（1）Rubén Martínez, "Plum Pudding and the Folklore of Physics" (paper presented at the annual meeting of the History of Science Society, Cambridge, Mass., 2003); ibid.（未公刊原稿、University of Texas at Austin, 2007).

（2）James Arnold Crowther, *Molecular Physics*, 2nd ed.(Philadelphia: P. Blakiston's Son and Co., 1919), 94:「もし原子と同じ広がりをもつ球の全空間を正の電荷が占め、その電子がその中に、プディング中のレーズンのように埋め込まれていると仮定すると、原子の問題ははるかに単純になる。この種の原子はケルヴィン卿によって提唱され、J・J・トムソン卿によって詳細が解明されている」。

（3）Peter Guthrie Tait, *Properties of Matter*, 4th ed.(London: Adam and Charles Black, 1899), 21: もっとずっと可能性がありそうな理論は、物質は連続していて（すなわち互いにある距離をおいて配置された粒子でできてはいない）圧縮はできるが、たとえばプラムプディングや積まれた煉瓦のかたまりのように、全く均質ではない、というものである。一九〇〇年にジョージ・フィッジェラルドは、ジョセフ・ラーモアの力学は純粋に数学的表現に置き換えられるべきだという主張を拒否し、「自分は、積分の入った方程式よりもむしろ……『プラムプディング』物理の方が――つまり真鍮の車輪や帯の方が――好みなのだ」と表明した。Meeting of the British Association, discussed in: *Observatory, Monthly Review of Astronomy* 23, no. 297(October 1900): 391.

（4）この話題を論じたことのある歴史家には、以下の人々がいる。Isobel Falconer, Stuart M. Feffer, Nadia Robotti, Theodore Arabatzis, Graeme Gooday. 本章は彼らの著作に負うところが大きい。

（5）J. J. Thomson, "Presidential Address to the British Association," *British Association for the Advancement of Science, Report*(1909): 29.

（6）マックス・プランクからカール・ルンゲ宛て書簡。一八七八年一二月九日および一八七九年三月四日付。Carl Runge Papers, Staatsbibliothek Preussischerkulturbesitz; 以下も参照。John Heilbron, *The Dilemmas of an Upright Man: Max Planck and the Fortunes of German Science*(Berkeley: University of California Press, 1986), 10.

（7）Robert A. Millikan, *Autobiography*(New York: Prentice Hall, 1950), 269-70.

（8）J. J. Thomson, "Cathode Rays," *Electrician* 21 (May 1897), 104-11; J. J. Thomson, "Cathode Rays," *Philosophical Magazine* 44(October 1897): 293-316.

（9）Jean Perrin, "Nouvelles proprietés des Rayons Cathodiques," *Comptes Rendus Hebdomadaires des Séances de l'Académie des Sciences, Paris* 121, no. 27 (30 December 1895): 1130-34; translation: "New Experiments on Kathode Rays," *Nature* 53 (30 January 1896): 298-99.

（10）以下にはトムソンの陰極線管がいくつか展示されている。"The Discovery of the Electron: Electrical Discharges in Gases," Museum of the Cavendish Laboratory, www-outreach.phy.cam.ac.uk/camphy/museum/area2/cabinet3.htm, accessed 1 June 2008.

(11) William Crookes, *On Radiant Matter. A Lecture Delivered to the British Association for the Advancement of Science*(London: Davey, 1879), 15.

(12) 同前、30.

(13) Arthur Schuster, "The Bakerian Lecture: Experiments on the Discharge of Electricity through Gases. Sketch of a Theory," *Proceedings of the Royal Society of London* 37 (1884): 317-39; pp. 318, 331-33 を参照。

(14) Arthur Schuster, "The Bakerian Lecture: The Discharge of Electricity through Gases," *Proceedings of the Royal Society of London* 47 (1889-1890), 526-61; pp. 545-47 を参照。以下も参照されたい。Schuster, The Progress of Physics During 33 Years (1875-1908): Four Lectures Delivered to the University of Calcutta, March 1908(Cambridge: Cambridge University Press, 1911), 64-67.

(15) Schuster, *Progress*, 59.

(16) ストーニーは電気分解と気体のスペクトルの現象を自分の結論の根拠とした。G. J. Stoney, "On the Cause of Double Lines and of Equidistant Satellites in the Spectra of Gases," *Scientific Transactions of the Royal Dublin Society*, 2nd ser. 4 (1891): 583.

(17) Heinrich Hertz, "Über den Durchgang der Kathodenstrahlen durch dünne Metallschichten [November 1891]," *Annalen der Physik und Chemie* 45 (1892): 28-32.

(18) Philipp Lenard, "Über Kathodenstrahlen in Gasen von atmosphaersichem Druck und im äussersten Vacuum,"*Sitzungsberichte der Königlich Preussischen Akademie der Wissenschaften zu Berlin*(January 1893): 3-7; 増補版が *Annalen der Physik und Chemie* 51, no.2(1894): 225-67 にある。

(19) Philipp Lenard, "Über die magnetische Ablenkung der Kathodenstrahlen," *Annalen der Physik und Chemie* 52 (1894): 23-33.

(20) Jean Perrin, "Nouvelles proprietés des Rayons Cathodiques," *Comptes Rendus* 121 (1895): 1130-34.

(21) ヤウマンは、ボヘミアにあるドイツ科学促進協会研究所で研究していたとき、洋ナシ形の陰極線管を油の槽に浸し、陰極と陽極の間に弱い電流を流した(陽極は管の外側にあるが、油の中にあるようにした)。擦ったガラス棒を管のそばに近づけると、陰極線が強く偏向することを彼は発見した。彼はまた陰極線を伸ばしたり、その強度を変えたりして、明るくしたり暗くしたりすることにも成功した。磁力の偏向と対照的に、静電気の偏向はすぐになくなる一過性の効果であることを彼は見つけた。G. Jaumann, "Elektrostatische Ablenkung der Kathodenstrahlen," *Sitzungsberichte der Kaiserliche Akademie der Wissenschaften, Wien, Mathematische und Naturwissenschaftliche Klasse* 105 Abt. IIa.(April 1896): 291-306; also in: *Wiener Anzeiger* 111-14 (1896), 121-22; and in (Wiedemann's) Annalen der Physik und Chemie 295 no.10[alternate numbering 59, no.1] (1896): 252-66. Gustav Jaumann, "Über die Interferenz und die elektrostatische Ablenkung der Kathodenstrahlen," Sitzungsberichte der Kaiserliche Akademie der Wissenschaffen, Wien, Mathematische und Naturwissenschafliche Klasse, 106 Abt. IIa(March and April, 1897), 533-50. ヤウマンは陰極線が「縦光」、つまりエーテルの縦波からなるという見解を発展させていた。以下を参照。Jaumann, "Longitudinales Licht," *Sitzungsberichte der Kaiserliche Akademie der Wissenschaften*, Wien, Abt. IIa, 104, 7-10 (1895): 747-92; also in *Ann. d. Phys.* 293 [alternate numbering 57], no.1(1896): 147-84.

(22) たとえば、アメリカ物理学研究所歴史センターは、トムソンよりも前には「物理学者たちは磁場で陰極線を屈曲させようとしたが、すべての試みが失敗に終わった」と述べている。以下を参照。American Institute of Physics, "The Discovery of the Electron / 3 Experiments, 1 Big Idea,"text by Kent Staley,ed.Spencer Weart, http://www.aip.org/history/electron/jj1897.htm, accessed January 2010.

(23) Theodore Arabatzis, "Rethinking the'Discovery'of the Electron," *Studies in the History and Philosophy of Modern Physics* 27, no.4(1996): 405-35, see p.423.

(24) Pieter Zeeman, "The Effect of Magnetisation on the Nature of Light Emitted by a Substance," *Nature* 55 (11 February 1897): 347; Zeeman,"On the Influence of Magnetism on the Nature of the Light Emitted by a Substance," *Philosophical Magazine* 43 (March 1897): 226-39; Zeeman, "Doubles and Triplets in the Spectrum Produced by External Magnetic Forces," *Philosophical Magazine* 44 (July 1897): 55-60.

(25) Zeeman to Oliver Lodge, 24 January 1897, Arabatzis, "Rethinking,"424 に引用されたもの。一八九七年二月の論文で、ゼーマンはイオンが存在することを示す、この直接的な証拠を発表した ("Effect,"347).

(26) Emil Wiechert, "Ergebniss einer Messung der Geschwindigkeit der Kathodenstrahlen [7 January 1897]" *Schriften der Physikalisch-ökonomisch Gesellschaft zu Königsberg* 38 (1897): 3, マルティネス訳。

(27) Walter Kaufmann, "Die magnetische Ablenkbarkeit der Kathodenstrahlen und ihre Abhängigkeit vom Entladungspotential [April 1897]," *Annalen der Physik und Chemie*, series 3, 61 (June 1897): 544-52; W. Kaufmann and E. Aschkinass, "Ueber die Deflexion der Kathodenstrahen," *Ann. der Phys. u. Chem.* 62(November 1897): 588-95. Kaufmann, "Nachtrag zu der Abhandlung: ' Die magnetische Ablenkbarkeit der Kathodenstrahlen,'" *Ann. der Phys. u. Chem.* 62(1897): 596-98. カウフマンは、陰極線が荷電粒子からなるという主張を支持することを故意に控えていた。

(28) これについては以下を参照のこと。George E. Smith, "J. J. Thomson and the Electron, 1897-1899," in *Histories of the Electron*, ed. Jed Z. Buchwald and Andrew Warwick(Cambridge, Mass.: MIT Press, 2001), 42-43; and Graeme Gooday, "The Questionable Matter of Electricity: The Reception of J. J. Thomson's 'Corpuscle' among Electrical Theorists and Technologists," in Buchwald and Warwick, *Histories of the Electron*, 112.

(29) Lord Rayleigh IV, *The Life of Sir J. J. Thomson*(Cambridge: Cambridge University Press, 1942), 91.

(30) Philipp Lenard, *Wissenschaftliche Abhandlungen*, vol.3(Leipzig: S. Hirzel, 1944), 1.

(31) J. J. Thomson, "On the Existence of Masses Smaller than the Atoms" (report of the Sixty-Ninth Meeting of the British Association for the Advancement of Science, Dover, September 1899), published as "On the Masses of the Ions in Gases at Low Pressures," *Philosophical Magazine* 48(1899): 547-7.

(32) さらに、一八九九年の論文でトムソンは、負の電子が気体のイオン化と放電の根本的な因子であると正しく規定した（正の電子と思われていたがそれを否定)。スミスが強調しているように、電気伝導研究への大きな一つの貢献である。"J. J. Thomson," 21-76

(33) Nadia Robotti and Francesca Pastorino, "Zeeman's Discovery and the Mass of the Electron," *Annals of Science* 55 (1998): 161-83.

(34) Schuster, *Progress* (1908), 71.

(35) P. Curie and M. Curie, "Les nouvelles substances radioactives et les rayons qu'elles émettent," in Rapports présentés au *Congrès international de physique réuni à Paris en 1900,* Tome III: *Électro-optique et ionization*, ed. Lucien Poincaré and Charles-Édouard Guillaume (Paris: Gauthier-Villars), 79-114.

(36) Patrick Matthew, "Stewart's Planter's Guide, and Sir Walter Scott's Critique," in *On Naval Timber and Arboriculture*(London: Longman, Orme, Brown, and Green, 1831), 308:「植物の間の自然な選択過程を妨げることによって、人間が介入することが、それらの植物を人間が導入したより広範囲の環境とは関係なく、変種における差異、とりわけ栽培植物化された種における差異を増大させてきた。そして人間自身においてさえ、均質さが大きくなるほど、さらに野生の種族の間で一般的な活力があればあるほど、ほぼ同様の選択の法則のせいで、より弱い個体が、より強い個体から悪い扱いを受けたり、同等の困難な状況に置かれたときに数が減る」。前掲書の付録364-67, 387ページも参照のこと。

(37) Charles Darwin, The Autobiography of Charles Darwin, 1809-1882, with original omissions restored [manuscript 1876-1882], ed. Nora Barlow (London: Collins, 1958), 125.

(38) George Francis FitzGerald, "Dissociation of Atoms," Electrician 39 (1897): 104. アラバティスはまた、ウィリアム・サザランドが同様のことを一八九九年に提唱したことを指摘している("Rethinking," 429)。以下も参照。Gooday, "Questionable Matter," 111.

(39) John Zeleny, quoted in George Jaffé, "Recollections of Three Great Laboratories," *Journal of Chemical Education* 29 (1952): 236.

(40) Owen W. Richardson, *The Electron Theory of Matter*(Cambridge: Cambridge University Press, 1914), 3.

(41) 以下を参照。Gooday, "Questionable Matter," 114; アームストロングについては以下を参照。Lord Rayleigh, *The Life of Sir J. J. Thomson* (Cambridge: Cambridge University Press, 1942), 113-14. 一九〇一年にアーネスト・ラザフォードはマッギル大学の化学者たちがトムソンの理論に反対したと記している。A. S. Eve, *Rutherford*(Cambridge: Cambridge University Press, 1939), 77; "The British Association at Dover," *Electrician* 43 (1899): 772-73 に所収のラザフォードからトムソン宛て、一九〇一年三月二六日付。

(42) Arabatzis, "Rethinking," 433.

(43) Edmund Edward Fournier D'Albe, *The Electron Theory: A Popular Introduction to the New Theory of Electricity and Magnetism*, with a preface by G. Johnstone Stoney(New York: Longmans, Green, and Co., 1906), 4.

(44) William Crookes, *Researches in the Phenomena of Spiritualism*(London: J. Burns, 1874). クルックスが記すには、霊媒すなわち一五歳の少女フローレンス・クックは、「自分が提案したどの試験にもすぐに、全力で加わることを承諾した」という。

(45) Peter Achinstein, "Who Really Discovered the Electron?" in Buchwald and Warwick, *Histories of the Electron*, 403-24.

(46) Bruce J. Hunt, "Review of Histories of the Electron," in British Journal for the History of Science 38 (2005): 117-18.

(47) E. A. Davis and I. Falconer, *J. J. Thomson and the Discovery of the Electron*(London: Taylor & Francis, 1997), 134.

(48) Richard T. Glazebrook, "How Research Has Helped Electrical Engineering," in *Practical Electrical Engineering* ed. E. Molloy, rev. ed., vol.1(1931), 3-7; Gooday, "The Questionable Matter," 125 に引用されたもの。

(49) Thomas S. Kuhn, *The Structure of Scientific Revolutions*, 2nd ed. (Chicago: University of Chicago Press, 1970), 55.

(50) Kaufmann, "Die magnetische" (1897), 544.

第九章　アインシュタインは神を信じたか?

(1) Albert Einstein, "Autobiographical Notes," in *Albert Einstein: Philosopher-Scientist*, ed. and trans. Paul Arthur Schilpp(Evanston, Ill.: The Library of Living Philosophers/George Banta Publishing Company, 1949), 3.

(2) Maja Winteler-Einstein, "Albert Einstein—Beitrag für sein Lebensbild" [1924], in John Stachel, ed., *The Collected Papers of Albert Einstein*, vol.1 (Princeton: Prince-ton University Press, 1987), xlvii-xlvi.

(3) Abraham Pais, *Subtle Is the Lord . . . The Science and the Life of Albert Einstein*(Oxford: Oxford University Press, 1982), 38.〔『神は老獪にして……』、金子務ほか訳、産業図書（1987)〕

(4) Einstein, "Autobiographical Notes," 9.

(5) Einstein, "Autobiographical Notes," 17, 5.

(6) John Stachel, "Albert Einstein: The Man Beyond the Myth," *Einstein from 'B' to 'Z'* (Boston: Birkhäuser, 2002), 3-11.

(7) アルバート・アインシュタインからイルゼ・ローゼンタール・シュナイダー宛て。一九一九年九月一五日付。Albert Einstein Archives, item 22-261, The Hebrew University of Jerusalem and the Einstein Papers Project at the California Institute of Technology, Pasadena, Calif. (hereafter Einstein Archives); Ilse Rosenthal-Schneider, *Reality and Scientific Truth*(Detroit: Wayne State University Press, 1980), 74.

(8) Einstein, May 1921, in Princeton, New Jersey (D. C. Miller の実験に対して): "Raffiniert ist der Herr Gott, aber boshaft ist er nicht." この言葉はしばしば「神は老獪だが意地悪ではない」と訳されている。プリンストン大の数学教授、オスカー・ヴェヴレンがアインシュタインの言葉を耳にして、後になってアインシュタインに、新築の数学棟であるファイン・ホール二〇二番教室の暖炉の枠にその言葉を彫り付けてもいいかと尋ねた。そしてそれらは一九三〇年に実現した。数学科はその後、移転した。Banesh Hoffmann, Helen Dukas, *Albert Einstein: Creator and Rebel*(New York: Viking Press, 1972), 146.

(9) アルバート・アインシュタインからマックス・ボルン宛て書簡。一九二六年一二月四日付。Einstein Archives, item 8-180: "Die Theorie liefert viel, aber dem Geheimnis des Alten bringt sie uns kaum näher. Jedenfalls bin ich überzeugt, dass der nicht würfelt." ある手紙でアインシュタインはこう書いている。"Es scheint hart, dem Herrgott in seine Karten zu gucken. Aber dass er würfelt und sich・telepatischer' Mittel bedient(wie es ihm von der gegenwärtigen Quanten-Theorie zugemutet wird) kann ich keinen Augenblick glauben," 訳せば「神の手札をみるのは

難しいようだ。でも神がさいころを振り、テレパシー的な手段を使う（現行の量子論ではそうなるとアインシュタインは思っていた）なんて、私は一瞬たりとも思わない」。アインシュタインからコーネリアス・ランゾス宛て書簡。一九四二年三月二一日付。Einstein Archives, item 15-298, マルティネス訳。

（10） Albert Einstein, "Science and Religion" (address at the Conference on Science, Philosophy, and Religion, New York, 1940); reissued as Einstein, *Ideas and Opinions* (New York: Crown, 1954), 46.

（11） Albert Einstein, "What I Believe," Forum and Century 84 (1930): 193-94; reprinted in Einstein, *Ideas and Opinions*, 8.

（12） Albert Einstein, Gelegentliches(Berlin: Soncino Gesellschaft, 1929), 9; reissued as "On Scientific Truth," in *Ideas and Opinions*, 262.

（13） Einstein, interview by George Sylvester Viereck, 1929; in Viereck, *Glimpses of the Great*(New York: Duckworth, 1930), 447. 以下も参照。 Viereck, "What Life Means to Einstein," *Saturday Evening Post*, 26 October 1929, 17.

（14） A・M・ニッケルソンからアインシュタイン宛て書簡、一九五三年七月一七日付の紙面にアインシュタインが書き込んだ文。Einstein Archives, item 36-552. 以下も参照。 Max Jammer, *Einstein and Religion: Physics and Theology*(Princeton: Princeton University Press, 1999), 220.

（15） アルバート・アインシュタインからムリー・W・グロス宛て書簡。一九四七年四月二六日付。 Einstein Archives, item 58-243.

（16） アルバート・アインシュタインからハーバート・S・ゴールドシュタイン宛て。一九二九年四月二五日付。 Einstein Archives, item 33-272.

（17） Elisabeth Bergner, *Bewundert und Viel Gescholten: Elisabeth Bergners unordentl. Erinnerungen*(Munich: Bertelsmann, 1978), 212.

（18） アルバート・アインシュタインからP・ライト宛て書簡。一九三六年一月二四日付。 Einstein Archives, item 52-336 (41-746, 42-599, 42-601, 52-335 も参照); *Albert Einstein: The Human Side*, ed. Helen Dukas and Banesh Hoffman (Princeton: Princeton University Press, 1979), 32-33.〔『素顔のアインシュタイン』林一訳、東京図書（1991）〕

（19） W. Hermanns, Einstein and the Poet—In Search of the Cosmic Man(Brookline, Mass.: BrandenPress, 1983), 132.〔『アインシュタイン、神を語る』雑賀紀彦訳、工作舎（2000）〕

（20） Esther Salaman, "A Talk with Einstein," *Listener* 54 (1955): 370-71.

（21） Einstein, as quoted by Ernst Gabor Strauss (his assistant from 1944 to 1948), in Strauss, "Assistant bei Albert Einstein," in Carl Seelig, *Helle Zeit—Dunkle Zeit* (Zurich: Europa, 1956), 72.

（22） アインシュタインからオズワルド・ヴェブレン宛て。一九三〇年四月三〇日付。 Einstein Archives, item 17-284（以下も参照。23-152, 23-153）; "Die Natur verbirgt ihr Geheimnis durch die Erhabenheit ihres Wesens, aber nicht durch List."

（23） Walter Isaacson, *Einstein: His Life and Universe*(New York: Simon & Schuster, 2007), 389.〔『アインシュタイン　その生涯と宇宙』、二間瀬

敏史ほか訳、武田ランダムハウス（上下、2011）〕

（24）　他にもアインシュタインが神を信じていたと書いている人々がいる。たとえば Yehuda Elkana は、アインシュタインの主要な探究の一つは、神の考え方を理解することであり、アインシュタインはじぶんを神の心の中に置いて考え、神聖な思考には宇宙法則を見つけるのを助ける偉大な直観的な飛躍を含んでいると考えていた、と主張している。Yehuda Elkana, "Einstein and God," in *Einstein for the Twenty-First Century*, ed. Peter Galison, Gerald Holton, S. Schweber (Princeton: Princeton University Press, 2008), 35-47.

（25）　Rabbi Jacob Singer (address, Temple Isaiah Israel, Chicago, 4 January 1931), Jammer, *Einstein and Religion*, 84 に引用されたもの。

（26）　Editorial, *Osservatore Romano* (ca. 1929-1931), in support of Boston's Cardinal O'Connell's critique of Einstein (1929); Peter Michelmore, *Einstein: Profile of the Man* (New York: Dodd, Mead & Company, 1962), 139 に引用されたもの。

（27）　Jammer, *Einstein and Religion*, 96.

（28）　アルバート・アインシュタインからガイ・H・レーナー・ジュニア（米国海軍少尉）宛て、一九四九年九月二八日付。Einstein Archives, item 58-702（以下も参照 58-701, 58-703, 57-288), Guy H. Raner and Lawrence S. Lerner, "Einstein's Beliefs," *Nature* 358(9 July 1992): 102 にある英訳。アインシュタインは、主に粗雑な迷信へ反対して育った、典型的な「自由思想家」とは自分は違い、彼自身はおおよそ、宇宙の調和を深く理解するには人間の精神は不十分であることを意識した、一種の謙虚さによって動いていると主張した。以下を参照。Einstein to Beatrice F., 12 December 1952; Einstein Archives, item 59-794, Jammer, *Einstein and Religion*, 121 に引用されたもの。

（29）　アルバート・アインシュタインからM・ベルコヴィッツ宛て書簡。一九五〇年十月二五日付。Einstein Archives, item 59-215, マルティネス訳。

（30）　アルバート・アインシュタインからエリック・B・グートキンド宛て書簡。一九五四年一月三日付。Einstein Archives, item 33-337(また以下にも見られる 33-338 and 59-897)、マルティネス訳。この手紙のスキャン画像は、Bloomsbury Auctions, "303. Einstein (Albert, *theoretical physicist*, 1879-1955) Autograph Letter signed to Eric B. Gutkind," http://www.bloomsbury auctions.com/detail/649/303.0, accessed 30 April 2009 で見られる。私は原文の逐語訳を示した。二〇〇九年にオンラインニュースメディアが、アインシュタインの手紙の不明瞭な小さな画像をあまり正確ではない翻訳をつけて公開していた。誤りには、省略した言葉があることや、「子供っぽい」という言葉を挿入したことなどがあった。この手紙のオンラインのドイツ語版は、英語の表現からの再翻訳による欠陥を含んでいる。加えてドイツ語の翻訳にもまた誤りが含まれている。

（31）　Dennis Overbye, "Einstein Letter on God Sells for 404,000," *New York Times*, 17 May 2008.

第一〇章　光の速度についての一神話

（1）　Albert Einstein, "Autobiographical Notes," in Albert Einstein: Philosopher-Scientist, ed. and trans. Paul Arthur Schilpp(Evanston, Ill.: The Library of Living Philosophers/"George Banta Publishing Company, 1949), 33.

（2） Einstein, John Stachel, "Albert Einstein: The Man Beyond the Myth," in Einstein from 、B' to 、Z'(Boston: Birkhäuser, 2002), 11 に引用されたもの。

（3） *Placita Philosophorum*［誤ってプルガルコスの作とされているが、実際はテオドレトスによれば紀元前五〇年ごろの著作に基づいている］, *Peri tōn areskontōn philosophois physikōn dogmatōn*[Ibn al-Nadīm により、Qustāibn Lūqā の作とされている］, in Hans Daiber, ed., *Aetius Arabus: Die Vorsokratiker in Arabischer Überlieferung*(Wiesbaden: Franz Steiner Verlag, 1980), 131, マルティネス訳。

（4） Immanuel Kant, *De Mundi Sensibilis atque Intelligibilis Forma et Principiis, Dissertatio Pro Loco*[1770], in *Kant's Inaugural Dissertation and Early Writings on Space*, trans. John Handyside (Chicago: Open Court Publishing Company, 1929), 56-57. 以下も参照。Kant, *Kritik der Reinen Vernuft*[1781], in *Critique of Pure Reason*, trans. and ed. Paul Guyer and Allen Wood, The Cambridge Edition of the Works of Immanuel Kant" (Cambridge: Cambridge University Press, 1998), 164-65.〔『純粋理性批判』原佑訳、平凡社ライブラリー（全三巻、2005）など〕

（5） Henri Poincaré, La Science et l'、Hypothèse(Paris: Flammarion, 1902), 111. See also Karl Pearson, *The Grammar of Science*[1892], 2nd ed. (London: Adam and Charles Black, 1900), sec.13, p.186:「絶対時間なるものはない」〔『科学と仮説』、河野伊三郎訳、岩波文庫（1959）〕。これらの著作はいずれもアインシュタインが一九〇五年よりも前に読んでいた。それより早い時期に、ヨハン・ベルンハルト・スタロもまた絶対時間はないと論じていた。J. B. Stallo, *The Concepts and Theories of Modern Physics*(New York: D. Appleton and Co., 1881/1882), 184-85.

（6） Einstein, interview by R. S. Shankland, 4 February 1950, in Shankland, "Conversations with Albert Einstein," *American Journal of Physics* 31 (1963): 48.

（7） Albert Einstein, interview Max Wertheimer, 1916, in Wertheimer, *Productive Thinking*(New York: Harper & Brothers, 1945), 169.

（8） Albert Einstein, "Erinnerungen-Souvenirs," Schweizerische Hochschulzeitung 28 Sonderheft(1955): 145-53; reprinted as "Autobiographische Skizze," in Helle Zeit—Dunkle Zeit. In Memoriam Albert Einstein, ed. Carl Seelig(Zurich: Europa Verlag, 1956), 10.

（9） アインシュタインからミレヴァ・マリチ宛て書簡。一八九九年八月一〇日付。The Collected Papers of Albert Einstein, vol.1, The Early Years, 1879-1902, ed. John Stachel (Princeton: Princeton University Press, 1987), 225.

（10） Einstein, "Autobiographical Notes," 8.

（11） Hans Byland, "Aus Einsteins Jugendtagen," *Neue Bündner Zeitung*, 7 February 1928.

（12） Einstein [1916], Alexander Moszkowski, Einstein: Einblicke in seine Gedankenwelt. Gemeinverstäündliche Betrachtungen über die Relativitätstheorie und ein neues Weltsystem/Entwickelt in Gesprächen mit Einstein(Hamburg: Hoffmann & Campe, 1921), 18 に引用されたもの。

（13） Einstein, interview by David Reichinstein, in Reichinstein, *Albert Einstein, sein Lebensbild und seine Weltanschaunng*(Prague: Ernst Ganz, 1935), 23. 以下も参照。Peter Michelmore, *Einstein: Profile of the Man*(New York: Dodd, Mead and Company, 1962), 44.

(14) Albert Einstein, "*Wie ich die Relativitätstheorie entdeckte*" (lecture, University of Kyoto, Japan, 1922), transcribed into Japanese by Jun Ishiwara, "Einstein Kyôzyu-Kôen-roku, Kaizo 4, no.22(1923): 1-8; 以下にも見られる。Einstein Kôen-roku (Tokyo Shoseki, 1971), 82.〔『アインシュタイン講演録』、石原純訳、東京図書（1971）〕

(15) Einstein, interview by R. S. Shankland, 4 February 1950, in Shankland, "Conversations," 48.

(16) アインシュタインからモーリッツ・ソロヴィーヌ宛て書簡。一九二〇年四月二四日付。Albert Einstein, *Lettres à Maurice Solovine* (Paris: Gauthier-Villars, 1956), 21.

(17) ニュートンは一六八七年のプリンキピアにおいて、こう主張していた。「絶対的な、真の、数学的な時間はそれ自体、そのものの本質から、外界の何物とも関係なく均一に流れるものであり、別名を持続時間という。相対的な、見かけ上の日常的な時間は、持続時間を、運動によって測った感覚的で外的な測定単位であり（正確にしろ不規則にしろ）、人々が真の時間の代わりに使っている。たとえば一時間、一日、一か月、一年というようなものがそうである」。Isaac Newton, *Philosophia Naturalis Principia Mathematica*[1687], in *Mathematical Principles of Natural Philosophy*, trans. Andrew Motte in 1729, rev. Florian Cajori (Berkeley: University of California Press, 1946).〔『プリンシピア』、中野猿人訳、講談社（1977）〕

(18) Ernst Mach, Die Mechanik in ihrer Entwickelung historisch-kritisch dargestellt (Leipzig: F. A. Brockhaus, 1883); 2nd ed. (1889), trans. T. J. McCormack, *The Science of Mechanics: A Critical and Historical Account of Its Development*(1893; rev. ed. 1942; repr., La Salle, Ill.: Open Court Publishing Co., 1960), 127.〔『マッハ力学史』、岩野秀明訳、ちくま学芸文庫（上下、2006）など〕

(19) アインシュタインからカール・ゼーリヒ宛て書簡。一九五二年四月八日付。Albert Einstein Archives, item 39-018, The Hebrew University of Jerusalem and the Einstein Papers Project at the California Institute of Technology, Pasadena, Calif. (hereafter Einstein Archives).

(20) Wertheimer, *Productive Thinking*, 174.

(21) Anton Reiser [Rudolf Kayser], *Albert Einstein: A Biographical Portrait*, with a preface by Albert Einstein(New York: A. & C. Boni, 1930), 68. アインシュタインの義理の息子であるルドルフ・カイザーはこの伝記のためにアインシュタインにインタビューを行ったが、伝記では匿名にしている。アインシュタインはこの本の細部を正確であると記している。

(22) レーマーは自分の発見を一六七六年一二月七日に王立科学アカデミーに提出し、それは以下に記述されている。"Démonstration touchant le mouvement de la lumière trouvé par M. Römer de l'Académie Royale des Sciences", *Journal des Sçavans, de l'An M.DC.LXXVI.* (Amsterdam: Pierre Le Grand, 1683), 267-70. レーマーはイオが木星の軌道を回るのに四二・五時間かかると記し（現在の値は四二・四六時間）、約三〇〇〇リーグ（一リーグは三マイル）という、地球の直径の長さに非常に近い距離については、光は一秒もかからない」と述べている。一六七六年八月、地球が木星に比較的近くにある時、木星の月が蝕され、再び現れるまでの時間を測定するため、パリ天文台から観測が行われた。そして九月はじめ、レーマーはイオが一一月に十分余分にかかって姿を現すだろうとアカデミーに予測した。

一一月九日、観測者たちは彼の予測を確認した。

（23） Henri Poincaré, "La mesure du temps," *Revue de Métaphysique et de Morale* 6(January 1898): 1-13; reissued in Poincaré, *Foundations of Science*, trans. G. B. Halsted (New York: Science, 1913), 232. 言葉を省略したところは省略記号を加えた〔『科学の価値』吉田洋一訳、岩波文庫〕。

（24） [Armand] H. Fizeau, "Sur une Expérience Relative à la Vitesse de Propagation de la Lumière," *Comptes Rendus Hebdomadaires des Séances de l'Académie des Sciences, Paris* 29(1849): 90-92. 光の往復経路の長さは 1.7266 × 106 センチメートルであった。二八回の観測の平均により、フィゾーは経過時間を 5.5×10^{-5} 秒を得て、ゆえに速度は毎秒 3.14×10^{10} センチメートル（毎秒 195,111 マイル）となるとした。

（25） 光の速度が光源に依存するかを確認するために払われた努力の歴史については以下を参照。Alberto A. Martínez, "Ritz, Einstein, and the Emission Hypothesis," *Physics in Perspective* 6, no.1(2004): 4-28.

（26） Einstein, "Wie ich die Relativitätstheorie entdeckte," 80, trans. Fumihide Kanaya and A. Martínez.

（27） Poincaré, La Science, 111. Carl Seelig, *Albert Einstein und die Schweiz*(Zurich: Europa Verlag, 1952), 63.

（28） A・アインシュタインからアンドレ・メッツ宛て。一九二四年一一月二七日付。Einstein Archives, item 18-255.

（29） A. Einstein, *Über die Spezielle und die Allgemeine Relativitätstheorie*(Braun-schweig: Vieweg, 1917); Einstein, *Relativity*, trans. R. W. Lawson(New York: P. Smith/H. Holt and Co., 1931), 23,「規定」（stipulation）は原文でイタリック体強調は原著による。〔『特殊および一般相対性理論について』、金子務訳、白揚社（2004）〕

（30） A. Einstein, "Zur Elektrodynamik bewegter Körper," *Annalen der Physik* 17 (1905): 891-921;「定義」（definition）は原文でイタリック体強調は原著による。

（31） 私はアインシュタインがヒュームを読んだ時期は一九〇五年の三月とした。なぜならその月に友人のモーリッツ・ソロヴィーヌが、ボヘミアでの弦楽四重奏の演奏会に行くために、ヒュームを一緒に読むというアインシュタインとの約束をすっぽかしたからである。"Freitag, 17 März, abends punkt 8 Uhr: Konzert gegeben von berühmten Böhmischen Streichquartett," Der Bund, Eidgenössisches Zentralblatt 56 Jahrgang, Nr.119(Saturday, 11 March 1905), 4. アインシュタインのヒュームに関連することは以下を参照。Einstein to Moritz Schlick, 14 December 1915, The Collected Papers of Albert Einstein, vol. 8 The Berlin Years: Correspondence, 1914-1918, pt. A, ed. Robert Schulmann, A. J. Kox, Michel Janssen, and JózsefIlly (Princeton: Princeton University Press, 1998), 220; Einstein, *Lettres à Maurice Solovine*, x.

（32） Solovine, *Lettres à Maurice Solovine*, viii; David Hume, *A Treatise of Human Nature*(London: John Noon, 1739), bk.1, secs.2-6, pp.73-94.

（33） Einstein, "Autobiographical Notes," 13. アインシュタインは人間の知覚には予測と習慣とが関わるので、それだけでは自然法則には達し得ないものであり、付加的な要素が必要だと結論づけた。Albert Einstein, "Remarks on Bertrand Russell's Theory of Knowledge," in *The Philosophy of Bertrand Russell*, ed. Paul Arthur Schilpp (Evanston, Ill.: Northwestern University Press, 1944); reprinted in Einstein, *Ideas and Opinions*(New York: Crown Publishers, 1954), 22.

（34）たとえばN. David Mermin, *Space and Time in Special Relativity*(Prospect Heights, Ill.: Haveland Press, 1968), 1, 4, 19.

（35）たとえば以下を参照。Henri Arzeliès, *Relativistic Kinematics*(Oxford: Pergamon Press, 1966); Edwin F. Taylor and John Archibald Wheeler, Spacetime Physics(New York: W. H. Freeman and Co., 1963).

（36）Jakob Ehrat to Carl Seelig, 20 April 1952, Einstein Archives, item 71-212.

（37）Einstein, *Über die Spezielle*, 17-18. ここでアインシュタインは、この相対性理論についての解説を、それが生まれたときの流れとつながり方で立てたと記している——心理学者のヴェルトハイマーが、*Productive Thinking*, 176で、アインシュタインの創造過程を理解しようとして行ったインタビューのときに確認した主張。

（38）例はAlbert Einstein and Leopold Infeld, *Evolution of Physics*(New York: Simon and Schuster, 1938), 178-79のものを脚色した〔『物理学はいかに創られたか』、石原純訳、岩波新書（上下、1963）〕

第一一章　内助の功への称賛

（1）Melsa Films Pry., Ltd., *Einstein's Wife*, produced in association with the Australian Broadcasting Corporation and Oregon Public Broadcasting in the United States, 放映は二〇〇三年。本章は以下の論文をふくらませたものである。A. Martínez, "Handling Evidence in History: The Case of Einstein's Wife," *School Science Review* 86, no.316(March 2005): 49-56.

（2）OPB Interactive for PBS Programming, "Einstein's Wife," http://www.pbs.org/opb/einsteinswife/index.htm, 最終更新日二〇〇三年三月四日。不正確なところを指摘して修正するアレン・エスターソンの慎重で批判的な努力のおかげで、ＰＢＳドキュメンタリーのウェブサイトは改訂されてきた。以下を参照。Andrea Gabor, "Editor's Note," http://www.pbs.org/opb/einsteinswife/editor_note.htm, 24 September 2007). それでもなお問題は残っている。以下を参照。Allen Esterson, "Articles on Mileva Marić and Sigmund Freud," www.esterson.org, accessed 10 December 2007.

（3）アインシュタインからマリチ宛て書簡。一九〇一年四月四日付および一九〇一年三月二七日付。Albert Einstein, Mileva Marić, *The Love Letters*, ed. Jürgen Renn and Robert Schulmann, trans. Shawn Smith(Princeton: Princeton University Press, 1992), 41, 39.

（4）アインシュタインからミレヴァ・マリチ宛て書簡。一九〇一年三月二七日付。*The Collected Papers of Albert Einstein*, vol.1, The Early Years, 1879-1902, ed. John Stachel(Princeton: Princeton University Press, 1987), 282, trans. Martínez.

（5）アインシュタインからマリチ宛書簡。一八九九年九月二八日付。*Collected Papers*, vol.1, 233.

（6）アインシュタインからパウル・エーレンフェスト宛て、一九一二年四月二五日付。*The Collected Papers of Albert Einstein*, vol.5, The Swiss Years: Correspondence, 1902-1914, ed. Martin Klein, Anne Kox, Robert Schulmann (Princeton: Princeton University Press, 1993), 450; アインシュタインからC・O・ハインズ宛て、一九五二年二月。Einstein Archives, item 12-251; Einstein, interview by R. S. Shankland, 4 February

1950, in Shankland, "Conversations with Albert Einstein," *American Journal of Physics* 31 (1963): 49.

（7） アインシュタインからマリオ・ヴィスカルディニ宛て。一九二二年四月。Einstein Archives, item 25-301; アインシュタインからエーレンフェスト宛、一九一二年六月。*Collected Papers*, vol.5, doc.409, p.485; アインシュタインからアルベルト・P・リッペンバイム宛て（下書き）、一九五二年。Einstein Archives, item 20-046.

（8） Albert Einstein, "Wie ich die Relativit_tstheorie entdeckte" (lecture, University of Kyoto, Japan, 1922), transcribed into Japanese by Jun Ishiwara, "Einstein Kyôzyu-Kôen-roku," *Kaizo* 4, no. 22 (1923): 1-8; also as Einstein Kyôzyu-Kôen-roku (Tokyo Tosho, 1971), 82〔第一〇章註14〕

（9） 「一〇年」の熟考については、Einstein, interview, 4 February 1950, in Shankland, "Conversations," 48; and Einstein, Albert Einstein, "Autobiographical Notes,"in Albert Einstein: Philosopher-Scientist, ed. and trans. Paul Arthur Schilpp (Evanston, Ill.: The Library of Living Philosophers/George Banta Publishing Company, 1949), 53.「七年を超える」については、Albert Einstein, interview by R. S. Shankland, 24 October 1952, in Shankland, "Conversations," 56を参照。「七年の後」に関しては、Einstein to Erika Oppenheimer, 13 September 1932, *Collected Papers*, vol. 2, The Swiss Years: Writings 1900-1909, ed. John Stachel (Princeton: Princeton University Press, 1989), 261-62に引用されたものを参照。

（10） Albert Einstein, "Erinnerungen-Souvenirs," Schweizerische Hochschulzeitung 28 Sonderheft (1955), 145-53, 146; reprinted as "Autobiographische Skizze," Helle Zeit—Dunkle Zeit. In memoriam Albert Einstein, ed. Carl Seelig (Zurich: Europa Verlag, 1956), 10。以下も参照されたい。Anton Reiser [Rudolf Kayser], *Albert Einstein: A Biographical Portrait*, preface by Albert Einstein (New York: A. & C. Boni, 1930), 49.

（11） たとえば、アインシュタインからマリチ宛て、一九〇一年一二月一九日付、*Collected Papers*, vol.1, 328を参照。

（12） ルイス・コルコスからカール・ゼーリヒ宛て。一九五二年二月二六日付。Archives and Private Collections, ETH-Bibliothek, Zurich, Hs 304:740.

（13） ヘレネ・サヴィチから母親に宛てた手紙。一九〇〇年七月一四日付。Milan Popović, ed., *In Albert's Shadow: The Life and Letters of Mileva Marić, Einstein's First Wife* (Baltimore: Johns Hopkins University Press, 2003), 60.

（14） マリチからサヴィチ宛て、一九〇一年春。Popović, In *Albert's Shadow*, 76.

（15） マリチからサヴィチ宛て、一九〇一年秋。Popović, *In Albert's Shadow*, 76-78. マリチについてのさらなる詳細については以下を参照。John Stachel, "Albert Einstein and Mileva Marić: A Collaboration that Failed to Develop, in Stachel, *Einstein from 'B' to 'Z'* (Boston: Birkhäuser, 2002), 39-55.

（16） マリチからサヴィチ宛て［一九〇一年一一月〜一二月］Popović, *In Albert's Shadow*, 79.

（17） Dord Krstić, "Mileva Einstein-Marić," in Elizabeth Roboz Einstein, *Hans Albert Einstein: Reminiscences of His Life and Our Life Together* (Iowa City: Iowa Institute of Hydraulic Research, 1991), 98.

（18） 同前、85.

(19) マリチからサヴィチ宛て、一九〇〇年一二月二〇日付。*The Collected Papers of Albert Einstein: English Translation*, vol.1, trans. Anna Beck (Princeton: Princeton University Press, 1987), 156.

(20) マリチからサヴィチ宛て［一九〇一年一一月〜一二月］。*Collected Papers, English*, 183-84.

(21) Dennis Overbye, *Einstein in Love: A Scientific Romance* (New York: Penguin, 2000), 110.〔(『アインシュタインの恋』、中島健訳、青土社(2003))

(22) Maurice Solovine and Albert Einstein, *Lettres à Maurice Solovine* (Paris: Gauthier-Villars, 1956), xii, マルティネス訳。

(23) Philipp Frank, Einstein, *Sein Leben und seine Zeit*(Munich: P. List, 1949; Brauschweig/Wiesbaden: F. Vieweg & Sohn, 1979［アインシュタインによる一九四二年の前書き付］), 39, 44, マルティネス訳。ドイツ語原文が出版されるよりも前におおざっぱな英訳が出されている。Frank, *Einstein: His Life and Times* (New York: Knopf, 1947; London: Jonathan Cape, 1948), 32, 34-35.

(24) Desanka Trbuhović-Gjurić, *U senci Alberta Ajnstajna*(Krusevac: Bagdala, 1969), trans. Im Schatten Albert Einsteins, Das tragische Leben der Mileva Einstein-Marić, ed. Werner Zimmermann (Bern: Paul Haupt, 1993), 97.

(25) Evan Harris Walker, "Mileva Marić's Relativistic Role," *Physics Today* 44, no.2(February 1991): 123

(26) Michele Zackheim, *Einstein's Daughter*(New York: Riverhead/Penguin Putnam, 1999), 19.

(27) OPB Interactive for PBS Programming, "The Mileva Question," www.pbs.org/opb/einsteinswife/science/mquest.htm, 二〇〇四年四月四日閲覧。このウェブページは改訂され、当該引用文は除かれた。

(28) Abram F. Joffe, *Vstrechi s fizikami moi vospominaniia o zarubezhnykh fizikah*(Moscow: Gosudarstvenoye Idatelstvo Fiziko-Matematitsheskoi Literatury, 1962); German trans., A. Joffe, *Begegnungen mit Physikern* (Leipzig: B. G. Teubner, 1967), 88.

(29) Abram F. Joffe, "Pamiati Alberta Einsteina," *Uspekhi fizicheskikh nauk* 57, no.2(1955): 187, マルティネス訳。

(30) Walker, "Mileva Marić's," 123.

(31) Carl Seelig, *Albert Einstein, Eine Dokumentarische Biographie*(Zurich: Europa Ver., 1954), 29.

(32) この事実を確かめてくれた、Christian Wüthrich と Allen Esterson に感謝する。

(33) Daniil Semenovich Danin, *Neizbezhnost Strannogo Mira*(Moscow: Molodaia Gvardia, Gosudarstvenaaja Biblioteka SSSR, 1962), 57.

(34) Peter Michelmore, *Einstein: Profile of the Man*(New York: Dodd, Mead, and Company, 1962), 36, 45, vii.

(35) 同前、36.

(36) Krstić, "Mileva Einstein-Marić," 94. この著者はこの手紙の日付を「一九〇六年の年始」としている。

(37) マリチからサヴィチへの手紙。Popović, *In Albert's Shadow*, 88. ポポヴィチはこの手紙を一九〇六年の一二月のものとしている。Julka Savić の注に従ったようである。以下を参照。Popović, *In Albert's Shadow, xi. Collected Papers* を編集したマーティン・クライン、A・

コックス、ロバート・シュルマンもまたこの手紙をその文脈からみて一九〇六年の一二月のものとしている。以下を参照。*Collected Papers*, vol.5, 45.

（38）マリチからサヴィチ宛て。一九〇九年九月三日付。Popović, *In Albert's Shadow*, 98.

（39）マリチからサヴィチ宛て［一九〇九年／一九一〇年の冬］。Einstein Archives, item 70-726, マルティネス訳。

（40）Heinrich A. Medicus, "The Friendship among Three Singular Men: Einstein and His Swiss Friends Besso and Zangger," *Isis* 85(1994): 456-78, see p.469.

（41）たとえば、Medicus, "Friendship," 470.

（42）Gerald Holton, *Einstein, History and Other Passions*(Cambridge, Mass.: Harvard University Press, 2000), 191.

（43）モーリッツ・ソロヴィーヌからカール・ゼーリヒ宛て。一九五二年四月二九日付。Archives and Private Collections, ETH-Bibliothek, Zurich, Hs 304:1007, p.3, マルティネス訳。

第一二章　アインシュタインとベルンの時計塔

（1）いくつかの例は、Alberto Martínez, *Kinematics: The Lost Origins of Einstein's Relativity*(Baltimore: Johns Hopkins University Press, 2009), 298 を参照。

（2）Alan Lightman, *Einstein's Dreams*(New York: Pantheon Books, 1993), 3, 19, 33-34, 49, 94, 129, 149, 177.〔『アインシュタインの夢』、浅倉久志訳、ハヤカワ epi 文庫（2002）〕

（3）Eric W. Tatham, "I'll Know What I Want When I See It'—Towards a Creative Assistant," in People and Computers X: Proceedings of the HCI'95 Conference, ed. M. A. R. Kirby, A. J. Dix, and J. E. Finlay (Cambridge: Press Syndicate of the University of Cambridge, 1995), 270.

（4）Steven Pinker, "His Brain Measured Up," *New York Times*, 24 June 1999, A27.

（5）Peter L. Galison, "Einstein's Clocks: The Place of Time," *Critical Inquiry* 26, no.2(Winter 2000): 360, 375. 以下も参照のこと。William R. Everdell, The First Moderns: Profiles in the Origins of Twentieth-Century Thought(Chicago: University of Chicago Press, 1997), 237:「ベッソとの熱心なやりとりの間に、アインシュタインは光を見た……ベルンの時計塔はアインシュタインに何時なのか教えることができたが、ベルンだけのことだった……これはどの時計の時刻も、時計と時計を見ている人間との間の距離、それらの相対運動、光の速度の関数であることを意味していた」。

（6）Dennis Overbye, *Einstein in Love: A Scientific Romance*(New York: Penguin, 2000), 132.〔第一一章註21〕

（7）Arthur I. Miller, *Einstein, Picasso*(New York: Basic Books, 2001), 247, 5.〔『アインシュタインとピカソ』、松浦俊輔訳、TBSブリタニカ〕

（8）Peter L. Galison, *Einstein's Clocks, Poincaré's Maps: Empires of Time*(New York: W. W. Norton, 2003), 101, 104, 105, 122, 125-26, 128, 136, 140.

（9） Albrecht Fölsing, *Albert Einstein: A Biography*, trans. Ewald Osers (New York: Viking/Penguin, 1997), 179; Fölsing, *Albert Einstein: Eine Biographie* (Frankfurt: Suhrkamp Verlag, 1993).

（10） Galison, *Einstein's Clocks*, 254.

（11） Josef Sauter, the Conference 50 Jahre Relativitäts-theorie, Bern, 1955 での発言；Max Flückiger, *Albert Einstein in Bern*(Bern: Paul Haupt, 1974), 156〔『青春のアインシュタイン』、金子務訳、東京図書（1991）〕に再録。

（12） William R. Everdell, "It's About Time. It's About Space," Einstein's *Clocks, Poincaré's Maps: Empires of Time*, by Peter Galison についての書評。*New York Times*, 17 August 2003, 10.

（13） Alberto A. Martínez, "Material History and Imaginary Clocks: Poincaré, Einstein, and Galison on Simultaneity," *Physics in Perspective* 6, no.2(June 2004): 31-48.

（14） Alexander Moszkowski, *Einstein, Einblicke in seine Gedankenwelt: gemeinverständliche Betrachtungen über die Relativitätstheorie und ein neues Weltsystem, entwickelt aus Gesprächen mit Einstein*(Hamburg: Hoffmann und Campe, 1921), 227, マルティネス訳。

（15） Albert Einstein, "Erinnerungen-Souvenirs," Schweizerische Hochschulzeitung 28 Sonderheft(1955), 145-53; reprinted as "Autobiographische Skizze," Helle Zeit—Dunkle Zeit. In memoriam Albert Einstein, ed. Carl Seelig(Zurich: Europa Verlag, 1956), 12.

（16） Franz Paul Habicht to Melania Serbu, 26 October 1943, Albert Einstein Archives, item39-275, p.2, The Hebrew University of Jerusalem and the Howard Gottlieb Archival Research Center of Boston University, Boston, Mass., マルティネス訳。

（17） Sauter, statement to 50 Jahre Relativitätstheorie; reprinted in Flückiger, *Albert Einstein in Bern*, 154. Anton Reiser [Rudolf Kayser], *Albert Einstein: A Biographical Portrait*, with a preface by Albert Einstein(New York: A. & C. Boni, 1930), 65.

（18） Walter Isaacson, *Einstein, His Life and Universe*(New York: Simon and Schuster, 2007), 126, 582〔プロローグ註2〕；アイザックソンは、私が"Material History"の中でムーリの時計塔はベルンの時計とは同期してはいなかったと論じたと誤解していた。実際には私はムーリの時計塔は、ベルンの時計とは電気的に接続されてはいないと書いていただけであり、それらはやはり同じ時間帯にあった。

（19） たとえば、Patricia Fara, Science: *A Four Thousand Year History*(Oxford: Oxford University Press, 2009), 248; Richard Staley, *Einstein's Generation: The Origins of the Relativity Revolution*(Chicago: University of Chicago Press, 2008), 68. Fara と Staley は史家である。以下も参照されたい。Richard Panek, *The Invisible Century: Einstein, Freud, and the Search for Hidden Universes*(New York: Penguin Books, 2005), 72.

（20） Thibault Damour, Si Einstein *M'Était Conté*(Paris: le Cherche Midi, 2005), 15, 16, マルティネス訳。以下も参照されたい。Damour, *Once upon Einstein*, trans. Eric Novak(Wellesley, Mass.: A. K. Peters, Ltd., 2006), 5.

（21） Ann Banfield, "Remembrance and Tense Past," in *The Cambridge Companion to the Modernist Novel*, ed. Morag Shiac(Cambridge: Cambridge University Press, 2007), 55.

(22) Hans C. Ohanian, *Einstein's Mistakes: The Human Failings of Genius*(New York: W. W. Norton, 2008), 89, 87.

(23) Max Jammer, *Concepts of Simultaneity: From Antiquity to Einstein and Beyond*(Baltimore: Johns Hopkins University Press, 2005), 122.

(24) Walter C. Mih, *The Fascinating Life and Theory of Albert Einstein*, with a foreword by Bernard Einstein(Commack, N.Y.: Kroshka Books/Nova Science Publishers, 2000), 69.

(25) Steven L. Winter, *A Clearing in the Forest: Law, Life, and Mind*(Chicago: University of Chicago Press, 2001), 36. 以下も参照されたい。Melody Graulich and Paul Crumbley, *The Search for a Common Language: Environmental Writing and Education*(Logan: Utah State University Press, 2005), 1; Brian K. Pinaire, *The Constitution of Electoral Speech Law: The Supreme Court and Freedom of Expression in Campaigns and Elections*(Stanford Law Books, 2008), 287.

(26) Michio Kaku, *Einstein's Cosmos: How Albert Einstein's Vision Transformed Our Understanding of Space and Time*(New York: W. W. Norton, 2005), 62.

(27) George Will, *One Man's America: The Pleasures and Provocations of Our Singular Nation*(New York: Random House/Three Rivers Press, 2009), 358.

(28) G. M. P. Swann, *Putting Econometrics in Its Place: A New Direction in Applied Economics*(Northampton, Mass.: Edward Elgar Publishing, 2006), 195; Len Kurzawa, *The Fundamental Force: How the Universe Works*(Victoria, B.C.: Trafford Publishing, 2009), 7; Robert M. Hazen and James Trefil, *Science Matters: Achieving Scientific Literacy*, 2nd ed. (New York: Random House, 2009), 199; Annette Moser-Wellman, *The Five Faces of Genius: Creative Thinking Styles to Succeed at Work*(New York: Penguin, 2002), 23. 多少似ている短い話が Gregory Mone, "What If Einstein Had Been a Better Violinist," *Popular Science* 266, no.6(June 2005): 74 に出ている。

(29) Daniel Simonis, Sarah Johnstone, Nicola Williams, *Lonely Planet: Switzerland*, 5th ed. (Oakland, Calif.: Lonely Planet, 2006), 182. 以下を参照。*The Cities Book: A Journey Through the Best Cities in the World*(Lonely Planet, 2009), 87.

(30) James Trefil and Robert Hazen, *The Sciences: An Integrated Approach*, 5th ed. (Wiley, 2006), 143; Stanislaw D. Głazek and Seymour B. Sarason, *Productive Learning: Science, Art, and Einstein's Relativity in Educational Reform*(Thousand Oaks, Calif.: Corwin Press, 2007), 152.

(31) Lucjan Piela, *Ideas of Quantum Chemistry*(Amsterdam: Elsevier, 2007), 94.

第一三章　アインシュタインの創造性の秘密？

(1) Jeremy Gray, "Finding the Time. The Scientific Struggle to Bring the World's Clocks into Line," *Nature* 424 (2003): 880.

(2) Arthur I. Miller, *Einstein, Picasso*(New York: Basic Books, 2001).〔第一一章註7〕

(3) ベッソからアインシュタイン宛て。一九四七年一〇月から一二月八日。Albert Einstein and Michele Besso, Correspondance 1903-1955, German transcriptions with French translations, notes, and introduction by Pierre Speziali (Paris: Hermann, 1972), 386.

(4) アインシュタインからベッソ宛て。一九五二年。*Correspondance*, 391.

(5) John Stachel, "'What Song the Syrens Sang': How Did Einstein Discover Special Relativity?" *Einstein from 'B' to 'Z'* (Boston: Birkhäuser, 2002), 157-69; see p.166.

(6) たとえばジョン・リグデンは、若きアインシュタインが神の思考を読みたいと思い、相対運動の問題はアインシュタインにとって「明らかに神の思考の一部」であり、「一九〇五年にアインシュタインは神の思考と直接つながる筋をつけた」のだと主張した。John Rigden, Einstein 1905: The Standard of Genius(Cambridge, Mass.: Harvard University Press, 2005), 7-8, 150.〔『アインシュタイン奇跡の年1905』、並木雅俊訳、シュプリンガー・フェアラーク東京(2005)〕

(7) たとえば、W. Gordin, "The Philosophy of Relativity," *Journal of Philosophy* 23, no.19(September 1926): 517-24; see p.520.

(8) スタチェルが指しているのは次のようなくだり。「セイレーンは何の歌を歌ったか、アキレスは女性たちの支配から逃れるために何と名乗ったかは、頭を悩ます問題ではあるが、すべて推測の域を出ない」。Sir Thomas Browne, Hydriotaphia: Urne-Buriall(London: Hen Brome, 1658), reprinted in *Miscellaneous Works of Sir Thomas Browne*, ed. Alexander Young (Cambridge: Hilliard and Brown, 1831), 221.

(9) ジェームズ・フランクからカール・ゼーリッヒ宛て書簡、一九五二年七月一六日付に引用されるアインシュタイン。Archives and Private Collections, ETH-Bibliothek, Zurich, Hs 304:637, マルティネス訳。

(10) Maja Winteler-Einstein, manuscript, "Albert Einstein-Beitrag für sein Lebensbild" [1924], in *The Collected Papers of Albert Einstein: English Translation*, vol.1, trans. Anna Beck(Princeton: Princeton University Press, 1987), xviii.

(11) 五歳時点のアインシュタインに関する話は、アインシュタインにインタビューしたアントニーナ・ヴァランタンによるものである。Antonina Vallentin, *Le Drame d'Albert Einstein*(Paris: Libraire Plon, 1954), 15.〔『アインシュタインの悲劇』、西田義郎訳、東洋経済新聞社(1956)〕

(12) Maja Winteler-Einstein, in *Collected Papers*, English, vol.1, p.xviii.

(13) 「彼は子供としては話し始めるようになるのが非常に遅く、彼の両親はお子さんは異常があるのではないかと言われた時期があった。八歳か九歳の頃には、恥ずかしがり屋でおずおずとして社交的ではない男児という姿を見せていた。ひとり我道を行き、物思いにふけりながら歩き、学校の行きかえりを友達と連れ立って歩く必要は感じていなかった」。Alexander Moszkowski, *Einstein, Einblicke in seine Gedankenwelt*[1921], trans. Henry L. Brose, Conversations with Einstein (New York: Horizon Press, 1970), 222.

(14) Hans Albert Einstein, interviewed by Bela Kornitzer, in "Einstein Is My Father," *Ladies' Home Journal* 68, no.4(April 1951): 47, 134, 136, 139, 141, 255-56, quotation on p.134.

(15) Jean Piaget, *Le Développement de la Notion de Temps Chez l'Enfant*(Paris: Presses Universitaires de France, 1946), マルティネス訳。

(16) "Einstein employait avec prédilection la méthode génétique dans l'examen des notions fondamentales. Il se servait pour les éclaircir de ce qu'il a pu observer chez les enfants." Maurice Solovine and Albert Einstein, *Lettres à Maurice Solovine*(Paris: Gauthier-Villars, 1956), viii-ix, マルティネス訳。

(17) James Mark Baldwin, *Mental Development in the Child and the Race, Methods and Processes*[1895], 3rd ed. (1906; repr., New York: Augustus Kelley, 1968), 5

(18) "Kann es schon bald seine Augen nach etwas hinwenden? Jetzt kannst Beobachtungen machen. Ich möcht auch einmal selber ein Lieserl machen, es mußdoch zu interessant sein! Es kann gewia schon weinen, aber lachen lernt es erst viel später. Darin liegt eine tiefe Wahrheit." Einstein to Marić, Tuesday [4 February 1902], in John Stachel, ed., The Collected Papers of Albert Einstein, vol.1, The Early Years, 1879-1902(Princeton: Princeton University Press, 1987), 332, マルティネス訳。

(19) マリチからアインシュタイン宛て［一八九七年一〇月二〇日より後］。*Collected Papers*, vol.1, 34.

(20) Einstein, "Ernst Mach," *Physikalische Zeitschrift* 17(April 1916): 101-4.

(21) Ernst Mach, *Beiträge zur Analyse der Empfindungen*(Jena: G. Fischer, 1886), reprinted as *Contributions to the Analysis of the Sensations*, trans. C. M. Williams(Chicago: Open Court Publishing, 1897), 156.

(22) 同前、156; 161, 170 も参照。

(23) Hermann von Helmholtz, "Origin and Significance of Geometrical Axioms" (lecture, Docenten Werein, Heidelberg, 1870), David Cahan, ed., *Hermann von Helmholtz, Science and Culture: Popular and Philosophical Essays*(Chicago: University of Chicago Press, 1995) に英訳再録されたもの, 228-29, 245.

(24) Hermann von Helmholtz, "On the Facts in Perception" (speech, Commemoration Celebration of the Frederick Wilhelm University of Berlin, 3 August 1878), also in Cahan, *Hermann von Helmholtz*, 354 58.

(25) Charles Darwin, *The Expression of the Emotions in Man and Animals*(London: John Murray, 1872), 211-12.〔『人及び動物の表情について』浜中浜太郎訳、岩波文庫（1931）など〕

(26) Arthur Schopenhauer, *Parerga und Paralipomena*[1851], selections reissued in Schopenhauer, *The Wisdom of Life and Counsels and Maxims*, trans. T. Bailey Saunders (Amherst, N.Y.: Prometheus Books, 1995), 96 (back pagination).〔『随感録』、秋山英夫訳、白水社（新装復刊、1998）など〕スピノザは "sub specie aeternitatis" という表現を繰り返し使っている。この本はアインシュタインが一九〇五年よりも前に読み、非常に高く評価した。以下を参照。Benedicti de Spinoza, *Ethica Ordine Geometrico Demonstrata*[1677], in Spinoza, *Opera*, vol.1, ed. Carolus Hermannus Bruder (Lopsiae: Bernh. Tauchnitz, 1843), 185, 403-10〔『エチカ』畠中尚志訳、岩波文庫（上下、2012）など〕. Einstein used the expression "sub specie aeterni" in Einstein, *Geometrie und Erfahrung*(Berlin: Julius Springer, 1921), 8.

(27) Anton Reiser [Rudolf Kayser], *Albert Einstein: A Biographical Portrait*, with a preface by Albert Einstein(New York: A. & C. Boni, 1930), 40.

(28) Schopenhauer, *Wisdom of Life*, 96-97.

(29) Moszkowski, *Conversations with Einstein*, 96. 以下も参照のこと。Albert Einstein, "H. A. Lorentz, Creator and Personality," *Mein Weltbild*

(Zurich: Europa Verlag, 1953); Einstein, *Ideas and Opinions*(New York: Crown Pub., 1954), 73-76 に再録。
（30） Peter Michelmore, *Einstein: Profile of the Man*(New York: Dodd, Mead, and Company, 1962), 44.
（31） Albert Einstein, "Autobiographische Skizze," *Helle Zeit—Dunkle Zeit. In memoriam Albert Einstein*, ed. Carl Seelig (Zurich: Europa Verlag, 1956), 10.
（32） アインシュタインからソロヴィーヌ宛て、一九五三年四月三日付。*Lettres à Maurice*, 125, trans. Martínez.
（33） たとえば子供たちがどう学ぶかについてアインシュタインがもっていた興味については以下を参照。Max Talmey, *The Relativity Theory Simplified; And the Formative Period of Its Inventor*(New York: Falcon Press/Darwin Press, 1932), 176.
（34） Alfred Russel Wallace, "Review," Quarterly Journal of Science (January 1873), Charles Darwin, *The Life and Letters of Charles Darwin*, ed. Francis Darwin, vol.3(London: J. Murray, 1887), 172 に引用されたもの。「あらゆることに対して何のため、どうして、どうやって、と知ろうとする子供の休むことのない好奇心は、決してその力を減ずることがないように見える」。
（35） Einstein, Moszkowski, *Conversations with Einstein*, 69 に引用されたもの。

第一四章　優生学と平等の神話

（1） Iamblichi, *De Vita Pythagorica*〔三〇〇年頃〕, Iamblichus, *On the Pythagorean Way of Life*, ed. and trans. John Dillon and Jackson Hershbell (Atlanta: Scholars Press, 1991) として再刊されたもの , chap.17.〔『ピタゴラス的生き方』、水地宗明訳、京都大学学術出版〕
（2） E. Cobham Brewer, *Dictionary of Phrase and Fable: Giving the Derivation, Source, or Origin of Common Phrases, Allusions and Words that Have a Tale to Tell*, rev. ed.(London: Cassell and Company, 1900), 831.
（3） フィッツロイの死については誤った説が複数ある。自分を撃ったという説はたとえば Stephen Jay Gould, *Ever Since Darwin*(New York: W. W. Norton, 1973), 33〔第五章註8〕. しかし彼の死についての当時の記述は以下。"Vice-Admiral Fitz-Roy," *Gentleman's Magazine and Historical Review* 18, no. 218 (January-June, 1865) (London: John Henry and James Parker, 1865), 789. そこにはこう書かれている。「家族は彼がふだんより長い時間、籠っているのに気付いて何度かドアを叩いたが、返事はなかった。ついにドアが破られると、艦長は自分の喉を切り、血まみれで苦しんでいた。……検死陪審員は死者は精神を病んだ状態で自死したという評決を下した」。
（4） Francis Galton, *Hereditary Genius*(London: Macmillan and Co., 1869).〔『天才と遺傳』甘粕石介訳、岩波文庫（上下、1935）〕
（5） Charles Darwin, *The Descent of Man*(London: John Murray, 1871), 111〔『人間の進化と性淘汰』、長谷川眞理子訳、文一総合出版（全二巻、1999-2000）など〕. 以下も参照のこと。ダーウィンからフランシス・ゴルトン宛書簡。一八六九年または一八七〇年一二月二三日付。Darwin, *More Letters of Charles Darwin*, ed. Francis Darwin, vol.2(London: John Murray, 1903), 41.
（6） Daniel Kevles, *In the Name of Eugenics*, with a new introduction (1985; Cambridge, Mass.: Harvard University Press, 1995), 4.〔『優生学の名の

もとに』西俣総平訳、朝日新聞社（1993）〕

（7） Ruth Schwartz Cowan, “Francis Galton's Statistical Ideas: The Influence of Eugenics,” *Isis* 63, no.4 (December 1972): 509-28.

（8） Francis Galton, *Inquiries into Human Faculty and Its Development*(London: Macmillan and Co., 1883), 24-25.

（9） Karl Pearson, “Discussion,” *American Journal of Sociology* 10, no.1(July 1904): 7.

（10）「我々は以下のことを自明の真理とする。すなわち、すべての人が平等に創造されていること」という言葉は、トーマス・ジェファーソンが自分の友人、イタリア生まれの愛国主義者でパンフレット作成者のフィリップ・マッツァイの言葉を言い換え、さらにベンジャミン・フランクリンが編集の手を加えたもの。

（11） R. C. Olby, “Mendel no Mendelian?” *History of Science* 17 (1979): 53-57. 以下も参照のこと。Allan Franklin, A. W. F. Edwards, Daniel J. Fairbanks, Daniel L. Hartl, Teddy Seidenfeld, Ending the Mendel-Fisher Controversy(Pittsburgh: University of Pittsburgh Press, 2008).

（12） Charles B. Davenport, “Crime, Heredity and Environment,” *Journal of Heredity* 19, no.7(July 1928): 307-13.

（13） Garland Allen, “The Biological Basis of Crime: An Historical and Methodological Study,” *Historical Studies in the Physical Sciences* 31, pt. 2 (2001): 183-222.

（14） John Franklin Bobbitt, “Practical Eugenics,” *Pedagogical Seminary* 16(September 1909): 388.

（15） Charles B. Davenport, “Marriage Laws and Customs,” in *Problems in Eugenics: Papers Communicated to the First International Eugenics Congress* (London: C. Knight & Co., 1912), 154.

（16） Kevles, *In the Name*, 93.

（17） Lewis Terman, *The Measurement of Intelligence*(New York: Arno Press, 1916), 91-92.

（18） ルイス・ターマンが定義したところでは、知能指数（ＩＱ）は個人のテストの結果（「精神年齢」）をその人間の暦年齢（年）で割って一〇〇を掛けた数で表した結果である。

（19） Alfred P. Schultz, *Race or Mongrel*(Boston: L. C. Page and Co., 1908), 259.

（20） Henry Fairfield Osborn, “Address of Welcome,” in *Eugenics, Genetics and the Family: Scientific Papers of the Second International Congress of Eugenics*, vol.1(Baltimore: Williams & Wilkins Co., 1923), 2. この学会は一九二一年九月二二日から二八日まで、アメリカ自然史博物館で開かれた。

（21） Calvin Coolidge, “Whose Country Is This?” *Good Housekeeping* 72, no.2(February 1921): 13-14, 109. 著作家たちはこのくだりをしばしば間違って引用する。

（22） 一九二四年の移民制限法は一九六五年まで施行された。

（23） Dolan DNA Learning Center, “Image Archive on the American Eugenics Movement,” Cold Spring Harbor Laboratory, www.eugenicsarchive.org/eugenics/, accessed 1 June 2008.

(24) Leta Hollingworth, *Gifted Children: Their Nature and Nurture*(New York: Macmillan, 1926), 69-75, 198, 199.

(25) Harry Laughlin, "Family History," in *The Legal Status of Eugenical Sterilization: History and Analysis of Litigation under the Virginia Sterilization Statute, which Led to a Decision of the Supreme Court of the United States upholding the Statute*(Chicago: Fred J. Ringley Co., 1930), 17.

(26) Robert J. Cynkar, "Buck v. Bell: 'Felt Necessities v. Fundamental Values?,'" *Columbia Law Review* 81(November 1981): 1435-53.

(27) Hamilton Cravens, The Triumph of Evolution: American Scientists and the Heredity-Environment Controversy, 1900-1941(Philadelphia: University of Pennsylvania Press, 1978), 53.

(28) 断種法の中のいくつかが廃止になるまで数十年を要した。たとえば一九二四年のヴァージニア州法は一九七九年まで施行され、七〇〇〇人以上の人が断種を受けた。

(29) Reginald C. Punnet, "Eliminating Feeblemindedness," *Journal of Heredity* 8 (1917): 464-65.

(30) アルバート・アインシュタインからハイリッヒ・ツァンガー宛て。一九一七年一二月一六日付。*The Collected Papers of Albert Einstein*, vol.10, The Berlin Years: Correspondence, May-December 1920, and Supplementary Correspondence, 1909-1920, ed. Diana Kormos Buchwald, Tilman Sauer, Ze'ev Rosenkranz, József Illy, Virginia Iris Holmes(Princeton: Princeton University Press, 2006), 43.

(31) アインシュタインからベッソ宛て。一九三二年一〇月二一日付。Albert Einstein and Michele Besso, Correspondence 1903-1955, German transcriptions with French translations, notes, and introduction by Pierre Speziali(Paris: Hermann, 1972), 290.

(32) アインシュタインからツァンガー宛て。一九一七年一二月一六日付。*Collected Papers*, vol.10, p.43.

(33) Adolf Hitler, *Mein Kampf*[1925-27], English translation, 3rd ed. (New York: Reynal and Hitchcock, 1941), 649, 640, 660.〔『わが闘争』、平野一郎ほか訳、角川文庫(上下、2002-2003)〕

(34) 同前、609, 601, 608.

(35) Adolf Hitler, *Mein Kampf: Zwei Bände in einem Band Ungekürtze Ausgabe*(1925; repr., Munich: Franz Eher Nacht, 1943), vol. 1, chap. 10, p. 282, マルティネス訳。

(36) 同前、636, 656-658, 594, 強調は原書。

(37) "Eugenical Sterilization in Germany," *Eugenical News* 18(1933): 91-93; "Human Sterilization in Germany and the United States," *Journal of the American Medical Association* 102, no.18(1934): 1501.

(38) Robert J. Lifton, *The Nazi Doctors: Medical Killing and the Psychology of Genocide*(New York: Basic Books, 1986), 31.

(39) Joseph DeJarnette, "Delegates Urge Wider Practice of Sterilization," Richmond (Virginia) Times-Dispatch, 16 January 1934.

(40) Willi Heidinger, in Denkschrift zur Einweihung der neuen Arbeitsstätte der Deutschen Hollerith Maschinen Gesellschaft m.b.H in Berlin-Lichterfelde, 8 January 1934, 39-40, Edwin Black, *War Against the Weak: Eugenics and America's Campaign to Create a Master Race*(New York: Four Walls Eight

Windows, 2003), 309 に引用されたもの。

（41） Johannes Stark, "The Pragmatic and the Dogmatic Spirit in Physics," *Nature* 141, no.3574(30 April 1938): 770-72.

（42） W. A. Oldfather, "Pythagoras on Individual Differences and the Authoritarian Principle," *Classical Journal* 33, no.9(June 1938): 537-39.

（43） Iamblichus, *Pythagorean Way*, chap.31.

（44） Plato, *The Republic of Plato* ［前三七五年頃］, trans. Benjamin Jowett (London: Oxford University Press, 1881), bk.3, p.101, line 415. 〔『国家』、藤沢令夫訳、岩波文庫（上下、2008）など〕

（45） Anonymous [Benjamin Franklin], "Observations Concerning the Increase of Mankind" [1751], in Observations On the Late and Present Conduct of the French, with Regard to their Encroachments upon the British Colonies in North America. . . . to Which is added wrote by another Hand; Observations concerning the Increase of Mankind, Peopling of Countries, &c., ed. William Clarke (Boston: S. Kneeland, 1755), reprinted in Franklin, *The Writings of Benjamin Franklin*, vol.3, ed. Albert Henry Smith(London: Macmillan and Co., 1905), 73.

（46） Steven Selden, *Inheriting Shame: The Story of Eugenics in America*(New York: Teachers College Press, 1999), 64.

（47） Francis Galton, "Eugenics: Its Definition, Scope, and Aims," *American Journal of Sociology* 10, no.1(July 1904): 6

（48） ジョン・ベイカーからジュリアン・ハクスレイ宛て、一九六〇年一二月一七日付。 quoted by Michael G. Kenny, "Racial Science in Social Context: John R. Baker on Eugenics, Race, and the Public Role of Scientist," *Isis* 95 (2004): 409.

（49） "Report of the Ad Hoc Committee," *Genetics* 83 (1976): 99-101, quoted in Kevles, *In the Name*, 283.

（50） Luigi Luca Cavalli-Sforza, Paolo Menozzi, and Alberto Piazza, *The History and Geography of Human Genes*(Princeton: Princeton University Press, 1996), chap.2.

（51） アルバート・アインシュタインからエドゥアルド・アインシュタイン宛て。一九二八年二月二三日付。Einstein Archives 75-654, Jürgen Neffe, *Einstein, A Biography* からの英訳 , trans. Shelley Frisch (New York: Farrar, Straus and Giroux, 2007), 193.

（52） アルバート・アインシュタインからミレヴァ・マリチ宛て。一九二六年一〇月一五日付。Einstein Archives, item 75-658; アルバート・アインシュタインからハンス・アルベルト・アインシュタイン宛。一九二七年二月および一九二七年九月七日付。Einstein Archives, items 75-738, 75-657.

（53） Bernard D. Davis, "Pythagoras, Genetics, and Workers' Rights," *New York Times*, 14 August 1980, A23; C. R. Scriver et al., "Glucose-6-Phosphate Dehydrogenase Deficiency," in *The Metabolic and Molecular Bases of Inherited Disease*, 7th ed. (McGraw-Hill, 1995), 3367-98; A. Mehta, P. Mason, T. Vulliamy, "Glucose-6-Phosphate Dehydrogenase Deficiency," Baillière's Best Practice & Research. Clinical Haematology 13, no.1(March 2000): 21-38.

（54） Lionel Penrose, "Human Chromosomes" [1959], Kevles, *In the Name*, 248 に引用されたもの。

（55） D. K. Belyaev, "Destabilizing Selection as a Factor in Domestication," *Journal of Heredity* 70 (1979): 301-8.

(56) L. N. Trut, "Early Canid Domestication: The Farm Fox Experiment," trans. Anna Fadeeva, *American Scientist* 87 (1999): 160-69; L. N. Trut, "Experimental Studies of Early Canid Domestication," in *The Genetics of the Dog*, ed. Anatoly Ruvinsky, Jeff Sampson (Wallingford, UK: CABI, 2001), 15-43.
(57) Tecumseh Fitch, Nicolas Wade, "Nice Rats, Nasty Rats: Maybe It's All in the Genes," *New York Times*, July 25, 2006 に引用されたもの。

エピローグ

(1) Marx-Engels Institute, "Letter of Charles Darwin to Karl Marx [sic.]," *Pod znamenem Marksizma*(Moscow), nos.1-2(Jan.-Feb., 1931), 203-4; Ernst Kilman, "About the So-Called 'Agnosticism' of Darwin," *Pod znamenem Marksizma* nos.1-2(1931), 205-6; V. Adoratsky, ed., "Biochronik," in *Karl Marks. Datyzhizni I deyatel'nosti*(Moscow: Institut Marksa-Engelsa-Lenina, 1934), 366. これらの主張がどのように起こり、広がっていったかの詳しい説明は以下。Ralph Colp Jr., "The Myth of the Darwin-Marx Letter," *History of Political Economy* 14, no.4(1982): 461-82.
(2) たとえば、Isaiah Berlin, *Karl Marx: His Life and His Environment*(New York, 1959), 252.〔『人間マルクス』、福留久大訳、サイエンス社(1984)〕
(3) Erhard Lucas, "Marx' und Engels' Auseinandersetzung mit Darwin: zur Differenz zwischen Marx und Engels," *International Review of Social History* 9 (1964): 468-69; Shlomo Avineri, "From Hoax to Dogma: A Footnote on Marx and Darwin," *Encounter*(March 1967): 32; Ralph Colp Jr., "The Contacts between Karl Marx and Charles Darwin," *Journal of the History of Ideas* 35(1974): 329-38; David McLellan, *Karl Marx: His Life and Thought*(New York, 1973), 424〔『マルクス伝』、杉原四郎ほか訳、ミネルヴァ書房 (1976)〕.
(4) Erhard Lucas, "Marx' und Engels'," 464.
(5) E. M. Ureña, "Marx and Darwin," *History of Political Economy* 9, no.4(Winter 1977): 548-59.
(6) Valentino Gerratana, "Marx and Darwin," *New Left Review*, no.82(Nov.-Dec. 1973): 79-80.
(7) Lewis S. Feuer, "Is the 'Darwin-Marx Correspondence' Authentic?" *Annals of Science* 32 (1975): 1-12. 以下も参照のこと。Lewis Feuer, P. Thomas Carroll, Ralph Colp Jr., "On the Darwin-Marx Correspondence," *Annals of Science* 33 (1976): 383-94; Margaret A. Fay, "Did Marx Offer to Dedicate Capital to Darwin": A Reassessment of the Evidence," *Journal of the History of Ideas* 39, no. 1 (January-March, 1978): 133-46.
(8) エドワード・エイヴェリングからチャールズ・ダーウィン宛書簡。一八八〇年十月一二日付。"Did Marx Offer," 145 に引用されたもの。この手紙はP・トーマス・キャロルとラルフ・コルプ・ジュニアにより一九七五年一月に発見された。
(9) Howard E. Gruber, "Marx and *Das Kapital*," *Isis* 52 (1961): 582.
(10) アインシュタインからマックスとヘドウィック・ボーン宛て。一九二〇年九月九日付。Albert Einstein and Max Born, Briefwechsel 1916-1955, ed. Max Born (Munich: Nymphenburger Verlagshandlung, 1969), 59 に所収、マルティネス訳。
(11) Jay Weidner, Nostradamus: 2012, The History Channel, directed by Andy Pickard, produced by 1080 Entertainment and 2009 A&E Television

1916-1955, ed. Max Born (Munich: Nymphenburger Verlagshandlung, 1969), 59に所収、マルティネス訳。
(11) Jay Weidner, Nostradamus: 2012, The History Channel, directed by Andy Pickard, produced by 1080 Entertainment and 2009 A&E Television Networksで語ったこと。二〇〇九年一月八日放映(「ノストラダムス:二〇一二年の預言」として放映(二〇一二年一二月))。

Science Secrets: The Truth about Darwin's Finches, Einstein's Wife, and Other Myths.
Published by the University of Pittsburgh Press, Pa., 15260

ニュートンのりんご、アインシュタインの神
科学神話の虚実

2015年2月23日　第1刷発行
2015年6月15日　第2刷発行

著者　アルベルト・A・マルティネス
訳者　野村尚子

発行者　清水一人
発行所　青土社
東京都千代田区神田神保町 1-29　市瀬ビル　〒101-0051
電話　03-3291-9831（編集）　03-3294-7829（営業）
振替　00190-7-192955

印刷所　ディグ（本文）
方英社（カバー、表紙、扉）
製本所　小泉製本

装幀　松田行正

ISBN978-4-7917-6849-3　Printed in Japan